CW00796501

1,000,000 Books

are available to read at

www.ForgottenBooks.com

Read online
Download PDF
Purchase in print

ISBN 978-0-259-24743-2
PIBN 10678606

This book is a reproduction of an important historical work. Forgotten Books uses
state-of-the-art technology to digitally reconstruct the work, preserving the original format
whilst repairing imperfections present in the aged copy. In rare cases, an imperfection in
the original, such as a blemish or missing page, may be replicated in our edition. We do,
however, repair the vast majority of imperfections successfully; any imperfections that
remain are intentionally left to preserve the state of such historical works.

Forgotten Books is a registered trademark of FB &c Ltd.
Copyright © 2018 FB &c Ltd.
FB &c Ltd, Dalton House, 60 Windsor Avenue, London, SW19 2RR.
Company number 08720141. Registered in England and Wales.

For support please visit www.forgottenbooks.com

1 MONTH OF
FREE
READING

at

www.ForgottenBooks.com

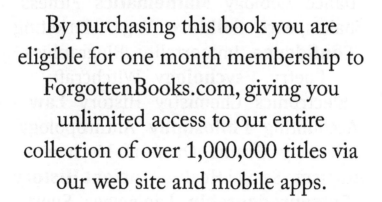

By purchasing this book you are eligible for one month membership to ForgottenBooks.com, giving you unlimited access to our entire collection of over 1,000,000 titles via our web site and mobile apps.

To claim your free month visit: www.forgottenbooks.com/free678606

* Offer is valid for 45 days from date of purchase. Terms and conditions apply.

English
Français
Deutsche
Italiano
Español
Português

www.forgottenbooks.com

Mythology Photography **Fiction**
Fishing Christianity **Art** Cooking
Essays Buddhism Freemasonry
Medicine **Biology** Music **Ancient
Egypt** Evolution Carpentry Physics
Dance Geology **Mathematics** Fitness
Shakespeare **Folklore** Yoga Marketing
Confidence Immortality Biographies
Poetry **Psychology** Witchcraft
Electronics Chemistry History **Law**
Accounting **Philosophy** Anthropology
Alchemy Drama Quantum Mechanics
Atheism Sexual Health **Ancient History**
Entrepreneurship Languages Sport
Paleontology Needlework Islam
Metaphysics Investment Archaeology
Parenting Statistics Criminology
Motivational

SITZUNGSBERICHTE

DER KAISERLICHEN

AKADEMIE DER WISSENSCHAFTEN.

———

MATHEMATISCH-NATURWISSENSCHAFTLICHE CLASSE.

———

NEUNZEHNTER BAND.

WIEN.

AUS DER K. K. HOF- UND STAATSDRUCKEREI.

—

IN COMMISSION BEI W. BRAUMÜLLER, BUCHHÄNDLER DES K. K. HOFES UND DER
K. AKADEMIE DER WISSENSCHAFTEN.

1856.

SITZUNGSBERICHTE

DER

MATHEMATISCH-NATURWISSENSCHAFTLICHEN CLASSE

DER KAISERLICHEN

AKADEMIE DER WISSENSCHAFTEN.

———

19

NEUNZEHNTER BAND.

Jahrgang 1856. Heft I und II.

(Mit 30 Tafeln und 3 Karten.)

WIEN.

AUS DER K. K. HOF- UND STAATSDRUCKEREI.

—

IN COMMISSION BEI W. BRAUMÜLLER, BUCHHÄNDLER DES K. K. HOFES UND DER K. AKADEMIE DER WISSENSCHAFTEN.

1856.

INHALT.

———

SITZUNGSBERICHTE

DER KAISERLICHEN

AKADEMIE DER WISSENSCHAFTEN.

———

MATHEMATISCH-NATURWISSENSCHAFTLICHE CLASSE.

———

XIX. BAND. I. HEFT.

JAHRGANG 1856. — JÄNNER.

(Mit 22 Tafeln und 3 Karten.)

In Commission bei W. BRAUMÜLLER, Buchhändler des k. k. Hofes und der k. Akademie der Wissenschaften.

Ausgegeben am 15. März 1856.

INHALT.

SITZUNGSBERICHTE

DER

KAISERLICHEN AKADEMIE DER WISSENSCHAFTEN.

MATHEMATISCH-NATURWISSENSCHAFTLICHE CLASSE.

XIX. BAND. I. HEFT.

JAHRGANG 1856. — JÄNNER.

Eingesendete Abhandlung.

Neue näherungsweise Auflösung der Kepler'schen Aufgabe.

Von dem c. M., Hrn. Prof. Grunert in Greifswald.

Wir wollen die aufzulösende Gleichung zwischen der mittleren Anomalie μ, der excentrischen Anomalie u und der Excentricität e durch

$$u = \mu + e \, \sin u \text{ oder } u - \mu = e \, \sin u$$

bezeichnen. Nach der bekannten Reihe für den Arcus durch den Sinus ist

$$u - \mu = \sin(u - \mu) + \frac{1}{3} \cdot \frac{1}{2} \sin(u - \mu)^3$$
$$+ \frac{1}{5} \cdot \frac{1 \cdot 3}{2 \cdot 4} \sin(u - \mu)^5 + \ldots,$$

also, weil $u - \mu = e \, \sin u$ ist:

$$e \, \sin u = \sin(u - \mu) + \frac{1}{3} \cdot \frac{1}{2} \sin(u - \mu)^3$$
$$+ \frac{1}{5} \cdot \frac{1 \cdot 3}{2 \cdot 4} \sin(u - \mu)^5 + \ldots,$$

oder

$$e = \frac{\sin(u - \mu)}{\sin u} + \frac{1}{3} \cdot \frac{1}{2} \cdot \frac{\sin(u - \mu)^3}{\sin u} + \frac{1}{5} \cdot \frac{1 \cdot 3}{2 \cdot 4} \cdot \frac{\sin(u - \mu)^5}{\sin u} + \ldots$$

Hieraus ergibt sich sogleich:

$$1 + e = \frac{2 \cos \frac{1}{2} \mu \, \sin(u - \frac{1}{2}\mu)}{\sin u} + \frac{1}{3} \cdot \frac{1}{2} \cdot \frac{\sin(u - \mu)^3}{\sin u}$$
$$+ \frac{1}{5} \cdot \frac{1 \cdot 3}{2 \cdot 4} \cdot \frac{\sin(u - \mu)^5}{\sin u} + \ldots,$$

1 *

$$1 - e = \frac{2 \sin \frac{1}{2} \mu \cos (u - \frac{1}{2} \mu)}{\sin u} - \frac{1}{3} \cdot \frac{1}{2} \cdot \frac{\sin (u - \mu)^3}{\sin u}$$
$$- \frac{1}{5} \cdot \frac{1\sqrt{3}}{2 \cdot 4} \cdot \frac{\sin (u - \mu)^5}{\sin u} - \ldots :$$

also, wenn wir der Kürze wegen

$$F(u) = \frac{1}{12} \sin (u - \mu)^3 + \frac{3}{80} \sin (u - \mu)^5 + \frac{5}{224} \sin (u - \mu)^7 + \ldots$$

setzen:

$$\frac{1 + e}{1 - e} = \frac{\cos \frac{1}{2} \mu \sin (u - \frac{1}{2} \mu) + F(u)}{\sin \frac{1}{2} \mu \cos (u - \frac{1}{2} \mu) - F(u)}.$$

Weil $u - \mu = e \sin u$ ist, so ist

$$\sin (u - \mu) = e \sin u - \frac{e^3 \sin u^3}{1.2.3} + \frac{e^5 \sin u^5}{1 \ldots 5} - \ldots$$

in Bezug auf e eine Grösse der ersten Ordnung, und $F(u)$ ist folglich in Bezug auf dieselbe Grösse von der dritten Ordnung. Vernachlässigt man also Grössen dieser Ordnung, so ergibt sich aus dem Obigen zur Bestimmung von u die Gleichung:

$$\frac{1 + e}{1 - e} = \frac{\cos \frac{1}{2} \mu \sin (u - \frac{1}{2} \mu)}{\sin \frac{1}{2} \mu \cos (u - \frac{1}{2} \mu)} = \cot \tfrac{1}{2} \mu \, tang \, (u - \tfrac{1}{2} \mu),$$

woraus

$$tang \, (u - \tfrac{1}{2} \mu) = \frac{1 + e}{1 - e} tang \, \tfrac{1}{2} \mu, \quad \cot (u - \tfrac{1}{2} \mu) = \frac{1 - e}{1 + e} \cot \tfrac{1}{2} \mu$$

folgt. Berechnet man den Hilfswinkel ω mittelst der Formel $tang \, \omega = e$, so wird

$$tang \, (u - \tfrac{1}{2} \mu) = tang \, \tfrac{1}{2} \mu \, tang \, (45^\circ + \omega).$$

Hat man mittelst dieser Formeln einen ersten Näherungswerth von u gefunden, so kann man durch Berechnung neuer Näherungswerthe mittelst der Formeln

$$u_1 = \mu + e \sin u, \; u_2 = \mu + e \sin u_1, \; u_3 = \mu + e \sin u_2, \ldots$$

immer leicht den genauen Werth von u finden.

Um die grosse Leichtigkeit der Rechnung nach diesen Formeln an einem Beispiele zu zeigen, will ich

$$\mu = 26^\circ \, 6' \, 9{'}28 \text{ und } log \, e = 0 \cdot 9691083 - 2$$

setzen. In diesem Falle stellt sich die Rechnung folgendermassen:

$$log\ tang\ \omega = 8\cdot9691083$$
$$\omega = 5^0\ 19'\ 15''01$$
$$45^0 + \omega = 50\ \ 19\ \ 15\cdot01$$
$$\tfrac{1}{2}\mu = 13\ \ \ 3\ \ \ 4\cdot64$$
$$log\ tang\ (45^0+\omega) = 10\cdot0811303$$
$$log\ tang\ \tfrac{1}{2}\mu = 9\cdot3651345$$
$$log\ tang\ (u-\tfrac{1}{2}\mu) = 9\cdot4462648$$
$$u-\tfrac{1}{2}\mu = 15^0\ 36'\ 42''04$$
$$u = 28\ \ 39\ \ 46\cdot68$$

Bohnenberger, aus dessen Astronomie S. 288 dieses Beispiel entlehnt ist, findet nach der Methode von Gauss $u = 28^0$ 39' 43''34, und man sieht also, wie schnell die obige, in wenigen Minuten auszuführende Rechnung in diesem Falle zu einem der Wahrheit sehr nahe kommenden Werthe führt. Die weitere Näherung stellt sich so, wo 5·3144251 der Logarithmus der bekannten Zahl 206264·8 ist:

$$log\ sin\ u = 9\cdot6809303$$
$$log\ e = 0\cdot9691083-2$$
$$5\cdot3144251$$

$$3\cdot9644637 \qquad 9214''33 = 2^0\ 33'\ 34''33$$
$$\mu = 26\ \ \ 6\ \ \ 9\cdot28$$
$$u_1 = 28^0\ 39'\ 43''61$$

$$log\ sin\ u_1 = 9\cdot6809184$$
$$log\ e = 0\cdot9691083-2$$
$$5\cdot3144251$$

$$3\cdot9644518 \qquad 9214''08 = 2^0\ 33'\ 34''08$$
$$\mu = 26\ \ \ 6\ \ \ 9\cdot28$$
$$u_2 = 28^0\ 39'\ 43''36$$

$$log\ sin\ u_2 = 9\cdot6809174$$
$$log\ e = 0\cdot9691083-2$$
$$5\cdot3144251$$

$$3\cdot9644508 \qquad 9214''05 = 2^0\ 33'\ 34''05$$
$$\mu = 26\ \ \ 6\ \ \ 9\cdot28$$
$$u_3 = 28^0\ 39'\ 43''33.$$

Nun kehrt ganz dieselbe Rechnung wieder, und es ist also hiernach der definitive Werth von $u = 28^0$ 39' 43''33. Eine kleine Unsicherheit in den Hunderttheilen der Secunden wird bei dem Gebrauche der Tafeln nie ganz zu vermeiden sein.

Hat man einen ersten Näherungswerth von u gefunden, so kann man eine Correction Δu desselben auch leicht mittelst der aus der Gleichung

$$u + \Delta u = \mu + e \, sin \, (u + \Delta u)$$

sich sogleich ergebenden Näherungsformel

$$\Delta u = \frac{\mu - u + e \, sin \, u}{1 - e \, cos \, u}$$

berechnen.

Wenn die Excentricität grösser ist als im obigen Falle, so geht freilich die Rechnung nicht ganz so schnell von Statten wie vorher; eine weit grössere erste Annäherung wie die durch die obigen Formeln gewährte, kann man aber auf folgende Art erhalten:

Wenn man erst Grössen der fünften Ordnung vernachlässigt, so muss man nach dem Obigen $F(u) = \frac{1}{15} sin \, (u - \mu)^3$, also

$$\frac{1+e}{1-e} = \frac{cos \, \frac{1}{2} \mu \, sin \, (u - \frac{1}{2} \mu) + \frac{1}{15} sin \, (u - \mu)^3}{sin \, \frac{1}{2} \mu \, cos \, (u - \frac{1}{2} \mu) - \frac{1}{15} sin \, (u - \mu)^3}$$

setzen. Nun ist nach dem Obigen:

$$sin \, (u - \mu) = e \, sin \, u - \frac{e^3 \, sin \, u^3}{1.2.3} + \frac{e^5 \, sin \, u^5}{1 \dots 5} - \dots$$

$$= e \, sin \, \{\mu + (u - \mu)\} - \frac{e^3 \, sin \, u^3}{1.2.3} + \frac{e^5 \, sin \, u^5}{1 \dots 5} - \dots$$

$$= e \, sin \, \mu \, cos \, (u - \mu) + e \, cos \, \mu \, sin \, (u - \mu) - \frac{e^3 \, sin \, u^3}{1.2.3} + \dots$$

$$= e \, sin \, \mu \, \left\{ 1 - \frac{e^2 \, sin \, u^2}{1.2} + \frac{e^4 \, sin \, u^4}{1 \dots 4} - \dots \right\}$$

$$+ e^2 \, cos \, \mu \, \left\{ sin \, u - \frac{e^3 \, sin \, u^3}{1.2.3} + \frac{e^5 \, sin \, u^5}{1 \dots 5} - \dots \right\}$$

$$- \frac{e^3 \, sin \, u^3}{1.2.3} + \frac{e^5 \, sin \, u^5}{1 \dots 5} - \dots$$

und

$$sin \, u = sin \, \{\mu + (u - \mu)\} = sin \, \mu \, cos \, (u - \mu) + cos \, \mu \, sin \, (u - \mu)$$

$$= sin \, \mu \, \left\{ 1 - \frac{e^2 \, sin \, u^2}{1.2} + \frac{e^4 \, sin \, u^4}{1 \dots 4} - \dots \right\}$$

$$+ e \, cos \, \mu \, \left\{ sin \, u - \frac{e^2 \, sin \, u^2}{1.2.3} + \frac{e^4 \, sin \, u^5}{1 \dots 5} - \dots \right\};$$

woraus man schliesst, dass erst mit Vernachlässigung von Gliedern der dritten Ordnung

$$sin \, (u - \mu) = e \, sin \, \mu \, (1 + e \, cos \, \mu),$$

also erst mit Vernachlässigung von Gliedern der fünften Ordnung

$$sin\ (u-\mu)^3 = e^3\ sin\ \mu^3\ (1+e\ cos\ \mu)^3\ \text{oder}$$
$$sin\ (u-\mu)^3 = e^3\ sin\ \mu^3\ (1+3\ e\ cos\ \mu)$$

ist. Folglich ist nach dem Obigen m demselben Grade der Genauigkeit:

$$\frac{1+e}{1-e} = \frac{cos\ \frac{1}{2}\ \mu\ sin\ (u-\frac{1}{2}\ \mu) + \frac{1}{12}\ e^3\ sin\ \mu^3\ (1+e\ cos\ \mu)^3}{sin\ \frac{1}{2}\ \mu\ cos\ (u-\frac{1}{2}\ \mu) - \frac{1}{12}\ e^3\ sin\ \mu^3\ (1+e\ cos\ \mu)^3},$$

woraus man leicht die Gleichung

$$cos\ \left(u-\tfrac{1}{2}\ \mu\right) - \frac{1-e}{1+e}\ cot\ \tfrac{1}{2}\ \mu\ sin\ \left(u-\tfrac{1}{2}\ \mu\right) = \frac{e^3\ sin\ \mu^3\ (1+e\ cos\ \mu)^3}{6\ (1+e)\ sin\ \tfrac{1}{2}\ \mu}$$

erhält. Berechnen wir nun den Hilfswinkel ω mittelst der Formel

$$tang\ \omega = \frac{1-e}{1+e}\ cot\ \tfrac{1}{2}\ \mu,$$

so wird

$$cos\ (\omega - \tfrac{1}{2}\ \mu + u) = sin\ \{90^0 - (\omega - \tfrac{1}{2}\ \mu + u)\} =$$
$$= \frac{e^3\ sin\ \mu^3\ (1+e\ cos\ \mu)^3\ cos\ \omega}{6\ (1+e)\ sin\ \tfrac{1}{2}\ \mu};$$

und berechnet man den Hilfswinkel ϖ mittelst der Formel $tang\ \varpi = \sqrt{e}$, so ist

$$\frac{1-e}{1+e} = \frac{1 - tang\ \varpi^2}{1 + tang\ \varpi^2} = cos\ \varpi^2 - sin\ \varpi^2 = cos\ 2\ \varpi,$$

also $tang\ \omega = cos\ 2\ \varpi\ cot\ \tfrac{1}{2}\ \mu$, und

$$1 + e = 1 + tang\ \varpi^2 = \frac{1}{cos\ \varpi^2}.$$

Folglich ist

$$sin\ \{90^0 - (\omega - \tfrac{1}{2}\ \mu + u)\} = \frac{e^3\ sin\ \mu^3\ (1 + e\ cos\ \mu)^3\ cos\ \omega\ cos\ \varpi^2}{6\ sin\ \tfrac{1}{2}\ \mu}$$

oder, wie man leicht findet:

$$sin\ \{\ 90^0 - (\omega - \tfrac{1}{2}\ \mu + u)\ \}$$
$$= \tfrac{4}{3}\ e^3\ sin\ \tfrac{1}{2}\ \mu^3\ cos\ \tfrac{1}{2}\ \mu^3\ (1 + e\ cos\ \mu)^3\ cos\ \omega\ cos\ \varpi^2;$$

und zur Berechnung von u hat man daher die folgenden Formeln:

$$tang\ \varpi = \sqrt{e},\ tang\ \omega = cos\ 2\ \varpi\ cot\ \tfrac{1}{2}\ \mu;$$
$$sin\ \{\ 90^0 - (\omega - \tfrac{1}{2}\ \mu + u)\ \}$$
$$= \tfrac{4}{3}\ e^3\ sin\ \tfrac{1}{2}\ \mu^2\ cos\ \tfrac{1}{2}\ \mu^3\ (1 + e\ cos\ \mu)^3\ cos\ \omega\ cos\ \varpi^2.$$

Mit Vernachlässigung von Gliedern der vierten Ordnung wäre:

$$tang\ \varpi = \sqrt{e},\ tang\ \omega = cos\ 2\ \varpi\ cot\ \tfrac{1}{2}\ \mu;$$
$$sin\ \{\ 90^0 - (\omega - \tfrac{1}{2}\ \mu + u)\} = \tfrac{4}{3}\ e^3\ sin\ \tfrac{1}{2}\ \mu^3\ cos\ \tfrac{1}{2}\ \mu^3\ cos\ \omega\ cos^2\ \varpi^2.$$

Wenn ich das obige Beispiel nach diesen Formeln berechne, so finde ich $\varpi = 16°\ 58'\ 15'86$; $\omega = 74°\ 23'\ 17'95$; und nun ferner:

$$log\ 4 = 0\cdot6020600$$
$$cd\ log\ 3 = 9\cdot5228787$$
$$log.\ e^3 = 0\cdot9073249{-}4$$
$$log.\ sin\ \tfrac{1}{2}\ \mu^2 = 0\cdot7075370{-}2$$
$$log.\ cos\ \tfrac{1}{2}\ \mu^2 = 0\cdot9659020{-}1$$
$$log.\ (1 + e\ cos\ \mu)^3 = 0\cdot1046493$$
$$log.\ cos\ \omega = 0\cdot4299397{-}1$$
$$log.\ cos\ \varpi^2 = 0\cdot9613266{-}1$$
$$log\ sin\ \{\,90° - (\omega - \tfrac{1}{2}\ \mu + u)\} = 5\cdot2016182$$

$$90° - (\omega - \tfrac{1}{2}\ \mu + u) =\quad 0°\quad 0'\quad 3'28$$
$$90° = 89°\ 59'\ 60'00$$
$$\omega = 74\quad 23\quad 17\cdot95$$
$$\overline{ 15°\ 36'\ 42'05}$$
$$\tfrac{1}{2}\mu = 13\quad 3\quad 4\cdot64$$
$$\overline{ 28°\ 39'\ 46'69}$$
$$0\quad 0\quad 3\cdot28$$
$$\overline{}$$
$$u = 28°\ 39'\ 43'41$$

welcher Werth nur um $0'08$ zu gross, also fast bis auf Zehntheile der Secunde richtig ist.

Unsere erste obige Methode kann man auch auf folgende, eine successive Annäherung gestattende Form bringen, wobei man zu beachten hat, dass

$$F(u) = \tfrac{5}{12}\ sin\ (u - \mu)^3 + \tfrac{3}{80}\ sin\ (u - \mu)^5 + \tfrac{5}{224}\ sin\ (u - \mu)^7 + \cdots$$

immer eine sehr kleine Grösse ist. Wenn $u_1,\ u_2,\ u_3,\ u_4,\ \ldots$ successive Näherungswerthe von u bezeichnen, so kann man nach dem Obigen diese Werthe nach und nach aus folgenden Gleichungen bestimmen:

$$\frac{1+e}{1-e} = \frac{cos\ \tfrac{1}{2}\ \mu\ sin\ (u_1 - \tfrac{1}{2}\ \mu)}{sin\ \tfrac{1}{2}\ \mu\ cos\ (u_1 - \tfrac{1}{2}\ \mu)},$$

$$\frac{1+e}{1-e} = \frac{cos\ \tfrac{1}{2}\ \mu\ sin\ (u_2 - \tfrac{1}{2}\ \mu) + F(u_1)}{sin\ \tfrac{1}{2}\ \mu\ cos\ (u_2 - \tfrac{1}{2}\ \mu) - F(u_1)},$$

$$\frac{1+e}{1-e} = \frac{cos\ \tfrac{1}{2}\ \mu\ sin\ (u_3 - \tfrac{1}{2}\ \mu) + F(u_2)}{sin\ \tfrac{1}{2}\ \mu\ cos\ (u_3 - \tfrac{1}{2}\ \mu) - F(u_2)},$$

$$\frac{1+e}{1-e} = \frac{cos\ \tfrac{1}{2}\ \mu\ sin\ (u_4 - \tfrac{1}{2}\ \mu) + F(u_3)}{sin\ \tfrac{1}{2}\ \mu\ cos\ (u_4 - \tfrac{1}{2}\ \mu) - F(u_3)},$$

u. s. w.,

welche Gleichungen sich leicht auf die folgende Form bringen lassen:

$$\cot (u_1 - \tfrac{1}{2}\mu) = \frac{1-e}{1+e}\cot \tfrac{1}{2}\mu,$$

$$\cos (u_2 - \tfrac{1}{2}\mu) - \frac{1-e}{1+e}\cot \tfrac{1}{2}\mu \sin (u_2 - \tfrac{1}{2}\mu) = \frac{2\,F(u_1)}{(1+e)\sin \tfrac{1}{2}\mu},$$

$$\cos (u_3 - \tfrac{1}{2}\mu) - \frac{1-e}{1+e}\cot \tfrac{1}{2}\mu \sin (u_3 - \tfrac{1}{2}\mu) = \frac{2\,F(u_2)}{(1+e)\sin \tfrac{1}{2}\mu},$$

$$\cos (u_4 - \tfrac{1}{2}\mu) - \frac{1-e}{1+e}\cot \tfrac{1}{2}\mu \sin (u_4 - \tfrac{1}{2}\mu) = \frac{2\,F(u_3)}{(1+e)\sin \tfrac{1}{2}\mu},$$

u. s. w.,

also auf die Form:

$$\cot (u_1 - \tfrac{1}{2}\mu) = \frac{1-e}{1+e}\cot \tfrac{1}{2}\mu,$$

$$\sin (u_1 - u_2) = \frac{2\,F(u_1)\sin (u_1 - \tfrac{1}{2}\mu)}{(1+e)\sin \tfrac{1}{2}\mu},$$

$$\sin (u_1 - u_3) = \frac{2\,F(u_2)\sin (u_1 - \tfrac{1}{2}\mu)}{(1+e)\sin \tfrac{1}{2}\mu},$$

$$\sin (u_1 - u_4) = \frac{2\,F(u_3)\sin (u_1 - \tfrac{1}{2}\mu)}{(1+e)\sin \tfrac{1}{2}\mu},$$

u. s. w.

Die nöthigen Hilfswinkel einzuführen, überlasse ich dem Leser, und bemerke nur noch, dass man diese Formeln auch auf die folgende sehr einfache Form bringen kann:

$$\cot (u_1 - \tfrac{1}{2}\mu) = \frac{1-e}{1+e}\cot \tfrac{1}{2}\mu, \quad K = \frac{2\sin (u_1 - \tfrac{1}{2}\mu)}{(1+e)\sin \tfrac{1}{2}\mu};$$

$$\sin (u_1 - u_2) = K\,F(u_1), \quad \sin (u_1 - u_3) = K\,F(u_2),$$

$$\sin (u_1 - u_4) = K\,F(u_3)\ldots;$$

unter welcher dieselben eine sehr leichte Rechnung gestatten.

Vorträge.

Über die Structur und Zusammensetzung der Krystalle des prismatischen Kalkhaloides, nebst einem Anhange über die Structur der kalkigen Theile einiger wirbellosen Thiere.

Von dem w. M., Dr. Franz Leydolt.

(Mit IX Tafeln.)

(Vorgetragen in der Sitzung am 10. Mai 1855.)

Die Krystalle dieser Mineralspecies, von dem zuerst bekannt gewordenen Vorkommen in Arragonien am Südabhange der Pyrenäen, Arragonit genannt, gehören in das orthotype Krystallsystem.

$$P = 129^{\circ}\, 37';\; 93^{\circ}\, 30';\; 107^{\circ}\, 34'$$
$$a : b : c = 1 : \sqrt{1{\cdot}9263} : \sqrt{0{\cdot}7439}\ \text{Kupffer,}$$

Die Winkel an der Basis der Grundgestalt.
$$116^{\circ}\, 16';\; 73^{\circ}\, 44'.$$

Der Charakter der Combinationen ist prismatisch. Es erscheinen in denselben sehr viele einfache Gestalten, die am häufigsten vorkommende Combination ist $P+\infty$, $\breve{P}r+\infty$, $P-\infty$.

Die Theilbarkeit ist ziemlich vollkommen nach $\breve{P}r+\infty$, weniger deutlich nach $\breve{P}r$ und $P+\infty$.

Die Oberfläche der Krystalle ist häufig glatt und glasglänzend; die Flächen von $(P-1)^{a}$ und $P-\infty$, vorzüglich letztere, parallel der kürzeren Diagonale der Grundgestalt gestreift, Pr oft rauh, $\breve{P}r+\infty$ und $P+\infty$ uneben. Nicht selten findet man sowohl auf den glänzenden, als auch auf den rauhen Flächen regelmässige Vertiefungen, deren Flächen dann gewöhnlich mit den Begrenzungsflächen des Krystalles parallel sind.

Die meisten Krystalle dieser Species sind regelmässig zusammengesetzt und bilden Zwillinge, Drillinge u. s. w. Die Zusammensetzungsfläche ist $P+\infty$, die Umdrehungsaxe senkrecht darauf. Die Zusammensetzung wiederholt sich oft bei demselben Krystalle mit parallelen Zusammensetzungsflächen; sehr oft durchkreuzen sich auch die Individuen, und indem die einspringenden Winkel durch die Substanz des Krystalles ausgefüllt werden, entstehen prismenähnliche Gestalten, und die Krystalle erhalten das Ansehen einfacher Mineralien. So erscheinen vorzüglich die zusammengesetzten Krystalle von Molina in Spanien in einer Gestalt, ähnlich der rhomboëdrischen Combination von $R + \infty$ und $R - \infty$.

Haüy untersuchte vorzüglich die mannigfach zusammengesetzten Krystalle von Molina in Spanien und war bemüht, ihre Bildung zu erklären. Er bestimmte die Winkel der verschiedenen prismenartigen Gestalten, und da er fand, dass dieselben mit dem stumpfen Winkel der Basis der Grundgestalt und jenem des entsprechenden vierseitigen Prismas häufig übereinstimmen, so brachte er einzelne rhombische Prismen in eine solche Stellung, dass ihre Winkel bei parallelen Hauptaxen in eine den äusseren Umrissen der zusammengesetzten Krystalle entsprechende Lage zu stehen kamen. So wurden für den einfachsten Fall der Zwillinge von Molina vier Prismen so gestellt, dass je zwei sich in einer Fläche von $P + \infty$ berührten und alle vier mit den spitzen Winkeln zusammenkamen. Für complicirtere Fälle wurden dann eben so viele Prismen angenommen, als nothwendig waren, um die äusseren Umrisse zu erhalten. So entstanden die verschiedenen theoretischen Gestalten, welche im Traité élémentaire von Haüy abgebildet und beschrieben sind. Diese Erklärungsweise wurde später von den anderen Mineralogen, wie Comte de Bournon, Beudant u. m. A. angenommen, und ist in die meisten Lehrbücher der Mineralogie übergegangen.

Sie war aber weder der Natur entsprechend, noch hinreichend, alle verschiedenen Fälle der Zusammensetzung kennen zu lernen, da dies aus der Beschaffenheit der äusseren Winkel nicht möglich ist.

In neuerer Zeit war es vorzüglich Senarmont (Annales de chymie et de physique, 1854), welcher, durch optische Untersuchungen geleitet, die Zusammensetzung der Arragonit-Krystalle, vorzüglich jener von Molina, auf eine naturgemässe Weise erklärte. Nur konnten die Berührungsgrenzen der einzelnen Individuen nicht ganz genau bestimmt werden, da einerseits die Polarisations-Instrumente dazu nicht ausreichten, anderseits die Krystallplättchen gerade an diesen Stellen weniger durchsichtig sind. Undurchsichtige Krystalle können natürlich nach dieser Methode gar nicht untersucht werden.

Um den inneren Bau und die Zusammensetzung dieser interessanten Krystalle genau zu erforschen, habe ich die von mir in den Sitzungsberichten der kais. Akademie der Wissenschaften, Bd. XV, S. 59, beschriebene Untersuchungs-Methode angewendet, und sowohl ganze Krystalle, als auch senkrecht auf die Axe geschnittene Plättchen der Einwirkung einer verdünnten Essig- oder Salzsäure ausgesetzt, und dann Abgüsse mit Hausenblase für die mikroskopische Untersuchung angefertigt. Die angewandte Vergrösserung war 120—500 linear bei gerade durchgehendem, und 20—40 bei schief auffallendem Lichte.

Krystalle von Horschenz in Böhmen und von anderen Fundorten mit ganz glatter Oberfläche erhielten nach längerer Einwirkung der Säuren an allen Flächen regelmässige Vertiefungen, welche verschiedenen Combinationsgestalten entsprechen.

I. Auf den natürlichen Flächen von $P-\infty$, so wie auf den Schnittflächen senkrecht auf die Axe erschienen Vertiefungsgestalten folgenden Combinationen angehörend:

1. $(\breve{P})^2 . \breve{P}r + 1$ . . . . Fig. 4.
2. $(\breve{P})^2 . \breve{P}r + n$ . . . . „ 5.
3. $(\breve{P})^2 . (P)^4$ . . . . „ 6. ·
4. $(\breve{P})^2 . (P)^4 . \breve{P}r + n$ . . . . „ 7, 8.
5. $(\breve{P})^2 . (P+n)^m . \breve{P}r + n . \breve{P}r + n'$ „ 9.
6. $(\breve{P})^2 . (\breve{P}+n)^{m'} . (\breve{P}+n')^{m''} .$
     $\breve{P}r + 1 . \breve{P}r + n . \breve{P}r + n'$ . . „ 10.

II. Auf den Flächen von $\breve{P}r + \infty$:

$P + \infty . (\breve{P}r + \infty)^m . \breve{P}r + n . \breve{P}r + n'$ . . Fig. 19, 20.

III. Auf den Flächen von $P + \infty$:

1. $\breve{P}r . (\breve{P} + \infty)^m . (\breve{P} + \infty)^{m'}$ . . Fig. 21.
2. $\breve{P}r . (\breve{P} + n)^m . (\breve{P} + \infty)^{m'}$ . . „ 22.
3. $\breve{P}r . (\breve{P} + n)^{m'}$ . . . . „ 23.
4. $Pr . (\breve{P} + n)^{m'} . (P + \infty)^{m''}$ . . „ 24.

Die hier angegebenen Abmessungsverhältnisse ergeben sich aus der Betrachtung der in Fig. 1, 2 und 3 gezeichneten Querschnitte der Gestalten $P, (\breve{P})^2$ und $(\breve{P})^3$, bei welchen die Winkelverschiedenheit eine so bedeutende ist, dass man durch Vergleichung derselben mit denen der Vertiefungsgestalten mit Leichtigkeit die richtigen Verhältnisse ermitteln konnte.

Bei Zwillings-, Drillingskrystallen u. s. w. findet man nach Einwirkung der Säure an der Zusammensetzungsfläche, als Vertiefungsgestalten immer Zwillinge, welche aus den oben angeführten einfachen Vertiefungsgestalten zusammengesetzt sind, und zwar:

1. $(\breve{P})^2 : \{P + \infty\}$ . . . . Fig. 14.
2. $(\breve{P})^2 . \breve{P}r + 1 : \{P + \infty\}$ . . . „ 15.
3. $(\breve{P})^2 . (\breve{P})^2 . P - \infty : \{P + \infty\}$. „ 16, 17.
4. $(\breve{P})^2 . (P)^6 : \{P + \infty\}$ . . . . . „ 18.

Da nun die Zusammensetzungsfläche bekannt $P + \infty$ ist, und
dieselbe mit der kürzeren Diagonale einen bestimmten unveränder-
lichen Winkel einschliesst, da ferner der Winkel bei α an der Basis
bei Gestalten, die in eine solche regelmässige Verbindung treten,
wie aus Fig. 12 und 13 zu ersehen ist, bei $(\breve{P})^2$ kleiner als 180°,
bei $(\breve{P})^2$ und solchen mit grösseren Ableitungszahlen verhältnissmässig immer grösser wird, so sieht man, dass vorzüglich diese Vertiefungsgestalten von Zwillingen besonders geeignet sind, einige
Abmessungen der einfachen Gestalten zu bestimmen.

Verbindet man nun die Vertiefungsgestalten, welche auf $P - \infty$,
$P + \infty$ und $\breve{P}r + \infty$ entstanden sind, mit einander, so erhält man
verschiedene Combinationen, welche sich in der Natur bei Arragonit-
Krystallen häufig finden.

Die Flächen der Vertiefungsgestalten sind gewöhnlich eben und
glatt, die Kanten daher gerade Linien; zuweilen erscheinen aber
auch gekrümmte Flächen und Kanten, und dies findet gewöhnlich
dann Statt, wenn die Säure zu stark war und die Auflösung zu rasch
erfolgt ist.

Die meisten Arragonit-Krystalle sind, wie erwähnt, regelmässig
zusammengesetzt und bilden Zwillinge, Drillinge u. s. w., mit oder
ohne einspringende Winkel. Aus der äusseren Gestalt ist die Zusammensetzung nicht immer deutlich bestimmbar, der innere Bau und die
Structur der meisten Krystalle aber gar nicht zu erkennen. Auch das
Polarisationsinstrument reicht nicht aus, um die sich so häufig wie-
derholende und in die kleinsten Theile gehende Zusammensetzung
sichtbar zu machen und die Zwillingsgrenzen genau zu zeigen; auch
ist dieses Instrument nur bei durchsichtigen Krystallplättchen anwendbar.

Anders verhält es sich, wenn man senkrecht auf die Axe geschnittene Plättchen einer schwachen Säure aussetzt, wodurch die regel-

mässigen Vertiefungsgestalten erscheinen. Da diese Gestalten in jedem Individuum der Zusammensetzung eine unter sich parallele und vollkommen bestimmte Lage haben, welche von der verschieden ist, die dergleichen Vertiefungen in jedem anders gelagerten Individuum einnehmen, so wird bei schief auffallendem Lichte die Zusammensetzung selbst sichtbar, indem die einzelnen Individuen und ihre entsprechenden Theile durch die verschiedene Reflexion des Lichtes mehr matt oder glänzend erscheinen.

Bei einer etwa 20maligen Vergrösserung und schief auffallendem Lichte kann man die Grenzen der Individuen ganz genau bestimmen, weil jedes besondere Individuum in Folge der verschiedenen Stellung der kleinen Vertiefungsgestalten verschieden licht oder dunkel erscheint; und bei einer stärkeren Vergrösserung kann man die Gestalten selbst und die Verhältnisse der kleinen regelmässigen Vertiefungen an den Grenzen der Individuen mit aller Schärfe ermitteln, was zur richtigen Beurtheilung der Zusammensetzung besonders wichtig ist. Die Plättchen von durchsichtigen Krystallen kann man unmittelbar unter das Mikroskop bringen; bei undurchsichtigen ist es nothwendig, sich einen Abguss von Hausenblase zu machen und denselben zwischen zwei Gläser zu geben.

Obwohl das Gesetz der Zusammensetzung immer dasselbe ist, nämlich die Zusammensetzungsfläche $P + \infty$ und die Umdrehungsaxe senkrecht darauf, so findet man doch eine ungemein grosse Mannigfaltigkeit bei den regelmässigen Zusammensetzungen dieser Mineralspecies. Es wiederholt sich nämlich die Zusammensetzungsfläche mehrere Male auf mannigfache Weise, oder es verbinden sich drei Individuen, indem sie an dem spitzeren oder an dem stumpferen Winkel der Basis der Grundgestalt sich vereinigen und so Zwillinge, Drillinge u. s. w. mit oder ohne Durchkreuzung bilden.

Die Krystalle von den verschiedenen Fundorten haben meistens auch eine ähnliche Zusammensetzung, und man kann sie nach den Hauptfundorten und der Zwillingsbildung in drei Gruppen stellen, von welchen die wichtigsten Fälle hier angeführt werden, um eine genaue Übersicht über die ganze Species zu erhalten.

I. Gruppe.

Dazu gehören als die ausgezeichnetsten die Krystalle von Horschenz bei Bilin in Böhmen, die von Vertaison im Departement der

Niederpyrenäen, und im Allgemeinen alle sogenannten spiessförmigen Arragonit-Krystalle. Alle sitzen auf einer Unterlage auf, verbinden sich häufig zu einer stängeligen Zusammensetzung und bestehen gewöhnlich aus $P+\infty \cdot \breve{P}r+\infty$ (Fig. 26), mit verschiedenen $P+n$, $(P+n)^m$ und $Pr+n$. Es findet bei ihnen entweder eine einfache Zwillingsbildung Statt, indem die Zusammensetzungsfläche nur ein einziges Mal erscheint, Fig. 27, 28, oder es wiederholt sich die Zwillingsbildung mehrere Male. In letzterem Falle gehen die Zusammensetzungsflächen entweder durch den ganzen Krystall hindurch, Fig. 28, 29, 30, erstere mit zwei, drei, letztere mit vier Individuen; oder es reicht dieselbe oder ein eingeschobenes Individuum nur bis zur Mitte des Krystalles, Fig. 31. Die einzelnen Platten, welche den ganzen Wiederholungszwilling zusammensetzen, sind oft ausserordentlich dünn und nur in geätzten Plättchen und bei stärkeren Vergrösserungen wahrnehmbar, Fig. 31. Zuweilen durchkreuzen sich die Zusammensetzungsflächen selbst, Fig. 33. Eine derartige oftmalige Wiederholung und Durchkreuzung findet sich nur selten bei den Krystallen von Horschenz, erscheint aber besonders häufig bei jenen grossen Krystallen von Vertaison, Fig. 33, 34, und überhaupt bei allen sogenannten spiessförmigen Krystallen verschiedener Fundorte.

Ausser dieser Wiederholung der Zusammensetzungsfläche findet man bei den Krystallen dieser Gruppe zuweilen auch Drillinge, indem drei Individuen so verbunden sind, dass sie mit den spitzen Winkeln von $P+\infty$ zusammenstossen, Fig. 35. Auch bei den Drillingen kann die oben angeführte Wiederholung der Zusammensetzung und eine Einschiebung neuer Individuen stattfinden, Fig. 36. Alle diese Verhältnisse beschränken sich oft nur auf ein Stück der ganzen Krystall-Länge, so dass, wenn man mehrere Plättchen senkrecht auf die Axe schneidet, jedes dieser Plättchen eine mehr weniger verschiedene Zusammensetzung zeigt. Fig. 35 und 36 stellen zwei Plättchen desselben Krystalles vor, welche sich zwar unmittelbar auf einander folgten, in der Zwillingsbildung aber sich deutlich von einander unterscheiden.

Auf Taf. III, Fig. 37 ist der Durchschnitt eines Krystalles von Horschenz mit sehr häufiger Wiederholung der Zusammensetzungsfläche abgebildet, und von demselben in Fig. 38 das kleine Stück bei α bei einer 200fachen Vergrösserung gezeichnet dargestellt.

Die Vertiefungsgestalten erscheinen in jedem Individuum der Zusammensetzung als einfache Gestalten in den oben angegebenen Combinationen, an der Zusammensetzungsfläche aber immer in Zwillingsgestalten. Wenn sich nun die Zusammensetzung an einer Stelle wie in α sehr häufig wiederholt, so entstehen an den kleinen Vertiefungsgestalten eben so viele einspringende Winkel als Platten der Zusammensetzung vorhanden sind. Die Anzahl derselben ist oft so gross, dass man sie nur bei sehr starken Vergrösserungen auflösen kann, und an dem vorliegenden Krystalle bei 1000 Platten auf eine Wiener Linie gehend gezählt werden konnten.

Eine Durchkreuzung von Zwillingen und Drillingen mit Fortsetzung der Individuen über die Zusammensetzungsfläche habe ich bei den Krystallen dieser Fundorte nie beobachtet.

II. Gruppe.

Zur zweiten Gruppe gehören ein Theil der Krystalle von Leogang in Salzburg und jener von Herrengrund in Ungern. Bei diesen erscheint gewöhnlich die Fläche von $P - \infty$ in der Combination, und sie sitzen meist mit der dieser Gestalt entsprechenden unteren Fläche oder mit der Kante eines horizontalen Prismas zur längeren Diagonale gehörig, auf einer Unterlage auf. Die Flächen von $P + \infty$ und $\breve{P}r + \infty$ sind zuweilen glatt, oft auch rauh, mit mehr oder weniger regelmässigen Vertiefungen versehen; die Flächen von Pr meist glänzend, jene von $P - \infty$ gestreift parallel der kürzeren Diagonale der Basis der Grundgestalt. Besonders belehrend ist die Betrachtung jener Krystalldrusen von Leogang und Herrengrund, bei welchen auf dem Muttergesteine von einander getrennte Zwillings- und Drillingsgestalten aufsitzen. Bei diesen kann man die mannigfachsten Bildungen an einem und demselben Stücke beobachten und aus der bestimmten Streifung der Flächen von $P - \infty$, und aus den geätzten Plättchen den Bau dieser regelmässigen Zusammensetzungen ganz genau nachweisen. Auch für diese Gruppe gilt das allgemeine Gesetz, dass die Zusammensetzungsfläche $P + \infty$ ist, und die Umdrehungsaxe senkrecht darauf steht. Die Individuen verbinden sich aber hier an den stumpfen Winkeln der Grundgestalt zu Zwillingen, Drillingen u. s. w. So erscheinen bei jenen von Leogang Zwillinge, wie Fig. 39, 40; ferner Drillinge, welche, indem sich die

Individuen an den stumpfen Winkeln vereinigen, dieser aber nur 116° 14′ beträgt, einen kleinen, von den drei Individuen nicht ausgefüllten Raum besitzen. Diese Zwillinge und Drillinge können sich auf die mannigfachste Weise durchkreuzen, indem in der Richtung der kürzeren Diagonale über die Zusammensetzungsfläche hinaus sich kleine Theilchen ansetzen, welche genau dieselbe Lage haben, wie jene in den gegenüberliegenden Individuen selbst.

Dieses Fortsetzen der Individuen über die Zusammensetzungsfläche oder das Durchkreuzen, von dem man sich bis jetzt keine klare Vorstellung machen konnte, geschieht auf eine ganz eigenthümliche Weise und lässt sich bei dem geätzten Plättchen recht deutlich wahrnehmen. Schneidet man von einem solchen DurchkreuzungsKrystall mehrere parallele Plättchen senkrecht auf die Axe, und untersucht dieselben geätzt unter dem Mikroskope, so findet man einen vollkommenen Zusammenhang aller Theilchen bald des einen, bald des andern Individuums, mit den über die Zusammensetzungsfläche vergrösserten Stücken, so dass also ein beständiges Durchgreifen der beiden Individuen stattfindet und jedes dünne Plättchen an der oberen und unteren Fläche eine grössere oder geringere Verschiedenheit zeigen muss. An Drillingen können bei einer Durchkreuzung ein, zwei oder alle drei Individuen sich über die Zusammensetzungsfläche fortsetzen, wodurch selbst wieder eine grosse Mannigfaltigkeit bei der Bildung erscheint. Überdies kommen nicht selten Fälle vor, wo, nachdem die Zwillingskrystalle schon bis zu einer gewissen Grösse ausgebildet waren, neue Individuen und zwar nach demselben Gesetze mit einem der schon vorhandenen Individuen in eine neue Zwillingsbildung eintreten. Bei allen diesen Durchkreuzungen entstehen einspringende Winkel, oder indem die einzelnen Individuen der Zusammensetzung sich in der Richtung der längeren Diagonale ihrer Grundgestalt vergrössern und diese Winkel ausfüllen, verschiedene prismenähnliche Gestalten, deren äussere Form von der Zahl und Art der Individuen, welche sich durchkreuzen, abhängt. Letztere sind dann gleichgebildet mit jenen der dritten Gruppe.

Auf Taf. IV sind die wichtigsten hierher gehörenden Fälle der Leoganger und Herrengrunder Arragonite dargestellt.

Fig. 39, 40 stellen die einfachste derartige Zwillingsbildung ohne Durchkreuzung dar, man findet sie vorzüglich bei den Krystallen von Leogang.

Fig. 41. Ein Drilling, bei welchem die Individuen *b* und *c* mit *a* in zwei Flächen von $P + \infty$ verbunden sind.

Fig. 42. Ein Drilling, wo das Individuum *a* sich etwas über die Zusammensetzungsfläche hinaus fortsetzt.

Fig. 43, 44. Drillinge, zusammengesetzt aus den Individuen *a*, *b*, *c*. Alle drei setzen über die Zusammensetzungsfläche fort. *a* verbindet sich mit *b* und *c* in regelmässiger, *b* mit *c* in unregelmässiger Grenze.

Fig. 45. Ein Drilling mit gleichförmiger Vergrösserung aller drei Individuen, welche sich durchkreuzen.

Fig. 46. Ein Drilling, bei welchem das Individuum *a* grösser, *b* und *c* kleiner aber gleich sind. Bei der Fortsetzung über die Zusammensetzungsfläche erscheint *a* wieder gross, *b* und *c* hingegen sehr klein.

Fig. 47. Ein Drilling mit Durchkreuzung der Individuen, von welchen *a* auf beiden Seiten stark, *b* weniger und *c* am wenigsten ausgebildet ist.

Fig. 48. Ein Drilling, bei welchem sich die Individuen *a* und *b* durchkreuzen, *c* aber nur auf einer Seite und wenig ausgebildet und mit dem verlängerten *a* regelmässig verbunden erscheint.

Fig 49. Ein Vierling, ähnlich dem Drillinge in Fig. 46, nur tritt hier noch das Individuum *d* in die Verbindung und zwar mit *b* in regelmässiger, mit *a* in unregelmässiger Begrenzung.

Fig. 50. Ähnlich der vorhergehenden Gestalt, nur ist hier das Individuum *b* mehr, *c* weniger ausgebildet.

Fig. 51. Ein Zwilling mit Fortsetzung des Individuums *a* und einer geradlinigen und kammförmigen regelmässigen Verbindung von *b* mit *a*.

Fig. 52. Ein Drilling, aus *a*, *b*, *c* gebildet, bei welchem dem Individuum *b* entsprechende Theile mit *a* sich regelmässig verbinden.

Fig. 53. Ein Drilling mit Durchkreuzung der Individuen *a* und *c*, bei welchem *c* und *c'* unmittelbar zusammenhängen, *b* dagegen nur auf der einen Seite und sehr wenig ausgebildet erscheint und mit *a* regelmässig verbunden ist. Einzelne dem *a'* entsprechende Stücke vereinigen sich in regelmässiger Begrenzung mit *c*, und dem *c'* angehörige mit *a*.

Fig. 54. Ein Vierling, bei welchem das Individuum *a* sich über die Zusammensetzungsfläche fortsetzt, eben so aber weniger ausgebildet *c*; *b* und *e* aber nur auf einer Seite vorkommen.

III. Gruppe.

Die dritte Gruppe bilden vorzugsweise die Krystalle von Molina und Valencia bei Migranilla in Arragonien, und von Bastenes bei Dax im Departement des Landes in Frankreich. Die Krystalle dieser Fundorte kommen im Gypse, oder in einem röthlichen Mergel eingewachsen vor, und bilden theils einzelne regelmässige Zusammensetzungen, welche einem ringsherum ausgebildeten sechsseitigen Prisma ähnlich sind, theils aus solchen zusammengesetzte Krystallgruppen. Hieher gehören auch die prismenähnlichen Gestalten von Leogang und Herrengrund.

Die einzelnen ·Individuen der Zusammensetzung besitzen alle die Fläche $P-\infty$, das Zwillingsgesetz ist wie bei den anderen Arragoniten. Die Individuen verbinden sich an den stumpfen Winkeln des Rhombus der Grundgestalt, durchkreuzen sich, bilden bei Zwillingen keine einspringenden Winkel, sondern durch Ausfüllung derselben in der Richtung der längeren Diagonale regelmässige sechsseitige, prismenähnliche Gestalten. Bei Drillingen, Vierlingen u. s. w. erscheinen dadurch ebenfalls Prismen, welche dann einen der Art und Anzahl der Individuen der Zusammensetzung entsprechenden Querschnitt besitzen.

Um den inneren Bau, so wie auch die äussere Begrenzung dieser prismenartigen Gestalten, mit deren Erklärung sich Haüy vorzüglich beschäftigt hat, genau und unter allen Umständen richtig zu erkennen, und alle scheinbaren Abnormitäten auf das einzige hier vorkommende Gesetz der Zwillingsbildung zurückführen zu können, ist es nothwendig:

1. Einen vollkommen regelmässigen Durchkreuzungs-Zwilling und Drilling zu betrachten, und zu schliessen, was geschehen muss, wenn die einspringenden Winkel durch Vergrösserung der Individuen nach der Richtung der längeren Diagonale ausgefüllt werden, und

2. aus den geätzten Plättchen durch die Lage der kleinsten Theile zu bestimmen, ob diese Ansicht die der Natur entsprechende ist, oder was dasselbe wäre, aus den Erscheinungen in den geätzten Plättchen die Zusammensetzung theoretisch nachzuweisen.

Nachstehende Figur stellt einen regelmässigen Durchkreuzungs-Zwilling dar, wie man solche zuweilen bei den Krystallen von

Fig 1.

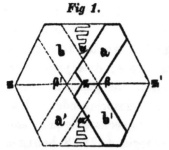

L e o g a n g findet; das Individuum *a* von der Combination $P - \infty, P + \infty, \check{P}r + \infty$ verbindet sich mit dem gleichgestalteten Individuum *b'* in der Fläche von $P + \infty$; beide setzen über die Zusammensetzungs-fläche fort und bilden die entsprechen-den gleichgrossen Theile *b* und *a'*. Alle kleinsten Theile in *a a'* haben eine voll-kommen parallele Lage, ebenso die von *bb'*. Denkt man sich nun, dass bei einem so gebildeten Zwillinge die einspringenden Winkel durch Vergrösserung der schon vorhandenen Individuen in der Rich-tung der längeren Diagonale ausgefüllt werden, so müssen dabei die sich ansetzenden kleinsten Theile von *a* und *b'* sich berühren, und indem sie demselben Gesetze folgen wie *a* und *b'*, werden sie sich in $P + \infty$ verbinden, und es wird auf diese Weise die Zusammen-setzungsfläche *z* bis nach *zz'* erweitert werden und eine ebene Fläche bilden. Dasselbe geschieht auf der entgegengesetzten Seite zwischen *b* und *a'* und es entsteht so wieder eine Erweiterung der Zusammen-setzungsfläche nach *z''*, und es wird dieselbe im Durchschnitte als eine gerade Linie *z''z z'* erscheinen, der einspringende Winkel selbst wird ausgefüllt, und die äusseren Flächen der Begrenzung sind Flächen von $P + \infty$. Es geschieht aber auch eine Ablagerung von kleinsten Theilchen zwischen *b'* und *a*, so wie zwischen *a'* und *b*. Die Theilchen von *a* kommen mit den Theilchen von *b'* in Berührung und verbinden sich nach demselben Zwillingsgesetze in einer Fläche $P + \infty$. Eine solche Zusammensetzung wird zwischen je zwei solchen zusammenkommenden kleinen Theilen geschehen und sich fortwäh-rend wiederholen, bis der ganze einspringende Winkel ausgefüllt ist. Es wird ein fortwährendes Ineinandergreifen der Theile des einen Individuums in die des andern erfolgen, um so mehr, da die Aus-bildung oft an beiden eine verschiedene ist. Wir wollen diese Art von Verbindung der Ähnlichkeit wegen eine k a m m f ö r m i g e nennen. Sie erscheint immer in einer Richtung parallel einer Fläche, welche senkrecht auf der Zusammensetzungsfläche steht. Dasselbe erfolgt auf der entgegengesetzten Seite zwischen *a'* und *b*, und auch hier werden die äusseren Begrenzungsflächen $P + \infty$ sein, und die erweiterten Theile von *a* und *b'*, so wie von *a'* und *b* werden in eine ebene Fläche zusammenfallen. Diese kammförmige Zusammensetzung wiederholt sich bei diesen Krystallen so häufig, dass bei einer 500maligen linearen Vergrösserung 4000 solche abwechselnde Platten auf eine Wiener Linie kommend gezählt werden konnten und es sich bei noch stärkerer Vergrösserung zeigte, dass jede solche Platte sich wieder in mehrere auflösen lässt. Der ganze Zwillings-krystall erscheint nun nach Ausfüllung der einspringenden Winkel als eine Gestalt, ähnlich einem regelmässigen sechsseitigen Prisma, bei welchem vier Winkel 116° 16', zwei dagegen 147° 28' betragen. Taf. VIII, Fig. 65.

Auf gleiche Weise geht die Bildung von Drillingen vor sich. In der nebenstehenden Figur verbinden sich drei Individuen a, b', c' von gleicher Gestalt und der Combination von $P-\infty$, $P+\infty$ und $\breve{P}r+\infty$

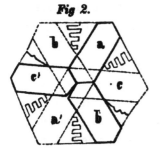

Fig 2.

in der Fläche von $P+\infty$ mit einander und es entsteht ein Drilling mit ein-springenden Winkeln. Stellt man sich vor, dass diese nun wie oben erwähnt ausgefüllt werden, so müssen zwischen aa' und bb', eben so zwischen aa' und cc' kammförmige Zwillingsgren-zen erscheinen. Die Theilchen aber, welche durch die Vergrösserung von cc' und bb' mit einander in Berührung kommen, besitzen keine solche Lage, dass sie sich nach dem Zwillingsgesetze verbinden könnten; es kann daher auch nur eine unregelmässige Verbindungsfläche gebildet werden. Eben so kann nach aussen als Begrenzung keine ebene Fläche erscheinen, sondern eine unter 348° 48' gebrochene. Bei dieser Drillings-bildung entsteht also eine dem regelmässigen sechsseitigen Prisma ähnliche Gestalt, welche aber eigentlich acht Flächen und zwei ein-springende Winkel besitzt. Wenn man nun ferner berücksichtigt, dass mit jedem der Individuen, sowohl bei dem oben angeführten Zwillinge als auch dem Drillinge, bei der weiteren Ausbildung des Krystalles neue Individuen nach demselben Gesetze in Verbindung treten können, dass ferner ein beständiges Erscheinen der Theile des einen Individuums in dem andern möglich ist, wenn nur die kleinsten Theile ihre richtige Stellung besitzen, so lässt sich leicht eine unend-liche Mannigfaltigkeit vorstellen, was man auch in der Natur bestätigt findet, indem fast jeder Krystall etwas anders zusammengesetzt ist. Alle, selbst die verwickeltsten Fälle der Zusammensetzung lassen sich mit Leichtigkeit auf diese beiden angeführten Fälle zurückführen und richtig erklären, wenn man nur eine geätzte Schnittfläche besitzt, an welcher man die Lage der Vertiefungsgestalten genau bestimmen kann.

Beschreibung der Figuren auf den Tafeln V bis VII.

Diese Tafeln enthalten Abbildungen von geätzten, senkrecht auf die Axe geschnittenen Plättchen von Arragonit-Krystallen verschiedener Fundorte. Es wurden die Zeichnungen zuerst mit dem Mikroskope in einer Grösse von 6 Quadratschuhen angefertigt und vollkommen ausgeführt; hierauf mittelst des photographischen Apparates auf die vorliegende Grösse gebracht und mit der grössten Genauigkeit lithographirt. Jeder besondere Farbenton stellt ein in einer andern Stellung befindliches Individuum dar; und an jeder mit gleicher Farbe bezeichneten Stelle des ganzen Plättchens befinden sich die kleinsten Theile unter einander in einer vollkommen parallelen Stellung. Aus der Richtung der kleinen Vertiefungs-Gestalten kann eben die Stellung eines jeden Individuums der Zusammensetzung mit vollkommener Sicherheit ermittelt werden, wenn auch von dem Individuum selbst nur ein kleiner Theil in der Verbindung erscheint; eine Eigenthümlichkeit, welche hier bei den regelmässigen Zusammensetzungen des Arragonites auf eine ähnliche Weise erscheint, wie ich dies bei den Quarzkrystallen gezeigt habe.

Fig. 55 stellt ein Plättchen eines Krystalles von Molina dar. Es sind hier zwar drei Individuen in der Zusammensetzung enthalten, der Krystall daher ein Drilling, aber nur die zwei Individuen aa' und bb', welche sich durchkreuzen, bilden die äussere Begrenzung. Das Individuum cc' ist weniger entwickelt und erscheint nur in kleineren Partien, welche von den beiden anderen Individuen eingeschlossen sind. Eben so sind kleine Stücke a in b und b' und Theile von b in a' und c enthalten. Die Individuen a und b, so wie a und c vereinigen sich in einer geradlinigen und kammförmigen cc' mit bb' in einer unregelmässigen Grenze. Der ganze Drilling bei gleichförmiger Entwickelung der drei sich durchkreuzenden Individuen würde jenem in Fig. 45 angegebenen entsprechen, wenn man sich bei demselben die einspringenden Winkel ausgefüllt denkt.

Fig. 56. Ein Plättchen eines ähnlichen Drillings von demselben Fundorte. Die Individuen aa' und bb' setzen über die Zusammensetzungsfläche hinaus fort. Es entsteht zwischen a und b' so wie zwischen a' und b eine geradlinige Zusammensetzung in der Fläche von $P+\infty$. Zwischen a und b und b' und a' findet eine kammförmig fortwährend wiederholte Zwillingsbildung in derselben Zusammensetzungsfläche Statt. Das dritte Individuum cc' steht mit aa' in einer kammförmigen, dagegen mit bb' in einer unregelmässigen Grenze in Verbindung. Alle äusseren Begrenzungsflächen des ganzen Plättchens sind Flächen von $P+\infty$. Der normal gebildete Drilling würde auch hier, wie im vorhergehenden Falle der Fig. 45 entsprechen.

Fig. 57. In dieser Figur ist ein Fall eines mehrfach zusammengesetzten Krystalles von Herrengrund mit wiederholter Zwillingsbildung, und ganz ungleichförmiger Ausbildung der einzelnen Individuen der Zusammensetzung abgebildet, wie man ihn häufig bei sehr grossen Krystallen von Leogang und Herrengrund findet. Der ganze Krystall ist aus fünf Individuen zusammengesetzt, die hier durch die Farbe und Bezeichnung unterschieden sind.· Die Individuen aa' und bb' erscheinen an beiden entgegengesetzten Grenzen des Plättchens, ihre kleinsten Theile befinden sich in dem ganzen aa' in einer parallelen Stellung, eben so in bb', in Letzterem aber in einer verschiedenen gegen der in aa'; es hat also eine Durchkreuzung dieser beiden Individuen stattgefunden. Die Verbindung derselben unter einander geschieht theils in einer geradlinigen, theils in einer kammförmigen Zwillingsgrenze. Die Theile des mit c bezeichneten Individuums verbinden sich mit jenen von a in einer kammförmigen Zusammensetzung, und da die Zusammensetzungsfläche dabei immer $P+\infty$ ist, so kann man daraus die Stellung des ganzen Individuums gegen a beurtheilen. Eben so erscheint das Individuum d nur an einer Seite der Begrenzung, und seine Theilchen verbinden sich mit jenen von b kammförmig und dasselbe gilt von e und f, von welchen e mit c, f mit d in einer gleichen Verbindung, also in einer Fläche von $P+\infty$ stehen. Da nun alle Seiten des vorliegenden Krystallplättchens irgend einer im Innern erscheinenden regelmässigen Zusammensetzungsfläche parallel sind, und diese immer $P+\infty$ ist, so folgt daraus, dass jede Begrenzungsfläche des ganzen Krystalles ebenfalls eine Fläche von $P+\infty$ sein muss. Da aber ferner der Kantenwinkel von $P+\infty=116°\ 16'$ ist, dieser Winkel aber dreimal genommen, nur $348°\ 48'$ gibt, also noch von $360°$, $11°\ 12'$ fehlen,

so geht daraus hervor, dass die Begrenzungs-Seiten der Individuen
b und *e* so wie *d* und *c*, ferner *f* und *a*, so wie auch die Individuen
selbst einander nicht parallel sein können, obwohl sie dies zu sein
scheinen.

Zuweilen findet man in einem Individuum kleine Stücke eingeschlossen, in welchem die kleinsten Theile eine andere Lage besitzen
als die der Umgebung, wie dies hier bei *a″*, *c″*, *d′* der Fall ist.
Diese Stücke gehören dann immer anderen Individuen an, deren
bestimmte Lage man aus der Zusammensetzungsfläche der kleinsten
Theile mit Sicherheit ermitteln kann. Es folgt daraus dass *a″* zu *a*,
c″ zu *c* und *d′* zu *d* gehöre.

Die Fig. 58 *a* stellt ein der Stelle von *A* analoges Stück eines
H e r r e n g r u n d e r Krystalles in einer 400maligen Vergrösserung dar.
Die kleinsten Theilchen in *a*, *b*, *c″*, *d′* haben die gleiche Lage, wie
die gleichbezeichneten in Fig. 57. Die kürzeren Striche geben uns
die Vertiefungsgestalten in den einzelnen Individuen in ihrer unge-
fähren Grösse und insbesondere ihrer Richtung nach an. Man sieht
hier deutlich dass dieselben in *c″* und *d′* eine ähnliche, aber nicht
parallele Richtung haben. Fig. 58 *b* gibt dann ein kleines Stück der
Stelle *C* in Fig. 57 bei noch stärkerer Vergrösserung an, woraus man
ersehen kann, dass dieses kammförmige Ineinandergreifen der beiden
Individuen so weit geht, dass man bei jeder noch stärkeren Vergrösserung immer noch neuere Zusammensetzungsflächen bemerkt,
indem sich eine scheinbar einzige Linie in viele andere auflöset.
Auf eine Wiener Linie kommen nicht selten, wie oben erwähnt,
schon bei einer 500maligen Vergrösserung 4000 solche abwechselnde
Platten.

Fig. 59. Ein S e c h s l i n g von L e o g a n g. Bei ihm findet sich
eine ähnliche Zusammensetzung, nur erscheinen hier noch die Individuen *c′* und *d′* auf gleiche Weise mit *a′* und *b′* verbunden, wie *c* mit *a*
und *d* mit *b*, woraus folgt, dass die kleinsten Theilchen von *c′* parallel
mit jenen von *c*, und die von *d′* parallel mit jenen von *d* sind. Es
gehören also die gleichbenannten Theile *c* und *c′* einem, und *d* und *d′*
ebenfalls einem Individuum an, und es hat somit hier eine Durchkreuzung
von vier Individuen stattgefunden, und nur die Theile von *e* und *f*
erscheinen blos an einer Seite der Begrenzung. Die kleinen mit
a″, *b″*, *c″*, *d′* und *e″* bezeichneten Stücke zeigen auch bei diesem
Krystall eine verschiedene Stellung der Vertiefungsgestalten von jenen

sie zunächst umgebenden, und aus der Lage der Zusammensetzungs-flächen konnte genau ermittelt werden, dass sie den mit gleichen Buch-staben bezeichneten Individuen angehören. In Fig. 60 ist das Stück B Fig. 59, 800mal vergrössert dargestellt, und es gilt von dieser Stelle dasselbe, was von c bei Fig. 58 angeführt ist.

Fig. 61. Stellt die genaue Abbildung eines Krystall-Plättchens von Molina dar. Der ganze Krystall ist aus vier Individuen zusam-mengesetzt, also ein Vierling. Die Individuen durchkreuzen sich zwar alle, aber nur die Theile von a und a' stehen in einer fort-während en Verbindung. Die Zusammensetzungsflächen zwischen a und b, a' und b', ferner zwischen c und a, c' und a', dann zwischen b und d, b' und d' sind parallel der Fläche von $P + \infty$, und alle äusseren Begren-zungsflächen des ganzen Krystalles sind parallel irgend einer solchen Zusammensetzungsfläche. Sie sind daher alle selbst Flächen von $P+\infty$, und es müssen die Kanten von a und b, a und c, b und d und die ent-sprechenden auf der entgegengesetzten Seite in gerade Linien zusam-menfallen. Bei diesem Plättchen erscheinen vorzüglich viele Stücke des einen Individuums in den anderen eingeschlossen, und zwar besonders Theilchen von b in a und d, ferner Theilchen von a' in b', ebenso c' und d' in a.

Die Lage der Vertiefungsgestalten diente auch hier zur genauen Bestimmung dieser angewachsenen Theilchen. Fig. 62 stellt die Stelle bei a bei starker Vergrösserung dar, und es ist hier deutlich die Stellung der Vertiefungsgestalten, so wie die Verbindung der ein-zelnen Individuen sichtbar.

Fig. 63. Abbildung eines Krystallplättchens von Dax. Der Krystall zeigt sich aus fünf Individuen zusammengesetzt, von welchen die Individuen a, b, c sich durchkreuzen, d und e dagegen nur auf einer Seite der Begrenzung erscheinen. Die Theilchen von a und b, a' und b', ferner a und c, a' und c', so wie von b und d, c und e ver-binden sich regelmässig in $P + \infty$; dagegen b' und e, c' und d in einer unregelmässigen Grenze, da die kleinsten Theile an diesen Verbindungsstellen eine solche Lage haben, dass sie sich nicht regel-mässig verbinden können. Die in der Zeichnung angegebenen Striche bezeichnen schmale hohle Räume im Krystalle, welche in jedem Indi-viduum parallel der kürzeren Diagonale der Basis der Grundgestalt verlaufen. Fig. 64 stellt in einer 40maligen Vergrösserung die Stelle bei M vor, um die Richtung und Lage der Vertiefungsgestalten zu

sehen, und die Individuen zu erkennen, welchen dieselben angehören.
Es erscheinen bei dieser Vergrösserung noch Theile des Individuums
d, welche früher nicht sichtbar waren; die in der Zeichnung angegebenen zwei durchkreuzten Linien zeigen die Richtung der längeren
und kürzeren Diagonale der Individuen a und b an, so wie die Linien
kl, mn und op und alle zu diesen parallelen die Zusammensetzungsflächen zwischen diesen beiden Individuen darstellen.

Erklärung der Tafel VIII.

Auf dieser Tafel ist eine allgemeine Übersicht der inneren
Structur jener regelmässig zusammengesetzten Arragonit-Krystalle
dargestellt, bei welchen eine Durchkreuzung der Individuen, und
zugleich eine Ausfüllung der einspringenden Winkel stattfindet, so
dass dadurch verschiedene prismenartige Gestalten entstehen. Die
gezeichneten Fälle sind von wirklichen Krystallen genommen, und
dem Wesen nach unverändert gegeben, nur bei einigen, wo einzelne
Individuen unverhältnissmässig gross, andere dagegen ganz klein
waren, wurden dieselben, eben um die Übersicht zu erleichtern, auf
eine mehr gleiche Grösse gebracht. Die Natur der Zusammensetzung
dieser hier angeführten Krystalle selbst wird leicht erklärbar, wenn
man sie selbst mit den S. 20, 21, Fig. 1 und 2 angeführten Zeichnungen
vergleicht, und das allgemeine Gesetz der Zusammensetzung dieser
Mineralspecies berücksichtigt.

Fig. 65 stellt den bei den Krystallen von Molina erscheinenden
einfachsten Fall dar. Es ist dies ein Zwilling, bei welchem sich die
beiden Individuen aa' und bb' durchkreuzen, und die einspringenden
Winkel ausgefüllt wurden. a und b' so wie b und a' verbinden sich
in einer geradlinigen, a und b so wie a' und b' in einer kammförmigen Grenze. Dieser Fall ist ähnlich Fig. 56, wenn man sich
das Individuum c hinwegdenkt.

Fig. 66. Ein Vierling von Molina, ähnlich Fig. 61, bei welchem
zu dem Individuum a und b noch das Individuum c und d in die Verbindung tritt. Alle vier Individuen setzen sich über die Zusammensetzungsfläche hinaus fort, aa' verbindet sich mit bb' und cc', so wie
bb' mit dd' in kammförmiger, cc' mit dd' in unregelmässiger Grenze,
Fig. 61 lässt sich auf diesen Fall zurückführen.

Fig. 67. Ein dem in Fig. 66 abgebildeten ganz analoger, dem
Wesen nach gleicher Vierling von Herrengrund; nur findet sich

hier ausser der kammförmigen, auch noch zwischen aa' und bb', dann cc', ferner bc' und dd' eine geradlinige Grenze. Der Krystall war bei diesem Vierling schon bis auf eine gewisse Grösse als Zwilling gleich Fig. 55 ausgebildet, als noch die Individuen cc' und dd' in die Verbindung eingetreten sind.

Fig. 68. Ein Vierling bei Krystallen von Leogang und Herrengrund erscheinend. Die Individuen aa' und bb' durchkreuzen sich, während c und d sich nicht über die Zusammensetzung hinaus fortsetzen. Zwischen allen Individuen findet eine kammförmige Verbindung Statt, nur zwischen c und b' und d und a' zeigt sich eine unregelmässige Grenze.

Fig. 69. Ein Sechsling von Herrengrund, bei welchem sich blos die Individuen aa' und bb' durchkreuzen, die vier übrigen Individuen aber nur auf der einen Seite erscheinen. Sämmtliche Individuen sind kammförmig verbunden, nur zwischen b' und e, f und d' entsteht eine unregelmässige Begrenzung. Die Fig. 57 lässt sich auf diese zurückführen, wenn man die Individuen auf eine mehr gleiche Grösse bringt, und die kleinen eingewachsenen Stücke weglässt.

Fig. 70 stellt gleichfalls einen Sechsling von Leogang dar, bei welchem sich vier Individuen a, b, c, d durchkreuzen, und nur e und f sich nicht über die Zusammensetzungsfläche fortsetzen. Alle Individuen konnten sich kammförmig verbinden mit Ausnahme von e und d', f und c', welche in einer unregelmässigen Begrenzung zusammenstossen. Dieser Krystall ist ähnlich dem in Fig. 59 abgebildeten, nur sind hier die Individuen auf eine gleiche Grösse gebracht.

Fig. 71. Ein Fünfling von Dax, bei welchem nur das einzige Individuum a sich über die Zusammensetzungsfläche fortsetzt. Jedes der vier anderen dagegen nur einseitig erscheint. Alle verbinden sich kammförmig nur zwischen d und a' sowie a und e entsteht eine unregelmässige Begrenzung.

Fig. 72. Ein Drilling ebenfalls von Dax, welcher bei oberflächlicher Betrachtung Ähnlichkeit mit dem vorhergehenden Fünflinge hat. Hier setzten alle drei Individuen a, b, c über die Zusammensetzungsfläche hinaus fort. Ausser der kammförmigen Zusammensetzung zwischen aa', bb' und cc' zeigt sich zwischen bb' und cb' eine unregelmässige Grenze.

Bei den ersten sechs Abbildungen wird die äussere Begrenzung durch die Ebene, welche durch no geht, in zwei gleiche Theile getheilt, bei Fig. 71 und 72 geschieht dies durch eine durch *mn* gehende Ebene. Nach dieser Symmetrie-Ebene theilen sich diese prismenartigen regelmässigen Zusammensetzungen in zwei Gruppen.

Bei allen hier angeführten Fällen sieht man zugleich dass der einspringende Winkel immer einer unregelmässigen Berührungs-grenze entspricht, und man kann umgekehrt aus dem Erscheinen derselben auf einen einspringenden Winkel schliessen.

Theilweise Umwandlung eines Arragonit-Krystalles in Kalkspath.

Mitscherlich fand in vesuvischen Laven (Pogg. Annal. XXI, S. 157), Haidinger im Basalttuff von Schlackenwerth (Pogg. Annal. XLV, S. 179), ferner in Krystallen von Herrengrund in Ungern (Pogg. Annal. LIII, S. 141) Umwandlungen von Arragonit in Kalkspath. In der Emerikusgrube von Offenbánya sollen nach Fichtel solche veränderte Krystalle von einem Fuss Länge und ¼ Zoll Dicke vor-kommen. Bei meinen Untersuchungen der Krystalle von Horschenz in Böhmen fand ich einen, bei welchem eine Umwandlung in Kalkspath theilweise geschehen ist. Der Krystall war bei zwei Zoll lang, an dem oberen ausgebildeten Ende vollkommen durchsichtig, an dem unteren abgebrochenen matt und undurchsichtig. Der Krystall wurde in mehrere Plättchen geschnitten, dieselben geätzt, und die davon gemachten Hausenblasen-Abgüsse unter dem Mikroskope untersucht. Alle durchsichtigen Theile des Krystalles zeigten genau die Structur und Zusammensetzung der übrigen Arragonit-Krystalle, nur an jenen Stellen des Krystalles, welche undurchsichtig waren, war die Structur verschieden. Es zeigten sich (Taf. IX, Fig. 81) deutliche regel-mässige Sechsecke und unregelmässige, den Durchschnitten von Kör-nern entsprechende Figuren. Die Sechsecke befinden sich in keiner parallelen Stellung, gehören daher verschiedenen Individuen an. Da nun der Arragonit-Krystall von aussen ganz regelmässig begrenzt war, im Innern die Zwillingsbildung und an den durchsichtigen Stellen die Vertiefungsgestalten des Arragonites zeigte, da ferner die ganze Masse bei der chemischen Untersuchung als kohlensaurer Kalk sich erwies, so müssen diese matten Stellen als eine beginnende Umwand-lung von Arragonit in Kalkspath angesehen werden. Indem die neu entstandenen Theile von Kalkspath keine parallele Lage haben, so ist es erklärbar, warum auch ein vollkommen umgewandelter Arragonit-Krystall nie die Theilbarkeit von Kalkspath besitzt; dagegen kann man

oft recht gut noch die ursprünglichen Zwillingsgrenzen der Arragonit-
Individuen erkennen, was auch Gustav R o s e (Pogg. Annal. XCI, 147)
beobachtet hat.

Erscheinen des rhomboedrischen und prismatischen Kalkhaloides in den kalkigen Theilen wirbelloser Thiere.

Die merkwürdige Eigenschaft der Theilbarkeit an den versteinerten Stacheln der Cidariten, Echiniden und Crinoiden hatte
schon häufig die Aufmerksamkeit der Mineralogen auf sich gezogen.
Jeder einzelne versteinerte Cidaris-Stachel (Fig. 77) besteht, wie
die Theilbarkeit zeigt, gewöhnlich aus einem einzigen Individuum
von Kalkspath, dessen Axe mit der Axe des Stachels zusammenfällt
(Fig. 78, 79). Zuweilen, wie ich gefunden habe, bildet ein ganzer
solcher Stachel einen Zwilling, zusammengesetzt in $R — 1$, mit viel-
fältiger Wiederholung der Zusammensetzungsfläche, so dass dann die
Theilungsgestalt einem geraden vierseitigen Prisma mit vier glatten
und zwei gestreiften Flächen und einem rhombischen Querschnitte
gleicht (Fig. 80). Die Streifen an den zwei parallelen Endflächen
entstehen durch die einspringenden Winkel der wiederholten Zwillingsbildung. Herr Sectionsrath H a i d i n g e r zeigte in den Abhandlungen der böhmischen Gesellschaft der Wissenschaften, Prag 1841,
dass der Kalk in den Stacheln recenter C i d a r i s -Arten eine regelmässig krystallinische Anordnung der kleinsten Theile besitzt, indem
bei denselben sich Spuren von Theilbarkeit zeigen.

Herr Leopold v. B u c h führt in einer Abhandlung (Abhandl.
der Akad. d. Wissensch., Berlin 1828) über die Structur fossiler
und recenter Muschelschalen, S. 48, Folgendes an:

„Wenn man fossile Austernschalen untersucht, deren Schalen
gewöhnlich besonders dick sind, so findet man ohne Mühe Lamellen
von solcher Stärke, dass der Bruch des Profiles sich leicht untersuchen lässt. Jederzeit sieht man ihn faserig in dicken, gleichlaufenden
Fasern, welche rechtwinklig auf der Fläche der Lamelle stehen.
Austern aus der Kreide am See von Borre bei Martigues unweit
Marseille zeigen diese Bildung ganz deutlich. Betrachtet man sie
nun von oben im Sonnenlichte, so entdeckt man bei einigen Wendungen
die sehr kleinen glänzenden Flächen, welche die Faser umgeben und
gegen diese bedeutend geneigt sind, und welche nichts anderes sein
können, als nur die des Kalkspath-Rhomboeders, dessen Hauptaxe

mit der Axe der Faser zusammenfällt, so wie es das Gesetz für den
faserigen Kalkspath oder für jedes ungleichaxige System verlangt."
Auf S. 49: „Man darf nicht glauben, dass diese Structur vielleicht
nur fossilen Austernschalen, nicht denen eigenthümlich sei, wie sie
noch jetzt im Ocean gebildet werden, und wohl von einem späteren
mineralischen Processe abhängig sein möge. — Wenn auch nicht in
jeder, so findet man doch in den meisten Austernschalen Lamellen,
welche dick genug sind, um die auf der Fläche rechtwinkligen Fasern
auf das Allerdeutlichste erkennen zu lassen, und ich zweifle nicht, dass
man nicht auch bei starker Vergrösserung und sehr hellem Lichte
die geneigten Flächen des Kalkspath-Rhomboeders auffinden würde."

„So wird also jede Lamelle einer Austernschale zu der geraden
Endfläche einer sechsseitigen Säule, und die Fasern, wenn man sie
bemerkt, sind die Seitenflächen dieser Säule, durch welche vielleicht
der Wirkungskreis jener Secretionsorgane bezeichnet wird."

„Was nun die Auster gelehrt hat, wird man leicht auch von
anderen Schalthieren glauben, welche kohlensaure Kalkerde aus-
scheiden, um sich daraus ihr Gehäuse zu bilden. Auch gibt es viele
Schalen, welche zu ähnlichen Betrachtungen, wie die Austernschale,
Veranlassung geben, welche vielleicht erlauben, sie noch deutlicher
auseinander zu setzen. Die faserige Structur der Schale des *Inoceramus*
hat die Aufmerksamkeit auf diese Muschel gerichtet, lange vorher,
ehe ihre wahre Form und Gestalt bekannt war. Eben so faserig
erscheint *Pinna*, *Pachymia Gigas*, die Schale des *Nautilus aturi*
und viele andere."

Um eine genaue Kenntniss und klare Überzeugung von der
Beschaffenheit des Kalkes in den noch jetzt lebenden wirbellosen
Thieren zu erlangen, habe ich schon vor einigen Jahren vielfältige
Versuche angestellt, und vorzüglich ganz dünn geschliffene und polirte
Plättchen mit dem Mikroskope und dem Polarisations-Instrumente
untersucht. Besonders tauglich erwies sich dabei das Amici'sche
Polarisations-Mikroskop, welches ich durch die Güte des Herrn
Regierungsrathes v. Ettingshausen zur Benützung erhalten habe;
denn sehr häufig kann man, vorzüglich bei sehr gewölbten Schalen
nur ganz kleine gleichförmige und durchsichtige Plättchen erhalten.

Dünne geschliffene Plättchen von recenten Cidaris-Stacheln
senkrecht auf die Axe des Stachels geschnitten, zeigten im Amici'schen
Instrumente die Polarisations-Erscheinung der optisch-einaxigen

Körper; dasselbe geschah bei den Plättchen von Ostrea-Arten und vielen Muschelschalen, und eben so auch bei solchen des Gehäuses von *Ammonites floridus* aus Bleiberg in Kärnten. Dagegen erscheinen bei Plättchen der Perlenmutter-Muschel (*Meleagrina margaritifera*) und anderer, welche ein ähnliches Farbenspiel zeigten, deutlich zwei Ringsysteme mit einem dunklen Streifen, wie bei optisch-zweiaxigen Krystallen.

Da sich aber nur durchsichtige Plättchen auf diese Weise unter-suchen lassen, und auch diese eine gewisse Grösse haben müssen, so konnte diese Untersuchungs-Methode nicht auf alle Kalkablagerungen der wirbellosen Thiere angewendet werden, und es blieb der Gegen-stand längere Zeit liegen. Bei der Betrachtung des Arragonites und den interessanten Aufschlüssen durch die Ätzung wurde ich veran-lasst, auch die Muschelschalen auf diese Weise zu untersuchen, und die dabei erscheinenden Vertiefungsgestalten hervorzubringen. Lange wollte es nicht gelingen, bis ich endlich durch Anwendung einer concentrirten Essigsäure und kürzerer Einwirkung derselben zum Ziele gelangte. Es zeigten sich nach dem Ätzen bei der Perlmutter-schale und vorzüglich deutlich bei dem perlmutterartigen Kalke am Schlosse der *Pinna*-Arten Rhomben und diesen entsprechende Sechs-ecke (Taf. IX, Fig. 75), welche in ihrer Winkelbeschaffenheit ganz den Gestalten des Arragonites entsprechen. Schon bei meinen frühern Untersuchungen haben mich besonders die Schalen von *Pinna*, *Malleus* etc. ganz besonders angesprochen. Der ganze äussere Theil dieser Schalen besteht aus einem Zellgewebe, welches zu den schönsten und regelmässigsten im ganzen Thierreiche gehört, und jedes dünne Stück einer solchen Schale gibt ohne weitere Zubereitung ein schönes Object für das Mikroskop. Die Zellen sind gewöhnlich sechseckig-läng-lich, mit spitzen Enden, sind mit Kalk erfüllt und stehen mit ihrer Längenaxe senkrecht auf der Muschelfläche. Fig. 76 stellt einen Quer-bruch einer dickeren Schale von *Pinna* Fig. 73 dar. Bei den Schalen der Hammermuschel kann man auch ganz leere und nur theilweise ausge-füllte Zellen beobachten, wenn man jene dünnen Plättchen betrachtet, welche in den hohlen Räumen dieser Schalen gleichsam Querwände bilden. Ich habe mir viele Mühe gegeben, an geschliffenen Plättchen der Schale von *Pinna* vorzüglich, deren Zellen ziemlich gross sind, ein Polarisationsbild zu bekommen, aber immer vergebens, indem die Kalksubstanz nicht den nöthigen Grad von Durchsichtigkeit besitzt.

Ich tauchte nun ein Stück in wenig verdünnte Essigsäure und betrachtete den Hausenblasen-Abguss des geätzten Stückes unter dem Mikroskope. Es zeigten sich deutlich dreiflächige rhomboedrische Ecke (Taf. IX, Fig. 74), die innerhalb derselben Zelle eine parallele, in den angrenzenden aber eine verschiedene Lage haben. Zuweilen steht der Kalkspath der einen Zelle gegen jenen der nächsten in dem Verhältnisse der Zwillingsbildung. Dadurch ist es erklärbar, dass beim Zerbrechen der oft bedeutend dicken Schale von Pinna keine Theilbarkeit wahrgenommen werden kann, indem dieselbe immer nur innerhalb des Raumes der ganz dünnen Zellen erscheinen kann. Es findet sich also bei den Arten von *Pinna, Malleus* u. a. sowohl das prismatische als auch rhomboedrische Kalkhaloid zur Bildung derselben Schale verwendet, indem der Kalkspath durch Erfüllung der Zellen den ganzen äusseren Theil, der Arragonit den kleineren inneren perlmutterartigen Theil am Schlosse bildet.

Aus den gemachten Untersuchungen an den kalkigen Theilen der wirbellosen Thiere geht hervor:

1. dass die kleinsten Theile schon beim lebenden Thiere eine krystallinische Structur haben, eine bestimmte Lage besitzen, und krystallisirter kohlensaurer Kalk sind;

2. dass dieser Kalk entweder dem rhomboedrischen oder dem prismatischen Krystallsysteme angehöre;

3. dass bei einigen Gebilden blos rhomboedrischer Kalk allein, bei anderen rhomboedrischer und prismatischer, und zwar bald der eine, bald der andere in grösserer Menge vorhanden ist. So bestehen die Schale und die Stacheln der Cidaris-Arten und der meisten Muscheln, welche keinen Perlmutterglanz haben, blos aus rhomboedrischem, bei *Melleagrina* grösstentheils aus prismatischem, bei *Pinna, Malleus* der äussere grössere aus rhomboedrischem, der innere kleinere perlmutterglänzende aus prismatischem Kalk;

4. dass bei den Stacheln der Cidaris-Arten die Axe des Stachels mit der rhomboedrischen Axe zusammenfällt, und die Oberfläche jeder Muschelschale einer Fläche senkrecht auf der rhomboedrischen, oder auf der prismatischen Axe entspricht.

Die beigegebenen Zeichnungen sind vom Herrn Assistenten Hannimann, welcher mich bei diesen Untersuchungen thätigst unterstützte, mit der grössten Genauigkeit, mit Zuhilfenahme des Mikroskopes nach der Natur angefertigt worden.

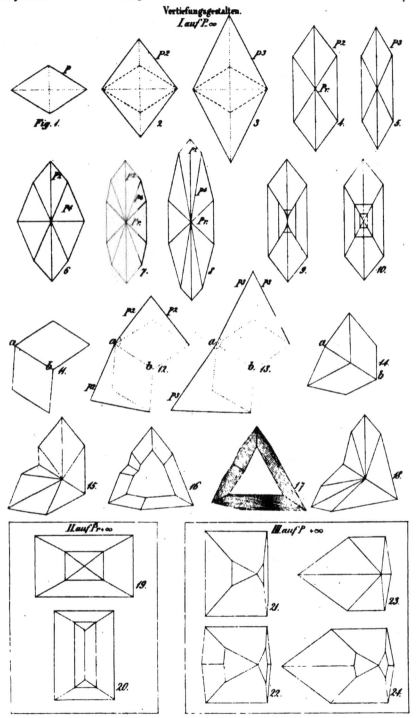

Vertiefungsgestalten.

I. auf P. ∞

Krystalle v Horschenz und Vertaison

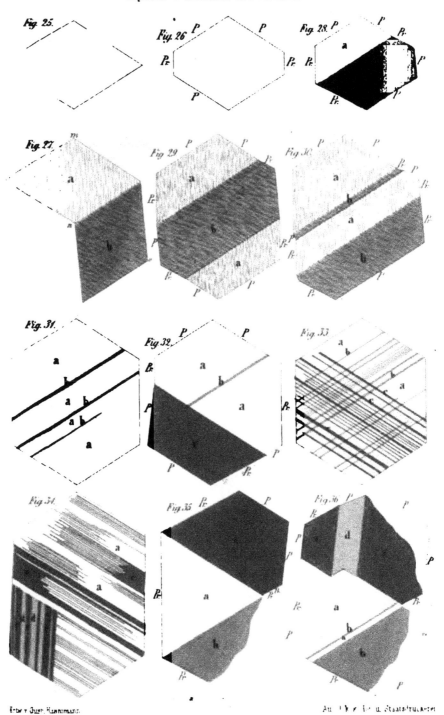

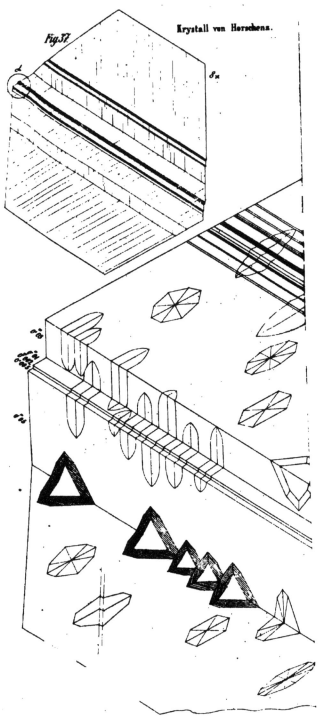

Fig 57.

Krystall von Horschenz.

Entw v Oust Hannmann.

Sitzungsb. d. k. Akad. d. W. math. naturw. CLXIX.B

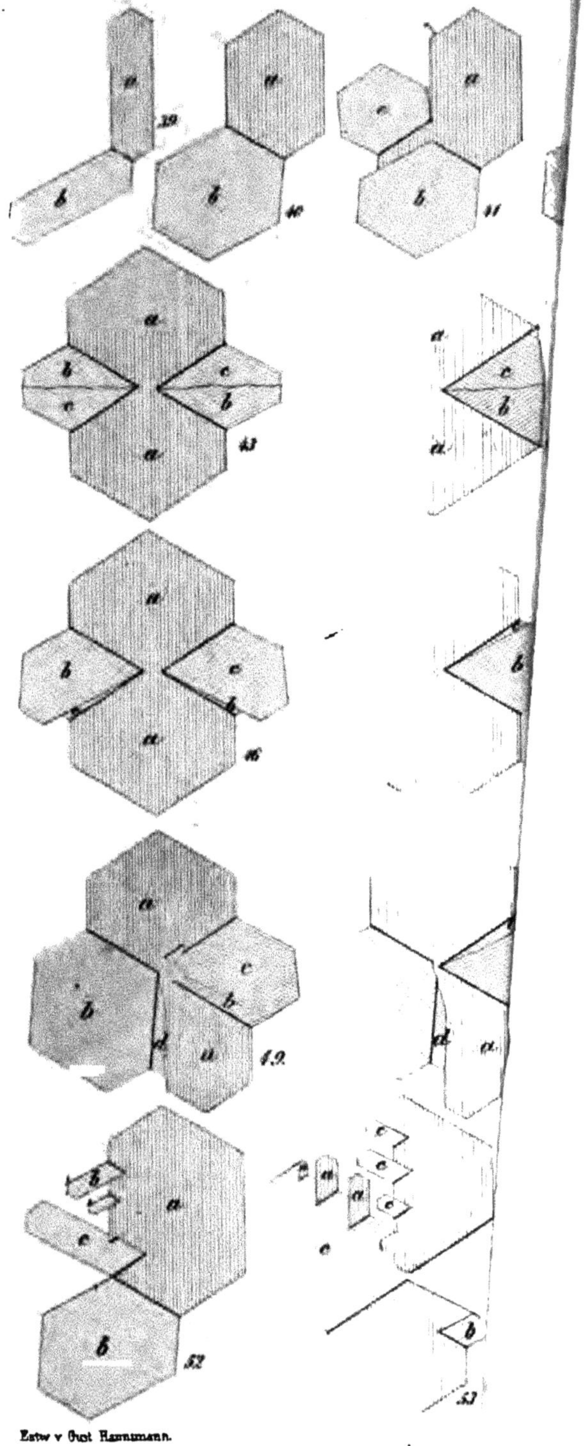

Lith. v Gust. Rammann.

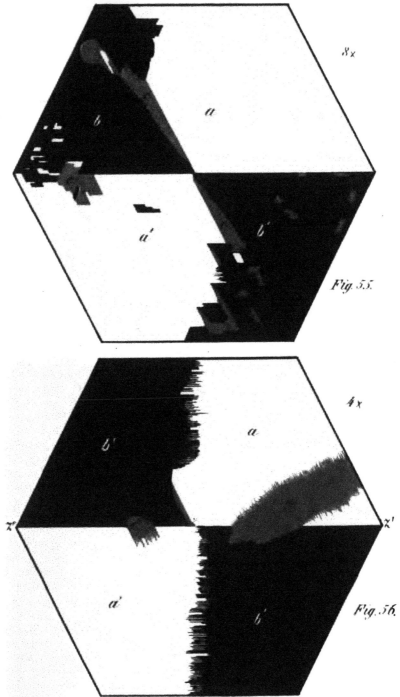

Fig. 55.

Fig. 56.

Gez. v. Gust. Hannimann   Aus d. k. k. Hof- u. Staatsdruckerei

Sitzungsb. d. k. Akad. d. W. math. naturw Cl XIX Bd. I. Heft. 1856.

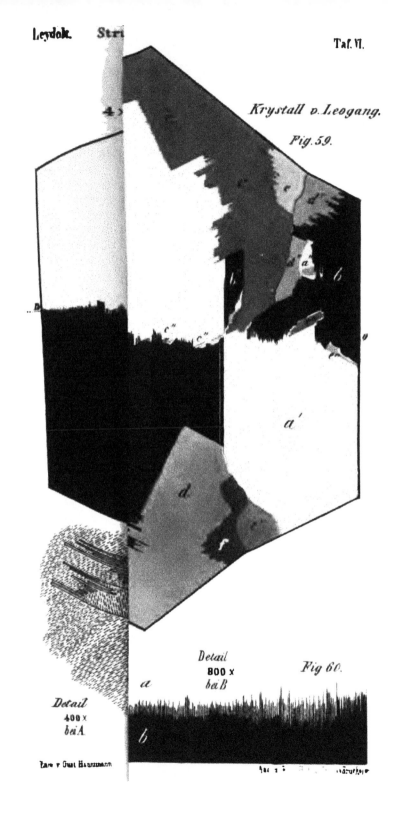

Krystall v. Leogang.

Fig. 59.

Detail
800 x
bei B

Fig 60.

Detail
400 x
bei A.

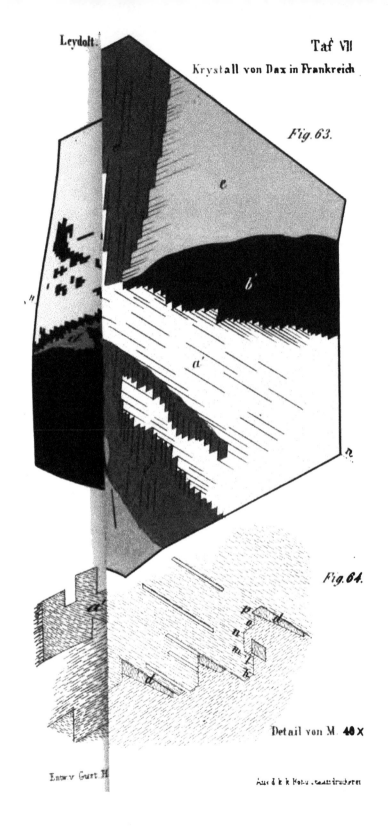

Fig.63.

Fig.64.

Detail von M. 40 ×

Entw v Gust H

Aus d k k Hofu staatsdruckeri

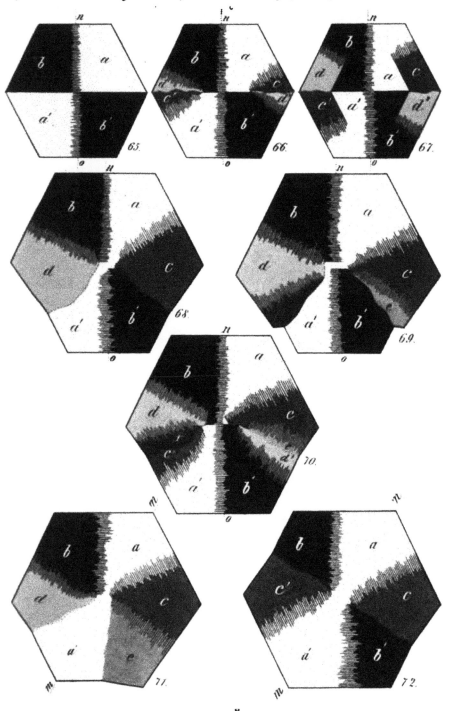

Entw. u. litt. Hauptmann   Aus d. k. k. Hof u. Staatsdruckerei

Sitzungsb. d. k. Akad. d. W. math. naturw. Cl. XIX. Bd. I Heft 1856

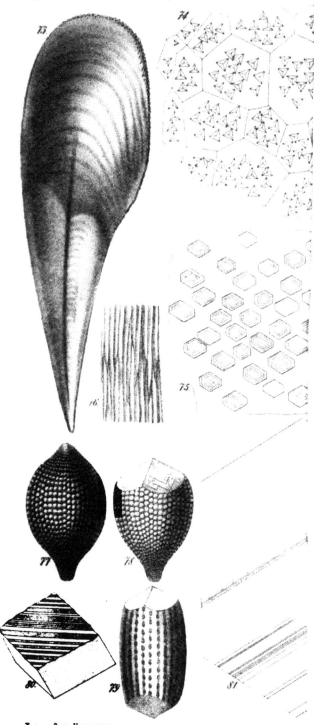

Über die Mundwerkzeuge von Nematoden.

Von dem c. M., Prof. Dr. C. Wedl.

(Mit III Tafeln.)

Schon seit einiger Zeit mit Untersuchungen über die anatomischen Verhältnisse von den Mundwerkzeugen der Rundwürmer beschäftigt, erlaube ich mir das Ergebniss dieser Untersuchungen der hochverehrten mathem.-naturwiss. Classe vorzulegen. Ich habe die Arbeit in der Absicht unternommen, nähere Aufschlüsse über die Haftorgane, den Bohr- und Triturationsapparat der benannten Würmer zu erhalten und so einige Einsicht in die entsprechenden physiologischen Acte zu gewinnen; zugleich lag es mir ob, einige pathologische Veränderungen der Gewebe, wo der Wurm der benannten Ordnung nistet, des Näheren zu bezeichnen. Auch hat die Anatomie des Kopfes meiner Meinung nach nicht blos eine physiologische und pathologische, sondern auch eine systematische Bedeutung, wie sich dies insbesondere bei den Askariden ergeben wird.

Schon seit lange wird die Wichtigkeit, ob ein Nematode am Kopfe bewaffnet, mit Zähnen an seinem Lippenrande versehen sei oder nicht, wie die äussere Conformation des Kopfes sich verhalte u. s. w. anerkannt; Belege hiefür liefern die Schriften von Rudolphi, Bremser, Mehlis, Dujardin, Diesing, Siebold, Blanchard u. m. A. Ich habe mich bemüht, in der vorliegenden Abhandlung die Polymorphie in der Mechanik der Mundwerkzeuge zu zeigen, welche ohne Zweifel im engen Zusammenhange mit dem bestimmten Wohnorte des Thieres steht. So muss z. B. ein Rundwurm, der im Magen oder Dünndarm lebt, andere Adhäsionsmittel besitzen als ein anderer, der im Blinddarm wohnt, so muss ein Rundwurm, der sich in die Gewebe einbohrt oder Hämorrhagien hervorruft, Mundwerkzeuge besitzen, die ihn hiezu befähigen. Im Allgemeinen dürften die am Kopfe bewaffneten und die mit Zähnen

versehenen Nematoden nicht so selten sein, als man bisher angenommen hat.

Bei den Untersuchungen über die zuweilen sehr complicirten
Mundwerkzeuge der Nematoden ist es, wie es sich wohl von selbst
versteht, nothwendig, dieselben von aussen und innen, und von den
Seiten zu betrachten. Längs- und Querdurchschnitte des Kopfes sind
hiezu unerlässlich. — Das bezügliche Material babe ich grösstentheils selbst gesammelt; einige werthvolle Exemplare verdanke ich
der Güte der Herren Directoren V. Kollar und H. Schott und
des Herrn Prof. Dr. Bruckmüller.

Ich will gleich mit der Familie der Askariden beginnen, von der
ich 14 verschiedene Arten zu untersuchen Gelegenheit hatte, die
gruppenweise wesentliche Verschiedenheiten in der Bauart ihrer
Mundwerkzeuge darbieten.

Betrachtet man eine der drei Mundlippen von *Ascaris megalocephala* (Cloquet) von der Innenseite, so wird man zunächst dem Rande
der dickhäutigen Lippe leicht einen gezähnten Saum gewahr, der
bald über jenen vorragt, bald etwas mehr oder weniger nach einwärts gerückt ist. Die Sache verhält sich nun einfach so: Bekanntlich
besitzt jede der 3 Lippen einen centralen, parenchymatösen Theil, der
aus einer verschwommenen granulären Masse besteht und mit einer
ziemlich scharfen Begrenzung nach aussen hin endigt (s. Fig. 1 *a*).
Der periphere Theil der Lippen zeigt eine transparente, resistente
Masse, die von einer dicken Chitinhülle [1]) umgeben ist. Verwachsen
mit der abgeflachten Innenwand je einer Lippe liegt eine Hautlamelle,
die unterbrochene, concentrisch verlaufende Streifen besitzt (s. Fig.
1 *b, b*); dieselben können wohl kaum als der Ausdruck einer Faltung
gelten, indem sie auch im ausgespannten Zustande jener Membran
sich vorfinden, sondern dürften eher musculöser Natur sein. An dem
peripheren Saume der besagten Membran nun sitzt eine einfache
Reihe von mit einander verschmolzenen, von beiden Seiten (der
Aussen- und Innenseite) abgeflachten Zähnen (s. Fig. 1 *c*). Dieselben
erreichen eine Höhe von 0·0096 Millim., laufen bald konisch in
eine zuweilen stumpfe Spitze aus oder besitzen zwei an einander
gedrängte Spitzen; sie sind allenthalben an dem Saume der mit der

---

[1]) C. Schmidt hat Chitin bei mehreren Würmern, unter anderen auch bei *Ascaris*
nachgewiesen (s. A. Menzel, die Chitingebilde. Zürich 1855, S. 12).

Innenseite der Mundlippe grösstentheils verwachsenen Hautlamelle vorfindlich.

Nachdem nun die Existenz der letzteren an der benannten grossen Ascaris des Pferdes evident geworden war, wurde consequenter Weise auch bei anderen Askariden darnach gesucht. Bei der viel kleinern *Ascaris marginata* (Rud.) des Hundes ist der gezähnte Saum wohl viel zarter, jedoch selbst noch bei einer mittelstarken Vergrösserung ganz gut erkennbar. Spaltet man den Kopf derartig nach der Länge dass die Innenflächen der drei Lippen gegen den Beobachter gekehrt sind, so erscheint an der Basis der Lippen am meisten nach innen gekehrt ein derber parenchymatöser Körper, die Schlundröhre (s. Fig. 2 *a, a, a*), die in drei stumpfe konische Papillen endigt. Jede der letzteren wird abermals von einer gleichnamigen mehr nach aussen liegenden überragt. Diese beiden Papillenreihen sind gegen die Mundhöhle hin gerichtet und wahrscheinlich contractil. Mehr nach aussen liegen die beiden parenchymatösen Fortsätze je einer Lippe (s. Fig. 2 *b, b*), die bei der genannten *Ascaris* in Form von am Grunde mit einander verschmolzenen, fingerförmigen, gegen einander geneigten, granulären Körpern den Centraltheil je einer Lippe constituiren. Rückt man in der Beobachtung gegen den Rand der Lippe vor, so erscheint die transparente Lamelle (s. Fig. 2 *c, e*) mit dem daran stossenden Rand der Lippe (*d, d*); etwas einwärts von Letzterem, liegen die feinen Zähne der transparenten Lamelle, und sind dieselben in der ganzen Peripherie der Lippen leicht zu verfolgen.

Ascaris mystax (Rud.) aus dem Darm der Hauskatze und die wohl kaum als eine besondere Species anzusehende *Ascaris leptoptera* (Rud.) aus dem Darme des Löwen bieten hinsichtlich ihrer Mundlippen einen jenen der *Asc. marginata* (Rud.) ganz analogen Bau dar.

Bei *Ascaris lumbricoides* (Linné) aus dem Darme des Menschen findet sich ein im Verhältniss zur Grösse der Lippe nur schwach gezähnter Saum vor (s. Fig. 3, *a*); parenchymatöser Theil; *b*) gezähnte Hautlamelle; *c*) gewulsteter Rand der Lippe. Bei *Asc. lumbri coid.* aus dem Darme des Hausschweines treten die Zähne stärker hervor.

Auch bei einer *Ascaris depressa* (Rud.), welche von einem *Falco ater* mit dem Kothe abging und bei *Ascaris Serpentulus*

(Rud.) aus dem Darme der gemeinen Trappe konnte ich den
gezähnten Saum zunächst dem Rande der Lippe noch sehr deutlich
unterscheiden.

Nach dem Gegebenen wäre man beinahe zu der Meinung ver-
leitet, dass die beschriebene gezähnte Hautlamelle ein genereller
Bestandtheil von *Ascaris* sei; dem ist aber nicht so. *Ascaris compar.*
(Schrank) aus dem Darme von *Tetrao Urogallus* weist keine
gezähnte, sondern eine glatte Lamelle nach, wie dies gleich näher
erörtert werden soll. Jede Mundlippe ist dreilappig (s. Fig. 4); der
mittlere Lappen ist der grösste, und die beiden seitlichen stehen als
flügelartige Ansätze daneben. Der parenchymatöse Theil der einigermassen kleeblatt-ähnlichen Lippe ist entsprechend den Curven der
letzteren begrenzt (s. Fig. 4 *a*). Der transparente Theil der Lippe
(*b, b*) ist mit einer dicken Chitinhülle bekleidet (*c, c*). Von der
innern Oberfläche je einer Lippe entspringt ein anscheinend structurloser, an dem Rande glatter und bogenförmig gekrümmter Hautlappen (*d*), welcher den Rand der Lippe überragt und, wie es aus
der Abbildung ersichtlich, unbedeutend schmäler als die Basis der
Lippe ist.

Einen ähnlichen, zahnlosen Hautlappen fand ich an den Lippen
einer *Ascaris*, die ich in dem *proventriculus* von *Ciconia alba*
antraf, jedoch nicht näher bestimmte. Es möge hier nur angeführt
werden, dass die benannte *Ascaris* verschieden von *Ascaris microcephala* (Rud.) ist, die auch zuweilen ihren Wohnsitz in dem
Magen des Storchen aufschlägt. Der Kopf von jener *Ascaris* ist
nicht wie bei dem der letzteren abgeschnürt, sondern läuft in einer
anscheinend ununterbrochenen Linie mit jener des Körpers fort; auch
ist er weich, besitzt eine dreieckige Mundöffnung und zarthäutige
Lippen, ja diese sind so weich, ihr Parenchym zerfällt so leicht,
dass sie bei der Präparation eine zartere Behandlung erheischen.
Die abgetrennte Lippe hat ungefähr die Gestalt einer abgeplatteten
Halbkugel (s. Fig. 5). Das Parenchym zeigt eine concentrisch
verlaufende bogenförmige Begrenzungslinie (*a*). Von der innern
Oberfläche der zarthäutigen, leicht platt zu drückenden Lippe ragt
eine glattrandige Hautlamelle hervor (*c*), welche gleichfalls eine
bogenförmige Begrenzung zeigt.

Ascaris vesicularis (Frölich) = *Heterakis vesicularis*
(Dujard.) aus den Blinddärmen der Haushenne und des Fasans hat

nach vorne abgeplattete Lippen aufzuweisen, an deren Aussenseite
kurze konische Körper (Taster?) (s. Fig. 6 *a*) aufsitzen. Die Mundöffnung führt zu einer ziemlich geräumigen, länglichen, anscheinend
unvollkommen geschlossenen Mundhöhle (s. Fig. 6 *b*), die nach unten
abgerundet endigt und zu einem engeren Canal leitet. Der Eingang
in den quergerifften Theil des *Oesophagus* (Schlundröhre) ist mit
drei hornigen Klappen versehen, deren auch Dujardin (Histoire
natur. des helminth. S. 123) erwähnt (s. Fig. 6 *c*). Es ist ihm
jedoch entgangen, dass die Schlundröhre eine höchst sonderbare
Eigenthümlichkeit an ihrer inneren Oberfläche besitzt. Es sind daselbst
6 Längsreihen von kurzen, quergestellten Leistchen auffällig, welche
in ihrer Contiguität eine überraschende Ähnlichkeit mit quergestreiften Muskelfasern darbieten (s. Fig. 6 *d*). Dass dieselben nicht
als letztere gelten können, geht schon aus dem einfachen Umstande
hervor, dass sie nach Einwirkung von kohlensauren Alkalien um so
deutlicher hervortreten, also wahrscheinlich hornähnlicher Natur sind.
Die Leistchen sind sehr nahe an einander gerückt; ihr gegenseitiger,
allenthalben gleichmässiger Abstand beträgt kaum mehr als 0·001
Millim.; sie verschwinden im unteren Theile der langen Schlundröhre
und sind nicht mit den dickeren, quergelagerten gewöhnlichen Muskelfasern der Schlundröhre zu verwechseln. An der Innenfläche der
Lippen konnte ich weder bei *Ascaris vesicularis* noch bei der
kaum als eine eigene Species zu betrachtenden *Ascaris dispar*
(Schrank) aus den Blinddärmen von *Anser ciner.*, da diese nur
eine grössere Varietät der erstern ist (vgl. Dujard. hist. nat. d.
helm. 226 und Diesing syst. helm. II, S. 149), gezähnte oder glatte
Lamellen nachweisen; auch an der Aussenseite der Lippen befinden
sich keinerlei flügelartige Ansätze; hingegen beobachtet man gleich
hinter dem Kopfe an den beiden Seiten des Thieres eine ziemlich
rigide, chitinartige, transparente, von beiden Flächen sich zuschmälernde und von einem scharfen Rande begrenzte Membran, auf welche
schon Creplin (Observ. de entoz. S. 17) aufmerksam machte
(s. Fig. 6 *e, e*). Dieselbe ist nur bei der Rücken- und Bauchlage des
Thieres zu sehen, erreicht bald ihre grösste Breite und nimmt an
letzterer nach und nach gegen den Hintertheil ab, bis sie endlich ganz
verschwindet.

Ascaris microcephala (Rud.) aus den Mägen von *Ardea
stellaris, purpurea, cinerea, nycticorax* und *Halieus carbo*

kriecht zuweilen in den *Oesophagus* aufwärts; einmal traf ich sie
in einer sehr grossen Menge bei einer *Ardea ciner.* selbst in der
Bauchhöhle; einige Würmer hatten sich fest in die Leber eingebohrt.
Der Kopf sitzt als abgerundeter convexer Körper vorne auf. Die
Mundwerkzeuge sind complicirter in ihrem Bau, als dies bei den vor-
hergebenden Askariden der Fall ist; sie besitzen nämlich neben den
3 Hauptlippen, 3 Neben- oder eingeschobene Lippen *(labia interca-
laria)*, von deren Existenz und Conformation man erst nähere Kenntniss erhält, wenn man die beiden Hälften des senkrecht halbirten
Kopfes betrachtet. Die eigentlichen oder Hauptlippen haben eine
abgerundete Gestalt und sind mit einer dichten Chitinhülle versehen
(s. Fig. 7 *a, a*); an ihrem vordersten Abschnitte ragen zwei dickhäutige flach gekrümmte Ansätze hervor (s. Fig. 7 *a'*), die ihrerseits an ihren Aussenseiten zwei kurze, konische, zahnähnliche
Fortsätze tragen (*b, b*); der letzteren sind also an den drei Lippen sechs. Der parenchymatöse Theil der Lippen (*d*) schickt zwei
kurze, stumpfe Fortsätze nach vorne und steht an der Basis des Kopfes
mit jenen in Verbindung, welche den Centraltheil der Nebenlippen
bilden (*g, g*). Diese haben eine fingerförmige Gestalt, und eine
gegen die Hauptlippe hingerichtete gekrümmte Stellung (*e, e*); von
ihrem gestreckten, parenchymatösen Centraltheile (*g, g*) gewahrt man
zarte Streifen auslaufen, welche dem transparenten, peripherischen
Theile der accessorischen Lippen ein geripptes Ansehen verleihen.
Endlich ist noch zu bemerken, dass an die Innenseite je einer Hauptlippe sich eine auf breiter Basis aufsitzende, stumpfwinkelige Papille
anlagert (*f*), von der ich nicht entscheiden konnte, ob sie eine Fortsetzung der Längsmuskelfaserschichte (des musculösen Cylinders)
des Wurmes oder, was mir wahrscheinlicher dünkt, mit der Schlundröhre im Zusammenhange stehe.

Es ist demnach ersichtlich, dass die etwa um $1/3$ schmäleren und
tiefer als die Hauptlippen entspringenden eingeschobenen Lippen (*e, e*)
zum Verschluss wesentlich beitragen und als ein charakteristisches
Merkmal für die besagte *Ascaris* anzusehen sind.

Die Mundwerkzeuge von *Ascaris rigida* (Rud.) aus dem Magen
von *Lophius piscatorius* sind nicht minder complicirt, als jene der
vorigen *Ascaris*. Die Lippen zeichnen sich durch ihre beinahe vier-
eckige Gestalt aus; nach vorne zeigen sie eine flach convexe Krümmung
und an ihrer Aussenseite, da wo die vordere convexe Seite mit dem mehr

gerade begrenzten Seitentheile zusammenstösst, ein stark markirtes Knötchen (s. Fig. 8 *a, a*). An der Innenseite, da wo die eine Lippe mit der andern zusammenstösst, ist ein tiefer halbmondförmiger Einschnitt zu bemerken; die hintere Seite ist durch einen tiefen Einschnitt von dem Körper des Thieres getrennt. Jede Lippe hat einen gabelig getheilten parenchymatösen Centraltheil, der in der Abbildung (s. Fig. 8 *b, b*) durch die darüber gelagerte Platte scheint. Die Chitinhülle der Lippen ist beträchtlich, auch hat dieselbe rippenähnliche Verdickungen aufzuweisen (*e, e*), welche nicht etwa als auszuglättende Falten anzusehen sind. Der schon besprochene halbmondförmige Ausschnitt an der Innenseite der an einander stossenden Lippen wird theils durch stumpf abgerundete, von einer breiten Basis entspringende dünnhäutige Fortsätze zum Verschluss gebracht (s. Fig. 8 *d, d*), der jedoch nur unvollständig wäre, wenn nicht von hinten her ein analoger, transparenter, flacher Kegel (*f*) in den frei gelassenen Zwischenraum sich hineinlegen würde. An der Innenfläche je einer Lippe liegt eine, allem Anscheine nach musculöse Lamelle (*c, c*), die bei einem abgerundeten Rande eine feine Längsstreifung mit eingestreuten rundlichen Kernen an sich trägt. Die vorderen Endtheile der Schlundröhre (*g, g*) überragen nach hinten und innen die musculösen Lappen.

Ascaris Acus (Bloch) aus dem Darme von *Esox Lucius* mit seinem verhältnissmässig kleinen Kopfe, besteht aus drei herzförmigen Lippen, an deren Aussenseite, wie schon Dujardin (s. hist. n. p. 213) angegeben hat, ein stumpfhöckeriges Knötchen sitzt. Die Chitinhülle ist dick; an der Innenfläche der Lippen haftet gegen vorne zu ein transparentes glattrandiges Läppchen, in welcher Hinsicht sich diese *Ascaris* an *Ascaris compar* reihet.

Bei *Ascaris bicuspis* (Mihi) aus dem Magen vom *Scyllium Catulus* habe ich die transparenten Läppchen an der inneren Oberfläche der kleinen, mit wenig Parenchym versehenen Lippen vermisst; hingegen erschien mir, nach Wegnahme des starken, langen *Oesophagus*, der sehr weit nach vorne reicht und mit einer ausgeprägten bulbösen Anschwellung beginnt, eine dünnhäutige Lamelle, welche kranzartig den Eingang in den *Oesophagus* umgibt und den Verschluss an dem Hintertheil der Lippen vervollständigt. Es erhält somit der Eingang in die Schlundröhre eine trichterförmige Gestalt.

Eine ganz ähnliche Vorrichtung lässt sich leicht an dem unversehrten Kopfe bei *Ascaris nigrovenosa* (R u d.) aus den Lungen von *Bufo cinereus* nachweisen. Der *recessus* zwischen den drei aneinander stossenden Lippen (s. Fig. 9 *b*) bildet zugleich die Eingangsstelle in die Schlundröhre (*c*), die sich hier zu Folge einer querüber gespannten, einerseits mit den Wurzeln der Lippen, anderseits mit dem vordersten Abschnitte des *Oesophagus* verwachsenen Membran trichterförmig gestaltet. An der Aussenseite besitzt der Kopf die bekannten drei flügelartigen Ansätze (s. Fig. 9 *a, a', a'*), die durch brückenartige, schiefe, membranöse Fortsätze miteinander verwachsen sind. Betrachtet man die Eingangsöffnung in die Schlundröhre von rückwärts im Querschnitt, so erscheint sie sechseckig verzogen (s. Fig. 10 *a*) von den musculösen, radial angeordneten Bündeln (*b*) der Schlundröhre. Endlich sind noch die vier symmetrisch vertheilten, gegenständigen, streifigen Bündel zu erwähnen, welche von der Peripherie der Schlundröhre an dessen vorderstem Abschnitte nach aussen ziehen (s. Fig. 10 *c*) und bei welchen ich es wohl dahin gestellt sein lassen muss, ob sie ligamentöser oder nervöser Natur seien.

Die drei Lippen von *Oxyuris vermicularis* (B r e m s e r) stehen gleichfalls mit drei membranösen Blättern in Verbindung, welche jedoch im frischen Zustande des Thieres nur als ein ganz schmaler Saum erscheinen; erst wenn man die ganz enge anliegenden Hautlappen im Wasser aufquellen lässt, erscheinen sie wie in Fig. 11 *a, a' a'*. Die bekannten Kopfflügel des Würmchens, welche sich auch nach rückwärts über den vordersten Abschnitt des Leibes erstrecken, und gewiss nicht, wie D u j a r d i n (l. c. p. 138) zu vermuthen scheint, durch Endosmose also künstlich entstanden sind, denn man trifft sie stets bei wohlerhaltenen Exemplaren, werden, da sie sich an den beiden Seiten des Thieres inseriren, nur bei der Rücken- und Bauchlage des letzteren ganz deutlich. Diese sogenannten Flügel bestehen aus bandartigen, transparenten Streifen (s. Fig. 11*b*), welche dem Ganzen ein geripptes Ansehen verleihen; dieselben sind nur als ein Ansatz zur äussern Chitinhülle des Leibes zu betrachten.

Bevor ich zu den Mundwerkzeugen des nächsten Nematoden übergehe, bin ich genöthigt eine kurze Beschreibung desselben voranzuschicken, um so mehr, da mir seine Form nicht beschrieben zu sein scheint. Ich habe diesen ansehnlichen Rundwurm von etwas über 1 Decim. Länge und einer Breite von 3 Millim. in der Mitte in dem oberen Theile der linken Brusthöhle bei *Fulica atra* gefunden. Es war ein Weibchen von blutröthlicher Färbung, das ganz frei lag. Trotz mannigfacher Nachforschungen, das entsprechende Männchen zu entdecken, wollte es mir nicht gelingen, daher ich auch ausser Stande bin, eine systematische Bezeichnung zu geben. Ziemlich nahe, insbesondere was die Hautbewaffnung anbelangt, steht jener von Rudolphi (s. Hist. nat. entoz. p. 237) im *Oesophagus* von *Scolopax gallinulla* gefundene Wurm, von welchem er auch auf Taf. III. Fig. 8—10 eine Abbildung gegeben hat. Er bezeichnete ihn als *Strongylus horridus*, wandelte jedoch in seiner Synops entoz. p. 28. diesen Namen in *Spiroptera Gallinullae* um, ohne weiter in der Beschreibung etwas hinzuzufügen. Diesing (Syst. helm. II, pag. 222) führt ihn als *Spiroptera horrida* auf. Dujardin (l. c. S. 290) hat den Gattungsnamen *Histrichis* für einen von ihm im harten Knoten des Vormagens der Wild- und Hausente aufgefundenen stacheligen Nematoden vorgeschlagen und die Species-Benennung *tricolor* hinzugefügt, da derselbe nach aussen weiss, in der Mitte dem Darme entsprechend, schwarz und in den Zwischenlagen und der ganzen Oesophagusgegend lebhaft roth gefärbt war. Das Männchen ist Dujardin unbekannt geblieben.

Der von mir in der Brusthöhle von *Fulica atra* gefundene Wurm gehört, wie ich kaum bezweifeln möchte, dem von Dujardin statuirten Genus *Hystrichis* an, wie sich dies aus Folgendem gleich näher ergeben soll. Das Thier ist in der Mitte am dicksten und nimmt gegen sein vorderes und hinteres Ende bis auf etwa den vierten Theil des Umfanges ab. Am Vorderende tritt der Kopf als eine merkliche knopfförmige, abgerundete, jedoch nach vorne zu abgeflachte Anschwellung hervor; das Hinterende ist stumpf, abgerundet. Sowohl an diesem, als an jenem ist die dicke, aus mehreren Schichten zusammengesetzte Umhüllungshaut hervorzuheben, welche dem Thiere daselbst ein transparentes, bei auffallendem Lichte weisses Ansehen verleiht. Da übrigens, wie oben angegeben wurde, der Wurm im frischen Zustande eine blutröthliche Färbung besass, und der Darmcanal als dunkler Streifen durchschimmerte, so waren auch bei meiner *Hystrichis* die von Dujardin hervorgehobenen 3 Farben vorhanden. Der lange und dicke Uterus beherbergt eine Unzahl von ovalen, dünnschaligen 0·084 Millim. langen, 0·052 Millim. breiten Eiern; man trifft übrigens unter den Entwickelungsformen der Eier im *Ovarium* auch dreieckige und konische Formen an. Die Stellung der *Vulva* an dem einzigen Exemplare zu ermitteln, war mir nicht möglich, da das verhältnissmässig grosse Thier bei der Eröffnung der Brusthöhle von *Fulica* etwas verletzt wurde, wodurch ein Hervorgedrängtwerden der Eingeweide bewerkstelligt war.

Den interessantesten und charakteristischen Abschnitt bietet die Hautbewaffnung des vorderen Leibestheiles und Kopfes. Der letztere ist, wie oben erwähnt, nach vorne abgeplattet und zeigt im Centrum der vorderen Fläche den runden Mund (s. Fig. 12 Profilansicht, Fig. 13 Flächenansicht des Kopfes); derselbe ist mit einem hornigen *Limbus* umgeben, an den sich die starken Bündel von Radialmuskelfasern befestigen. Da nun die vordere Kopffläche nicht eben, sondern flach gekrümmt ist (s. Fig. 12), so verlaufen die Radialbündel des Mundes in einer entsprechenden Krümmung und es ist auf diese Weise allerdings erklärlich, dass der Mund bei den abwechselnden Contractionen und Relaxationen bald vor, bald rückwärts geschoben werden könne *(bouche protractile Dujard.)*. Von vorne betrachtet, erscheint der Kopf scheibenförmig und mit einem Kranze von konischen starken Stacheln umgeben (s. Fig. 13); dieselben haben daselbst einen Längendurchmesser von 0·036 Millim., an der Basis sind sie 0·016 Millim. breit, in der Mitte besitzen sie eine transparentere Medullarschichte, welche von der festen hornigen Corticalschichte gleichmässig umhüllt wird; letztere erscheint auch bei durchgehendem Lichte gelblich. Die Stacheln der zunächst auf die erste Reihe folgenden sind etwas stärker mit ihrer Spitze nach rückwärts gekehrt (s. Fig. 12 *b*), allenthalben in der Haut gleichmässig vertheilt und in querliegenden Reihen angeordnet; nach rückwärts werden sie kleiner und verschwinden endlich 3 Millim. vom Kopfende entfernt völlig. Jeder Stachel besitzt eine Scheide, welche von der aus mehreren concentrischen Schichten bestehenden Hautdecke in Form einer Halbkugel sich erhebt; in dieselbe ragt ein zapfenähnlicher, aus moleculärer Masse bestehender Körper (s. Fig. 14 *a*), der anscheinend mit der Längsmuskelfaserschichte (*b*) in Verbindung steht, jedoch wie es mir wahrscheinlicher dünkt, als eine Fortsetzung jener strahligen Schichte (wohl musculöser Natur?) zu betrachten ist (*c, c*), welche rings um die querdurchschnittene, mit einer dreieckigen Öffnung in seiner Mitte versehene Schlundröhre gelagert ist. Es ist bei der Fig. 14 gegebenen Abbildung zu bemerken, dass dieselbe einen Querdurchschnitt aus dem vordersten Leibesabschnitte darstellt, wobei 2 Stachelreihen in den Schnitt hineingefallen sind, und die Längsmuskelfaserschichte (*b*) sich derartig umgelegt hat, dass sie eine radiale Anordnung hat. Um die äussere Oberfläche der Schlundröhre herum liegen einige längen gebliebene Ganglienzellen.

Dujardin (l. c.) gibt von der Hautdecke an, dass dieselbe durch eine Art von Mause fähig sei sich zu erneuern, und unter der alten mit Stacheln versehenen Decke eine andere gleichfalls mit Stacheln versehene sich befinde. Ich konnte mich an sehr feinen, natürlich nur partiell gelingenden Querdurchschnitten der äusseren Decke von einer unterliegenden Stachelschichte durchaus nicht überzeugen, und fand nur allenthalben eine einfache. Dass die Stachelspitzen wenigstens bis auf einen gewissen Grad durch den Strahlenmuskel (s. Fig. 14 *c, c*) in die so dicke Haut (s. Fig. 12 *c*) zurückgezogen werden können, dürfte wohl kaum zu bezweifeln sein, wodurch der Act der Einbohrung wesentlich erleichtert wird, indem das Beiseiteschieben der Gewebe durch die in mannigfacher Richtung wirkenden Keile (Stacheln) desto eher ermöglicht wird.

Spiroptera megastoma (Rud.) aus dem Magen des Pferdes besitzt eine grosse, trichterförmige Mundhöhle, deren erweiterter Theil, nach vorne gelegen, sich zu dem grossen Munde öffnet (s. Fig. 15 *a*), während der engere Theil schlauchartig nach rückwärts verlauft und von den Muskeln der Schlundröhre umschlossen wird. Die Mundhöhle ist mit einer dicken Lage einer chitinartigen Substanz ausgekleidet (s. Fig. 15 *b*), die nach Einwirkung von Ätzkali um so deutlicher hervortritt und eine sehr gleichförmig fein getüpfelte Masse vorstellt. Wahrscheinlich entsprechen diese Tüpfel einer Menge von kleinen Erhabenheiten, die die innere Oberfläche der Höhle rauh machen und bei den Bewegungen des Kopfes als Triturationsapparat dienen; auch ist nicht zu übersehen, dass durch eine resistente Stütze der Kopf und Vordertheil des Thieres mehr Widerstandsfähigkeit erlangt. Betrachtet man den Kopf von der Seite, so erscheint derselbe zusammengesetzt aus einem breiteren Hintertheil (s. Fig. 15 *d*) und einem abgerundeten Vordertheil (*c*). Von vorne angesehen, zeigen sich die vier paarweise entgegengesetzten Lappen (s. Fig. 16), derer auch Dujardin (l. c. p. 91) gedenkt. Blanchard (Annal. des scienc. nat. III serie XI, p. 164) spricht gleichfalls von vier einander entgegengesetzten Mundlappen. Der Mund ist mit einem gewulsteten Saume umgeben (s. Fig. 16 a) und nach zwei entgegengesetzten Seiten hin mit schlitzförmigen Erweiterungen versehen. Der Boden der Mundhöhle hat wie in der vorigen Figur ein feingetüpfeltes Ansehen (b) und die centrale Öffnung (c) entspricht dem Eingange in die Schlundröhre. Bereitet man sich fernere feine Querdurchschnitte, was am ehesten bei ganz frischen Würmern gelingt, so kommen die Theile zunächst dem Anfange der Schlundröhre auf folgende Weise zu liegen: nach aussen hin die äussere Decke (s. Fig. 17 a), sodann die Muskelfaserschichte (b); weiter nach einwärts befindet sich die kranzförmige Ganglienzellenmasse (c), zwischen welcher und den Muskelfasern zwei brückenartig ausgespannte Faserbündel zum Vorschein kommen (d, d). Ob dieselben dem Nervensysteme angehören oder vielmehr ligamentöser Natur seien, wage ich nicht zu entscheiden; e ist der Eingang in die aus radialen Fasern zusammengesetzte Schlundröhre. Weiter nach rückwärts wird letztere dicker (s. Fig. 18 b), ihr Canal nimmt eine dreieckige Form an (a) und ist mit einer bräunlichgelben, glatten Chitinlage ausgekleidet, die ganz analog jener im vordersten Abschnitte des *Oesophagus* bei vielen Insecten nachgewiesenen Chitinschichte ist. In dem Fig. 18 gegebenen Querschnitte wurde gerade eine Stelle getroffen, wo die Ganglienzellenmasse (c) mit den durchscheinenden ovalen Kernen und Kernkörperchen in Form eines Kreuzes an die Schlundröhre gelagert ist; höchst wahrscheinlich entspricht diese Stelle dem Nervenschlundringe. Geht man in den Querschnitten der Schlundröhre bis zu der dicksten Stelle nach rückwärts, so überzeugt man sich um so auffälliger, dass drei Muskelfasersysteme (s. Fig. 19 a, b, c) das Parenchym der Schlundröhre zusammensetzen, die von der Aussenseite der dunkel contourirten Chitinlage entspringen und strahlenförmig sich an die äussere Wand der Röhre inseriren, in deren Mitte der in drei Schenkel auslaufende Hohlraum liegt.

Die pathologischen Veränderungen in der Schleimhaut und dem submucösen Gewebe des Magens, welche von dem Wurme verursacht werden, indem derselbe sich bekanntlich einbohrt und bald solitär, zu wenigen oder mehreren unterhalb des Niveau der Schleimhautoberfläche sein Leben fortsetzt, sollen bei der nächstfolgenden *Spiroptera* eine nähere Erörterung finden, da sie in ihrer Wesenheit zusammenfallen.

Verschieden von den Mundwerkzeugen der vorigen sind jene von *Spiroptera sanguinolenta* (R u d.) aus dem Magen des Hundes, die in dem hiesigen physiol. Institute gefunden und mir durch Hrn. Prof. Brücke gütigst übermittelt wurde.

Die in der Schleimhaut eingebohrten Würmer bewegen sich in einem verhältnissmässig sehr engen, gewundenen Gange, den sie beinahe ausfüllen; zuweilen stösst man auf eine sackartige Erweiterung desselben. Seine Auskleidung ist glatt, ein trüber Saft lässt sich aus ihm hervordrücken. Bei der näheren Analyse des Saftes ergibt sich, dass es theils Eiterkörperchen theils Bindegewebszellen sind, welche letztere nicht selten in hochgradiger fettiger Degeneration angetroffen werden. Die von dem Wurme producirte Bindegewebsneubildung wächst zu linsen- bis erbsengrossen Knoten an, welche in dem submucösen Bindegewebe ihren Sitz haben. Der milchig getrübte, sie durchtränkende Saft enthält Bindegewebszellen, welche sowohl wegen ihrer grossen, nicht selten mehrfachen Kerne mit 1, 2, 3, Kernkörperchen, ihrer Vielgestaltigkeit und eminenten Neigung fettig zu degeneriren recht lebhaft an die leider noch immer von manchen Autoren als specifisch angesehenen sogenannten Krebszellen erinnern. Sich durchkreuzende Bindegewebsbündel bilden das Stroma dieser Neubildung. Nicht selten stösst man insbesondere in den härteren Knoten mit vorwaltender Faserung auf Fettkörnerhaufen, Aggregate von braungelben Pigmentmolekülen, structurlose, platte, transparente, in Essigsäure unveränderliche, in Alkalien lösliche colloidähnliche Massen, Niederschläge von Kalksalzen, die sich unter Einwirkung von verdünnter Salzsäure zum Theil unter Aufsteigen von Gasblasen aufhellen. Diese kleineren härteren Knoten sind diejenigen, in welchen die *Spiropterae* zu Grunde gegangen sind, und ihr Vorhandengewesensein lässt sich aus Abrissen ihrer quergeringelten Körperdecke beweisen, welche in einer amorphen, braungelben Masse (organischer *Detritus*) eingebettet liegt. Dem zuweilen knapp an die starke Muskelschichte des Magens grenzenden Knoten entsprechend, beobachtet man an der Oberfläche der Schleimhaut eine mehr weniger ausgesprochene glatte, vernarbte Stelle, wo eben der Wurm sich eingebohrt hatte. Ich habe auch 2 Männchen angetroffen, welche mit einem einige Millim. langen Stücke ihres Körpers noch in die Magenhöhle hineinragten und zwar das eine mit seinem Vorder- das andere mit seinem Hinterende.

Dujardin (l. c. S. 89) hat in seinen beiden Fällen nur Männchen gefunden, ich sah in meinem Falle 4 Männchen und 2 Weibchen theils solitär theils gepaart, 1 Männchen und 1 Weibchen in einem Knoten.

Kehren wir nach dieser Abschweifung von unserem Thema zu demselben zurück. Über den Mund von *Spiroptera sang.* lauten die Beobachtungen der Autoren meist dahin, dass er mit Papillen versehen sei. So nennt D i e s i n g (l. c. II, 213) den Mund ein *os papillosum,* D u j a r d i n (l. c. 88) bezeichnet ihn als *bouche grande, entourée de papilles, ou à bord ondulé* und fügt eine Abbildung bei; ebenso B l a n c h a r d (Annales des sciences nat. 3. série Zool. Tom. XI, 159). G u r l t (Path. Anat. I. 353, Tab. VI, Fig. 8) bezeichnet den Mund als mit Wärzchen besetzt, die in der Abbildung als ein Dutzend kleiner konischer, hervorragender Körper gegeben sind. Dieselben können nach der Anzahl, der Hervorragung über den Mundsaum und der Grösse den von mir als Zähne bezeichneten Körpern nicht entsprechen.

Ich habe nämlich den Mund dieses Wurmes und zwar nicht jedes Exemplares mit sechs kleinen, konischen Zähnen bewaffnet gesehen, welche jedoch nur bei einer günstigen Lage des Kopfes beobachtet werden können, da sie an der Innenseite der callösen Mundlippe liegen (s. Fig. 20 *a, a*). In der Vorderansicht stellt letztere einen ziemlich breiten, mit symmetrischen Aus- und Einbuchtungen versehenen Saum vor (s. Fig. 21 *a*). Die Mundhöhle ist geräumig, besitzt in ihrer Mitte einen seichten *Recessus* und hat ein feingetüpfeltes Ansehen (s. Fig. 20 *b* und Fig. 21 *b*), das, wie oben bei *Spiropt. megast.* schon ausgesprochen wurde, einer Unzahl von kleinen Rauhigkeiten entsprechen dürfte. Der Eingang in den dickfleischigen *Oesophagus* (s. Fig. 20 *c, c*) ist oval (s. Fig. 21 *c*). Die äussere Wandung der Mundhöhle (s. Fig. 20 *d*), wird von fächerförmig sich ausbreitenden Muskelfasern gebildet.

Zieht man aus den zusammengestellten Beobachtungen einen Schluss, so kann man sich wohl nur dahin aussprechen, dass *Spirop. sanguin.* wenigstens zeitweilig bewaffnet ist; es wäre nämlich allerdings denkbar, dass die Zähne sich erst in einer gewissen Lebensperiode entwickeln und vielleicht nachher wieder abgeworfen werden.

Strongylus nodularis (R u d.), von welchem ich grössere Exemplare im Duoden, von *Anser ciner.* und kleinere ebendaselbst bei *Fulica atra* antraf, trägt an seinem stark zugeschmälerten Vordertheile den, wie R u d o l p h i (s. dess. Hist. nat. ent. II, 1, S. 231) schon angegeben hat, nach vorne abgestuzten Kopf, jedoch konnte ich nicht, wie dieser Autor, zwei seitliche blasenartige Flügel am Kopfe finden. Da auch Diesing (Syst. belm. II, p. 310) das *caput* als *haud alatum* bezeichnet, so dürfte wohl anzunehmen sein, dass Rudolphi keine frischen Exemplare vor sich hatte. Der Kopf besteht in einem kurzen, transparenten, becherförmigen Ansatze mit einer ovalen Öffnung (s. Fig. 22 *a*), der anscheinend derbhäutig ist und durch einige konische, etwas gekrümmte, nach vorne spitz zulaufende Leistchen seine Befestigung erhält (*b, b*). Die verhältnissmässig weite Mundhöhle führt in die lange Schlundröhre (*c*).

Dujardin (l. c. s. 85) drückt sich über der Mund von *Physaloptera clausa* (Rud.) aus dem Magen von *Erinaceus europ.* folgendermassen aus: Derselbe liegt zwischen zwei Lippen oder breiten vorspringenden Lappen, die nach aussen 3 kleine runde Papillen und innen eine Reihe von spitzen zahnförmigen Papillen tragen. Da mir gerade jetzt nur ein Exemplar dieses Wurmes zu Gebote steht, bin ich nicht in der Lage, den Bau der Mundwerkzeuge in erwünschtem Massstabe zu ergründen und kann nur anführen, dass, wenn man den Kopf in zwei ungleiche Hälften theilt, von denen der grössern Hälfte die äussern Papillen anhängen, und die Innenseite dieser Hälfte gegen sich kehrt, man das in Fig. 23 gegebene Bild erhält. Der Kopf ist von dem Körper durch eine mit bandartigen Streifen (*a, a, a*) versehene markirte Abschnürung getrennt. An dem vordersten Abschnitte des Kopfes sah ich nicht drei sondern vier gegenständige, starke, konische, hornähnliche, an ihrer Spitze etwas abgestumpfte Papillen (*g*), zu deren Basis in gerader Richtung starke Muskelbündel (*f*) ziehen. Ausserdem sind noch beiderseits schief von innen nach aussen laufende, breite Muskelfaserbündel (*e, e*) vorhanden.

Der Kopf von *Physaloptera alata* (Rud.) aus dem *Oesophagus* und Muskelmagen von *Buteo vulg.* ist verhältnissmässig zur Körperdicke schmal und besteht aus einem parenchymatösen und membranösen Theile. Der erstere besitzt vier nach vorne sich zuschmälernde Abtheilungen (s. Fig. 24 *d, d*), die in vier nach vorne gekehrte Stacheln sich endigen (s. Fig. 24 *d'* und Fig. 25 *c, c, c, c*). Der mehr nach vorne gerückte häutige Theil weist sechs kuppelartig ausgespannte Abtheilungen auf, welche, von vorne betrachtet, nach aussen eine hexagonale Begrenzung zeigen (s. Fig. 25 *b*) und nach innen die quergestellte ovale Eingangsöffnung in die Schlundröhre (s. Fig. 25 *a*) in sich fassen. An dem Mundsaume dieser transparenten consistenten Membran sind, entsprechend den 6 Abtheilungen, sechs kleine, kurze,

konische Zähne eingesetzt (s. Fig. 24 *b, b*), die ich jedoch nur darstellen konnte, indem ich die Innenseite des halbirten Kopfes gegen
mich wendete. In dieser Lage erscheinen daselbst, jedoch mehr nach
einwärts gerückt, zwei stumpfe Papillen mit fein granulärem Inhalte
(s. Fig. 24 *a, a*). Die Mundhöhle ist mit einer in kohlensauren Alkalien
deutlich zum Vorschein kommenden, ziemlich dicken Chitinlage überkleidet, schmälert sich rückwärts etwas zu und zeigt ebendaselbst eine
abgeplattete Begrenzung (s. Fig. 24 *c, c*). Man sieht aus dieser anatomischen Beschreibung, dass Mehlis (s. Isis 1831, S. 75) schon ganz
richtig beobachtet hat, indem er sagt: „Der Mund von *Physaloptera
alata* ist sehr eng und von sechs veränderlichen bald kurzen und
abgerundeten, bald fast in Form kleiner Stächelchen länger vortre-
tenden Papillen umgeben, in Gemässheit welcher Bildung man in dem
zum Munde führenden Trichter am aufgequollenen Kopfe gewöhnlich
sechs regelmässig vertheilte, leicht einspringende Winkel oder Striche
bemerkt.“

Die Mundwerkzeuge von *Cucullanus elegans* (Zeder) hat schon
Rudolphi (s. Entoz. hist. nat. p. 1, 104) einer nähern Aufmerksamkeit mit zum Theil unrichtiger Auffassung gewürdigt, indem er
sagt: *Oris cucullus (tubi cibarii principium) globosus, longitudi-
naliter denseque striatus, postice apophysi brevi transversa auctus,
quae in uncinos duos minores, incurvos, obtusos, internos, alteros-
que duos externos longius decurrentes abire videtur, sive tolidem
vasa brevia, hamulos referentia, quandoque in intestinum transire
visa, sistit. Utrinque prope cucullum, caput totum non opplentem,
pars vacua et pellucida apparet, quae quibusdam macula pellucida audit, organon peculiare autem non refert.* Dujardin (l. c.
p. 247) vergleicht die beiden die Wandungen der Mundhöhle
zusammensetzenden Klappen ganz treffend mit Muschelschalen,
welcher Vergleich jedoch nur insoferne seine Richtigkeit hat, wenn
man sich vorstellt, dass die beiden an ihren beiden zusammenstos-
senden Seiten vollkommen geschlossen sind und nach vorne die
quergestellte, oväle Mundöffnung aufnehmen (s. Fig. 26 *a*). Die
braunröthlichen, resistenten, chitinartigen Schalen sind an ihrer
Innenfläche gerifft oder mit hervorstehenden Leistchen ausgekleidet,
welche gleichsam als Rippen der consistenten Schalenhaut anzusehen
sind und an dem Mundsaume (s. Fig. 26 *a*) als stumpfe Zähnchen in
gleichmässigen Abständen hervorragen. Der Ursprung der Leistchen

fällt ziemlich weit nach rückwärts in eine ovale Linie, welche concentrisch mit dem ovalen Mundsaume ist (s. Fig. 26 und Fig. 27 *b, b, b*). Sie verlaufen von vorne und aussen (Fig. 26) oder von vorne und innen (Fig. 27) besehen, strahlenförmig, scheinbar in gerader Richtung; ihr wenig gekrümmter bogenförmiger Verlauf kommt wohl am besten zu Tage, wenn man den nach der Longitudinalaxe gespaltenen Kopf von der Innenseite betrachtet (s. Fig. 28 *a*). Die beschriebene braunröthliche Schale ist nach aussen mit einer als Fortsetzung der äussern Körperdecke anzusehenden dünnen Haut überzogen und bildet daher nur die innere Auskleidung der Mundhöhle. Nach rückwärts ist sie halsartig abgeschnürt und besitzt an ihrem hintersten Abschnitte zwei knopfförmige, seitliche Ansätze, welche von vorne betrachtet biscuitähnlich geformt sind (s. Fig. 26. *c, c*), von der Innenfläche jedoch nebst dem einen längeren, gegen die Peripherie des Thieres hin gerichteten Fortsatze (s. Fig. 28 *b*) einen kürzeren, stumpfzapfigen, nach rückwärts gewendeten zeigen (s. Fig. 28 *b′*). Gegen die Längenaxe des Kopfes hin, also gegen innen vereinigt sich ein schmaler Fortsatz des Knopfes von der einen Seite mit jenem von der andern zu einer brückenartigen Spange, welche im Vergleich mit den massiven Knöpfen schwach gebaut und gleichsam als elastische Feder anzusehen ist. An den Hintertheil dieses muschelartigen Kopfes lagert sich unmittelbar die lange, starke, musculöse Schlundröhre (s. Fig. 28 *e*), welche eine beträchtlich dicke Chitinauskleidung an der Innenseite bis an ihr bulbusartiges Ende zeigt.

Der derbe Kopf lässt schliesslich an den Seiten des Hintertheiles noch andere derbe, braunröthlich tingirte Anhängsel gewahr werden, welche an der Stelle, wo die erwähnte halsartige Abschnürung der Kopfschale beginnt, ihren Ursprung nehmen (s. Fig. 28 *c*), sich sodann in Zweige spalten (*c′ c′*) und nach rückwärts zuschmälern. Diese stabartigen Körper dienen den Muskelfasern (*d*) des Vorderleibes zur Insertion, worauf schon Dujardin (l. c.) aufmerksam machte, wodurch Rudolpbi's Meinung, dass sie Gefässen entsprechen, fallen gelassen werden muss; auch Blanchard (l. c. p. 178) spricht von zwei kleinen seitlichen Ästen, welche als Ansatzpunkt für die Kopfmuskeln dienen.

Der schon häufig Gegenstand der Untersuchung gewordene Mundapparat von *Sclerostoma armatum* (Rud.) (kleine Varietät) aus dem Dickdarme des Pferdes wurde bis jetzt in seinem äussern

Verhalten von verschiedenen Autoren beschrieben, jedoch hinsichtlich
seiner innern Organisation noch nicht näher gewürdigt.

Der benannte Wurm hat an dem Vordertheile des abgerundeten
Kopfes einen kronenförmigen Ansatz, der sich leicht abtragen lässt,
und von der Innenfläche betrachtet, in Fig. 29 abgebildet ist. Derselbe ist scheibenförmig und besteht aus zwei breiten, flachen, aneinander gefügten, concentrischen Ringen, von welchen der innere gegen
seine äussere Begrenzung hin 6 Stacheln zur Anheftung dient (*a, a*);
betrachtet man letztere von der Seite, so ragen sie als cylindrische
mit einer kurzen Spitze versehene Körper (*a'*) über die Oberfläche
hervor. An dem Innenrande des innern Ringes befindet sich ein
Kranz von abgeplatteten, derben, miteinander verschmolzenen Körpern
(*b*), die an ihrer innern Seite eine leistenförmige Erhöhung zeigen (s. Fig. 30 *b'*); da aber, wie gesagt, jene platten Körper mit
einander verschmolzen sind, so erwächst hieraus eine ringförmige
Leiste. Gehen wir nun in der Beobachtung weiter gegen das Centrum
vorwärts, so erscheinen zunächst kleine zweizackige Zähne mit ovaler
Basalfläche (s. Fig. 29 und Fig. 30 *c, c*) und sind nicht mit jenen
von den Autoren als Zähne des Mundsaumes beschriebenen und abgebildeten zu verwechseln. Letztere als oblonge, platte, biegsame,
ziemlich lange, tief eingeschnittene, mit einem abgerundeten freien
Ende versehene transparente Gebilde (*d, d, d*) können zu Folge der
aufgezählten Eigenschaften wohl kaum mehr als die Zähne des
Wurmes angesehen werden, sondern dürften eher fingerförmige,
platte Haftfransen bedeuten, welche den zu ergreifenden Gegenstand
(z. B. eine kleine Schleimhautfalte) umfassen. Dieselben können
auch bis zu einer gewissen Ausdehnung nach innen geschlagen
werden und scheinbar fehlen; ob sie jedoch in manchen Individuen
wirklich fehlen, darüber babe ich keine Erfahrung. Mehlis (Isis
1831, S. 79) spricht sich über diesen Umstand mit Bestimmtheit aus,
indem er sagt: „Der *Strongylus armatus* der Pferde und Esel ist in
der Jugend sicherlich unbewehrt und erhält das bewehrte Maul erst
nach einer spätern Häutung, bei welcher die Männchen schon
6—7 Linien, die Weibchen bereits 8—9 Linien lang sind.

Die Mundhöhle ist nicht so geräumig, als man dem äusseren
Umfange des Kopfes nach vermuthet. Longitudinale und Querschnitte
geben uns darüber folgenden näheren Aufschluss: Das Parenchym
des kugeligen, nach vorne abgestutzten Kopfes besteht aus einer

dicken, gelben, structurlosen, verdünnten Säuren und Alkalien Widerstand leistenden Chitinmasse, welche, obwohl beim stärkern Drucke
sich zerklüftend, doch einen hohen Grad von Elasticität besitzt; dieselbe ist nach aussen mit einer dünnen Hülle umkleidet und umfasst
nach innen einen trichterförmigen Hohlraum, der den vordersten
Theil der Schlundröhre aufnimmt. Letztere reicht bis an die vorhin
beschriebenen, abgeplatteten Körper (s. Fig. 29 und Fig. 30 *b, b*)
und füllt daselbst den Hohlraum völlig aus; je weiter sie aber während
ihres Verlaufes durch den kugelförmigen Kopf nach rückwärts gelangt,
desto grösser wird der Raum zwischen der Schlundröhre und structurlosen Chitinmasse, welcher durch horizontal gelagerte, strahlenförmig
angeordnete und symmetrisch vertheilte Lücken zwischen sich fassende
(musculöse?) Faserbündel ausgefüllt wird. Die innere Oberfläche der
Schlundröhre ist mit einer dicken, derben, transparenten, structurlosen Schichte ausgekleidet, das Parenchym jener besteht wie gewöhnlich aus einer beträchtlich dicken Lage von radialen Muskelfasern.

Sclerostoma tetracanthum (Diesing) aus dem Blinddarme
des Pferdes unterscheidet sich von der vorigen Species durch eine
geräumige Mundhöhle und überhaupt durch einen wesentlich verschiedenen Bau des dazu gehörigen Apparates. Auch bei diesem
Sclerostoma wurden bisher die an dem Mundsaume befindlichen
radialen Streifen, welche in Zacken auslaufen (s. Fig. 31 *c*), als
Zähne angesehen. Mehlis (l. c. p. 79) nannte dieselben blattartige
Stachel, die immer nur an sehr einzelnen Individuen herausgeschlagen
und sichtbar seien, während man bei den allermeisten äusserlich keine
Spur von ihnen finde. Schon diese mit Recht hervorgehobene platte
Form und der Umstand, dass sie vermöge ihrer Biegsamkeit aus-
und eingeschlagen werden können, lassen die Meinung kaum auf-
kommen, dass jenen so wenig massiven und fixirten Gebilden die
obige Bezeichnung gebühre. Zudem kommt noch, dass wenn man
die Spitzen dieser sogenannten Zähne (s. Fig. 32 *a*) einer näbern
Betrachtung unterzieht, dieselben nach vorne abgerundet erscheinen
(s. Fig. 33 *a, a*), sobald man ihre flache Seite gegen sich gewendet
hat. In dieser Lage wird auch in der Mitte jedes dieser Gebilde,
welche ich gleich hier als Haftfransen bezeichnen will, eine das
Licht stärker brechende Rippe, welche nur eine Fortsetzung der
äussern stärkern Rippen ist (s. Fig. 33 *a', a'*), beobachtet. Die
Fransen sind sehr platt, so zwar, dass sie mit ihrer schmalen Seite

4*

zugekehrt, nur als feine Fasern sich repräsentiren und agglomeriren sich zu dreien oder vieren, wodurch die einige 20 an Zahl betragenden, bei Loupenvergrösserung erkennbaren Zacken am Mundsaume constituirt werden.

Da nun, wie erörtert, der Mundsaum zunächst von so biegsamen Werkzeugen umgeben ist, wollen wir nun seine consistenteren kennen lernen und mit denjenigen Ringen beginnen, welche concentrisch um die Mundöffnung verlaufen und von Mehlis (l. c.) mit Unrecht als Canäle angesehen wurden, während sie aus einer derben, soliden Masse bestehen. Ich unterscheide daselbst einen äussern oder unterbrochenen und innern Chitinring (s. Fig. 31 a und b); der erstere besteht aus sechs von einander getrennten Abtheilungen, von welchen die der Rücken- und Bauchgegend entsprechenden länger und die vier seitlichen kürzer sind. Die hierdurch erwachsenden sechs Zwischenräume werden durch sechs Muskelbündel ausgefüllt. Der innere Ring ist schmäler und nicht unterbrochen, da er nach einwärts von den nach vor- und einwärts ziehenden Muskeln liegt.

Bei der Betrachtung des Kopfes von aussen ist noch der Stachel zu gedenken, deren Mehlis (l. c.) vier im äussern Umkreise des Mundes beobachtete, und welche ihm die Veranlassung gaben, die Speciesbenennung hiernach zu wählen. Die übrigen Autoren, Gurlt (Path. Anat., S. 355), Miescher (Wiegm. Archiv 1839, S. 159), Dujardin (l. c. S. 258) und Diesing (Syst. helm. II, S. 305) sprechen gleichfalls nur von 4 Stacheln. Doch gibt Mehlis sechs *musculi erectores aculeorum* an, meint aber fälschlich, da er ihren Zusammenhang mit den eigentlichen Stacheln nicht eruirt hat, dass sie die sogenannten Zähne am Munde bewegen. Der ganze Zug jener 6 Muskel und die Verbindung je eines mit einem Stachel lässt sich leicht darstellen, wenn man den nach der Longitudinalaxe halbirten Kopf von der Innenseite besieht. Sie sind eine Fortsetzung des Muskelcylinders des Leibes, entspringen in den oben beschriebenen 6 Zwischenräumen des äussern Chitinringes (s. Fig. 31 a' a' a' und Fig. 32 e, e), ziehen an der Aussenseite des innern Chitinringes nach vorwärts und enden an der Basis des soliden, mit einer kurzen Spitze versehenen Stachels (s. Fig. 32 e'' und Fig. 33 i). Da nun dasselbe Verhalten an jedem der 6 Muskel leicht nachzuweisen ist, so folgt hieraus, dass 6 Stacheln vorhanden sind und die Speciesbezeichnung *Scl. tetracanthum* in *Scl. hexacanthum* umgeändert werden muss.

Wir kehren nun zur Basis der Haftfransen zurück. Dieselben
entspringen aus einer transparenten, dichten Masse (s. Fig. 33 *b*),
die mit symmetrisch vertheilten, zu den Haftfransen verlaufenden
Rippen (s. Fig. 33 *a′ a′*) durchzogen ist. Letztere geben unmittelbar
in die Rippen der Haftfransen über und zwar in gerader Richtung
oder nachdem sie sich unter einem spitzen Winkel gabelig getheilt
haben; an der Übergangsstelle kommt eine geschichtete Substanz
(s. Fig. 33 *b′*) zu Tage, welche entweder als scheidenartige Hülle
der Fransen oder vielleicht besser als das Aggregat von jungen her-
vorkeimenden Fransen angesehen werden kann. Endlich beobachtet
man noch an der inneren Oberfläche der Grundmasse (*b*) kleine auf-
gelagerte, zerstreut liegende, das Licht stark brechende Körner und
an der Grenze zwischen der zweiten Schichte und der hinteren,
äusseren dritten, nadelförmige Körper (s. Fig. 33 *c*), welche mit ihrem
freien Ende nach vorne gekehrt sind. An dieser Grenze findet man
auch äusserlich die schon besprochenen Stacheln (s. Fig. 31 *a′, a′, a′*,
Fig. 32 *e″* und Fig. 33 *i*).

In der dritten Schichte unterscheide ich zwei Abtheilungen,
eine vordere und hintere (s. Fig. 32 *b* und *c*), von denen die erstere
in ihrer structurlosen, transparenten derben Grundmasse zerstreute
solitäre Körperchen eingebettet enthält. Dieselben sind von verschiedener Grösse und Form, brechen das Licht stark und liegen nicht,
wie es in der Abbildung Fig. 33 *d* der Deutlichkeit halber gegeben
wurde, ganz nackt an der innern Oberfläche zu Tage, sondern in
einer tiefern Schichte; sie haben die Bedeutung von Kalkkörperchen.
Auch jene strichweise angeordneten feinkörnigeren Aggregate an der
inneren Oberfläche der zweiten hinteren Abtheilung (s. Fig. 33 *e*)
sind allem Anscheine nach auch Kalkmassen, welche einestheils dem
Kopfgerüste mehr Festigkeit verleihen, anderntheils als Trituarations-
apparat dienen können.

Der dritten Schichte folgt der schon erwähnte starke innere
Hornring, der an seiner Hinterseite eine einfache Reihe von kurzen
getrennten, in gleichmässigen Abständen von einander befindlichen
mit ihrer Spitze nach rückwärts gewendeten Zähnen trägt (s. Fig.
32 *d* und Fig. 33 *f*).

Diese so complicirten Mundwerkzeuge von *Scl. hexacanthum*
sind nach aussen nur bis an jene Stelle, wo die Stacheln hervortreten, mit einer dicken äusseren Hülle umzogen (s. Fig. 32 *g* und

Fig. 33 *h*), welche eine Fortsetzung der starken Körperhaut
(s. Fig. 32 *f*) ist.

An dem Boden der grossen Mundhöhle (s. Fig. 31 *d*) gewahrt
man den Eingang in die Schlundröhre (s. Fig. 31 *e*) und rings um
diesen oblonge, einigermassen an die Knochenkörperchen erinnernde
Lacunen zwischen der strahlig-streifigen Hornauskleidung. Die
Schlundröhre selbst ist ringsum durch ein starkes, netzförmig durch-
brochenes Zellgewebe fixirt.

Dujardin (l. c. p. 259) hatte Gelegenheit an jungen Sclero-
stomen einen Wechsel in den von mir benannten Haftfransen des
Mundes zu beobachten und ist der Meinung, dass die doppelten, drei-
oder vierfachen Mundfransen eben so vielen Decken angehören,
welche sich nach einander abstossen. Dieser Ausspruch gewinnt
dadurch vom anatomischen Standpunkte einige Geltung, dass die
Fransen sammt ihrer Basalfläche als eine Fortsetzung der äusseren
Decke zu betrachten sind.

Strongylus cernuus ist der Name eines Wurmes, den Creplin
(nov. observ. entoz. p. 10) in dem Darme eines Merinoschafes fand
und als eine neue Species, verschieden von *Strongylus hypostomus*
(Rud.) bezeichnete. Gurlt (s. Path. Anat. I, S. 357) trennt gleichfalls *Strong. hypost.* (Rud.) von *Strong. cernuus* (Crepl.). Mehlis
(l. c. p. 78) hingegen meint, dass keine specifische Verschiedenheit
zwischen den beiden Thieren erwiesen sei; auch Diesing (Syst.
belm. II, p. 301) scheint der Meinung zu sein, dass *Str. cernuus* Crepl.
nur eine unbewaffnete Varietät des bewaffneten *Str. hypostomus* Rud.
sei, welchen letzteren Wurm er aber dem von Dujardin statuirten
Genus *Dochmius* einreiht und mit dem Namen *Dochmius hypostomus*
belegt. Dujardin (l. c. p. 257) spricht sich ganz für die Identität
aus. Ich habe in dem unteren Theile des Dünndarmes von *Capra
aries* etwa ein Dutzend Exemplare eines Nematoden gefunden, der
ganz der von Creplin gegebenen Diagnose *(Str. cernuus)* entspricht; ich fand bei allen, sowohl Männchen als Weibchen, ein *os
inferum, inaequale nudum* und nirgends jenen gezahnten Mundsaum,
wie er von Mehlis (l. c. Taf. II, Fig. 5 und 6) bei dem Kopfe von
Str. hypostomus Rud. abgebildet wurde. Ich bin nicht in der Lage,
diese Differenzen der Ansichten zu schlichten, kann jedoch nicht
umhin, mich dahin zu äussern, dass in Anbetracht der von Creplin
und Gurlt hervorgehobenen unterscheidenden Merkmale (Stellung

der Vulva, Schwanztheil des Weibchens) und des wesentlich verschiedenen Baues der Mundwerkzeuge mir es wahrscheinlich dünkt, *Str. cernuus* bilde eine zu sondernde Species.

Ich wurde durch zahlreiche kleine, inselförmige, apoplektische Herde in der Schleimhaut desjenigen Theiles vom Dünndarm, wo der Wurm sein Territorium hatte, veranlasst, dessen Mundwerkzeuge einer sorgfältigeren Untersuchung zu unterziehen, um über die Möglichkeit Auskunft zu erhalten, dass jene Herde von ihm herrühren. Es waren nämlich die Würmer insgesammt abgestorben und lagen lose in dünnflüssigem Schleime. Nebst den frischen apoplektischen Herden, sah ich auch ältere involvirte, welche als lichte abgegrenzte Stellen aus Fettkügelchen und nekrotisirten Blutkörperchen bestanden.

Das Kopfende des besagten Nematoden ist bogenförmig gegen die Bauchseite gekrümmt, so zwar, dass bei der Bauchlage die Mundöffnung nach abwärts zu stehen kommt. Letztere ist rundlich und in so ferne als *os inaequale* zu bezeichnen, als sie gegen die Rückenseite hin in einen Winkel ausgezogen ist (s. Fig. 36 *a*). Aus ihr sieht man die Spitze eines starken Stachels hervorgucken, dessen Basaltheil bei auffallendem Lichte nicht vollkommen verfolgt, sondern nur unterhalb der Mundlippe als ein gegen abwärts gelagerter Theil erkannt werden kann. Die Lippe ist derbhäutig, transparent und wird durch hornartige Rippen ausgespannt erhalten. Um sich bessere Einsicht in die Wurzel dieses hornigen in der Mundhöhle befindlichen Stachels zu verschaffen, ist es nothwendig, das abgeschnittene Kopfende in eine Rückenlage zu bringen und daselbst mittelst eines Deckglases zu fixiren. Zur Verdeutlichung der hornigen Bestandtheile des Kopfes leistet auch kohlensaures Natron gute Dienste. Betrachtet man den Mundstachel auf diese Weise von seiner Bauchfläche, so erscheint derselbe als compacter Kegel, der aus zwei zusammengefügten Hälften besteht (s. Fig. 34 *e*). Er theilt sich gabelig in zwei dicke Wurzeln (*f, f*), welche sich an der Bauchrippe der häutigen Mundlippe befestigen (*c, c*). In der Seitenlage zeigt er eine kleine Krümmung, entsprechend jener des Kopfendes, und ist ganz nahe gegen die Bauchseite der Mundlippe gewendet. Überdies ist noch eines Ligamentes zu gedenken, das sich zwischen den Ursprung der beiden Wurzeln hineinschiebt (s. Fig. 34 *h*) und offenbar zur Befestigung dient.

Hinter den beiden Stachelwurzeln ragen zwei hornige Höcker hervor (*g, g*), deren Entfernung von den ersteren sich nur in der Seitenlage bemessen lässt, wo sie ganz nahe an die Rückenseite der Mundlippe gerückt erscheinen. Der Mundsaum (*a*) ist, wie schon erwähnt, nackt, d. h. ohne irgend welche zackige Hervorragungen. Von Rippen oder hornähnlichen Verdickungen der häutigen Mundlippe unterscheide ich stärkere und schwächere; den ersteren sind die Bauchrippe (*c, c*), die Rücken- und Seitenrippen (*d, d*), den zweiten die kranzartig verbundenen, bogenförmigen (*b, b*) um die Mundöffnung gelagerten beizuzählen.

Auf dem Boden der Mundhöhle stosst man auf einen interessanten Apparat, der die trichterförmige Öffnung in die Schlundröhre bildet. Er besteht nämlich aus drei hufeisenförmigen, hornähnlichen Körpern (s. Fig. 34 *i, i*), welche mit ihrem breiteren Theile nach vorwärts, mit ihrem zugeschmälerten Ende nach rückwärts gegen die Schlundröhre (*k*) gewendet sind und für sich näher betrachtet, sich folgendermassen gestalten. Das horizontale Stück eines solchen Körpers mit seinen abgerundeten Oberflächen (s. Fig. 35 *a*) ist der verhältnissmässig dickste Theil, wie sich dies bei seiner Seitenlage ergibt (s. Fig. 35 *b*). Die beiden senkrechten Theile oder Branchen des Hufeisens (*a'*) sind nur sehr flach bogenförmig gekrümmt und gegen ihr zugeschmälertes, mit der hornigen glatten Auskleidung (*c, c*) verschmolzenes hinteres Ende gegen einander geneigt. Diese Körper treten mit der Haut der Mundhöhle mittelst einer stäbchenartig durchbrochenen Membran (*d, d*) in Verbindung.

Die vermöge ihrer dicken Chitinhülle durch hohe Elasticität ihres Körpers ausgezeichnete *Filaria papillosa* R u d. aus der Bauchhöhle des Pferdes besitzt, wie dies sattsam bekannt ist, acht dornähnliche hornartige Fortsätze am Kopfe, von denen die vier äusseren und die vier inneren im Umkreise der Mundöffnung liegen und kreuzweise entgegengestellt sind. Die näheren Formverhältnisse gestalten sich folgendermassen: Die Mundöffnung ist oval, mit ihrem etwas längeren Durchmesser quer gestellt (s. Fig. 37 *a* und Fig. 38 *b*) und mit einem Chitinwulste (Lippe) umgeben, an dessen Aussenseite transparente, solide, stumpfkegelige Fortsätze hervorragen. Bei der Bauch- oder Rückenlage des Thieres deckt das eine Paar das andere (s. Fig. 37 *d, d*), so dass nur zwei Fortsätze zum Vorschein kommen, erst bei der Vorderansicht werden dieselben in ihrer kreuzweisen

Lagerung (s. Fig. 38 c, c, d, d) klar. Die äusseren und respective hinteren Fortsätze sind schmäler, mehr zugespitzt, dafür consistenter als die vorigen (s. Fig. 37 e, e und Fig. 38 g, g). Da die Durchmesser des ovalen Chitinwulstes (s. Fig. 38 h, h), an dem sie sitzen, grösser sind, so stehen sie auch in einer grösseren Entfernung von einander, jedoch so, dass je zwei und zwei von der entsprechenden rechten oder linken Seite des Thieres näher an einander gerückt sind (s. Fig. 37 e, e, f, f). Der Chitinring, an dem sie sitzen, springt deutlich vor (s. Fig. 37 g). Es ist endlich noch jenes lichten Wulstes zu gedenken, der zwischen den beiden beschriebenen Ringen mit den Fortsätzen eingeschoben ist (s. Fig. 38 e) und mit den seitlichen beiden Raphen des Körpers (f, f) in Verbindung tritt. Die innere Oberfläche der Mundhöhle ist mit einer getüpfelten, resistenten Chitinmasse ausgekleidet (s. Fig. 38 b), trichterförmig gebaut (s. Fig. 37 b) und zeigt an ihrem Grunde den ovalen Eingang (s. Fig. 38 a) in die Schlundröhre. Die Chitinauskleidung an der inneren Oberfläche der letzteren ist ziemlich stark entwickelt.

Dujardin (l. c. 50) drückt sich über den Kopf von *Filaria attenuata* Rud. auf folgende Weise aus: „Tête large de 0·23 Millim., obtuse, terminée par une sorte d'armure elliptique aréolée presentant deux renflements latéraux, séparées par une dépression, au milieu de laquelle est la bouche triangulaire. Chaque renflement de l' armure présente vers le centre trois aréoles quadrangulaires et en dehors cinq papilles molles entourées par un épaississement cartilagineux du tégument". Blanchard (l. c. p. 156) äussert sich hinsichtlich dieses Punktes so: „La bouche est circonscrite par une sorte d'armure cupuliforme, et extérieurement elle offre quelques papilles d'une extrême petitesse". An zweien mir dargebotenen Exemplaren von *Filaria attenuata* aus den Lungen und der Musculatur von *Falco lanarius* finde ich die starke Chitinhülle des Leibes nach dem Kopfende hin durch vier platte breite Streifen verstärkt (s. Fig. 39 d, d), welche nach Art eines Kreuzes gelagert sind und an ihrem vorderen Ende einen kuppelförmigen Ansatz zwischen sich fassen. In der Mitte des letzteren befindet sich der dreieckige mit einem Walle umgebene Mund (a). Zudem lassen sich an dem besagten Ansatze sternförmig gelagerte Chitinrippen unterscheiden, von welchen die zwei stärkeren (b, b) eine Richtung mit zweien oben geschilderten platten Chitinstreifen verfolgen, und wahrschein-

lich den beiden Seiten des Kopfes entsprechen, während die zwei
Paare dünner Rippen (*c*) inzwischen in gleichförmigen Abständen
gelagert sind.

Vermöge der Transparenz der Theile lassen sich bei der Vorderansicht des Kopfendes auch noch andere Organe wahrnehmen, nämlich
die unter der Chitinhülle hinziehende Muskelfaserschichte (*e, e*) und
der vorderste Abschnitt des Nervensystems, der sich als eine begrenzte
feinkörnige Masse darstellt (*f*), worin grosse ovale, mit einem prägn-
nanten Kernkörperchen versehene Kerne (*g*) eingebettet sind. Die
sogenannten Papillen des Kopfes sind so niedrige, stumpfe, biegsame
Auswüchse der äussern Haut, dass man sie bei der Frontansicht des
Kopfes nicht deutlich zu unterscheiden vermag. Bei der Seitenansicht glaube ich deren nur vier gezählt zu haben, will mich jedoch
über diesen Punkt nicht bestimmt äussern, da ich das nöthige Material
gerade nicht zur Hand habe.

Den Beschluss sollen die Mundwerkzeuge eines Nematoden
machen, den ich in dem Zellgewebe unter dem parietalen Blatte der
Pleura, des *Peritoneum*, in dem intermuscularen Zellgewebe des
Femur, in dem *Proventriculus,* in der Substanz der Niere und zwischen
den Mesenterialplatten der Gedärme, welche durch injicirtes Zellgewebe so fest an einander hingen, dass man nicht wie gewöhnlich
die Trennung der Gedärme vornehmen konnte, bei *Podiceps nigricollis*
antraf. Die Länge der Weibchen beträgt 3—4 Centim., die Breite
1/3 Millim.; der Vordertheil nimmt kaum an Dicke ab, der Hintertheil ist mehr zugeschmälert und mit einem fingerförmigen, gekrümm-
ten, stumpfen Fortsatze versehen. Es fand sich ein Männchen vor,
das um mindestens die Hälfte kleiner und dessen zugespitzter Hintertheil nach einwärts gekrümmt war. Der Penis u. s. w. wurde nicht
genauer bestimmt, da es aus Versehen verloren ging. Ich beobachte
sowohl gegen das Kopf- als Schwanzende des Weibchens ein blindes
Eierstocksende; der den grössten Leibesabschnitt durchziehende,
mit einer Unzahl von Eiern vollgepfropfte Uterus wird erst 1 1/2 Millim.
vom Kopfende sichtbar, wo sich wahrscheinlich die weibliche
Geschlechtsöffnung befindet. Die Eier sind oval, im reifen Zustande
dickschalig, 0·038 Millim. lang, 0·024 Millim. breit und schliessen
den eingerollten Embryo knapp ein.

Am Ende des Kopfes fallen alsogleich zwei schaufelartige
hornige Fortsätze auf (s. Fig. 40 *a, a*), die sich bei der Rücken-

und Bauchlage des Thieres derartig decken, dass es den Anschein
hat, als ob nur ein derartiges stumpfes Gebilde vorhanden wäre. Je
eines derselben sitzt an einem nach hinten ausgeschweiften Lappen
auf (s. Fig. 40 *b*, *b*), dessen Saum etwas vorsteht (*c*, *c*), von einer
granulirten Masse durchzogen und dem Anscheine nach consistent
ist. Diese halsbandähnliche Garnitur ist bis gegen die schaufelförmigen Fortsätze hin zu verfolgen. Zwischen letzteren (siehe
Fig. 40 *a*) liegt der Eingang in die Mundhöhle (s. Fig. 40 *d* und
Fig. 41 *b*), welche schmal, cylinderförmig, dickwandig und an der
inneren Oberfläche ein feingetüpfeltes Ansehen hat. Beim Übertritt
in die Schlundröhre erweitert sie sich etwas (s. Fig. 41 *e*), die fein-
getüpfelte Auskleidung verschwindet daselbst und macht in der
Schlundröhre einer glatten, ziemlich dicken Chitinschichte Platz. An
der benannten Übertrittsstelle inserirt sich nach aussen von dem Beginne
der Schlundröhre ein strahlenförmig aus einander weichendes Bündel
von straffen, geradlinig verlaufenden Fasern (*g*, *g*), welche zur
äusseren Decke hinziehen und wohl nur die Bedeutung eines seitlichen Aufhängebandes haben dürften. Bei der Frontansicht des Kopfes
schlagen sich die schaufelförmigen Fortsätze gewöhnlich über einander, und zu beiden Seiten der lappigen Ansätze erscheinen die
beiden von vorne nach rückwärts ziehenden Raphen des Wurmes
(s. Fig. 41 *c*, *c*).

Fragen wir uns um die systematische Einreihung dieses
Nematoden, so kann es wohl keinem Zweifel unterliegen, dass er in
die von Dujardin (l. c. p. 69) statuirte Gattung *Dispharagus*
gehöre, welche nur theilweise dem Genus *Spiropteru* Rud. entspricht
und von Diesing nicht acceptirt wurde, da derselbe die Repräsentanten der Gattung *Dispharagus* Dujard. grösstentheils als
Spiropterae bezeichnete und zum Theil seinem neuen Genus *Histio-
cephalus* einverleibte (s. Syst. helm. II, p. 215—232). Den von
von mir beschriebenen *Dispharagus* konnte ich keiner der von
Dujardin angegebenen Species anreihen, enthalte mich jedoch
noch eine Speciesbenennung vorzunehmen, da das Männchen zu
unvollständig bekannt ist.

Überblick und Versuch, den Bau der Mundwerkzeuge der Rundwürmer mit ihrer Lebensweise zu vereinbaren.

1. Das was man als Kopf der Nematoden bezeichnet, sind wesentlich Mundwerkzeuge und man kann insofern von keinem Kopfe sprechen, als die Sinneswerkzeuge fehlen. Es werden zwar von S i e b o l d (vgl. Anat. S. 126) die Knötchen und Wärzchen als Tastwerkzeuge, angesehen, sie stehen jedoch mit dem Nervensysteme in keinem directen Zusammenhange, sondern sind blosse Verdickungen der Chitinhülle und können wohl wegen ihres höchst wahrscheinlich hohen Elasticitätscoëfficienten als Leitorgane des Druckes angesehen werden. Solche Vermittler trifft man bei den Nematoden nicht blos am Kopfe, sondern auch an anderen Stellen der äussern Haut. Den Terminus-Kopf habe ich, da er schon eingeführt ist, beibehalten.

2. Der Kopf zeichnet sich durch seinen soliden Bau im Allgemeinen aus und besitzt eine grosse Resistenz und Elasticität. Die Mittel, diese Solidität zu erlangen, sind verschiedenartig. So treffen wir bei den Askariden in der Corticalsubstanz der drei Lippen eine derbe chitinartige Masse, ja man kann die Lippen als eine solche betrachten, in welche sich die papillenähnlichen Fortsätze des Parenchyms hineinbegeben; so finden wir den Mundsaum bei den Spiropteren wulstig und resistent, ja man kann im Allgemeinen sagen, dass alle jene mit glatter nackter Mundöffnung versehenen Nematoden einen mehr oder weniger wulstigen Mundsaum aufweisen; so sind die Mäuler derjenigen Würmer, welche aus einer Chitin - Membrane bestehen, mit symmetrisch eingelagerten, von mir als Rippen bezeichneten Verdickungen ausgerüstet, welche ganz analog dem Hautskelete der Arthropoden sind (*Strongylus nodularis, — cernuus;* bei *Cucullanus elegans* inseriren sich Chitinstäbe an den Kopf und tragen, indem sie sich nach rückwärts erstrecken, zur Consolidirung des vorderen Leibestheiles bei); so ist nicht zu übersehen, dass die compacte Chitinauskleidung der Mundhöhle (bei *Spiroptera megast. — sanguin.; Filaria papill., Dispharagus)* eine centrale Stütze gewährt; so endlich verleihen die Chitinringe dem kugelförmigen Kopfe des *Sclerostoma hexacanthum* einen erheblichen Grad von Widerstandsfähigkeit und Elasticität, eben so wie die in dem vorderen Abschnitte der Mundhöhlenwandung eingetragenen Kalkkörperchen eine feste Stütze bilden.

3. Thierische Parasiten insbesondere, wenn sie an freien Oberflächen ihres Wirthes leben, sind oft mit eigenen Klammer- oder Haftorganen versehen, mittelst welcher sie in die Möglichkeit versetzt werden, fester dem sie ernährenden Gewebe zu adhäriren. So sind derartige Apparate bei den schmarotzenden Insecten, Crustaceen und Arachniden bekanntlich nicht selten sehr entwickelt auch bei den Helminthen finden sich hievon genug Beispiele, wie die Haken des Kopfes der Cestoden, ja man kennt auch Nematoden, die sich einer besondern derartigen Vorrichtung erfreuen, ich will hiebei nur des am Hinterende des Weibchens von *Hedruris androphora* (Nitzsch) befindlichen starken, einfachen Hakens gedenken, mittelst welchem das, das umschlungene Männchen tragende Weibchen sich in die Magen-Schleimhaut der Tritonen einbohrt und, indem es den Haken durch einen starken Muskel gegen die Bauchoberfläche anzuziehen vermag, trotz der kräftigen peristaltischen Bewegungen des Magens haften bleibt. Bei vielen Askariden glaube ich in den beschriebenen, transparenten Chitinlamellen an der innern Oberfläche jeder der drei Lippen ein Haftorgan gefunden zu haben, das ich mit dem Namen des Haftlappens belegen möchte, von welchem ich eine gezähnte (*Ascaris megalocephala, — marginata, — mystax — lumbricoides — Serpentulus, — depressa*) eine glatte (*Ascaris compar — Ciconiae albae, — Acus*), und eine musculöse Form (*Ascaris rigida*) unterscheide. Bei der letztbenannten Species ragen überdies zwischen den Lippen glattrandige, structurlose Läppchen hervor. Bei einigen Askariden scheinen die Haftlappen des Mundes zu fehlen (*Ascaris vesicularis, — bicuspis, — nigrovenosa*), wobei ich jedoch erinnern muss, dass *A. vesicul.* in einem *recessus* des Darmes, in den Blinddärmen der Vögel wohnt, wo neben der expulsiven auch die repulsive Richtung der Darmcontenta sich Geltung verschafft und vielleicht darum der Haftlappen an den Mundlippen entbehrt; auch wird wohl der an beiden Seiten des Körpers entlang verlaufende Hautsaum zur ermöglichenden Adhäsion des Thieres an die Schleimhaut beitragen. *A. bicuspis* besitzt an jeder der drei Lippen ein Paar von zweispitzigen Waffen, mittelst welcher sie sich in das Epitelium des Magens einkeilt und von den ansehnlichen Speisemengen des gefrässigen *Scyllium Catulus* nicht hinausgedrängt wird. *A. nigrovenosa* bietet mit seinen drei äusseren flügelartigen Ansätzen am Kopfe der innern Oberfläche des Lungensackes der Kröte eine beträchtliche Adhäsionsfläche dar.

Einen analogen Haftapparat, wie bei der letztbenannten *Ascaris* finden wir bei der im Dickdarme des Menschen wohnenden *Oxyuris vermicularis*. Sehr dünnleibige, grösstentheils in ihrem Verhältnisse zum Querschnitte lange Nematoden, wie z. B. die Trichocephalen, Trichosomen bedürfen eben wegen der geringen Dicke und der wachsenden grossen Berührungsoberfläche und überdies um so weniger eines besondern Haftapparates, da sie durch die leicht auszuführenden spiraligen Drehungen ihres Leibes eine Schleimhautfalte umfassen können.

Es wurden bisher die an dem Mundsaume von *Sclerostoma armatum*, — *hexacanthum* befindlichen zackigen Verlängerungen als Zähne beschrieben, allein es wurde gezeigt, dass diese platten, flexiblen, nach ihrem Ende hin abgerundeten, als eine Fortsetzung der äusseren Chitinhülle zu betrachtenden Gebilde nicht länger als erstere figuriren können, und besser mit dem Namen von Haftfransen belegt werden, um so mehr, da die compacten Zähne an der innern Oberfläche. der geräumigen Mundhöhle zu suchen sind.

Ein von mir in der Pleurahöhle von *Fulica atra* gefundener, zur Gattung *Hystrichis* (Dujard.) gehöriger Wurm besitzt in den an dem vordern Leibesabschnitte eingefügten, etwas gebogenen Stacheln zahlreiche Keile, um sich an das Gewebe anzuklammern. *Physaloptera clausa* hat an der Vorderseite ihres musculösen, starken Kopfes vier hornähnliche, an einander gedrängte Keile, welche ihr zur Einbohrung in die Magenschleimhaut von *Erinaceus europeus* dienen. *Physaloptera alata* und *Cucullanus elegans* zeigen an dem Mundsaume compacte nadelförmige Hervorragungen. Ebenso dürften die hornigen Keile an dem Vorderende von *Filaria papillosa* — *Terebra* zur Fixirung an das Bauchfell beitragen. Es ist auch einleuchtend, dass bei den glatten Rundmäulern, wie *Spiroptera megastoma*, — *sanguinolenta, Strongylus nodularis*, — *cernuus* vielleicht schon das eine Moment zur Fixirung hinreicht, welches mehr weniger bei allen Nematoden zu berücksichtigen ist, ich meine nämlich die Contractionen der starken, weit nach vorne reichenden, musculösen Schlundröhre, wodurch Schleimmassen, Blut u. s. w. in die mehr oder minder entwickelte Mundhöhle hineingepumpt werden, und auch auf diese Weise eine Adhäsion erreicht wird.

4. Die Mundhöhle stellt meist einen Trichter dar, dessen weitere, nach vorne gelegene Mündung der Mundöffnung und dessen

schmälere, nach rückwärts gelagerte dem Eingange in die Schlundröhre entspricht. Die Höhle ist nicht selten ausgebuchtet, wodurch
sie sich der Kugelform nähert oder cylinderförmig ausgezogen
(*Dispharagus*). Bei den Askariden werden ihre Wandungen durch
mehrere Gebilde zusammengesetzt, welche durch ihr Ineinandergreifen den Verschluss hervorbringen. So helfen bei mehreren Askariden (*Ascaris megalocephala* u. s. w.) die Haftlappen, bei *Ascaris
microcephala* die Nebenlippen, bei *Ascaris rigida* die transparenten
Nebenlappen die Mundhöhle verschliessen. Gegen den Grund der
letzteren ragen wahrscheinlich bei den meisten Askariden drei Papillen
zuweilen in Doppelreihen (*Ascaris marginata*) als Fortsetzung der
Schlundröhre an ihrer Basis durch eine Membran verbunden hinein
(ob Geschmackwärzchen?). Wie schon oben erwähnt, ist die Mundhöhle nicht selten mit einer Chitinmasse ausgekleidet [1]), die theils
feinkörnig, compact erscheint, theils als solider, geriffter Körper die
innere starre Wandung bildet (*Cucullanus elegans*) oder in Form
von verschmolzenen derben Platten sich darbietet. (*Sclerostoma
armatum.*)

5. Die Schlundröhre als starker musculöser Schlauch besteht
aus drei in einer Horizontalebene liegenden Portionen von Muskelfasern, die in ihrer radialen Anordnung einen bekanntlich dreieckigen
Raum (s. v. Siebold, Vergl. Anat. d. wirbell. Thiere, S. 131) [2])
zwischen sich lassen, der mit einer oft beträchtlich dicken Chitinmembran ausgekleidet ist, die meist geglättet, sich leicht faltet. Die
Schlundröhre ist hauptsächlich als Triturationsorgan zu betrachten, wo der durch die rundliche Eingangsöffnung eingedrungene
Bissen durch die an der dicken Chitinmembran sich inserirenden
Muskellagen zerrieben wird. Wir treffen zuweilen in ihr ganz abson-
derliche Apparate; so weist *Ascaris vesicularis* und die nur als ein
grösserer Formvariant anzusehende *Ascaris compar* sechs Reihen von

---

[1]) Leydig (Müller's Archiv 1854, S. 291) hat bei einem von ihm im Flusse Main an
der Unterfläche der Steine gefundenen Würmchen, den er als *Oncholaimus rivalis*
bezeichnet, eine auskleidende Chitinhaut gesehen.

[2]) Meine Beschreibung der Muskeln der Schlundröhre weicht von der von Siebold's
insoferne ab, da dieser Autor drei längliche Muskeln annimmt, welche durch drei
Längsnäthe unter einander verbunden sind. Bei der Aufschlitzung der Schlundröhre und dem Querschnitte derselben, konnte ich jedoch nichts von Längsfaser-
zügen oder Näthen gewahr werden.

hornigen Querriffen an der innern Oberfläche der Schlundröhre auf,
welche Riffe eine täuschende Ähnlichkeit mit quergestreiften Muskelfasern haben; so finden wir bei *Strongylus cernuus* am Eingange in
die Schlundröhre drei massive, hufeisenförmige Körper mit rauher
Oberfläche, welche mit ihrem breiteren Mittelgliede nach vorwärts
gewendet einen Trichter bilden und bei der Action der radialen
Muskelfaserzüge nothwendig gegen einander bewegt werden müssen.

6. Die Bohrwerkzeuge der Nematoden sind entweder spitz
oder mehr weniger stumpf, befinden sich entweder an der äusseren
Oberfläche des Kopfes oder liegen in der Mundhöhle verborgen.
Beispiele hiezu bieten die zahlreichen Reihen von starken Stacheln
am Kopfe, die sich, wie schon erwähnt, auch auf den vorderen Leibesabschnitt bei *Hystrichis* fortsetzen, ferner die sechs massiven Stacheln
von *Sclerostoma hexacanthum*, zu denen eigene Muskeln hinzutreten.
Dispharagus trägt nach vorne schaufelartige, compacte Gebilde,
mittelst welcher es ihm leicht wird, sich einen Weg durch die
lockeren Gewebe zu bahnen. Es sind übrigens für den Rundwurm
besondere Bohrwerkzeuge entbehrlich, wenn das zu durchdringende
Gewebe wenig Widerstand leistet, wie z. B. die Labdrüsenschichte
des Magens für *Spiroptera megastoma* oder die Lungen und das
intermusculare Zellgewebe für *Filaria attenuata*. Bei dem Bohract
selbst, fällt auch das Moment gewichtig in die Wagschale, dass
nicht blos der Kopf einen solideren Bau besitzt als der Leib, sondern
dass auch stets das Hinterende ein dichteres Gefüge als dieser zeigt
und nicht selten, wie dies sattsam nachgewiesen ist, mit zuweilen
spitzen, grösstentheils jedoch stumpfen derben Ansätzen oder Verlängerungen versehen ist, die dem Thiere, wie es sich von selbst
ergibt, beim Bohren die nöthige Stütze verleihen.

Der D r u c k, welchen der lebendige Rundwurm auf das zu durch-
bohrende Gewebe ausübt, kann immerhin als beträchtlicher ange-
schlagen werden. Als Beweis hiefür dienen das Morschwerden und
die Zerklüftung der nekrotisch gewordenen Gewebspartien in der
nächsten Umgebung des Wurmes und die Bildung von Eiterkörperchen
und Zellgewebe, welche von eingebohrten Spiropteren und Filarien
hervorgerufen wird. Dieser Druck steigert sich nothwendiger Weise
auch bei solchen Nematoden, die sich nicht einzubohren pflegen, wie
die Askariden, wenn eine grosse Anzahl derselben aneinander gedrängt
ist. Einen einschlägigen Fall habe ich von *Ascaris microcephala*

notirt, welche in einer solchen Menge in den Mägen von einer *Ardea cinerea* angesammelt war, dass ein Haufen derselben in die Speiseröhre regurgitirt, daselbst einen *detritus* der Wandungen des untersten Tractes hervorbrachte und durch das zerfallende Gewebe sich einen Weg in die Bauchhöhle bahnte, wo einige dieser Nematoden lagen.

Wenn jedoch der Druck von Seite des Wurmes einen organischen *detritus* hervorbringen soll, so muss er ein anhaltender sein, denn ein blos vorübergehender kann bei der hohen Elasticität der Gewebe nicht von Belang sein.

Der Nematode selbst kann vermöge seiner hochgradig elastischen Chitinhülle einen bedeutenden Druck aushalten, ohne weiter davon beirrt zu werden; diese Hülle finden wir namentlich bei den unsteten Filarien meist in einem sehr hohen Grade entwickelt, und sie sind es, welche von dem sie nicht selten eng umschliessenden Gewebe einen grösseren Druck erleiden müssen.

Als Bohrwerkzeug ist endlich noch jener spitzen, hornähnlichen Gebilde zu gedenken, welche in der Mundhöhle fixirt sind und wohl in den meisten Fällen dazu dienen dürften, kleinere Blutgefässe anzustechen. Es ist nämlich auffällig, dass *Sclerostoma armatum (Varietas minor)* im Blute der aneurysmatisch ausgedehnten Mesenterialschlagadern des Pferdes so oft gefunden wird, in welchen es die krankhafte Gewebsumänderung offenbar hervorruft, und in seiner Mundhöhle einen Kranz von zweispitzigen scharfen Zähnen aufweist. Es ist von Interesse, dass *Spiroptera sanguinolenta*, welche ihren Beinamen von ihrer blutigen Färbung bezieht, an der Innenseite der gewulsteten Mundlippe mit sechs kleinen, konischen Zähnen bewaffnet ist. So sind die vielen kleinen Blutextravasate, welche ich in dem Territorium des *Strongylus cernuus*, dem untern Theile des Dünndarms vom Schaf angetroffen habe, ohne Zweifel durch den ansehnlichen Stachel möglich geworden, den ich in der Mundhöhle des benannten Nematoden entdeckte. Hieher gehören auch die von Dubini und Bilharz beschriebenen, im Munde haftenden Haken von *Anchylostoma duodenale* (Dubini).

Erklärung der Tafeln [1]).

Fig. 1. Fragment eines Haftlappens der Mundlippen von **Ascaris mégalecephala** (Cloquet); *a* parenchymatöser Theil der Mundlippe; *b, b,* circuläre Streifen (ob musculös?); *c* gezahnter Theil.

„ 2. Die drei aus einander gelegten Mundlippen von **Ascaris marginata** (Rud.) von der Innenseite betrachtet; *a, a, a* dem vordersten Theile der Schlundröhre entsprechend mit den aufsitzenden doppelt gereihten, in die Mundhöhle ragenden Papillen; *b, b* parenchymatöse r Theil der Lippen; *c, c* feingezähnter Haftlappen; *d,d* vorstehender Rand der wulstigen Lippe; *e, e, e* durchscheinende Basis der hornigen Knötchen, welche nach aussen hervorragen. (Mittelstarke Vergrösserung.)

„ 3. Segment der Mundlippe von **Ascaris lumbricoides** (Linné); *a* parenchymatöser Theil; *b, b* gezahnter Haftlappen; *c* wulstiger Lippenrand.

„ 4. Dreilappige Mundlippe von **Ascaris compar** (Schrank) von innen; *a* parenchymatöse oder centrale Schichte; *b, b* corticale Schichte; *c, c* dicke Hülle; *d* glatter Haftlappen.

„ 5. Halbkugelförmige Lippe von **Ascaris ciconiae albae** (einer nicht näher bestimmten Art) von innen; *a* Centraltheil; *b, b* Corticaltheil; *c* glattrandiger Haftlappen.

„ 6. Vorderer Theil von **Ascaris vesicularis** (Frölich) = *Heterakis vesicularis* (Dujard.); *a* Taster (?); *b* Mundhöhle; *c* hornige Klappe am Eingange in den quergerifften Theil der Schlundröhre; *d* die sechs Reihen quergestellter, horniger Leistchen an der inneren Oberfläche der Schlundröhre; *e, e* seitlicher Haftsaum des Leibes.

„ 7. Hauptlippe mit zwei Nebenlippen von **Ascaris microcephala** (Rud.) von der Innenseite; *a, a* Chitinhülle; *a', a'* dickhäutige, flache Ansätze; *b, b* zahnähnliche Fortsätze (Taster ?) an deren Aussenseite; *c* Querfalte; *d* parenchymatöser Theil der Hauptlippe; *e, e* die beiden Nebenlippen; *f* Papille; *g, g* parenchymatöser Theil der Nebenlippen.

„ 8. Zwei zusammenhängende Mundlippen von **Ascaris rigida** (Rud.) von innen besehen; *a, a* stumpfe Knötchen an der Aussenseite; *b, b* durchscheinender parenchymatöser Centraltheil der Lippen; *c, c* musculöse Haftlappen; *d, d* dünnhäutige Lamellen; *e, e* Chitinrippen; *f* dünnhäutige Lamelle zur Vervollständigung des Verschlusses; *g, g* Schlundröhre.

„ 9. Kopfende von **Ascaris nigrovenosa** (Rud.); *a, a', a''* lamellöse, breite Säume (Flügel) der drei Mundlippen; *b recessus* zwischen den drei an einander stossenden Lippen mit der trichterförmigen Eingangsöffnung in die Schlundröhre (*c*).

---

[1]) Alle jene Figuren, wo keine Bemerkung beigefügt ist, sind bei starker Vergrösserung gezeichnet.

Fig. 10. Querschnitt durch den vordersten Abschnitt der Schlundröhre von rückwärts betrachtet; *a* sechseckig verzogene Eingangsöffnung in die
Schlundröhre; *b* radiale Muskelfasern; *c* streifige Bündel (ob ligamentös
oder dem Nervensystem angehörig ?).

„ 11. Kopfende von O x y u r i s v e r m i c u l a r i s (B r e m s e r) im Wasser aufge-
quollen, um die Lagerung der membranösen Blätter *a*, *a'*, *a"* zu zeigen;
b bandartige, transparente Streifen, welche stets im frischen Zustande
zu sehen sind; *c* Schlundröhre.

„ 12. Kopfende eines zur Gattung H y s t r i c h i s (D u j a r d.) gehörigen Nematoden aus der Brusthöhle von *Fulica atra* von der Seite betrachtet;
a Mund; *b* Stachelreihen; *c* dicke Umhüllungsschichte. (Geringe
Vergrösserung.)

„ 13. Kopfende desselben Wurmes von vorne. (Geringe Vergrösserung.)

„ 14. Querschnitt im vordersten Leibesabschnitt desselben Wurmes; *a* zapfenähnlicher aus moleculärer Masse bestehender Körper, der in den
Basaltheil der Stacheln hineinragt; *b* Muskelcylinder des Leibes; *c*, *c*
strahlige, faserige Schichte in Bündelform um die Schlundröhre
gelagert.

„ 15. Kopfende von S p i r o p t e r a m e g a s t o m a (R u d.) nach Behandlung
mit Ätzkali von der Seite; *a* glattrandige Mundöffnung; *b* Chitinauskleidung der trichterförmigen Mundhöhle; *c* abgerundeter Vordertheil;
d abgerundeter breiterer Hintertheil.

„ 16. Kopfende desselben Wurmes von vorne ; *a* Saum des Mundes; *b* Mundhöhle; *c* Eingangsöffnung in die Schlundröhre.

„ 17. Querschnitt durch den vordersten Theil der Schlundröhre desselben
Wurmes; *a* äussere Hülle; *b* Muskellage; *c* Ganglienzellen; *d* Faserbündel; *e* Eingangsöffnung in die Schlundröhre.

„ 18. Querschnitt durch die Schlundröhre etwas weiter nach rückwärts von
demselben Wurme; *a* dreischenkeliger Canal der Röhre; *b* Muskelsubstanz; *c* Ganglienzellenmasse.

„ 19. Querschnitt durch den breitesten Theil der Schlundröhre von demselben
Wurme; *a*, *b*, *c* den drei Portionen der radialen Muskelfasern entsprechend.

„ 20. Kopfende von S p i r o p t e r a s a n g u i n o l e n t a (R u d.) von der Seite;
a, *a* sechs Zähne an der Innenseite der wulstigen Mundlippe; *b* die mit
einer Chitinschichte ausgekleidete Mundhöhle; *c*, *c* Schlundröhre; *d*, *d*
äussere Wandung der Mundhöhle.

„ 21. Kopfende desselben Wurmes von vorne ; *a* gewulsteter Rand des Mundes;
b Mundhöhle; *c* Eingangsöffnung in die Schlundröhre.

„ 22. Kopfende von S t r o n g y l u s n o d u l a r i s (R u d.); *a* ovale Mundöffnung;
b, *b* rippenähnliche Leistchen; *c* Schlundröhre.

„ 23. Kopfende von P h y s a l o p t e r a c l a u s a (R u d.) im Längsdurchschnitte
a, *a*, *a* bandartige, den Kopf vom vorderen Leibesende abschnürende
Streifenzüge; *b*, *b* äussere Chitinhülle des vorderen Leibesendes; *c*, *c*
Chitinhülle des Kopfes; *d*, *d* Schatten, der Höhlung des Kopfes ent-

sprechend; *e, e* schiefe Muskelfaserbündel; *f* gerade Muskel
del; *g* hornähnliche Kegel.

Fig. 24. Das in zwei Hälften getheilte Kopfende von **Physaloptera**
(Rud.) von der Innenseite; *a, a* stumpfe in die Mundhöhle hinein
Papillen; *b, b* die sechs Abtheilungen der Mundlippe mit den
c, c abgeplattete Begrenzung der Mundhöhle; *d, d* die vier
lungen des vordersten Leibesabschnittes mit den 4 Stacheln in

„ 25. Kopfende desselben Wurmes von vorne; *a* Eingangsöffnung
Schlundröhre; *b* hexagonal begrenzter Mund; *c, c, c, c* die vier
an der Aussenseite; *d* dem vordersten Leibestheile entsprechen

„ 26. Kopfende von **Cucullanus elegans** (Zeder) von vorne und
betrachtet; *a* querovale Mundöffnung; *b* Ursprungsstelle der H
chen *c, c* seitliche derbe Ansätze der Mundschale.

„ 27. Kopfende desselben Wurmes von vorne und innen; *a* Mund
b, b Ursprungsstelle der Hornleistchen.

„ 28. Halbirtes Kopfende desselben Wurmes von innen; *a* Mund
b querer hornähnlicher, zapfenartiger Fortsatz; *b'* hinterer F
c Ansatzstelle der Hornstäbe des Vorderleibes; *c', c'* die drei S
derselben; *d* Muskelsubstanz; *e* Schlundröhre.

„ 29. Kronenförmiger Ansatz des Kopfes von **Sclerostoma arm**
(Rud.) von innen; *a, a* Basaltheile der sechs Stacheln; *a'* letzte
der Seite betrachtet; *b* mit einander verschmolzene platte Körp
einer nach hinten gerichteten ringförmigen Leiste; *c* Kranz vo
zackigen Zähnen mit ovaler Basalfläche; *d* die den Mund begren
Haftfransen.

„ 30. Zu demselben Wurme gehörig; *b, b* platte verschmolzene Körp
der Innenseite der Mundhöhle mit der hervorstehenden Lei
b' b'; *c, c* zweizackige Zähne; *d, d* Haftfransen.

„ 31. Kopf von **Sclerostoma hexacanthum** Frontansicht; *a,*
äusserer unterbrochener in sechs Abtheilungen zerfallender Chitin
b innerer Chitinring; *a', a', a'* denjenigen Stellen entsprechend, wo
die sechs Stacheln befinden; *c* bündelweise an einander gedrängte
fransen; *d* Mundhöhle; *e* Eingangsöffnung in die Schlundröhre. (W
vergrössert.)

„ 32. Das halbirte Kopfende desselben Wurmes von der Innenseite; *a* H
fransenbündel; *b* Kalkkörperchen; *c* feinkörnige Aggregate in streif
Anordnung; *d* innerer Chitinring mit den nach rückwärts gerichte
Zähnen; *e, e, e'* die drei Muskelbündel, welche zu den Stacheln v
laufen; von den letzteren ist einer in *e''* sichtbar; *f* äussere star
Chitinhülle des Leibes; *g* Chitinhülle des Kopfes; *h* äusserer, unt
brochener Chitinring. (Mittlere Vergrösserung.)

„ 33. Segment derselben Hälfte (stark vergrössert); *a* Haftfransen, meist
dreien an einander gedrängt; *a', a'* Rippen, welche sich nicht selt
bifurcirend bis in das Ende der platten Haftfransen verfolgt werd
können; *b* Chitinmasse, aus der die Haftfransen entspringen, und welch

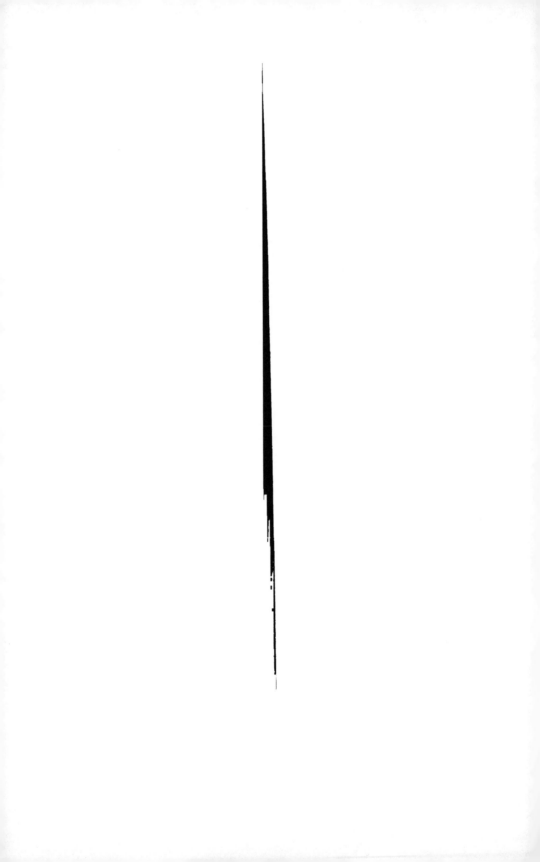

sich in *b'* deutlich geschichtet erweist mit eingestreuten Kalkkörnern ; *c* nadelförmige, mit ihrem freien Ende nach vorwärts gerichtete Körper ; *d* Kalkkörperchen in der Chitinmasse eingetragen ; *e* feinkörnige Aggregate in streifiger Anordnung ; *f* innerer Chitinring mit den kurzen Zähnen ; *g* Muskelbündel ; *h* Chitinhülle ; *i* Stachel, an dem sich das Muskelbündel inserirt.

Fig. 34. Kopfende von **Strongylus cernuus** (Creplin) ; *a* Mundöffnung ; *b, b* die Mundrippen ; *c, c* die Bauchrippe ; *d, d* die Seitenrippen ; *e* Mundstachel ; *f, f* die beiden Wurzeln derselben auf der Bauchrippe aufsitzend ; *h* Ligament an der Theilung der Wurzeln ; *g, g* hornige Höcker gegen die Rückenseite des Kopfes gekehrt ; *i, i* die drei hufeisenförmigen Körper eine trichterförmige Öffnung bildend ; *k* Muskelsubstanz der Schlundröhre ; *l* Chitinauskleidung der letzteren.

„ 35. Die isolirten hufeisenförmigen Körper von demselben Wurme ; *a* von der breiten Seite besehen mit dem Querstücke ; *a'* die Branchen ; *b, b* von der schmalen Seite betrachtet ; *c, c* Chitinmembran, welche die Schlundröhre nach innen auskleidet ; *d, d* stäbchenartig durchbrochene Membran, durch welche die Körper mit der Haut der Mundhöhle in Verbindung stehen.

„ 36. Kopfende desselben Wurmes von vorne ; *a* Mundöffnung mit dem hervorragenden Mundstachel (bei auffallendem Lichte gering vergrössert.)

„ 37. Seitenansicht des Kopfes von **Filaria papillosa** (Rud.) ; *a* Mundöffnung ; *b* trichterförmige Mundhöhle ; *c, c* Parenchymatöse Masse ; *d, d* zwei stumpfkegelige Fortsätze (Papillen der Autoren), welche die unterhalb liegenden beiden anderen decken ; *e, e* und *f, f* dornähnliche derbe Fortsätze (Papillen der Autoren) ; *g* Chitinwulst, an dem die letzteren sitzen.

„ 38. Frontansicht desselben Kopfes ; *a* Eingang in die Schlundröhre ; *b* Mundhöhle ; *c, c* und *d, d* die kreuzweise am Mundsaume gelagerten stumpfen Fortsätze ; *e, e* heller Chitinwulst, der mit den beiden seitlichen Raphen *f, f* in Verbindung tritt ; *g, g* äussere, dornähnliche Fortsätze.

„ 39. Frontansicht des Kopfes von **Filaria attenuata** (Rud.) ; *a* dreieckige Mundöffnung in der Mitte des kuppelförmigen Ansatzes ; *b, b* zwei stärkere, *c* vier schwächere Chitinrippen des Ansatzes ; *d, d* platte, breite Chitinstreifen ; *e* Muskelfaserzüge ; *f* durchscheinende Ganglienzellenmasse mit den grossen ovalen Kernen in *g*.

„ 40. Kopfende von einem zur Gattung **Dispharagus** (Dujard.) gehörigen Wurme aus *Podiceps nigricollis* ; *a* schaufelartige, hornige Fortsätze ; *b, b* nach hinten ausgeschweifte Lappen ; *c, c* granulirter, vorstehender Saum derselben ; *d* cylinderförmige Mundhöhle mit Chitinauskleidung ; *e* erweiterte Stelle ; *f* Schlundröhre ; *g, g* seitliches Aufhängeband.

„ 41 Kopfende desselben Wurmes von vorne, etwas verschoben ; *a* schaufelartige Fortsätze ; *b* durchscheinende cylindrische Mundhöhle ; *c, c* die beiden seitlichen Raphen des Körpers.

Die Gattung Carychium.

Von Georg Frauenfeld.

(Mit I Tafel.)

(Vorgelegt in der Sitzung vom 13. December 1855.)

Ich habe in den Verhandlungen des zoologisch-botanischen Vereins, Band IV, 1854, Abhandlungen S. 23, nach dem mir von Herrn Ferdinand S c h m i d in Laibach so gütig mitgetheilten Materiale drei neue Carychien aus den Krainergrotten beschrieben und abgebildet. Es wurde dadurch die Anzahl der bis dahin bekannten Arten dieser Gattung verdoppelt. Bald danach theilte mir Herr S c h m i d brieflich mit, dass er das Thier, was bisher noch nicht gelungen war, lebend gefunden und einige Zeit beobachtet habe, und sendete mehrere Exemplare an mich ein.

Wenige Tage darauf trat ich meine Reise nach Dalmatien an, und ich konnte unmöglich diese Gelegenheit unbenützt lassen, mich einige Tage in Laibach zu verweilen, um die in dessen nächster Nähe belegenen Höhlen zu besuchen und durch eigenen Augenschein mich von den Verhältnissen dieser höchst interessanten unterirdischen Bewohner zu unterrichten. Meine damaligen Beobachtungen hatte ich noch während der Reise an den zoologisch-botanischen Verein eingesendet, und sind dieselben in obbezeichnetem Bande, Berichte S. 62, mitgetheilt.

Ich fand in der Pasizagrotte eine grosse Anzahl, einige Hunderte dieser kleinen Schneckchen, also weit die grösste Menge frischer Exemplare, die bis dahin aufgefunden worden, und diese erlaubten mir, in Betreff jener Kennzeichen, welche grösseren Schwankungen an diesen Thieren unterliegen, ein schärferes, sichereres Urtheil.

Der Eifer für Untersuchung dieses unterirdischen Lebens wuchs nun immer mehr unter der liebenswürdigen Aufmunterung des verehrten Veteranen der Naturforscher in Laibach, der mir fortwährend aus den von seinen fleissigen Jüngern durchforschten Grotten, die von ihnen aufgefundenen Schnecken dieser Gattung zuschickte; und es erschien auch in dem Jännerhefte 1855 der Sitzungsberichte dieser kais. Akademie S. 18 eine Mittheilung des Herrn Custos F r e y e r in Triest, worin derselbe abermals vier neue Arten veröffentlichte.

Fast zu gleicher Zeit sandte Herr H a u f f e n, einer der eifrigsten und glücklichsten Grottenjäger in Laibach, eine Partie von ihm in den meisten Höhlen Krains mit unermüdlicher Anstrengung gesuchten und gesammelten Grottenschnecken nebst einer kurzen Beschreibung derselben. Indem ich über die darunter befindlichen Paludinellen und eine *Valvata* später zu berichten mir vorbehalte, will ich blos die Carychien hier erwähnen, von denen er zwanzig Numern sandte, die er in der beigegebenen Aufzählung in drei Gruppen gebracht hatte, und zwar: gerippte, glatte, gegitterte.

Von den gerippten, für welche er mein *C. Schmidti* als Grundform aufstellt, finden sich sieben Numern mit folgenden Notizen:

Nr. 1. Gehäuse etwas schlanker als die Grundform, Spindel wenig gewulstet, nur Einen etwas dickern Zahn, der nahe bei der Spindel liegt. Der Mundsaum läuft von der Spindel bis zur rechten Seite an der Innenwand angeheftet als ein dünnes Häutchen fort. Wurde von mir in Gesellschaft des Herrn D e s c h m a n n in der Grotte Na Ograjici im Gutenfelderthale gefunden.

Nr. 2. Etwas grösser und breiter gerippt als Nr. 1. Lippe an der Innenwand dicker; rechter Mundwinkel schmäler als bei *C. Schmidti;* nur Ein Zahn, der mehr der Spindel näher liegt als bei der Grundform und der Nr. 1. Lippe nächst der Spindel stark zurückgebogen. Wurde von mir in der Grotte Podlom bei Gross-Lipplein gefunden.

Nr. 7. Gehäuse stark gerippt; Umgänge ziemlich bauchig; Mundöffnung rundlich; Mundsaum wenig zurückgebogen; Einen kleinen Zahn, der nahe der Spindel liegt. Es ist dieses Carychium in der Form sehr veränderlich, wie aus den mitfolgenden Exemplaren zu ersehen, die alle an einer Stelle in den zwei zusammenhängenden Grotten Beč und Babji beč bei Podpetsch gesammelt wurden.

Diese drei Formen glaubt Herr H a u f f e n für Eine Art halten zu sollen, während er die nächsten vier jede für selbstständig betrachtet.

Nr. 3. Gehäuse schlank, aus sechs Umgängen bestehend, sehr breit
  gerippt. Mundöffnung lang, rechter Winkel hoch oben und
  ziemlich spitz, rechte Seite des Mundsaumes eingedrückt,
  einen sehr stark nach rechts gebogenen Zahn, der ganz an
  der Wurzel der Spindel und ziemlich tief in der Öffnung liegt.
  Von mir mit Herrn Schmidt in der Grotte Smarna gora am
  Grosskahlenberge gefunden.

Nr. 4. Breitstehende Rippen, grösseres Gehäuse, längere Mundöffnung
  unterscheiden dieses Carychium von *Car. Schmidti* hinlänglich;
  von den übrigen durch die drei Zähne, von denen einer nahe
  der Spindel, der zweite, um die Hälfte kleinere, mehr rechts
  und tiefer in der Öffnung liegt. Der dritte ist klein und findet
  sich an der Spindel; rechter Mundwinkel ziemlich spitzig,
  rechte Seite eingedrückt; Nabel offen; Mundsaum vor diesem
  zungenartig vorgezogen, sonst durchaus auswärts gebogen.
  Von Herrn Schmidt in der Grotte Goričana (Görtschach)
  gefunden.

Nr. 5. Ich bin hier im Zweifel, ob ich diese Schnecke zu den
  gerippten stellen soll, da ich nur in der Nähe der Nath
  Rippen bemerke, die sich langsam bis zur entgegengesetzten Nath verlieren. Es dürften jedoch vielleicht, da ich
  sie bisher nicht lebend fand, die Rippen vielleicht in
  der Mitte abgerieben sein; sie ist die kleinste der bisher
  genannten, und vollkommen pyramidal. Mündung rundlich,
  zwei Zähne, von denen einer an der Innenwand, nahe
  der Spindel und stark nach rechts gebogen liegt, der
  andere findet sich an der Spindel tief in der Öffnung. Mundsaum wenig zurückgebogen. In der Grotte Ledenica (Eis-
  grotte) bei Gross-Lipplein zuerst von Herrn Skubic
  gefunden.

Nr. 6. Aus der Grotte Kevderca (Kellergrotte) am Berge Ljubnjik
  bei Laak. Gehäuse von mittlerer Grösse zwischen den vorher-
  gebenden. Fünf Umgänge, die wenig bauchig sind. Mundöffnung länglich, rechter Mundwinkel mehr spitz, rechte Seite
  ziemlich eingedrückt, Spindel stark wulstig, Mundsaum
  durchaus wenig zurückgebogen; Ein Zahn, der an die Wurzel
  der Spindel anschliesst und stark nach rechts gebogen ist.
  Von Herrn Tušek entdeckt.

An glatten Carychien liegen zwölf Numern vor, da von einer dreizehnten in der Grotte bei Sava, die übrigens mit Nr. 11 ganz übereinstimmt, nur Ein Exemplar aufgefunden, daher nicht eingesendet ward. Folgende Notizen finden sich bei selben:

Nr. 1. Hat Ähnlichkeit mit *C. lautum*, doch unterscheidet es sich von diesem durch die bedeutend näher an einander liegenden zwei Zähne an der Innenwand und die gewulstete Spindel, an welcher der Zahn tiefer liegt wie bei *C. lautum*; Mundsaum am Ende der Spindel ziemlich vorgezogen. Von Herrn Mathias Erjavez in der Grotte Mlinca am Berge Ravnik beim Dorfe Žeravnik entdeckt.

Nr. 2. Unterscheidet sich von Nr. 1 nur durch den kleineren Zahn an der Innenwand. Von mir mit Herrn Schmidt in der Grotte Jelenca (Hirschgrotte) am Berge Ravnik bei St. Katharina gefunden.

Nr. 3. Etwas grösser als die zwei vorhergehenden und der Mundsaum weniger gelippt. Von mir in Gesellschaft der beiden Erjavez in der Mackova jama (Katzengrube) am Berge Veternik bei Babnja gora gefunden.

Nr. 4. Hat eine weniger gewulstete Spindel, an der der Zahn stark unten liegt, und wurde in der Velka jama (grosse Grube) am Berge Keber beim Dorfe Uranšica von mir mit Herrn Schmidt gefunden.

Nr. 5. Der weniger gelippte Mundsaum, die rundere Mündung und der tiefliegende Spindelzahn unterscheiden sie von den andern. Mit Herrn Matth. Erjavez in der Grotte Malo bukovje (Kleinbuchen) am Berge Ravnik beim Dorfe Žeravnik entdeckt.

Nr. 6. Übereinstimmend mit Nr. 2. Aus der Grotte Sidanca (die gemauerte) am Berge Keber bei Uranšica.

Nr. 7. Wie Nr. 3, doch der Spindelzahn sehr klein. Durch Herrn Franz Erjavez aus der Brezen (Abgrundhöhle) am Berge Stermeč bei Utik.

Diese sieben Numern bezeichnet Herr Hauffen nur als Abänderungen zu Einer Art gehörig.

Nr. 8. Gehäuse kürzer als bei *C. spelaeum*. Mundöffnung runder; Mundsaum mehr zurückgebogen; nur Ein Zahn, der an der Wurzel der Spindel liegt. Von mir mit Herrn Tušek in der

Grotte Kevderca (Kellergrotte) am Berge Ljubnjik bei Laak gefunden.

Nr. 10. Unterscheidet sich von Nr. 8 durch den äusserst kleinen Zahn. Aus der Grotte am Grosskahlenberge.

Nr. 11. Aus der Grotte Ihanšica bei Ihan gefunden, gleich Nr. 10, ist jedoch zahnlos, daher ich sie für eine eigene Art halte.

Nr. 9. Die ich ebenfalls für eine selbstständige Art halte, unterscheidet sich von Nr. 8 durch vorgezogene Mundöffnung und durch zusammenhängenden Mundsaum. Aus der Grotte Ljubnjica am Berge Lubnjik bei Laak.

Nr. 12. Aus der Grotte Sijavka auf der Planina Mokerz (Mokrizer Alpe) ist mit vorhergehender sehr ähnlich, nur bedeutend grösser, so dass sie eine *var. major* derselben bildet.

Von gegitterten ist nur eine einzige Numer, und zwar:

Aus der Grotte Dolga jama (lange Grube) am Berge Sumberg bei Goričica, über welche Folgendes mitgetheilt wird:

Das Gehäuse derselben mittelgross, besteht aus sechs Umgängen, die wenig gebraucht sind. Sculptur ziemlich stark gerippt, diese von einander entfernt. Mit dieser gekreuzt laufen feine Parallellinien, wodurch die Schnecke gegittert erscheint. Nath tief. Mundöffnung länglich; rechter Mundwinkel mehr spitz, Saum stark gelippt, wenig zurückgebogen. Rechte Wand unter dem Saume etwas eingedrückt. Spindel ziemlich gewulstet. Drei Zähne, von denen zwei auf der Innenwand befindlich, der dritte auf der Spindel liegt. Erstere zwei, deren grösserer nahe der Spindel, der andere kleinere nahe neben diesem tiefer in der Öffnung steht, sind wenig nach rechts gebogen; der dritte Spindelzahn liegt mitten auf der Spindel, und hält in der Grösse das Mittel zwischen beiden ersteren.

Über die Lebensweise der Carychien fügt Herr Hauffen Folgendes bei:

Der liebste Aufenthalt der Carychien sind unstreitig die dunkelsten Stellen der Grotten und Höhlen. Sie wählen da am liebsten Winkel, enge Spalten, wo ihnen schwer beizukommen ist, doch auch die Grottenwände, Vorsprünge und jene Felsblöcke, die von der Decke herabgestürzt sind, hauptsächlich da, wo sie mit Grottenschlamm, dem die gehörige Nässe nicht fehlen darf, überzogen sind. Diese winzigen Bewohner jener ungeheuren Räume wandern da mit gedehntem Fusse, ausgestreckten Fühlern und halbaufgerichtetem Gehäuse herum. Nie fand ich die Carychien an solchen Stellen, wohin das Tageslicht dringt, oder in Grotten die trocken waren, auch nicht in solchen wo man Luftzug findet, selbst dann nicht, wenn alle anderen Erfordernisse sich für sie daselbst finden. Endlich auch nicht an reinen Stalaktiten, die immer kälter anzufühlen sind, als die mit Lehm überzogenen. Ich habe mit aller Mühe untersucht, ob sie Augen haben, sah aber nicht eine Spur von solchen."

Was diese Angaben betrifft über die Lebensverhältnisse, so kann ich selbe im Allgemeinen, namentlich jene in Bezug auf Trockne, Licht und Luftzug vollkommen bestätigen, und muss nur berichtigend anführen, dass ich die grösste Menge meiner damals gesammelten Carychien an einer Stelle fand, die keineswegs mit Schlamm überdeckt war, den ich also auch nicht als unerlässliches Erforderniss betrachte, sondern die nur einen knollig mit Kalksinter überzogenen flachen Hügel bildete, der vom regelmässig herabsickernden Wasser überall gleichmässig stark nass war, ohne dass man es eigentlich fliessend nennen konnte.

Was die übrigen Bemerkungen anbelangt, so wird sich im Nachfolgenden das Resultat meiner Untersuchungen ergeben.

Meine schon im Februar d. J. an das rothe Meer erfolgte Abreise verhinderte, dass ich dieselben gleich damals veröffentlichte, so wie auch die grosse Masse von Gegenständen, die ich nach meiner Rückkehr zu sichten und zu ordnen hatte, mich so sehr in Anspruch nahm, dass sich jene Erörterung bisher verzögerte.

Ehe ich jedoch weiter darauf eingehe, habe ich einen Punkt ins Reine zu bringen.

In dem citirten Aufsatze von Herrn Freyer aus den diesjährigen Sitzungsberichten findet sich unter Nr. 1: *C. Freyeri* Schm. Dasselbe soll klein, halb durchbohrt, spitz kegelförmig, fast glatt, weiss, durchsichtig sein mit birnförmiger Mündung, scharf zurückgebogenem Mundsaum, am Mündungsrande mit starkem Zähnchen versehen und sechs Umgänge haben. Hierbei erwähnt Herr Freyer S. 19, dass ein drittes Exemplar dieser Schnecke in Weingeist sich in meinen Händen befinde. Herr Freyer hatte dasselbe an Herrn Director Kollar eingesandt, um es an mich zur Ansicht und Untersuchung zu übergeben. Das Originalexemplar sei in Laibach, ein anderes ging verloren.

Diese Schnecke findet sich nun auch nach einer Zeichnung des Herrn Freyer auf der, den erwähnten Sitzungsberichten beigegebenen Tafel abgebildet, und zwar, entgegen allen bisher aufgefundenen Carychien, die sämmtlich rechts gewunden sind, mit der Mündung links. Nach Herrn Freyer's persönlicher Mittheilung soll dieselbe bestimmt richtig so sein. Allein meine Nachforschungen in Laibach über diese merkwürdige Abweichung ergab nichts, wodurch dieselbe bestätigt worden wäre, und bei dem von Herrn Freyer eingesendeten Exemplare findet sich die Mündung wie bei allen andern Carychien rechts, und gehört dasselbe sogar nicht einmal zu den glatten, sondern ist nichts anderes als mein *C. Schmidti*. Ich kann bestimmt nur annehmen, dass Herr Freyer, als er dasselbe, wie er mir sagte, durchs Mikroskop zeichnete, das umgekehrt reflectirte Bild nicht sogleich berichtigte. Ich muss dies so lange voraussetzen, bis Herr Freyer ein solches verkehrtgewundenes Individuum wirklich vorlegt [1]).

Allein auch diese Umwendung und eine rechte Mündung angenommen, bin ich nicht im Stande, diese Schnecke auf eine der mir bekannten Carychien zurückzuführen. Unter allen glatten Carychien ist es das einzige *C. obesum* Schm., welches hier in Frage kommen könnte, allein gerade dieses ist von Herrn Schmidt selbst unter diesem Namen neu aufgestellt, da er es nicht für jenes früher benannte Thier erkannte, und vielleicht überhaupt nicht mehr gewagt hatte, seine *Pupa Freyeri* auf irgend eines der vielen Carychien zu beziehen, die in neuester Zeit in so zahlreicher Menge durch seine Hände gingen. Auch wäre es schwer, die kurze selbst so weit gefasste Beschreibung jener Schnecke ohne Gewalt auf *Car. obesum* anzuwenden.

Wollten wir *C. Schmidti* gelten lassen, wofür allerdings der Ausdruck „fast glatt" zulässig wäre, so könnte doch nur entweder

---

[1]) In einer unterm 16. December 1855 an mich gerichteten freundlichen Mittheilung des Herrn Freyer ist von ihm selbst als Berichtigung erwähnt, dass er sich in Laibach überzeugt habe, die *Pupa Freyeri* sei rechts gewunden, und dass sie wirklich nur durch das Zeichnungsprisma irrthümlich verkehrt dargestellt worden sei.

Anmerkung während des Druckes.

ein unausgebildetes Individuum, oder eine Abänderung und nicht die dreizähnige deutlich gerippte Stammform zu Grunde gelegen haben.

Ich muss diese Art daher bis auf eine bestimmtere Ermittelung hin, die ich jedoch kaum glaube dass sie möglich sein wird, gänzlich fallen lassen, und will somit nur noch die in obigem von Herrn Hauffen angedeutete Gruppirung dieser kleinen Schnecken nach ihrer äussern Structur berühren, die auch Herr Freyer in seinem Aufsatze in ähnlicher Art durchführte.

Ich brauche wohl nicht darzuthun, dass eine solche Sonderung nur ein künstlicher Nothbehelf ist, der keine besonders wissenschaftliche Basis hat, und nur da zu entschuldigen ist, wo eine ausserordentlich grosse Anzahl von Arten in einer Gattung der leichteren Übersicht wegen zur Annahme solcher Kennzeichen zwingt, denen nicht leicht eine systematische Geltung zugestanden werden kann, und die endlich so in einander übergehen, dass jede Begrenzung unmöglich ist.

Wer die Carychien zur Hand genommen, der wird diese ebenso missliche wie werthlose Gruppirung bei einer so artenarmen Gattung, wo dieses Kennzeichen blos individuell ist, nicht für nothwendig erkennen. Ich habe in der analytischen Tabelle meiner oberwähnten Arbeit über die Carychien in den Verhandlungen des zoologisch-botanischen Vereins schon in einer Anmerkung bei *C. exiguum* beigesetzt, dass diese beim Anscheine glatte, glänzende Art im durchfallenden Lichte regelmässige Längsrippung zeige. Die Übergänge, welche *C. Schmidti* von fast verschwindender Berippung bis zu weit getrennten leistenähnlichen Hervorragungen zeigt, sind so allmählich, dass es unmöglich wird, einen bestimmten Abschnitt zu bezeichnen, während deren Extreme in verschiedene Gruppen zu stehen kämen.

Auch auf die grössere oder geringere Regelmässigkeit und Richtung dieser Streifung kann nach meinen Untersuchungen nicht allgemein Gewicht gelegt werden. Ebenso untergeordnete Bedeutung gestehe ich den manchmal erscheinenden, etwas erhabenen Spirallinien, die mit jener Längsrippung sich kreuzen, zu. Wie weit die Würdigung dieser Charaktere zu beschränken ist, kann an den grösseren Paludinenarten wie *Pal. bengalensis*, *Pal. javanica*, *Pal. unicolor* etc. bis zur kleinen in dieser Beziehung so ausserordentlich veränderlichen *Pal. cristallina* Pf. (*Pal. jamaicensis* C. Ad.), geschweige der Melanien, wie *Mel. Holandri*, hinlänglich erfasst werden.

Dass auch die Zähne mit vieler Vorsicht, und durchaus nur nach
Prüfung einer grossen Anzahl Individuen, ja nie nach einzelnen zur
Charakteristik benützt werden können, wissen wir hinlänglich von
Pupa u. dgl. Allerdings zeigen sich einzelne Arten höchst beständig.
und man wird z. B. *C. obesum*, in der Form mit keiner andern
leicht zu verwechseln, nie anders als mit Einem Zahn an der Mündungswand des letzten Umganges, nahe der Spindel finden. Allein
bei jenen Arten, wo wie bei *C. lautum* und *Schmidti* an dieser
Wand mehr gegen den Aussenwinkel hin ein zweiter solcher Zahn
auftritt, ändert derselbe bis zum vollkommenen Verschwinden ab,
oder steht so tief in der Mündung zurück, dass er nur äusserst schwer
bemerkbar wird. Ein gleiches veränderliches Verhalten zeigen die
Zähne am Mundsaume, sowohl jene welche wie bei *C. Schmidti*
an der Spindel am Nabeleindrucke leistenartig vorstehen, als weit
mehr noch jene nur durch einen Eindruck in die Schale hinter der
Mundwulst wie bei *C. minimum* hervorgebrachten. Jener an der
Spindel stehende Leistenzahn ist nur bei jüngeren Exemplaren meist
sichtbar, bei solchen erwachsenen aber mit vollkommen ausgebildeter
Mundwulst, wie es scheint, nur dann erst, wenn selbe sehr alt sind,
wieder deutlicher hervortretend. Der Eindruck am äussern Mundsaum,
obwohl bei mehreren Arten vorhanden, steigert sich nur bei *C. mini-*
mum bis zur zahnartigen Hervorragung. Die Form dieses Aussen-
randes bleibt sich jedoch sehr gleich, und innerhalb gewisser Grenzen
wird, blos auf diesen einzigen Punkt die Aufmerksamkeit gerichtet,
nicht leicht ein Zweifel entstehen können, ob man *C. Schmidti* oder
C. Frauenfeldi vor sich habe. Ich muss eben diesen Mündungs-
verhältnissen die höchste Geltung zugestehen, und habe auf dieses
Criterium hin eine neue Art abgesondert, von der ich leider nur
wenige Exemplare besitze, daher ich die unten folgende Beschreibung
derselben nicht bestimmt für abgeschlossen erklären kann, obwohl
über ihre specifische Verschiedenheit gewiss kein Zweifel bleibt.
Sie ist gänzlich zahnlos, da sich aber auch bei *C. alpestre*, der
sie zunächst steht, eine solche Abänderung[1]) findet, so wäre wohl
möglich, dass auch hier später noch eine gezähnte Form aufgefunden
würde.

---

[1]) Siehe Nr. 11 oben unter der Abtheilung der glatten Carychien von Hauffen, die
aus Nr. 8 durch Nr. 10 in sie übergeht, und die ich ihrem ganzen übrigen Erscheinen
nach nicht davon trennen kann.

79

Gehen wir nunmehr alle diese Merkmale durch, so ist es auch hier wie bei allen Naturkörpern, wo es sich um Unterscheidung sehr nahe stehender Arten handelt, eine Summe von, oft durch gar keine scharfe Bezeichnung auszudrückender Einzelheiten, die das Wesen derselben ausmacht. Wir sind so oft auf solche negative Unterscheidungszeichen angewiesen, dass die Unsicherheit ebenso sehr wächst, wenn ein oder das andere Glied mangelt, als wenn ein oder das andere neue hinzutritt.

Ich will die mir bekannten Arten nunmehr einer Revision unterziehen, wobei ich die in dem Aufsatze des Herrn F r e y e r aufgestellten, so wie die eingangs angeführten von Herrn H a u f f e n übersandten zwanzig Numern an ihrem gehörigen Orte unterbringen werde.

Carychium exiguum Say.

Abgebildet: K ü s t e r, *Conch. Cab.* — Verhandl. des zool. bot. Vereins. 1854.

Im kais. Museum befindet sich diese Art mit der Bezeichnung *Pupa exigua* S a y, *Middle States.* Die Spindel verläuft bei dieser Art so allmählich in den Mündungsrand der letzten Windung, dass man den mitten auf der Grenze stehenden Zahn nicht mit Gewissheit der einen oder andern Region zutheilen kann. Wenn wir jedoch weiter gehen, so finden wir bei *C. spelaeum*, bei der einzähnigen Form von *C. Schmidti*, dann bei *C. obesum* und mehreren mit Bestimmtheit, dass die Spindel ungezähnt, und nur der der Spindelwurzel zunächst auf der Wand der letzten Windung selbst liegende Hauptzahn zuerst auftritt. Allein daraus erwächst uns nun eine andere Consequenz. Entweder muss aus der Familiendiagnose der Auriculaceen der scharf hervorgehobene Ausdruck: „Spindel mit Falten oder Zähnen" ganz verschwinden, oder es müssen die derartigen Carychien aus dieser Familie ausgeschieden und wieder in die Nähe von *Pupa, Vertigo* untergebracht werden.

Ich muss gestehen, dass der Eindruck der sämmtlichen Carychien mit ihren hochgewölbten Windungen, stark eingeschnürter Nath, unter den so ganz anders gebildeten Formen der übrigen Auriculaceen mit ihrer meist schmalen, längs gezogenen Mündung ein höchst fremdartiger ist, und weit eher mit *Pupa* übereinstimmt.

Leider lässt uns bei den augenlosen Höhlencarychien dieser scharf bezeichnende Charakter der Lage jener Organe ganz in Stich, und wäre für *C. minimum* die Stellung derselben: „die schwarzen

Augen schief am Grunde der fast dreieckigen Fühler", nicht so ent-
scheidend, so würde der Mangel der inneren Fühler kein Hinderniss
mehr abgeben, sie alldort unterzubringen. Es dürfte hier vielleicht
die innere Anatomie Aufschluss geben. Leider war es mir bisher
nicht möglich, in dieser Richtung eine Ermittelung zu versuchen.
Obwohl Herr S c h m i d t lebende Thiere ein paarmal an mich absandte,
konnte ich sie doch darauf nicht untersuchen.

Die Schnecke selbst, beinahe spindelförmig, kann mit keiner
sonst verwechselt werden, da das ihr zunächst stehende *C. mini-*
mum ausser dem, beiden zukommenden Hauptzahn, einen Spindelzahn
und den zahnartigen Eindruck am Aussensaume zeigt. Ich besitze
zwar kein reiches Material von derselben, glaube jedoch bestimmt
voraussetzen zu können, dass dieser Hauptzahn ihr niemals mangelt.
Wie schon oben bemerkt, zeigt sie bei durchfallendem Lichte senkrechte Streifung.

Carychium minimum Mll.

Abgebildet: K ü s t e r , *Conch. Cab.* — Verhandl. des zool. bot. Vereins. 1854.

Reichlicher an Zahl steht mir diese weitverbreitete, der Wiener
Fauna angehörige Art in Menge zur Untersuchung zu Gebote. Auch
sie ist noch ziemlich spindelförmig und mit keiner der Höhlenschnecken
zu verwechseln. Schon K ü s t e r bemerkt eine viel schlankere Varietät, die er *C. nanum* nennt, die er aber auffallenderweise kleiner
angibt, während die meinen zwar viel spindlicher, aber entschieden
länger sind. Sie findet sich unter der Hauptform beinahe in gleichem
Zahlenverhältnisse so ohne den geringsten Übergang, dass sie bei
der oberflächlichsten Besichtigung gesondert werden können. Sie
jedoch danach als Art davon zu trennen, möchte auch ich nicht wagen,
da alle anderen Kennzeichen an beiden Formen so übereinstimmend
sind, dass jeder weitere Anhaltspunkt hiefür fehlt. Auch hier wird
die Anatomie des Thieres endgiltig entscheiden. Man kann bei ihm
ebenfalls, vorzüglich unter der bauchigeren Stammform Individuen
finden, die eine deutliche, sehr regelmässige senkrechte Streifung
zeigen. In der Bezahnung ist sie nur sehr wenig veränderlich. Der
Hauptzahn, so wie der Spindelzahn fehlen an keinem meiner vielen
Exemplare, nur der am Aussensaum durch den Eindruck der Schale
gebildete Zahn erscheint, manchmal selbst bei vollkommen ausgebildeten und breit gelippten Exemplaren blos als geringer Höcker. Ganz

übereinstimmend ist sie im k. k. Cabinete, aus dem Banate von Herrn Zelebor mitgebracht, vorhanden, dann aus Lyon, wo sie sich unter einer Partie *Paludinella marginata* Mich. fand, ferner aus Draparnaud's Sammlung, und aus Köln.

Carychium spelaeum Rss.

Abgebildet: Küster, *Conch. Cab.* — Verhandl. des zool. bot. Vereins. 1854.

Es ist dies das erste in Höhlen entdeckte Carychium, und zwar aus der Adelsberger Grotte, wo es bis zuletzt ausschliessend allein aufgefunden wurde und erst unter einer neuerlichen Sendung mit der Bezeichnung „Höhle Gradah" mir zukam, wonach ich diese Stelle als den zweiten Fundort bezeichnen kann. Ausserdem besitze ich diese Schnecke von ersterem Fundort durch die Güte des Herrn Ferd. Schmid in Laibach, so wie durch meinen geehrten Freund Herrn A. Schmid in Aschersleben.

Auch sie dürfte nicht leicht verwechselt werden, da sie in der gestreckteren Form noch mit den vorhergehenden übereinkömmt, jedoch schwächer gewölbte Windungen hat, deren letztere weniger zusammengezogen der Schale eine reinere Kegelform gibt und die erste ist, die niemals einen Spindelzahn und auf der Wand der letzten Windung neben dem Hauptzahn weiter rechts noch einen Nebenzahn trägt. Dieser Nebenzahn ist nun bei einigen Exemplaren so schwach ausgedrückt, dass er sehr leicht übersehen werden kann, doch finde ich ihn noch bei allen meinen Individuen, deren freilich nicht viele sind, so dass ich kaum glaube, dass er gänzlich fehle, obwohl ich nicht mit Sicherheit dessen stete Anwesenheit zu behaupten wage.

Was den Werth der Stellung dieses Nebenzahnes als charakteristisches Kennzeichen anbelangt, so mag es gerathener sein, denselben ganz fallen zu lassen. Während der Palatinalzahn oft als breite Lamelle wie im Kreise sich um die Spindel herumzuziehen scheint, derart geneigt, dass dessen Kante sich nach aussen hin von der Spindel abwendet, hat der Nebenzahn gewöhnlich eine entgegengesetzte Richtung und wendet sich, jemehr er nach aussen fortsetzt, immer mehr rechts, näher dem Mundwinkel zu. Während daher bei einer geringen Ausbildung desselben dessen Stellung in die Mitte der Mündungswand fällt, ist sie bei vollkommener ausgewachsenen immer weiter nach rechts gerückt.

Der schon oben als wichtig und massgebend berührte Aussensaum ist auch bei dieser Schnecke, nachdem derselbe vom gerundeten Mundwinkel rasch sich abwärts biegt, regelmässig mit einer leichten Neigung gegen die Mündung eingezogen. Auch darin nähert sie sich mehr den nachfolgenden Arten, dass der etwas verbreiterte Grund des Spindelsaumes mit dem Mündungsrande der letzten Windung einen entschiedenen bedeutenden Winkel bildet. Was ihre Grösse betrifft, so ist sie kleiner als die beiden vorhergehenden, und finde ich meine Exemplare hierin nicht viel verschieden.

Carychium amoenum n. sp.

Ich lasse hier die schon oben erwähnte neue Art folgen, die kleiner noch und niedergedrückter als *C. spelaeum* mit *C. alpestre* übereinstimmt, welche ich jedoch wegen ihrer weit nach rechts gezogenen Mündung nicht in diese Nähe bringe. Sie ist auch durch diese mehr in die Längsaxe fallende Öffnung wohl von ihr zu unterscheiden, so wie durch die mehr *Pupa* ähnliche walzlige Form, während *C. alpestre* kegliger gespitzt ist. Die fünf Windungen sind stark gewölbt, die oberen wenig zunehmend, letzte aber sehr gross, während das Verhältniss der Windungen bei *C. spelaeum* noch ein weit gleichmässigeres ist.

Ich muss hier eines Vorkommens erwähnen, welches von Herrn Freyer in der Beschreibung von *C. Frauenfeldi* und *C. pulchellum*, namentlich bei Ersterem bestimmt hervorgehoben, gleichsam als specifisches Kennzeichen erwähnt wird, jene Bedeutung jedoch nicht hat, nämlich dass die dritte Windung schmäler als die zweite ist. Ich fand dies sowohl an gegenwärtiger Art wie an *C. lautum*, *C. Schmidti*, *C. obesum*, und zwar sehr häufig, obwohl nur individuell mehr oder weniger verschmälert. Es scheint, als ob nach den zwei oberen Embrionalwindungen, in welchen sich das Junge anfangs entwickelte, gleichsam für eine Zeit lang eine schwächere Grössenzunahme des Thieres eingetreten sei, und diese erst später allmählich sich wieder verstärke und namentlich gegen Erlangung der vollkommenen Grösse hin bedeutender zunehme. Mündung der von *C. spelaeum* ähnlich, jedoch der Aussensaum schöner gerundet, ohne Eindruck. Lippe breit umgeschlagen, ohne irgend welche Verdickung. Nabeleindruck stark, ohne wulstige Erhöhung in der Mündung. Spindelansatz bildet mit der Wand der letzten Windung einen starken Winkel. Die wenigen mir vorliegenden Exemplare ohne Spur eines Zahnes. Schale ganz glatt, weiss mit Fettglanz, nur bei einem Exemplare etwas durchscheinend.

Ich habe sie selbst in der Pasizagrotte gesammelt, und besitze ausserdem Ein Exemplar durch Herrn Schmid aus der Grotte Juhanča.

Carychium Frauenfeldi Freyer.

Abgebildet: Sitzungsber. der k. Akad. d. Wiss. Jännerheft 1855.

Aus der Grotte von Obergurk, Duplice, Pasiza, Podpeč, am Kumberg.

Hierher aus Hauffen's Sendung, Abth. gerippte: Nr. 1 aus der Grotte Na Ograjici, Nr. 2 aus der Grotte Podlom, Nr. 5 aus der Grotte Ledenica, Nr. 7 aus der Grotte Beč und Babji beč; sodann fand sich unter den zwei Exemplaren in Nr. 3 aus der Abtheilung der glatten ein hierher gehöriges Stück aus der Grotte Mačkova jama und Nr. 12 aus der Grotte Sijanka.

Wir kommen nun zu jenen beiden Schnecken, welche Veranlassung zur Aufstellung der Gruppen der gegitterten, der schräg und längsgerippten gegeben haben. Ich habe mit grösster Aufmerksamkeit meinen bedeutenden Vorrath, einige Hunderte dieser Schnecken genau geprüft, und kann sie nicht weiter trennen, und nur unter dieser und der folgenden unterbringen. Dass die Längs- oder Schrägrippung kein Moment dazu geben, zeigt schon der Vergleich der Freyer'schen Abbildungen der beiden *C. Frauenfeldi* und *C. pulchellum* zu dem weit zu übertrieben markirten *C. costatum* hinlänglich. Das Nähere über diese starken Rippen wird bei nachfolgender Art erörtert werden.

Hier ist die Rippung allerdings feiner und zarter und im Vergleiche zum nachfolgenden *C. Schmidti* weit regelmässiger, allein einen bestimmteren Unterschied ersah ich darin, dass ich sie nie mit gröberen Streifen vermischt finde. Es ist dadurch nicht ausgeschlossen, dass sich manchmal eine oder zwei verdickte Mundansätze auf den letzten Windungen zeigen. Einen zweiten sehr beständigen Charakter fand ich darin, dass der Aussensaum am Mundwinkel weniger eng abgerundet mehr in einem weiteren Bogen nach aussen zieht, und wenn auch von da manchmal durch ein etwas geraderes

Abwärtsgehen beeinträchtigt, sich doch nie ein eigentlicher Eindruck bildet, wie bei *C. Schmidti*. Auch am Spindelsaum ist trotz des Nabeleindruckes in der Mündung keine Hervorragung bemerkbar, so dass die Schnecke bestimmt immer nur einzähnig erscheint. Diese Zahnlamelle selbst ist kaum je so kräftig und so hoch wie bei *C. Schmidti*, und tritt in der Regel nicht so bedeutend aus der Öffnung heraus. Bei einigen sehr ausgebildeten Exemplaren fand ich nahe an dem Zahne nach aussen rechts hin ein feines, schwaches Leistchen, das sich bogig an den Zahn anschliesst, und bei einem Exemplare darüber hinausgeht. Es steht jedoch so wenig erhoben über der Schalenfläche, dass es mehr durch die weissliche Verdichtung auf der bornhell durchscheinenden Schale bemerkbar wird. Bei ihr finde ich auch schon einige Exemplare, die solche der Nath parallel laufende rissige oder sonst bemerkbare Linien zeigen, die Herrn Hauffen bewogen, dafür eine eigene Gruppe zu bilden. Sie können jedoch nicht einmal einen Artunterschied begründen.

Einen weiteren in der Totalauffassung hervortretenden Charakter als Unterschied für das nachfolgende *C. Schmidti* bildet der über die letzte Windung von der Spindel zum Mundwinkel zusammenhängend fortlaufende Mundsaum. Erstens ist er zum grössten Theil schon an jungen Exemplaren deutlich vorhanden, bei vollkommener erwachsenen sehr sichtbar, ferner läuft er meist hoch im Bogen über diese Mündung hinweg, oft so stark ausgebildet, dass er selbst einen abstebenden Rand darstellt, wie er in der Abbildung der Freyer'schen Carychien recht gut ausgedrückt ist. Bei *C. Schmidti* nie so vollkommen vorhanden, zieht er beinahe gerade an die andere Seite, wodurch die eckigere Mündung derselben noch mehr hervortritt.

Sie ist im Übrigen bei Freyer gut beschrieben, so dass mir kein Zweifel bleibt, dass ich die gleiche Schnecke vor mir habe.

Was Herrn Hauffen's Arten betrifft, so ist bei Nr. 1, 2 und 7 kein Zweifel über die Identität unserer Schnecke. Bei Nr. 5 spricht er jedoch von zwei Zähnen. Ich erhielt von ihm unter dieser Numer zwei Stücke, eines gut erhalten, das zweite mit weit zurückgebrochener Mündung. Beide sind wohl auffallend schwach gerippt, allein da ich diesem veränderlichen Charakter keine besondere Bedeutung beilege, so ist dies kein Grund für mich zur Trennung, wenn ich auch jene Ursache gar nicht voraussetze, die Herr Hauffen dabei vermuthet. So ist Nr. 12 unter den glatten gleichfalls ohne Zweifel hieher

gehörig, mit kaum bemerkbaren Streifen; die Vergleichung mit Nr. 9
ist irrig, und kann nur durch Flüchtigkeit oder Vorliegen einer andern
Schnecke erklärt werden. Ebenso sind die zwei Stücke in Nr. 3
verschieden, und das eine ganz deutlich gerippte gewiss irrthümlich
dahin gerathen. Von einem zweiten Zahn aber ist bei meinen beiden
Stücken keine Spur zu sehen. Herr Hauffen müsste daher ein
anderes nicht hieher gehöriges Individuum noch dabei zur Hand
gehabt, oder eine unerhebliche Makel an dieser Stelle der Schale
für einen Zahn gedeutet haben.

Carychium Schmidti Fr.

Abgebildet: Verhandl. des zool. bot. Vereins. 1854. Sitzungsber. der k. Akad.
der Wiss. Jännerheft 1855.

Freyer's Abbildungen Nr. 4 *C. pulchellum*, aus der Grotte
am Kumberg; Nr. 5 *C. costatum*, aus der Grotte von Görtschach;
Nr. 6 *C. obesum?* und 7 *C. lautum?* beide aus der Pasizagrotte.

Hieher aus Herrn Hauffen's Sendung, Abth. gerippte: Nr. 3
aus der Grotte Smarna gora (zu *C. costatum* Fr.), Nr. 4 aus der
Grotte Goričana (ebenfalls zu *C. costatum* Fr.), Nr. 6 aus der Kevdercagrotte, sodann die gegitterte aus der Dolga jama.

Ausserdem besitze ich sie, selbst gesammelt, so wie von Herrn
Schmid: aus der Grotte Pasica sowohl die echte, wie die zu
C. costata Fr. gehörige stark gerippte Form. Aus der Grotte Sidanca
ein junges Exemplar, welches nicht ganz sicher ist, ob es hieher
gehört. Endlich aus den Händen Herrn Schmid's ein einzahniges
Exemplar aus der Grotte Grosskahlenberg, die ich für die von Herrn
Freyer *C. pulchellum* genannte Form halte.

Wir haben hier wohl die veränderlichste Art vor uns, die, wenn
man nicht grosse Mengen zu Rathe zieht, wohl immer Veranlassung
geben wird, aus deren Extremen besondere Arten aufzustellen. Es
ergibt sich schon aus dem bisher Gesagten mehreres, was ich in
dieser Hinsicht als wandelbar bemerkt habe, und was sich nun bei
dieser Art im bedeutendsten Umfange zusammen findet. Die Streifung
von kaum sichtbar bis zu jenen ausgeprägten breiten Rippen des
C. costatum Fr. findet sich in den mannigfaltigsten Abstufungen. Sie
ist aber selbst da, wo sie noch so schwach wird, oder nur von der
Nath an der Oberhälfte der Windungen auftretend sich nach abwärts
verliert, nie so zart und regelmässig wie bei *C. Frauenfeldi*. Die in

der Abbildung der **Freyer**'schen Carychien an *C. costatum* angegebenen entfernt stehenden starken Rippen fand ich nie so bedeutend
entwickelt, dagegen aber in unzählig wandelbarer Form und zwar:
mehr oder weniger regelmässig an ein und demselben Exemplare —
an der vorletzten Windung vorhanden, dagegen auf der letzten fehlend, — ebenso umgekehrt erst auf dieser auftretend — blos nur auf
der oberen Hälfte der Umgänge — als feine, dünne Fädchen, so wie
als gröbere Ansätze — weiter, näher gerückt, kurz in der grössten Mannigfaltigkeit. Ebenso veränderlich ist die Bezahnung; der der Spindel
nahe gelegene Palatinalzahn ist stets vorhanden, bei jüngeren Individuen etwas tiefer in der Mündung, bei älteren stark vortretend, und
dann immer mehr gegen die Spindel gewendet, so dass seine Entfernung von dieser nur eine relative ist. Der kleinere Nebenzahn an der
Mehrzahl vorhanden, schwindet oft so, dass er kaum zu bemerken ist,
ja ich habe bei einigen Exemplaren die Mündung zurückgebrochen,
wo auch tief innen keine Spur desselben sichtbar war. Ebenso tritt
auch, jedoch nicht so häufig, bei manchen Exemplaren an dem tiefen
Nabeleindrucke ein Zahnhöcker auf, unabhängig jedoch von der
Anwesenheit des Nebenzahnes, so dass dieser Spindelzahn sich sowohl
bei solchen findet, die nur einen Zahn an der Windungswand tragen,
als auch bei solchen mit zweien. Am bestimmtesten finde ich den
Eindruck beiläufig in der Mitte des rechten Mundsaumes, welcher nur
bei weniger ausgebildeten Individuen nicht so ausgeprägt, bei älteren
stark gelippten Exemplaren aber durch eine wulstige Verdickung an
dieser Stelle sehr sichtbar wird. Zum gezähnten Vorsprung wie bei
C. minimum wächst er jedoch nie an. Die über die Windung hinziehende Verbindung des Mundsaumes ist nicht häufig vorhanden,
schwach angedeutet, und bildet eine nur wenig gebogene Linie. Auch
sie ist in den oben citirten Abbildungen der **Freyer**'schen Carychien
gut gezeichnet. Dass ich alle vier Figuren von **Freyer** zu dieser
Art ziehe, hat eben darin und in der Bildung des äusseren Mund-
randes seinen Grund. Dass *C. costatum* hierher gehöre, habe ich
oben bei Prüfung der Rippung dargethan, die allein nur eine Trennung von *C. Schmidti* veranlassen konnte. Die Bemerkung **Freyer**'s
in der Beschreibung: „Bauchseite vor der Mündung glatt, und die
vom Nabel aufsteigenden Rippchen", Verhältnisse, die eben in der
grossen Veränderlichkeit dieser Rippung ihre Ursache finden, heben
jeden Zweifel. Dass die Figur 6 durchaus nicht zu *C. obesum* **Schm.**

gehört, ergibt schon die Abbildung in den Verhandl. des zool. bot. Vereins 1854, noch mehr aber die Beschreibung, wo die Mündung .weit über die Hälfte der Höhe betragend zu $^5/_6$ angegeben wird, so wie dass der rechte Saum nicht eingezogen ist.

Ebenso wenig ist dies mit Fig. 7 dem vermeintlichen *C. lautum?* der Fall. Es ist dies ein weit kleineres Schneckchen, während das in Freyer abgebildete grösser als *C. costatum*, recte *Schmidti* ist. Auch die Bemerkung „der erste ziemlich hohe Zahn nahe der Spindel" in der. Beschreibung des *C. lautum* hindert jede Vereinigung des Freyer'schen Bildes mit dieser, da dessen Zahn niederer ist, als bei seinem *C. costatum*. Herr Freyer kann *C. lautum* und *C. obesum* unmöglich besitzen, sonst würden ihm, wo er diese Abänderungen des *C. Schmidti* so scharf unterschied, jene beiden so abweichenden Arten gewiss nicht entgangen sein. Alle Kriterien sprechen aber eben dafür, diese Formen zu *C. Schmidti* zu ziehen, und nicht etwa besondere neue Arten darin zu sehen.

Darf ich noch einen negativen Grund anführen, so muss ich bemerken, dass *C. obesum* bisher nur in der Obergurker Grotte, *C. lautum* noch nicht in der Pasizagrotte, wo *C. Schmidti* so häufig. ist, und woraus die beiden Schnecken der Freyer'schen Abbildung stammen, gefunden wurde.

Am bedenklichsten musste Fig. 4 *C. pulchellum* sein, und ich schwankte wohl lange, ob ich es zu *C. Frauenfeldi* oder *C. Schmidti* bringen sollte. Es für eigene Art zu halten, konnte mir weder der Abbildung noch Beschreibung nach in den Sinn kommen. Hatte ich mich, auf den Ausdruck in der Beschreibung gestützt „äusserer Rand halbrund", dafür entschieden, sie zu *C. Frauenfeldi* zu bringen, so konnte der in der Zeichnung doch ziemlich stark abgebogene Aussenrand diese Bedenklichkeit schon schwankend machen, und dagegen zwei andere bedeutende Gründe mächtig stützen, sie zu *C. Schmidti* zu ziehen. Die Saumlinie an der Windung schien mir für *C. Frauenfeldi* zu gerade, so wie ich die in Fig. 4 c angegebenen einzelnen stärkeren Rippen bei *C. Frauenfeldi* niemals, doch hinlänglich oft bei *C. Schmidti* vorgefunden habe.

Dass die Exemplare der Sendung des Herrn Hauffen bestimmt hierher gehören, ist ohne Zweifel, und zwar Nr. 3 und 4 zu *C. costatum*, das letztere und das gegitterte zu der Form mit dem Spindelzahn, und Nr. 6 zur einzahnigen Form.

Carychium alpestre Freyer.

Abgebildet: Sitzungsber. der k. Akad. Jännerheft 1855.

Hierher aus Herrn Hauffen's Sendung, Abth. glatte: Nr. 8 aus der Kevdercagrotte, Nr. 9 aus der Ljubniczagrotte, Nr. 10 aus der Grotte am Grosskahlenberge, Nr. 11 aus der Grotte von Ihanšica, Nr. 13 aus der Grotte bei Sava (nicht nach eigener Ansicht).

Ausserdem besitze ich sie noch von mir selbst gesammelt aus der Pasizagrotte, und von Herrn Schmidt aus der Juhancza, wohl gleich mit Ihanšica.

Die kleinste der bisher aufgefundenen Carychien, selbst noch etwas kleiner als *C. amoenum*. Was sie von dieser sogleich unterscheidet, ist der sehr nach rechts hingewendete Mund und die spitzere Form, von allen übrigen aber die Grösse. Sie ist bei Freyer gut abgebildet und beschrieben, daher ich nur einige Ergänzungen hinzufüge. Ich weiss nicht, was Herr Freyer unter ungenabelt versteht. Sämmtliche Carychien haben, und zwar ohne Ausnahme niemals fehlend, hinter dem Rande des Spindelsaumes an der Wurzel eine stärkere oder geringere Einsenkung, die wie bei *Puludina*, *Helix* und einer Menge anderer in die Spindel mehr oder weniger tief eindringt. Während sich bei den genannten Beispielen der breite Umschlag dieses Spindelsaumes oft so weit zurücklegt und an die Schale anschliesst, dass er diese Einsenkung verdeckt, und dadurch unter der Bezeichnung „bedeckter Nabel" bei vielen Schnecken zum Artkennzeichen gehört, findet sich bei Carychium niemals eine solche Überdeckung. Auch bei *C. alpestre* verhält es sich so, daher jener Ausdruck entfallen muss. Die zweite betrifft den Zahn. Durch Nr. 11 der Sendung des Herrn Hauffen erhielt ich zwei Exemplare einer ebenso zahnlosen Schnecke wie mein *C. amoenum*. Die ganz verschiedene Form machte eine Vereinigung mit dieser unmöglich. Aber auch die sorgfältigste Prüfung der übrigen Merkmale konnte mich nicht bestimmen, sie von *C. alpestre* zu trennen, sondern hier ebenfalls nur eine Abänderung zu sehen, wie sie der veränderliche Charakter der Zähnelung bei so vielen Schnecken auch aus anderen Gattungen darbietet, um so mehr, als das von Hauffen unter Nr. 10 eingesendete Individuum durch den sehr schwach ausgebildeten Zahn schon einen Übergang hiezu andeutet.

Nicht besonders ausgeprägt, nur bei recht alten Exemplaren anzutreffen, ist die an der Windung anliegende Fortsetzung des

Mundsaumes die, obwohl nicht sehr gebaucht, doch von links nach rechts hoch aufsteigen muss, da die Basis des Spindelsaumes weit unten, der Mundwinkel aber weit nach oben gerückt ist.

Carychium lautum Frfld.

Abgebildet: Verhandl. des zool. bot. Vereins. 1854.

Hierher aus Herrn Hauffen's Sendung, Abth. glatte: Nr. 1 aus der Grotte Mlinca, Nr. 2 aus der Jelencagrotte, Nr. 3 aus der Mačkova jama (nur Ein Exemplar gehört hierher), Nr. 4 aus der Grotte Velka jama, Nr. 5 aus der Grotte Malo bukovje, Nr. 6 aus der Sidanca- und Nr. 7 aus der Brezengrotte.

Ausser diesen besitze ich sie noch durch Herrn Schmid aus den meisten dieser Grotten, so wie aus der Grotte von Klince und Utik.

Was diese Art, die weit unter der Grösse von *C. Schmidti* bleibt, besonders auszeichnet, ist der sehr hohe Hauptzahn nahe der Spindel, der beinahe bis zur halben Höhe der Mündung aufragt. Der Nebenzahn fehlt nur äusserst selten, ebenso der Spindelzahn, daher sie in der Regel mit höchst wenigen Ausnahmen dreizähnig vorkommt. Sie steht sonst *C. Frauenfeldi* nahe, jedoch mit dem deutlich eingedrückten Aussensaume der *C. Schmidti*, ohne übrigens dessen Verdickung daselbst zu zeigen. Sie bleibt immer glatt, und man findet nur Spuren von Anwachsstreifen, doch nie regelmässige Rippung.

Dass Herr Freyer sie verkannte, habe ich schon bemerkt; Herr Hauffen, der die sieben oben bezeichneten Numern als Eine Art zusammenzieht, erwähnt mit voller Richtigkeit deren Ähnlichkeit mit *C. lautum*, von welchem sie auch nur so unwesentliche Merkmale unterscheiden, dass sie nicht abgetrennt werden können.

Carychium obesum Schm.

Abgebildet: Verhandl. des zool. bot. Vereins. 1854.

Bisher ausschliesslich in der Grotte von Obergurk gefunden.

Eine durch ihre grosse Mündung, die mit dem hoch gebogen über die Windung weglaufenden Mundsaume beinahe vollkommen rund erscheint, sehr ausgezeichnete Art. Der überwiegend grosse letzte Umgang gibt der mit spitzem Wirbel versehenen Schnecke ein ziemlich kugeliges Ansehen, wie es keines der andern Carychien zeigt. Der kleine, schwache Zahn nächst der Spindel ist stets vorhanden, mindestens bei den wenigen Exemplaren (15) die ich besitze; doch keine Spur eines Nebenzahnes. Auch an der Spindel ist keiner zu bemerken, so wie der schön gerundete Aussensaum ohne Eindruck und Verdickung erscheint.

Auch hier habe ich schon bemerkt, dass Herr Freyer diese von allen anderen so verschiedene Schnecke verkannt habe. Es scheint sie ausser Herrn Schmidt, von welchem meine Exemplare stammen, Niemand noch aufgefunden zu haben, da ich sie von Niemand sonst erhielt.

Nach dieser Musterung möge mir eine Übersicht über das Ganze gestattet sein. Herr Hauffen hat sich mit lobenswerther Vorsicht enthalten, für seine von ihm als eigene Arten betrachteten Numern Namen beizufügen, obwohl er mit scharfer Unterscheidung bestimmt neue, und nachdem Herrn Freyer's Arbeit noch nicht veröffentlicht war, noch unbeschriebene Arten darunter erkannte. Sie hätten auch sämmtlich eingezogen werden müssen, da sich wirklich alle auf solche in meiner und Herrn Freyer's Mittheilung beschriebene zurückführen lassen.

Die in meinem mehrerwähnten Aufsatze dargestellten Arten bleiben unverändert. In Herrn Freyer's Arbeit fällt nach meiner obigen Erörterung *C. Freyeri* gänzlich aus; sein *C. costatum*, *C. pulchellum*, so wie die zwei vermeintlichen *C. lautum* und *C. obesum* kommen zu *C. Schmidti*, es verbleiben also nur *C. alpestre* und *C. Frauenfeldi* als wirklich verschieden von den früher veröffentlichten übrig.

In vorliegender Revision ist eine Art: *C. amoenum* von mir als neu aufgestellt, so dass sich in dieser Gattung folgende neun bis jetzt bekannte lebende Arten herausstellen:

C. exiguum Say.
C. minimum Mll.
C. spelaeum Rssm.
C. amoenum Frfld.
C. Frauenfeldi Fr.
C. Schmidti Frfld.

Syn.: *C. costatum* Fr.

C. *pulchellum* F r.

C. *obesum*? S c h m. (Fig. 6 F r e y. Carych.)

C. *lautum*? F r f l d. (Fig. 7 F r e y. Carych.)

C. *alpestre* F r.

C. *lautum* F r f l d.

C. *obesum* S c h m.

Hiervon finden sich in der Grotte von

. Adelsberg . . . . . . C. *lautum.*

Babji beč und Beč . . C. *Frauenfeldi.*

Brezen . . . . C. *lautum.*

Dioja grica . . . . . C. *alpestre.*

Dolga jama . . . . . C. *Schmidti.*

Duplice . . . . C. *Frauenfeldi.*

Goričana(Görtschach) C. *Schmidti (costata).*

Gradah . . . . C. *spelaeum.*

Grosskahlenberg . . C. *alpestre, C. Schmidti (pulchellum?).*

Jelenca . . . . C. *lautum.*

Ihanšica (Juhancza) C. *alpestre, C. amoenum.*

Kevderca . . . . . . C. *Schmidti, C. alpestre.*

Klince . . . . C. *lautum.*

Krimberg . . . . . . C. *lautum, C.? Schmidti (pulchellum).*

Kumberg (?Sumberg) C. *Frauenfeldi, C. Schmidti.*

Ledenica . . . . . . C. *Frauenfeldi.*

Ljubnicza . . . . . . C. *alpestre.*

Mačkova jama . . . . C. *lautum, C. Frauenfeldi.*

Malo bukovje . . . . C. *lautum.*

Mlinca . . . . C. *lautum.*

Na Ograjici . . . . . C. *Frauenfeldi.*

Obergurk . . . . . . C. *obesum, C. Frauenfeldi.*

Pasiza . . . . C. *Schmidti, C. amoenum, C. Frauenfeldi.*

Podlom . . . . C. *Frauenfeldi.*

Podpeč (? = Beč). . C. *Frauenfeldi.*

Sava . . . . C. *alpestre* (nicht nach eigener Ansicht).

Sidanca . . . . C. *lautum? C. Schmidti (juv.).*

Sijavka . . . . C. *Frauenfeldi.*

Smarna gora . . . . . C. *Schmidti (costata).*

Utik . . . . C. *lautum.*

Velka jama . . . . . C. *lautum.*

Es ergeben sich sonach 22 Grotten, oder wenn das junge Exemplar von *Schmidti* in der Sidanca unrichtig ist, 23, in welchen nur eine einzige Art; acht, und wenn Vorstehendes wirklich der Fall wäre, nur sieben Grotten, worin zwei Arten leben; eine einzige aber nur, in welcher bisher drei Arten vereint gefunden wurden.

Die Arten finden sich folgendermassen vertheilt:

C. exiguum . . . . in Nordamerika, nicht in Höhlen.

C. minimum . . . . in Europa, nicht in Höhlen.

C. spelaeum . . . . in Adelsberggrotte, Gradahhöhle.

C. amoenum . . . . in Ihanšica, Pasica.

C. Frauenfeldi . . in Beč und Babji beč, Podpeč, Duplice, Kumberg, Ledenica, Mačkova jama, Na Ograjici, Obergurk, Pasica, Podlom, Sijavka.

C. Schmidti . . . . in Dolga jama, Goričana, Grosskahlenberg, Kevderča, Krimberg, Pasiza, ?Sidanca, Smarna gora.

C. alpestre . . . . in Dioja griča, Grosskahlenberg, Ihanšica, Kevderča, Ljubnicza, Sava (nicht nach eigener Ansicht), Pasica.

C. lautum . . . . . in Brezen Jelenca, Krimberg, Mačkova jama, Malo bukovje, Mlinca, Sidanca, Velka jama, Klince und Utik.

C. obesum . . . . . in Obergurk.

Es haben somit *C. obesum*, *C. spelaeum* und *C. amoenum* die geringste Verbreitung, und zwar findet sich *C. obesum* in einer einzigen, die beiden andern jedes in zwei Höhlen. Die Übrigen haben ein um so ausgedehnteres Vorkommen; es findet sich *C. Frauenfeldi* in eilf, oder wenn Podpeč und Babji beč ein und dasselbe ist, in zehn Höhlen; *C. Schmidti* in acht, und wenn die Bestimmung des Jugendexemplars in der Sidancahöhle nicht richtig ist, doch in sieben Grotten; *C. alpestre* in sieben, wenn die nicht selbst untersuchte Schnecke in der Savagrotte richtig hierher gehört; endlich *C. lautum* in neun, und wenn Klince und Utik zwei verschiedene Höhlen sind, in zehn Grotten.

Ich bin nicht gewiss, ob nicht Kumberg mit Sumberg zusammenfällt, auch sonst noch, ob die Brezen- und Utikhöhle nicht ein

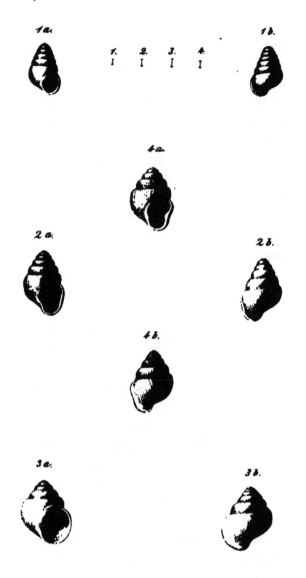

1. Carychium amoenum Frfld.   3. Carychium obesum Schmidt.
2.   „   lautum Frfld.   4.   „   Schmidtii Frfld.

Sitzungsb.d.k.Akad.d.W math.naturw Cl. XIX. Bd 1.Heft.1856.

und dieselbe ist, so wie sich vielleicht noch einige Zusammen-
ziehungen ergeben dürften, da es leicht möglich wäre, dass eine
Grotte einmal nach dem Berge und wiederholt mit einem eigenen
Namen vorkömmt. Ich überlasse es meinem verehrten Freunde
Herrn Ferd. Schmidt, die Topographie richtig zu stellen und
danach die tabellarische Übersicht zu verbessern.

Einen Höhlennamen habe ich ganz ausgelassen, nämlich Bra-
tenca, eben jene Grotte, woher das fragliche *C. Freyeri* stammen
soll. Wir haben aus obiger Übersicht ersehen, dass in allen diesen
Höhlen nur sehr wenig Arten vereint zusammen leben, grösstentheils
nur eine einzige Art gefunden wird. Es wäre daher nicht unmöglich hiernach eine sicherere Ermittelung für diese unlösbare Art
herbeizuführen.

Erklärung der Abbildungen.

Fig. 1. *Carychium amoenum* n. sp.
„ 2. „ *lautum* Frfld.
„ 3. „ *obesum* Schmidt.
Ich gebe die Abbildung dieser beiden Schnecken, da jene in den
Verhandlungen des zool. bot. Vereines nicht genügen, wo der charakteristische hohe Zahn der ersteren, so wie die Kugelgestalt der letzteren, welche jede Verwechslung unmöglich machen, nicht gehörig ausgedrückt erscheint.
„ 4. *Carychium Schmidti* Frfld.
Die Mittelform zwischen der eigentlichen Stammform und *Carych.
costatum* Freyer, welche in unzähligen Übergängen nach beiden
Seiten hin abändert.

SITZUNG VOM 10. JÄNNER 1856.

V o r t r ä g e.

Über Mormyrus und Gymnarchus.

Von dem w. M., Prof. J. Hyrtl.

(Auszug aus einer für die Denkschriften bestimmten Abhandlung.)

Die genannte Abhandlung enthält anatomische Details über die Gattungen *Mormyrus* und *Gymnarchus*. Sie zerfällt in folgende Abschnitte.

1. Über die *Diverticula* am Bulbus der Kiemenarterie.

Diese kommen einfach, d. i. als konische und halbmondförmig gebogene Ausstülpungen des Bulbus bei allen *Mormyri* vor, wo sie von der unteren Wand des Bulbus ausgeben. Mehrfach erscheinen sie bei *Gymnarchus*, wo ein förmlicher Kranz von Divertikeln den sehr kleinen Bulbus so umschliesst, dass er von ihnen ganz verdeckt wird. — Die Lage des Herzens, welches bei diesen beiden Gattungen weiter nach vorn gerückt erscheint, als bei irgend einem anderen Genus, scheint diese sonderbaren accessorischen Bildungen am Bulbus zu bedingen, um einen Theil der Propulsionskraft des Herzens zu brechen, welche bei der Kürze des Weges vom Herzen zu den Kiemen, für die feinen Capillargefäss-Verästlungen der letzteren, nachtheilig zu wirken drohte.

Die Divertikel besitzen, wie der Bulbus selbst, nebst den elastischen Elementen, eine innere Muskelhaut, wie der Ganoiden-Bulbus eine äussere.

Die Form des Divertikels variirt nicht erheblich bei verschiedenen Arten. *Mormyrus Caschive*, *M. dorsalis* und *M. oxyrhynchus* haben ganz gleich geformte *Diverticula*.

Ebenso *M. anguillaris* und *M. Zambacensis*, bei welchen auch an der oberen Wand des Bulbus zwar kein Divertikel, aber eine flache Ausbuchtung vorkommt, welche den übrigen *Mormyris* fehlt.

2. Über die Verdauungsorgane.

Alle *Mormyri* sind phytophage Fische. Nur *Mormyrus anguillaris* ist ein Raubfisch. Die Form des Gebisses, die Gestalt des Magens, die Weite des Schlundes, die Kürze der zwei *Appendices pyloricae* unterscheiden diesen so augenfällig von allen anderen, dass die von J. Müller auf äussere Merkmale hin vorgenommene Trennung des *Mormyrus anguillaris* von den übrigen als ein eigenes Genus, welches er *Mormyrops* nannte, anatomisch vollkommen gerechtfertigt erscheint. — Auch *M. Zambacensis* ist ein *Mormyrops*, und *Gymnarchus* hat dieselben Verdauungsorgane wie *M. anguillaris*.

3. Über die Schwimmblase (Lunge) von *Gymnarchus*.

Die Gefässverhältnisse dieses einer Amphibienlunge (Schlangen) täuschend ähnlichen Organes, werden hier zum ersten Male genau angegeben. Die Arterie, welche die Stärke eines Schreibfederkieles erreicht, wird merkwürdiger Weise durch die Venen des dritten und vierten Kiemenpaares zusammengesetzt, während die Venen des ersten und zweiten Kiemenpaares die Aorta bilden. Die Vene der Schwimmblase, welche bedeutend stärker als die Arterie ist, entleert sich, wie alle Körpervenen, in den venösen *Sinus procardiacus*, und zwar in den linken Schenkel desselben (*Ductus Cuvieri*). Eine mächtige Anastomose verbindet die Arterie der Schwimmblase mit der *Arteria coeliaca*.

Diesen Gefässverhältnissen zufolge wäre die Schwimmblase keine Lunge. Allein die Lebensweise des Thieres, welches einen Theil seines Daseins auf dem Trockenen zubringt (wie Lepidosiren), wird es nicht unmöglich erscheinen lassen, dass, wenn während des Aufenthaltes im Trockenen die Kiemenrespiration unterbleibt, die dritte und vierte Kiemenvene kein arterielles, sondern venöses Blut zur Schwimmblase führt, und dieses durch die atmosphärische Luft in letzterer oxydirt werden muss, und, wie es bei den Amphibien der Fall ist, als arterielles Blut zum Herzen zurückkehrt. In diesem Falle nun ist die Schwimmblase offenbar eine Lunge, und functionirt als

solche. — Ihre Luftcapacität ist wahrhaft enorm. Sie hat im aufge-
blasenen Zustande eine Peripherie von 6³/₄ Zoll. Ihr zelliger Bau ist
weit complicirter als jener der Schwimmblase von *Amia* und *Lepi-
dosteus*, und übertrifft selbst die Lungen von *Protopterus aethiopicus*
und *Lepidosiren paradoxa*.

4. Über die Gemminger'schen Knochen der *Mormyri*.

Diese stabförmigen, langen, feinen und elastischen Knochen
kommen bei allen *Mormyri* vor, und liegen an der oberen und unteren
Schwanzkante dicht unter der Haut. Sie gehören accessorischen
Seitenmuskeln des Stammes an, deren Fleisch sie vertreten, damit
die an den Schwanzseiten gelagerten elektrischen Organe gehörigen
Platz finden. Mit der Befestigung der elektrischen Organe haben sie
nichts zu thun.

Es finden sich auf jeder Seite ein oberer und unterer. Die zwei
oberen, oder die zwei unteren, oder die oberen und unteren sind bei
verschiedenen Arten in der Mitte mit einander zu einem breiteren
Plättchen verwachsen. Dadurch wird verhindert, dass bei den Seiten-
krümmungen des Schwanzes keiner dieser Knochen sich als Chorda
des Krümmungsbogens erheben kann, sondern immer seinen Posten
einhalten muss. Fehlt die Synostose, so sind beide Knochen wenigstens an der Stelle, wo sie sonst vorkommt, durch eine sehr feste
Scheide zusammengekoppelt, welche Ähnliches leistet, wie das ver-
bindende Knochenplättchen. Das Plättchen ruht mittelst einer Crista
auf einem Schwanzwirbeldorn, und sendet von der entgegengesetzten
Fläche eine niedrige dreieckige Leiste ab, welche mit dem anliegenden
Theile des letzten Rückenflossenträgers [1]) die Gelenksgrube für die
Aufnahme des letzten Rückenflossenstrahles bildet [2]).

Der 5. und 6. Abschnitt enthalten osteologische Angaben über
das Zungenbein-Kiemengerüste von *Gymnarchus*, — über ein eigenthümliches, durch seine Länge und Krümmung ausgezeichnetes Kno-
chenpaar am Kiemenapparat, und dessen Deutung, — über Wirbel-
— zahlen bei *Gymnarchus* und bei den verschiedenen *Mormyrus*-Arten,
über Synostosen einzelner Wirbel und Getrenntbleiben ihrer Fortsätze, — über die perennirende *Chorda dorsalis* am Schwanzende des
Gymnarchus, und deren alternirendes Besetztsein mit oberen und

---

[1]) So ist es bei *M. oxyrhynchus.*
[2]) Bei *M. anguillaris* gilt das Gesagte für die Afterflosse.

unteren Wirbelelementen, so wie über einige besonders erwähnens-
werthe Eigenthümlichkeiten der Wirbel und der Rippen, welche
letztere bei *Gymnarchus* nicht wie bei allen übrigen Wirbelthieren
gegen die Bauchseite, sondern gegen den Rücken hinauf gekrümmt
sind, und dadurch hinlänglichen Platz lassen für die Ausdehnung der
zeitweilig als Lunge functionirenden Schwimmblase.

Sechs Tafeln mit Abbildungen machen die wichtigeren Organen-
verhältnisse anschaulich.

Zwölf Arten von Acanthocephalen.

Von dem w. M. Karl M. Diesing.

(Auszug aus einer für die Denkschriften bestimmten Abhandlung.)

In der Einleitung wird ein Bild der ganzen Ordnung der Rhyn-
godeen entworfen, der äussere und innere Bau der Acanthocephalen
in kurzen Umrissen geschildert, das numerische Verhältniss der
bekannten Arten ihrer Verbreitung nach festgestellt und am Schlusse
werden die Verwandtschaftsgrade der Acanthocephalen einerseits zu
dem Anfangsgliede dieser Ordnung, den Gregarineen, und andererseits zu dem Endgliede derselben, den Sipunculideen, auseinandergesetzt. Die abgebildeten zwölf Arten sind: *Echinorhynchus cam-
panulatus Felis Onçae*. — *E. taenioides Dicholophi Marcgravi*. —
E. variabilis Hypostomi liturati und *Monochiri maculipinnis*. —
E. impudicus Doradis nigri. — *E. Spira Cathartis Urubu*. —
E. vaginatus Rhamphasti culminati — *E. echinodiscus Myrmeco-
phagae bivittatae* und *jubatae*, — *E. elegans Jacchi chrysoleuci* —
E. rhopalorhynchus Champsae scleropis — *E. macrorhynchus
Vastris Cuvieri.* — *E. arcuatus Macrodontis Trahirae*. — *E. Turbi-
nella Delphini Hyperoodontis*.

SITZUNG VOM 17. JÄNNER 1856.

Bericht

über Herrn Dr. G. H. Otto Volger's Abhandlung: Über den Asterismus.

Von dem w. M. W. Haidinger.

Ich habe die Ehre der hochverehrten mathematisch-naturwissenschaftlichen Classe die mir in der Sitzung vom 12. Juli zur Berichterstattung zugesprochene Abhandlung des Herrn Dr. G. H. Otto Volger in Zürich, in der ersten der Sitzungen für die gegenwärtig eröffnete Reihe derselben vorzulegen. Wohl ist ein langer Zeitraum dazwischen getreten, aber es war nicht möglich, damals die einzige noch übrige Sitzung vom 19. Juli zur Vorlage zu benützen.

Der Inhalt der Schrift bezieht sich auf den Asterismus, oder in der grössten Einfachheit bezeichnet auf die parhelischen Kreise, einzeln oder in mehreren sich schneidenden Richtungen, welche man beim Durchsehen durch Platten von Krystallen und anderen Mineralkörpern nach einem Lichtpunkte wahrnimmt.

Wie bei so vielen anderen Erscheinungen, die immer mehr Veranlassung zu den tiefsten und erfolgreichsten Studien werden, lassen sich die ersten Wahrnehmungen der gegenwärtigen bis in das classische Alterthum, zu dem Edelstein *Astrios* des Plinius verfolgen, der nach den genauesten Forschungen ohne Zweifel unser Saphir war, nicht der Σάπφειρος der Griechen und *Sapphirus* der Römer [1]).

---

[1]) Hausmann's Handbuch der Mineralogie, I, 217.

In neuerer Zeit hatte Herr Babinet schon im Jahre 1837 eine umfassendere Arbeit über den Gegenstand bekannt gemacht[1]), die ganz die Wichtigkeit desselben würdigte, und namentlich das viel häufigere Vorkommen von Fasern, wie er sie nannte, in den Durchschnitten der Structur oder Krystallisationsflächen hervorhob, als man es auf den ersten Anblick hätte denken sollen. Auf die Zurückstrahlung des Lichtes von solchen Fasern oder Streifen *(des fils ou des stries)* wird die Erscheinung nach dem optischen Gesetze der Gitter-Phänomene, also auf Interferenz von Herrn Babinet zurückgeführt. Weniges nur ist später hinzugefügt worden, das Meiste, was in den mineralogischen Werken vorkommt, ist Auszug aus jenen Mittheilungen, aber was sind auch die meisten dieser Werke anders, als kurze Andeutungen des vielen so Wichtigen und Erfolgreichen, was die immer gesteigerte wissenschaftliche Vorbildung der Mineralogen und Physiker in allen Richtungen erschliesst. Herr Dr. Volger, einer der thätigsten Forscher in dem Gebiete der Kenntniss der Krystall-Individuen, ihrer mechanischen Zusammensetzung bis in die kleinsten Einzelheiten, namentlich auch in den mannigfaltigen Beziehungen derjenigen zu einander, welche in der Natur durch das Vorkommen auf das Innigste verbunden sind, nimmt die Frage aus einem neuen, ich möchte sagen, dem mineralogischen Standpunkte auf, und zeigt in der eingesendeten Abhandlung den hohen Werth, welchen das Studium dieser Erscheinungen auf die Kenntniss und Beurtheilung der moleculären Zusammensetzung der Krystalle, die man auf den ersten Anblick für Individuen nimmt, haben kann. Er verlangt strenge Sonderung in der Betrachtung der Erscheinungen, je nachdem sie durch Aggregation überhaupt entstehen, wie beim Katzenauge oder bei Körpern vorkommen, die als Krystall-Individuen sich darstellen; ferner nach dem Unterschiede der auf der Oberflächen-Schraffirung beruhenden Erscheinungen und derjenigen, welche in der innern Structur, namentlich der Zwillingsbildung, der mechanischen Zusammensetzung ihre Erklärung finden. Diese letztere ist die wichtigste, und allerdings, wie Herr Dr. Volger sagt, ein beachtenswerthes und — wenigstens sehr oft — bequemes Hilfsmittel um das innere Gefüge der Krystallkörper zu erforschen, übereinstimmend mit Babinet, wenn dieser äussert: „fast möchte ich sagen, er (dieser mineralogische

---

[1]) Comptes rendus. 1837, S. 762. — Moigno, Répertoire d'Optique moderne. I, 384.

Charakter) sei einer der ausgedehntesten und der bequem-
sten in der Vergleichung, und er ist unter gewissen Verhältnissen
einzig in seiner Art" [1]). Gewiss würde der Verfasser der Abhandlung die Tragweite der Schlüsse, welche sich an die Beobachtungen der Lichtstreifen anreihen, mit derjenigen verglichen haben,
welche unseres hochverehrten Collegen, Herrn Professor Leydolt's
Methode, des Ätzens der Flächen, Abformung mit Hausenblase und
Untersuchung durch das Mikroskop besitzt, und welche gerade in
der Nachweisung des zusammengesetzten Zustandes mancher Körper,
die man für Theile von Krystall-Individuen genommen hätte, so überraschende Ergebnisse darbot, wenn sie ihm schon bekannt gewesen
wären. Die Lichtstreifen deuten in der That solche Zustände an, wie
diejenigen sind, welche man durch diese Methode zu beweisen im
Stande ist. Man entdeckt dort den Nebelstern, hier löst man ihn in sehr
vielen günstigen Fällen in einzelne Sterne auf. Freilich ist das Letztere
noch nicht überall gelungen, es ist auch noch nicht überall versucht,
und es lässt sich voraussetzen, dass jedes Mittel weiter zu forschen
immer wieder die Grenzen der Forschung hinausrückt. Dabei darf
man aber auch die optischen Erscheinungen im polarisirten Lichte
nicht vernachlässigen, welche so oft die sichersten Andeutungen
geben, besonders darf man aber das eine nicht gegenüber dem
andern gering schätzen. Aber die Untersuchungen sind weder von
der einen noch von der andern Seite sehr weit gediehen. Die Metho-
den sind vorhanden, sie haben in einigen Fällen sich trefflich bewährt,
aber wo ist das systematische Werk, welches die Ergebnisse, ich
will nicht sagen der meisten bekannten Mineralspecies, sondern auch
nur einer ganz bescheidenen Anzahl derselben aufzählt, nicht aus dem
physicalischen Standpunkte als Beweis eines abgesonderten Natur-
gesetzes, sondern aus dem anspruchsloseren mineralogischen, der
sich auf das Studium der Eigenschaften der Individuen bezieht,
der aber seinen eigenen Reiz eben durch die Gleichzeitigkeit des
Bestehens der verschiedenen Eigenschaften zugleich an einem und
demselben Naturkörper ausübt.

---

[1]) „J'oserais même dire qu'il est un des plus étendus et des plus commodes, qu'on
puisse consulter, et même dans certaines circonstances, c'est un caractère unique.
Comptes rendus. 1847, IV, 704."

Schon Herr Babinet hatte damals angekündigt, er beabsichtige mit Herrn Dufrénoy die optische Revision aller Mineralspecies vorzunehmen, und den von ihm selbst erwähnten Beiträgen alle diejenigen beifügen, welche die Wissenschaft den Physikern verdankt, welche dazu beigetragen haben, die mineralogische Optik zu bereichern [1]). Längst erwartete man eine „Optische Mineralogie" von Sir David Brewster, später von unserem hochverehrten Freunde, Herrn Professor Mitscherlich. Lange Jahre sind seit dem verflossen; allerdings wird eine oder die andere Eigenschaft nun in mineralogischen Werken erwähnt, wie von Herrn Dufrénoy selbst, und von Herrn Miller; Herrn Beer verdanken wir sogar eine ziemlich vollständige Zusammenstellung des Bekannten, wenigstens nach gewissen Richtungen. Aber wie weit ist es noch von da bis zu einem Werke, das in der That als der „Optischen Mineralogie" gewidmet betrachtet werden kann. Hier stehen wir noch sehr am Anfange unserer Laufbahn. Alles was die Arbeiten fördern kann, müssen wir auf das Lebhafteste willkommen heissen, daher auch die hier neuerdings vorliegende Anregung.

Herr Dr. Volger gibt auch einige sehr schätzenswerthe einzelne Beobachtungen. So zeigt nach ihm Aragon; wenn man durch die Querfläche, also in der Richtung der Makrodiagonale des Prismas von 116° 10′ durch einen Krystall hindurchsieht, in natürlichem Zustande den Lichtstreifen oder parhelischen Kreis parallel der Hauptaxe, geschliffen einen eben solchen Lichtstreifen senkrecht auf die Hauptaxe, ersteres von Streifung der Oberfläche, letzteres durch die innere Structur wegen der feinsten zwillingsartig eingewachsenen Theilchen. Pennin zeigt, in der Richtung der Axe gesehen, einen sehr schönen, sechsstrahligen Stern von grüner Farbe, senkrecht auf die Axe gesehen einen rothen Streifen parallel der Hauptaxe; bei gewissen Platten die parallel der Axe geschliffen sind, noch einen zweiten ebenfalls rothen Streifen, der senkrecht auf der Axe steht. Am Kalkspath sieht man, wenngleich schwächer, sechsstrahlige Sterne, in der Richtung der Axe, von derselben Art wie am Sternsaphir. Durch

---

[1]) „Nous avons projeté, M. Dufrénoy et moi, la revue optique de toutes les espèces minérales, enjoignant aux notions que je viens de mentionner, toutes celles que la science doit aux physiciens, qui ont contribué à enrichir l'optique minéralogique". Comptes rendus. 1837, IV, 765.

zwei parallele Theilungsflächen gesehen, bleibt einer der Lichtstreifen in der Richtung der geneigten Diagonale, die beiden anderen machen gleiche schiefe Winkel mit derselben. Sie werden sämmtlich durch feine im Innern des Krystalls zerstreute Theilchen hervorgebracht, deren Lage die von Zwillingsblättchen ist, wie sie so oft im Doppelspath in grösserer Ausdehnung erscheinen, und wo die Zwillingsfläche parallel ist der Abstumpfung der Axenkante des Grundrhomboëders, oder parallel den Flächen des nächstflacheren Rhomboëders der Reihe.

Herr Dr. Volger hebt an mehreren Beispielen hervor, wie die vollkommensten Theilungsflächen keine Veranlassung zu Lichtstreifen oder parhelischen Kreisen geben, entlang denselben ist alles stetig, der Formulirung unseres Mohs entsprechend, dass nicht die Theilungsflächen, sondern nur die Neigung der Theilchen sich in ihrer Richtung zu trennen, vor der wirklichen Trennung durch mechanisch angewendete Gewalt in den Krystallen bestehen. Dagegen ist zwillingsartige Zusammensetzung in den allermeisten Fällen leicht nachzuweisen, ja diese Nachweisung bildet gewiss das Hauptergebniss von Herrn Dr. Volger's Mittheilung.

Diese verdient daher allerdings eine Stelle in den Sitzungsberichten der mathematisch-naturwissenschaftlichen Classe der Kaiserlichen Akademie der Wissenschaften in Wien.

Der Asterismus.

Von Dr. G. H. Otto Volger in Zürich.

Nachdem ich, durch Untersuchungen über die Krystallisations-
Verhältnisse des Calcits (Kalkspathes) und mehrerer anderer, theils
gleichfalls der Familie der Carbonspathe angehöriger, theils weit
ausserhalb dieser Familie stehender Mineralien, unter anderm auch
zur Beschäftigung mit den wichtigen optischen Erscheinungen geführt
worden war, welche unter den Benennungen von Asterismus,
parhelischer Kreis (Nebensonnenkreis, Nebenkreis, *cercle par-
hélique*) und Heiligenschein (*Gloria*, Lichtkrone, Farbenkrone,
couronne) von den Physikern bekannt gemacht worden sind, und
nachdem es mir gelungen war, einige nicht uninteressante Beziehungen dieser Erscheinungen zu einander und zu den Krystallisations-
Verhältnissen zu ermitteln, so war ich überrascht, ich gestehe es, in
der Literatur über jene Erscheinungen so wenig genügende Nach-
weisungen zu finden und mich überzeugen zu müssen, dass meine
bescheidenen und mit allzukärglichen Materialien und Hilfsmitteln
ausgeführten Versuche durch ihre Ergebnisse geeignet sein werden,
nicht allein, wie ich hoffte, dem Krystallologen ein neues Secirmesser
zur Untersuchung der Anatomie der individualisirten Körper des dritten Naturreiches darzubieten, sondern auch dem Optiker einen neuen
Gesichtspunkt zur Anschauung der obigen Erscheinungen zu eröffnen.
In der That ist, wie es scheint, der ausgezeichnete französische
Physiker Babinet bis jetzt der Einzige gewesen, welcher sich dem
Studium dieser Erscheinungen einlässlicher gewidmet hat, und seitdem
derselbe seine Ermittlungen im Jahre 1836 der Pariser Akademie
vorgelegt und bei jener Gelegenheit auch eine erneute Durcharbei-
tung der ganzen mineralogischen Optik in Aussicht gestellt hatte,
welcher derselbe in Gemeinschaft mit einem eben so ausgezeichneten

Minera ogen, Herrn Du fré n oy, sich zu unterziehen beabsichtigte, ist
kein neuer Beitrag zur Vermehrung der Thatsachen und zur Aufklä-
rung ihrer Bedeutung geliefert worden, und insbesondere jener
schöne Vorsatz leider nicht zur Ausführung gelangt.

Babinet sprach es mit Bestimmtheit aus, dass der Asterismus
über die innere Structur der Krystalle Aufschlüsse zu gewähren
im Stande sei, welche durch keinerlei andere Merkmale der Beobachtung zugänglich sind. Ich werde im Folgenden zeigen, dass dies in
Wirklichkeit der Fall ist, und zwar in einem Grade, welchen auch
der scharfsinnige Physiker, der zu jenem Ausspruche bereits sich
veranlasst fand, noch nicht geahnt zu haben scheint.

Seit dem Alterthume ist die Eigenschaft des Saphirs bekannt,
das Licht in Form eines sechsstrahligen Sternes zu reflectiren. Diese
Eigenschaft verlieh den Exemplaren, welchen sie nach dem Schliffe in
einem besonders vollkommenen Grade eigen ist, den Namen Astrios
oder Sternsaphir und einen erhöhten Werth. Aber der nämliche
Sternschein zeigt sich ebenfalls, wenn man durch einen solchen
Saphir, in der Richtung der krystallographischen Hauptaxe hindurch-
blickend, die Flamme einer Kerze oder einen andern stark leuchtenden
Punkt betrachtet. Unter analogen Verhältnissen bieten dann auch andere
Krystalle Sternscheine dar, bald sechsstrahlige, bald solche mit
wenigeren oder mehreren Strahlen. Dies sind im Allgemeinen die
Erscheinungen, welche man als Asterismus bezeichnet hat.

Babinet gab die Erklärung derselben, indem er das Phänomen
auf das der Gitter oder Netze zurückführte. Die Saphirkrystalle
lassen, theils schon mit blossem Auge, theils wenigstens spurenweise
unter dem Mikroskope, drei Parallelsysteme von feinen Reifungen
erkennen, welche sich unter 60° schneiden und welche mit dem
Gefüge dieser Krystalle zusammenhangen. Ein jedes Parallelsystem
erzeugt durch Reflexion zu beiden Seiten der Kerzenflamme eine dicht
gedrängte Reihe von Lichtbildern, welche zusammen einen Lichtschein darstellen, der stets normal zur Riehtung des Reifungssystemes
die Flamme durchschneidet, ganz wie nach der Mariotte'schen
Erklärung der parhelische Kreis durch die Reflexe von den Flächen
der vertical gerichteten Eisnadeln in der Atmosphäre erzeugt wird.
Der Lichtschein bietet sich unserm Auge dar als ein gerades Lichtband; aber in Wirklichkeit ist sein mittlerer Theil von dem Auge
eben so weit entfernt, als die beiden Extreme, und er ist überhaupt

ein wahrer Kreisabschnitt, zusammengesetzt aus sehr zahlreichen, ganz schmalen Spiegelbildern der Kerzenflamme, welche als sehr feine Lichtlinien erkannt werden können. Die Ebene dieses Lichtbilderkreises ist normal zu der Ebene der spiegelnden inneren Texturflächen, als deren Intersectionslinien man die Reifungssysteme der Krystallflächen betrachten kann. Es ist in der That die Spiegelung von diesen inneren Texturflächen, welche den parhelischen Kreis erzeugt, und nicht etwa die Spiegelung von den oberflächlichen Nischen, welche uns als Reifen der Krystallflächen erscheinen; denn es wird jener parhelische Kreis durch die Vertilgung dieser Nischen keineswegs alterirt, vielmehr tritt derselbe durch die vollkommenste Politur nur immer vollkommener hervor [1]). Die Lichtlinien, aus welchen der Kreis besteht, sind wahre Spiegelbilder der Flamme, und so sehr sie auch bei minder genauer Betrachtung den Eindruck farblosen Lichtes machen, so sind sie doch sämmtlich durch die ungleiche Brechung des Lichtes prismatisch zerlegt und haben, wie das Auge nach einiger Übung dies sehr deutlich erkennt, das Roth gegen das leuchtende Centrum, das Violet nach der entgegengesetzten Seite gewendet.

Der Sternschein des Saphirs besteht aus dreien, sich unter Winkeln von 60° halbirenden, parhelischen Kreisen, deren jeder von einem der drei inneren Texturflächensysteme abhängt. Diese Texturflächen entsprechen bekanntlich einem wenig vom Würfel abweichenden spitzen Rhomboeder ($R = 86° 4'$). Babinet schloss bereits, dass jedes einzelne dieser Flächensysteme auf einer normal zu demselben geschnittenen Platte einen parhelischen Kreis erzeugen müsse, und er bestätigte dies durch das Experiment.

Sehr viele andere Krystalle zeigen schon dem blossen Auge oder unter dem Mikroskope, manche nur unter ganz besonderen Umständen, Reifungssysteme auf gewissen Flächen, von verschiedener Zahl und verschiedener gegenseitiger Richtung. Dieselben rufen ebenfalls jedes seinen parhelischen Kreis und die sich schneidenden also Asterismen hervor. Sie hangen theils von oscillatorischen Combinationen, theils von den Richtungen der Ebenen ab, welche man Blätterdurchgänge (*clivages*) zu nennen pflegt.

---

[1]) Ein noch bestimmterer Beweis wird sich später aus der Beobachtung ergeben, dass, wie z. B. beim Pennin, das Licht der parhelischen Kreise die Farbe des durchfallenden Lichtes je der betreffenden Axe besitzt.

B a b i n e t erklärte die parhelischen Kreise als mittelbare Effeete der Blätterdurchgänge der Krystallisation und zeigte, dass Krystalle von monotrimetrischem Charakter, wie der Saphir, sechsstrahlige Sterne, solche von monodimetrischem Charakter ein regelmässiges Kreuz oder einen regelmässigen achtstrahligen Stern, solche von trimetrischem Charakter einen parhelischen Kreis, oder ein recht-winkeliges diagonales oder ein schiefwinkeliges Kreuz u. s. w. erzeugen müssten, wenn man durch Platten, normal zur Hauptaxe, beobachte. Je complicirter die Spaltbarkeitsverhältnisse einer Krystallisation, um so complicirter werde, so sagte es B a b i n e t voraus, der Asterismus sein, welchen sie erzeuge.

Die Lichtscheine, welche Fasergyps, Faserkalk, Faserquarz und der mit Amphibolfasern durchwobene, sogenannte Katzenaugenquarz hervorrufen, gehören alle mit in die nämliche allgemeine Classe von Erscheinungen. Auch hier nimmt man dieselben im auffallenden und durchfallenden Lichte wahr. Auf einer der Faserung parallelen Fläche zeigen sie einen parhelischen Kreis, einen Lichtschein, welcher, scheinbar als ein gerades Band, die Faserung normal durchschneidet, auf einer gegen die Faserung transversalen Fläche jedoch mehr und mehr sich krümmt und auf einer zur Faserung normalen Fläche in einen vollkommenen Heiligenschein übergebt. Durch eine normal zur Faserung geschliffene Platte von Katzenaugenquarz blickend, sieht man einen prächtigen, mehr oder minder farbigen Heiligenschein um die Flamme.

So sehr auch die verschiedenen, im Obigen nach B a b i n e t's Vorgange zusammengestellten Phänomene analog sind und eine ana-loge Erklärung fordern, so ist es doch nothwendig, eine strenge Son-derung unter denselben eintreten zu lassen, wenn dieselben für die Wissenschaft den ganzen Reichthum der Blüthen entfalten sollen, deren sie fähig sind. Ganz a n d e r e Gesichtspunkte sind es, unter denen d i e Erscheinungen Interesse gewähren, welche aus der A g g r e g a t i o n faseriger Krystallindividuen und aus deren E i n-s c h l u s s in anderen Krystallen hervorgehen, und welche uns einer-seits über die Gleichmässigkeit oder Ungleichmässigkeit dieser Indi-viduen und über deren Durchmesser den sichersten Aufschluss zu geben, anderseits die Existenz solcher Einschlüsse zu verrathen im Stande sind; ganz a n d e r e wiederum, unter welchen d i e Erschei-nungen die Mühe der Untersuchung lohnen, welche von einem und demselben, als einfaches Individuum erscheinenden und keinerlei fremde Einschlüsse enthaltenden Krystallkörper hervorgebracht werden.

Aber auch bei der Beschränkung zunächst auf die letztere Reihe von Erscheinungen bietet sich ein Grund zu noch weiterer Unterscheidung dar, welche bislang in keiner Weise geltend gemacht worden ist. Es handelt sich nämlich darum, zu unterscheiden, ob die Reflexe, welche hier in Betracht kommen, zu den äusserlichen Schraffirungen der Krystallflächen allein, oder aber zu dem inneren Gefüge des Krystallkörpers in Beziehung stehen. Nicht die Effecte der Schraffirungen hier weiter zu verfolgen ist meine Absicht; es genüge die eine Andeutung, dass parhelische Kreise und Asterismen sich sehr häufig ganz anders darstellen, je nachdem man durch die natürlichen Krystallflächen hindurch, oder durch wohl polirte Schliffflächen beobachtet, welche letztere man an die Stelle der ersteren hat treten lassen. Die Aragonitkrystalle, z. B. die liebtweingelben vom Tschopauer Berge bei Aussig in Böhmen, zeigen durch die natürlichen brachydiagonalen Pinakoidflächen ($\infty P \breve{\infty}$) einen parhelischen Kreis in der Ebene der Hauptaxe, scheinbar dieser parallel, nach dem Schliffe dagegen, an der Stelle desselben, einen zur Hauptaxe normalen. Beim Pennin dagegen und bei anderen Glimmerkrystallen, bleibt der hier ebenfalls scheinbar der Hauptaxe parallele parhelische Kreis, welchen man vor der Schleifung durch die natürlichen Flächen der Prismatoide erblickt, auch nach der Schleifung, so vollkommen diese auch geschehen mag, und so unerwartet politurfähig sie sich auch zeigt, ganz unverändert. In letzterem Falle trifft also die Schraffirung der äusseren Flächen zusammen mit der Lage des den parhelischen Kreis erzeugenden inneren Gefüges, während ein solches Zusammentreffen im ersteren Falle nicht stattfindet.

Möchte ich nun einerseits hier die Aufmerksamkeit zunächst nur auf diejenigen parhelischen Kreise und Asterismen beschränken, welche von dem inneren Gefüge der Krystalle abhangen, so muss ich dagegen anderseits hervorheben, dass dieselben sich, selbst in dieser Beschränkung, weit häufiger zeigen, als dies bisher beachtet worden zu sein scheint. Es gelingt die Wahrnehmung derselben allerdings bei vielen Krystallen nur bei grosser Aufmerksamkeit. Zur Beobachtung ist es zweckmässig, die geschliffene und gut polirte

Platte ganz nahe vor das Auge zu halten, mit vier Fingern (Daumen
und Zeigefinger von beiden Händen) möglichst allseitig an ihrem
Rande umschlossen, um Nebenstrahlen abzuhalten, allenfalls auch mit
einem dicken Rande von schwarzem Wachs umgeben, und so gegen
die, nur wenige Millimeter grosse, kreisrunde Öffnung eines Verdunk-
lungsschirmes zu blicken, hinter welchem eine Lampenflamme angebracht ist. Je dunkler übrigens das Zimmer, um so besser lässt sich
beobachten [1]). Durch die Häufigkeit der Erscheinungen und die nicht
geringe Einfachheit der Mittel, mit welchen die Aufsuchung derselben
möglich ist, bieten sich die parhelischen Kreise und Asterismen als
ein ganz vorzüglich beachtenswerthes und bequemes Hilfsmittel an,
um das innere Gefüge der Krystallkörper zu erforschen. Sie enthüllen
in der That Verhältnisse, deren Wahrnehmung in polarisirtem Lichte
völlig entgeht und bis jetzt überhaupt entgangen ist.

Es ist nicht wohl zu zweifeln, dass einer jeden Fläche, welche
an einem Krystallkörper äusserlich als naturwüchsiges Begrenzungs-
Element auftritt, ein System innerer Flächen, eine unendlich grosse
Zahl von Ebenen parallel geht, nach welchen eine Zertrennung,
wenn auch nicht für unsere rohen Instrumente ausführbar, doch für
die Theorie angezeigt sein muss. Parallel manchen dieser Flächen
ist eine Zertrennung auch für unsere mechanischen Hilfsmittel
wenigstens spurenweise, parallel anderen mehr oder weniger deutlich,
ja bisweilen sehr vollkommen möglich, und zwar wechseln diese Grade
und Bevorzugungen bei den verschiedenen Specien einer gemeinsamen Grundkrystallisation ziemlich bedeutend. Wenn nun die Vermuthung, zu welcher Babinet sich geführt sah, begründet wäre
und somit die Ebenen der Blätterdurchgänge als diejenigen reflectirenden Ebenen angesehen werden dürften, von welchen die parhelischen Kreise und Asterismen hervorgebracht werden, so müssten die
letzteren durch ihre Erscheinung uns ein, nicht allein sehr bequemes,
sondern auch, in Hinsicht auf Vollkommenheit, unsere mechanischen
Hilfsmittel weit hinter sich zurücklassendes Bild der ersteren gewähren.

---

[1]) Nachdem man die Platte vor der Beobachtung nochmals sorgfältig geputzt hat,
muss man sich hüten, dieselbe irgend zu berühren. Jedes Darüberhingleiten mit
dem Finger ruft bei manchen Mineralien Feuchtigkeits- oder Fettlinien hervor,
welche dann ihre eigenen Lichtscheine erzeugen, die oft die Wirkungen des
Krystalls vollständig verhüllen.

In Wirklichkeit aber — man ist versucht zu sagen „leider" — ist es nicht so!

Schon theoretisch könnte man wohl zu diesem Schlusse kommen, wenn man nur die vorhandenen Beobachtungen zu Grunde legt; denn offenbar könnte, wenn es sich um die Blätterdurchgänge handelte, niemals ein einfacher parhelischer Kreis, nie ein Asterismus mit blos 4 oder 6, oder 8 Strahlen zum Vorschein kommen, sondern es müsste sich normal zu jedem vorhandenen und krystallographisch möglichen Flächenpaare ´ein parhelischer Kreis und somit, durch die Gesammtheit derselben, beim Durchblicken nach einer Axe des Krystalls stets die ganze Neumann'sche Projection mindestens aller zu der einen Zone gehörigen Flächen vollkommen darstellen. Das Mehr oder Minder der mechanischen Ausführbarkeit der „Spaltung" nach den einen oder anderen Flächen könnte unmöglich die optische Wirkung bestimmen. Auch zeigt das Beispiel des Saphirs, dessen „Blätterdurchgang" nach den Flächen, welche ·den Asterismus beherrschen, bekanntlich „höchst versteckt" und stets nur sehr unvollkommen darstellbar ist, während doch gerade bei diesen Krystallen der Asterismus zuerst und so auffallend sich bemerkbar machte, dass es sich nicht um die Vollkommenheit der Spaltbarkeit handeln könne.

Aber praktisch führt sich der Gegenbeweis noch viel einfacher. Ich verzichte, wie ungern auch immer, auf die Anführung des Gypses, dessen ausgezeichnetste Spaltbarkeitslage, wenn dieselbe keinen parhelischen Kreis hervorrufen sollte, jedenfalls ein höchst evidentes Beweisstück liefern würde. Ist es schon an sich kaum möglich, Gypskrystalle zu erhalten, welche nicht bereits überreich sind an wirklichen Trennungsklüften parallel jener Spaltbarkeitslage, so tritt vollends eine` zweite Schwierigkeit hinzu, indem selbst die schönsten Krystalle auf den, zur Beobachtung geeigneten, natürlichen Flächen eine, mit den Intersectionslinien jener Spaltbarkeitslage zusammenfallende, Reifung besitzen, welche selbst dem blossen Auge bei günstiger Beleuchtung kaum entgehen kann; jeder Versuch aber, durch Schleifung eine zur Beobachtung tauglichere Fläche herzustellen, oder auch nur durch Politur der Vollkommenheit der natürlichen Flächen nachzuhelfen, scheiterte, bei aller Sorgfalt und Geduld, mit welcher ich zu arbeiten vermochte, unbedingt, indem, selbst nach der zartesten Behandlung, zahllose Trennungsklüfte von der angegriffenen Fläche aus entstehen. Wenn ich aber trotz diesen Umständen, welche sämmtlich der Erzeugung eines täuschenden parhelischen Kreises nach der Hauptspaltbarkeitslage äusserst förderlich sein müssen, noch nicht im Stande gewesen bin, meine Zweifel an der Existenz der zur Erzeugung dieser Erscheinung erforderlichen Verhältnisse in den Gypskrystallen gerade entsprechend der Hauptspaltbarkeitslage irgend genügend zu beseitigen, ja wenn, nach vielen mühevollen Versuchen, es noch jetzt mir wahrscheinlicher geblieben ist, dass die Hauptspaltbarkeitslage in diesen Krystallen, ohne Trennungsklüfte und ohne Schraffirung der Flächen, durch welche man beobachten muss, einen parhelischen Kreis zu erzeugen nicht vermag, so ist dies wenigstens geeignet, bedenklich zu erscheinen und zu weiteren sorgfältigen Versuchen aufzufordern. Durch möglichst intacte, wasserhelle, noch auf dem natürlichen Muttergesteine sitzende Gypskrystalle von Bex im Waatlande beobachtete ich wohl ziemlich zahlreiche, deutliche, farbige Nebenbilder (Parhelien), welche in ihrer Gesammtheit immerhin einen parhelischen Kreis darstellen; allein, eben die Deutlichkeit der einzelnen Bilder, dann auch die Ungleichheit ihrer Breite und ihres Abstandes von einander, zeigte mir immer mit Bestimmtheit, dass diese Erscheinung nicht von einer stetig in der Krystallmasse stattfindenden, von der Moleculärtextur abhängigen Spaltbarkeit, sondern theils von wirklich vorhandenen Trennungsklüften, theils auch von den Zusammensetzungen mehr oder weniger lamellär ausgebildeter Individuen herrühre. Weit günstiger für die Beobachtung liegen die beiden untergeordneten Spaltbarkeitsrichtungen in den Gypskrystallen, und von diesen ruft derjenige, welcher sich durch eine ausgezeichnete Faserung schon bei gröblichem Erproben durch Biegen und Zerbrechen kund gibt, einen weit vollkomneren parhelischen Kreis hervor, als die blättrige Hauptspaltbarkeit; einen solchen nämlich, welcher aus dicht gedrängten, nur bei der sorgfältigsten Beobachtung die prismatischen Farben verrathenden Lichtlinien besteht, und welcher keinen Zweifel lässt, dass die Gypskrystalle in diesem Sinne wirklich aus faserförmigen Individuen von grosser Feinheit zusammengesetzt sind!

Geeigneter zur Belehrung ist der Calcit (Kalkspath), dessen Spaltbarkeit nach den Flächen des stumpfen Grundrhomboeders (R) gewiss ebenfalls als ein vorzügliches Muster anerkannt werden muss. Schleift man an einem Stücke des reinsten und klarsten sogenannten Doppelspathes von Island ein Flächenpaar normal zu einem der

Blätterdurchgänge, also zwei parallele Flächen des zugehörigen Gegenrhomboeders (— R), so befindet sich dieser eine Blätterdurchgang in der allergünstigsten Lage, um einen parhelischen Kreis zur Erscheinung zu bringen, wenn man durch das Paar der Schliffflächen beobachtet. Allein es zeigt sich nicht die leiseste Spur der Erscheinung. Es scheint, dass B a b i n e t, durch die Wahrnehmung des Zusammenhanges zwischen der Lage des Asterismus und der einzelnen parhelischen Kreise einerseits und der Lage der Flächen des spitzen Grundrhomboeders (R) anderseits beim Saphir, so sehr in der Ansicht von dem Zusammenhange dieser optischen Erscheinungen mit den Spaltbarkeitsrichtungen befestigt gewesen sei, dass kein Zweifel ihm eine besondere Prüfung. wie obiges Experiment sie so bequem darbietet, wünschenswerth erscheinen liess. Es ist auch klar, dass die Trennungsklüfte parallel den Spaltbarkeitslagen in einem Krystalle nur recht zahlreich und nahe beisammen vorhanden zu sein brauchen, um parhelische Kreise und Asterismen zu erzeugen, und somit wären denn diese optischen Erscheinungen allenfalls das feinste Mittel, um sich von dem Vorhandensein solcher Trennungsklüfte zu überzeugen. Aber einerseits zeigt der Calcit, dass jedenfalls wenigstens keineswegs angenommen werden darf, die Spaltbarkeit sei stets mit dem Vorhandensein von Trennungsklüften verbunden, anderseits werden wir uns überzeugen, dass es parhelische Kreise und Asterismen gibt, welche von der moleculären Spaltbarkeit völlig unabhängig sind.

Macht man die obige Beobachtung mit einem Calcitkrystalle, welcher der Spaltbarkeit entsprechende Trennungsklüfte in seinem Innern enthält, die schon bei äusserlicher Betrachtung, durch die blendenden Reflexe aus dem Innern des Körpers, sich so leicht verrathen, so erblickt man beim Hindurchsehen auf jeder Trennungsfläche deutlich das Spiegelbild der Kerzenflamme, gegen welche man blickt, mit prismatischen Farben, von welchen das Roth dem leuchtenden Gegenstande zugewandt, das Violet demselben abgewandt ist. Auch die äusseren Krystall- und Spaltungsflächen spiegeln unter den nämlichen Bedingungen und in der nämlichen Weise das Bild des leuchtenden Gegenstandes nach Innen zurück. Sind parallel einer und derselben Spaltbarkeitslage viele Trennungsklüfte vorhanden, so decken sich die farbigen Spiegelbilder hie und da einigermassen und ergänzen ihre Farbe zu reinem Lichte, so dass nur schmale Farbenlinien das allgemeine Lichtband unregelmässig unterbrechen.

Der Asterismus des Saphirs und die einzelnen parhelischen Kreise, welche denselben zusammensetzen, zeigen keine derartige Unterbrechung. Sie bestehen aus den zartesten Lichtlinien, welche äusserst nahe zusammengedrängt sind und deren jede in ausserordentlicher Feinheit die prismatischen Farben neben einander enthält. Man möchte glauben, ein stetiges Lichtband zu sehen, und es gehört Übung und Gewöhnung des Auges dazu, um auch hier die einzelnen Spiegelbilder, nicht zu unterscheiden, nein, nur als die Grundlage der Erscheinung zu erkennen. Ein solcher gleichsam stetiger Asterismus ist nun aber auch dem Calcit eigen, und in einem Grade und unter Bedingungen, welche dem oben mitgetheilten negativen Resultate in Betreff der Spaltbarkeitslagen eine noch grössere Wichtigkeit zu verleihen geeignet sind.

Bekanntlich ist sehr häufig bei den Calcitkrystallen eine Zusammensetzung von Individuen beobachtet worden, welche um die Normale der Scheitelkanten des Grundrhomboeders (R) hemitropirt und nach den Flächen des ersten stumpferen Rhomboeders der zweiten normalen Stellung ($-\frac{1}{2}R$) zusammengefügt sind. Diese Zusammensetzung wiederholt sich sehr vielfach, so dass die einzelnen Individuen nur als sehr dünne Lamellen erscheinen, eine Thatsache welche, so allgemein ausgesprochen, ebenfalls nicht neu ist; allein diese Wiederholung ist doch viel zahlreicher und feiner, als man dies bisher wahrgenommen hatte; denn sie ist, wie ich dies auf mehrfache Weise nachzuweisen in Stande war, selbst in solchen Krystallen und Lamellärindividuen noch in unzählbarer Häufigkeit vorhanden, welche bislang für völlig einfach gehalten worden sind. Schleift man nun einem Calcitkrystalle zwei Parallelflächen an, welche zu einer der genannten Kanten des Grundrhomboeders (R) und zu der Flächenlage des ersten stumpferen Rhomboeders ($-\frac{1}{2}R$) normal sind, so zeigt sich, sobald man durch ein solches Flächenpaar beobachtet, ein ausgezeichneter parhelischer Kreis, normal zu jener Zwillingsebene und abhängig von der Zusammensetzung der Lamellen nach dieser.

Haüy kannte die *joints surnuméraires*, welche den hier in Rede stehenden Zwillingsebenen entsprechen, und er wies nach, dass dieselben die *molécules intégrantes* des *rhomboèdre primitif* nicht zerstückeln, sondern als Tangentialebenen zwischen ganzen Lagen derselben hindurchsetzen.

Bisweilen entsprechen auch diesen Zwillingsebenen wahre Trennungsklüfte, welche schon bei der äusserlichen Betrachtung des Krystalles durch Reflexe sich bemerkbar machen. Allein nicht diese sind es, von welchen der parhelische Kreis hervorgebracht wird, sondern gerade diejenigen, welche jeder anderweitigen Wahrnehmung sich völlig entziehen. Eben dadurch nun erhält die Erscheinung der parhelischen Kreise eine neue und ganz besonders wichtige Bedeutung. Schon anderweitige Beobachtungen zeigten mir, dass die Zusammensetzung aus lamellären Individuen nach dem obigen Zwillingsgesetze sich nicht blos ausnahmsweise bei manchen Calciten, sondern vielmehr ausnahmslos bei allen, und dass dieselbe sich ferner nicht blos nach einem einzigen Flächenpaare des ersten stumpferen Rhomboeders ($- \frac{1}{2} R$), sondern nach allen dreien Flächenpaaren gleichzeitig in jedem Calcitkrystalle wiederhole. Ist dieses der Fall, so müssen Platten aus einem und demselben Calcitkrystalle nach drei verschiedenen Sextanten, normal zu allen dreien Flächenpaaren des ersten stumpferen Rhomboeders ($- \frac{1}{2} R$) geschnitten, in gleicher Weise jede einen parhelischen Kreis zeigen, welcher zu der betreffenden Zusammensetzungsebene normal erscheint. Wirklich bestätigt sich dieses Verhalten vollkommen. Diese Structur des Calcits entspricht somit ganz derjenigen des Saphirs, nur dass bei diesem letzteren die Zusammensetzung den Flächen eines spitzen Rhomboeders folgt, welches man hier als Stammform (R) betrachtet. Danach war zu erwarten, dass auch der Calcit, durch die basischen Flächen (OR) gesehen, einen regulären sechsstrahligen Stern darstellen müsse, indem die drei parhelischen Kreise sich schneiden müssen, wie die Systeme von Intersectionslinien der drei Lamellärsysteme hemitropischer Individuen. Wirklich zeigt sich durch gut polirte Platten mit diesen Flächen der sechsstrahlige Stern sehr schön, aber allerdings mit schwachem Lichte, sehr viel schwächer, als beim Saphir, was sehr begreiflich ist, da bei Letzterem die Zwillingsebenen so viel steiler zur Hauptaxe geneigt, also zur Wahrnehmung ihrer Reflexe für das in der Richtung der Hauptaxe durchblickende Auge so viel günstiger gelegen sind.

Auf einer jeden Fläche des stumpfen Grundrhomboeders (R) des Calcits befinden sich drei Systeme von Intersectionslinien, von welchen das eine, der Horizontaldiagonale der Fläche entsprechend, dem Zwillingssysteme der Gegenfläche des ersten stumpferen Rhomboeders (— $\frac{1}{2}$ R) angehört, während die beiden anderen, der rechten und linken Seite parallel, von den die Kanten dieser Seiten abstumpfenden Flächen abhangen. Blickt man nun in der Richtung eines Kantenpaares durch ein Paar der Grundrhomboederflächen (R), also z. B. durch ein Spaltungsstück des isländischen Spathes, so befinden sich alle drei Lamellärsysteme, unter günstigeren Bedingungen, als beim Beobachten durch die basischen Flächen (OR), gleichzeitig in der Lage, ihre parhelischen Kreise zur Anschauung bringen zu können, und sie thun dies in der That und erzeugen somit auch in diesen Flächen einen sechsstrahligen Stern, welcher aber nicht regulär, sondern symmetrisch erscheint, indem der eine Strahl in der Ebene des Hauptschnittes liegt, die beiden anderen aber diesen unter Winkeln von 39° 45′ 40″ schneiden. Der mittlere Strahl ist dabei an sich in begünstigterer Lage, als die beiden Seitenstrahlen; allein es schwächt ihn die Spiegelung, welche er an der Fläche, durch welche man beobachtet, theilweise erleiden muss. Übrigens zeigt er sich um so deutlicher, je vollkommener der angewandte Krystall ist, und daher im Allgemeinen in kleineren Spaltungsstücken schöner, als in grösseren. Sind nämlich in dem Krystalle irgend Trennungsklüfte parallel den Spaltbarkeitsrichtungen vorhanden, so verstärken diese durch ihre Reflexe die Wirkung der beiden Lamellärsysteme, welche die Seitenstrahlen erzeugen; obgleich man bei einiger Aufmerksamkeit diese beiderlei Wirkungen sehr wohl zu unterscheiden vermag, so ist der Erfolg doch eine relative Schwächung (Blendung) des mittleren Strahles. Jedenfalls erscheinen übrigens, wenn man die vier Flächen der Zone, nach deren Axe man durch den Krystall blickt, nicht vorher matt geschliffen hat, vier Spiegelbilder der Kerzenflamme, gegen welche man blickt, je an jedem Ende eines jeden Seitenstrahles ein Spiegelbild in prismatischen Farben, das Roth gegen die Lichtquelle, das Violet nach aussen gekehrt. Der mittlere Strahl dagegen endigt ohne solche Bilder und schon dadurch ist er natürlich für den Beobachter im Nachtheile, weil die starken Bilder an den Endpunkten die anderen Strahlen stärker hervorheben.

Es ist nicht meine Absicht, hier die merkwürdigen Zwillingsverwebungen weiter aus einander zu setzen, als welche nicht der Calcit allein und die übrigen hexagonal-hemiedrisch krystallisirten

Carbonspathe, und der Saphir und mehrere andere ähnlich krystalli-
sirende Mineralien bei genauerer Prüfung sich darstellen, noch die
Beobachtungen aufzuführen, welche ich bei anderen Mineralien in
Betreff der parhelischen Kreise und des Asterismus bereits gemacht
habe, und welche eine neue wundervolle Mannigfaltigkeit der Natur
zum Vorschein bringen. Ich bemerke nur, dass ich auf diese optischen Untersuchungen erst geführt wurde durch eine Menge von
anderweitigen Wahrnehmungen über die Composition der oben
genannten Krystalle und mancher anderer, welche bislang für einfache gehalten wurden, welche sich aber in der That als Zwillings-
gewebe herausstellen. Aber hervorheben möchte ich, dass mit der
Nachweisung, dass nicht die Spaltbarkeitsrichtungen,
sondern die Zusammensetzungsebenen die Erscheinungen
der parhelischen Kreise und des Asterismus hervorbringen, dem
Krystallologen ein neues Mittel dargeboten ist, um die Zusammensetzung aus individuellen Gliedern auch da zu entdecken, wo kein
äusseres Merkmal dieselbe verrathen zu wollen scheint. Auch beim
Saphir ist die Zusammensetzung aus hemitropischen Lamellen, parallel
den Flächen des spitzen Grundrhomboeders (R), welche man für
„Blätterdurchgänge" angesehen hat, auch abgesehen von Asterismus,
an sich nachweisbar; allein auch wo keine andere Spur dieser
Zusammensetzung sich zeigt, da bietet der Asterismus den Beweis für
die Existenz derselben dar. Beim Pennin und anderen Glimmern,
welche bald in anscheinend hexagonalen, bald in rhombischen und
zwar bald in holoedrischen, bald in hemiedrischen, oft wunderlich
verzerrten Formen vor uns liegen, vermochte ich ebenfalls direct
nachzuweisen, dass dieselben in der Richtung der Hauptaxe von unten
bis oben aus verzwilligten Lamellen zusammengesetzt seien, deren
jede in horizontaler Richtung wieder eine Composition von rhombischen Drillingen ist; auch hier bestätigt die Beobachtung sich durch die
parhelischen Kreise und den Asterismus. Eine Pennin-Platte, normal zur
Hauptaxe geschliffen, zeigt einen prachtvollen (grünen) regulär sechsstrahligen Stern; dagegen eine solche parallel der Hauptaxe und
einem gewissen Seitenpaare des Hexagondurchschnittes zeigt einen
scheinbar der Hauptaxe parallelen (rothen) parhelischen Kreis, und eine
solche parallel der Hauptaxe und einem der beiden anderen Seitenpaare
zeigt jenen nämlichen der Hauptaxe parallelen und ausserdem noch einen
zweiten, zu der Hauptaxe normalen parhelischen Kreis (beide roth).

Der hexagonale Formencharakter musste dem Physiker von je-
her als eine Anomalie erscheinen. Die rein geometrische Krystallographie hat denselben als selbstständig zugelassen und ihm ein
eigenes Axensystem als ursprüngliches vindicirt, welches der
Physiker stets nur als ein secundäres betrachten konnte. Nachdem
ich nun aber bereits bei einer nicht geringen Zahl der wichtigsten
hexagonalen Krystallisationen im Stande war, dieselben zurückzuführen auf eine Composition aus dreien, sich in sehr verschiedener
Weise gegenseitig durchdringenden Systemen von verzwilligten
Lamellärindividuen, deren Einzelkrystallisation auf dreien zu einander rechtwinkligen Axen beruht, so scheint es wohl angezeigt zu
sein, die Frage um die Existenz und Bedeutung des hexagonalen
Formencharakters überhaupt von Neuem anzuregen.

Ich veröffentliche in diesem Augenblicke den Nachweis der Identität der Krystallisation des Aragonits und des Calcits [1]. Denselben,
sowie die obigen Mittheilungen glaubte ich den Wissenschaften, für
welche diese Verhältnisse von einflussreicher Bedeutung sind, nicht
länger vorenthalten zu dürfen. Mit reiner Freude werde ich jede
Untersuchung begrüssen, welche, von Begünstigteren angestellt, von
diesem neu eröffneten Standpunkte aus und mit diesem neuen Hilfsmittel ausgerüstet, unsere Kenntnisse zu erweitern geeignet ist; diese
Freude wird mich entschädigen für die Nothwendigkeit mancher Ver-
zichtung auf die weitere Verfolgung meiner Untersuchungen — eine
Nothwendigkeit, welche durch die Beschränktheit meiner persön-
lichen Hilfsmittel und derjenigen, welche meine Stellung mir ver-
gönnt, ihre Entschuldigung finden möge.

[1] Seitdem erschienen unter dem Titel: Aragonit und Calcit, eine Lösung des ältesten
Räthsels in der Krystallographie. Zürich 1855.

Über das Sprunggelenk der Säugethiere und des Menschen.

Von Prof. C. Langer in Pesth.

(Auszug aus einer für die Denkschriften bestimmten Abhandlung.)

Die Beobachtung einer seitlichen Verschiebung der Knochen des Sprunggelenkes vom Menschen lenkte meine Aufmerksamkeit auf die eigenthümliche Mechanik dieses Gelenkes, welche vergleichend durch die Reihen der Säugethiere untersucht wurde.

Ein durch die Tibia getriebener Stift markirte über der Sprungbeinsrolle den Gang des Gelenkes als Linie, welche die Durchschnittslinie der Rolle durch die Drehungsebene anzeigt und Ganglinie genannt werden soll. Es ergab sich als typische Eigenthümlichkeit dieses Gelenkes durch die ganze Reihe der Säugethiere, dass die Ganglinie aus der senkrecht auf die Drehungsaxe gestellten Ebene nach aussen abweicht, die Astragalus-Rolle daher zum Unterschiede der geraden Rolle eines Cylinder-Gelenkes eine schiefe, auswärts gerichtete Rolle sei.

Unter der Voraussetzung, dass die Grundform der bekannten schiefen Rolle beim Pferde ein Cylinder ist, lag der Gedanke nahe, die beiden Erhabenheiten dieser Rolle als Abschnitte eines Schraubengewindes aufzufassen. Ich suchte daher die Rolle zu ergänzen, um den weiteren Verlauf der, über den Rist der Erhabenheiten markirten Ganglinie zu ermitteln. Zu dem Ende wurden Abgüsse der Rolle angefertigt und an einander gepasst. Zwei Abgüsse ergänzten sich schon zu einem ganzen Umfange einer Schraubenspindel der Art, dass die eine Erhabenheit nach vollendetem einem Umgange in die zweite Erhabenheit überging. Beide Erhabenheiten sind also Theile einer und derselben Wendellinie. An einem über die Rolle gelegten Stücke Papier, auf welches die Axe projicirt und die Ganglinie übertragen wurde, wurde der Neigungswinkel derselben gemessen; er beträgt etwas über 10°.

Die Ganglinie des Sprunggelenkes vom Pferde ist daher eine Wendellinie, die unter constanter Neigung über einen Cylinder in zwei erhabenen Umgängen geführt ist, und ergibt eine Schraubenrolle, von welcher beiläufig die Hälfte auf den Astragalus aufgetragen ist. Die Tibia spielt über diesem Rollen-Segmente als Theil einer Schraubenmutter. Die Rolle des rechten Fusses ist Theil einer linksgewundenen (nach Listing's Bezeichnung aber einer *dexiotropen*) die des linken Fusses einer rechtsgewundenen (nach Listing *laeotropen*) Schraube.

Die Malleolarflächen als Seitenbegrenzungen dieser Rolle sind, abgesehen ihrer seitlichen Krümmung, in der Richtung von vorne nach rückwärts symmetrisch nach der wendelförmigen Gangrichtung der Rollenfläche gekrümmt.

Die seitliche Verschiebung, welche entsprechend dem Sinus des Steigungswinkels der Ganglinie vor sich geht, ist ein charakteristischer Unterschied der Schrauben-Charniere von reinen Cylindergelenken. Sie wurde gegen das Fadenkreuz eines horizontal gestellten Fernrohres gemessen, und bei einem Pferde mittlerer Grösse, und einer Excursions-Weite des Gelenkes von 115°, bei 11 Millim. gross gefunden. Die Flexions-Ebene des Gelenkes ist Theil einer Wendelfläche.

Der laterale Band-Apparat aus oberflächlichen und tiefen Bändern bestehend, unterscheidet sich dadurch von dem reinen Ginglymus-Gelenke, dass er nicht symmetrisch an der Rolle befestiget ist. Die einzelnen Bänder bestehen aus sich kreuzenden Fascikeln, die abwechselnd gespannt werden. Der Hauptgrund des bekannten Federns dieses Gelenkes liegt im inneren tiefen Bande, indem dasselbe bei der labilen Lage der Tibia in den grössten Durchmesser der Rollenbasis zu liegen kömmt.

Die Drehungsaxe des Gelenkes liegt horizontal. Wäre die Flexions-Ebene vertical auf die Axe gerichtet, so fiele beim aufrechten Stande des Thieres der Druck der Leibes-Last parallel mit der Flexions-Ebene. Hier wird dagegen ein Theil der Last des Leibes als Normaldruck senkrecht auf die schiefe Flexions-Ebene fallen und von den Erhabenheiten der Rolle getragen, so dass der Musculatur nur das relative Gewicht zur Last fällt, welches sich in der Richtung der Ganglinie fortzubewegen strebt. Da wegen der Lage des Fersenhöckers auswärts der Rolle, die Resultirende der Wadenmuskeln eine, wie die Ganglinie auswärts schiefe Richtung hat, so wird, wenn beide parallel gehen, ein Gewinn an Kraft für die Musculatur in dem Verhältniss sich ergeben, in welchem die Länge der Schraubenlinie der Rolle (Ganglinie) zur Peripherie derselben (gerade Gangrichtung eines Cylinder-Gelenkes) steht. Dieser Gewinn kömmt den vierfüssigen Säugethieren um so mehr zu Gute, als bei ihnen wegen gebogener Lage der Beine beim aufrechten Stande, ihre Leibeslast, nicht in dem Masse wie beim Menschen, durch Hemmungsapparate der Gelenke getragen wird. Gelenke, die beim Menschen geraden Gang haben, z. B. das Ellbogengelenk, haben desshalb beim Pferd und Rind eine bemerkbare schiefe Gangrichtung.

Es wurden Repräsentanten aller Säugethiergruppen untersucht und die wendelförmige Gangrichtung überall gefunden. Die Grösse des Steigungswinkels wechselt. Er ist kleiner bei Sohlengängern, grösser bei denen, die den Fuss steil tragen. Bei keinem Säugethiere ist er so klein, dass die Ganglinie ein Kreissegment würde. Schweine und Wiederkäuer haben mit besonderer Einrichtung ihres Gelenkes einen geringeren Steigungswinkel.

Bei vielen, ja den meisten Thieren ist die Grundgestalt der Rolle ein Kegel, dessen Spitze nach innen gerichtet ist. Da der Gang des Gelenkes nach aussen gegen die Basis des Kegels ablenkt, so wird bei der Beugung das Gelenk förmlich festgeschraubt, und dadurch eine Hemmung eingeleitet.

Eine Rotation um eine in den Unterschenkel fallende verticale Axe von grösserem Umfange, findet sich bei *Phalangista* und *Didelphis,* mit oberwärts gerichteter äusserer Malleolarfläche, und einem die *Fibula* umsäumenden *Meniscus.*

Beim Menschen ist eine höchstens 8° auswärts geneigte Gangrichtung zu finden. Die Grundform der Rolle ist die kegelförmige, wodurch gleichfalls die Hemmung der Dorsalflexion eingeleitet ist. Die von H. Meyer beschriebene grössere Breite der Rolle nach vorne steht, trotz des fest mit der Tibia verwachsenen *Malleolus internus* in keinem Widerspruche mit der Verschiebung nach aussen, da die Rolle innen nicht nach der Gangrichtung, sondern mehr in gerader Richtung auf die Axe begrenzt ist; wodurch der innere Knöchel bei der Plantarflexion hinten von der Rollenkante sich entfernt. Wenn man sich von einer vorliegenden rechtswendigen Schraubenspindel beiläufig ein Viertheil ihres Umfanges, rechts nach der Windung, links mehr nach der Richtung der Basis abgrenzt, die äussere Kante hinten abstumpft, so hat man sich ein Modell der linken Sprungbeinsrolle nachgebildet, und wird die innere Malleolarfläche ganz im Einklange mit dem schief auswärts gerichteten Gang des Gelenkes finden.

Durch diese besprochene Gangrichtung wird es erst möglich, dass bei allen Attituden die Flexions-Ebene eine schiefe Richtung hat, deren Betheiligung am Gange des Menschen H. Meyer aus einander gesetzt hat.

Das obere und untere Gelenk ergänzen sich. Die Bewegungen des unteren sind theils Mit- theils Folge-Bewegungen des oberen. Wiederkäuer und Schweine haben in dieser Beziehung den einfachsten Mechanismus. Der Kopf des *Astragalus* dieser Thiere ist eine Rolle, deren Axe wie die des oberen Gelenkes beinahe quer liegt. Der ganze Knochen dreht sich um eine ebenfalls beinahe quere Axe auf einer convexen dem Fersenbein zugewendeten Fläche. Während der Bewegung im oberen Gelenke, leitet ein innerer keilförmiger Fortsatz des Fibularudimentes, der sich zwischen die obere Rolle und einen äusseren Fortsatz des Fersenbeines einkeilt, eine Mitbewegung des *Astragalus* ein. Hintere *Ligta*, ein *tibio-* und *fibulare-Tali* hemmen die obere Bewegung ganz und nöthigen bei fortgesetzter Muskelwirkung die Beugung im unteren Gelenke zu beendigen. Dadurch, dass der Kopf und das Fersenbein-Gelenk verschiedene Axen haben, wird diese Flexionsbewegung gehemmt.

Die schiefe Gangrichtung des oberen Gelenkes ist im entgegengesetzten Sinne auch auf das untere Gelenk übertragen. Die vorspringenden Leisten des *Astragalus*-Kopfes vom Schweine zeigen diese schiefe Richtung an.

Eine Wendung der Fusssohle ist da kaum bemerkbar. Ausgiebiger wird sie erst dann, wenn die Axe des *Caput Astragali* gegen die Fussaxe und den Horizont eine Neigung hat. Die mit der Plantarflexion verbundene Wendung des Plattfusses einwärts ist durch eine Neigung der Axe aussen nach unten und hinten bedingt. Eine besondere Rotations-Axe des *Caput Astragali* verschieden von der Flexions-Axe gibt es nicht. Die Lage dieser Axe entscheidet, warum bei verschiedenen Thieren bald die Rotations-, bald die Flexionsbewegung umfangreicher ist. Die Fussaxe des Menschen, durch den Kopf des zweiten *Metatarsus*-Knochens und den unten aufliegenden Fersenhöcker gezogen, nimmt bei belastetem Knie, die obere Drehungsaxe unter rechtem Winkel, die Axe des *Caput Astragali* unter 45° auf. Mehr scheint die letztere ursprünglich bei keinem Thiere sich der Fussaxe zu nähern. Bei *Bradypus* liegt sie desshalb der Fussaxe näher, weil der *Astragalus* bleibend einwärts gesenkt ist. Überall wird durch die Plantarflexion im unteren Gelenke die äussere Malleolarfläche gehoben, und die Axe des Köpfchens der Fussaxe näher gerückt, daher im Beginne der Bewegung die Flexion ausgiebiger, gegen das Ende derselben die Rotation vorwaltender wird, bei *Bradypus* mit Ausschluss der Flexion.

Wie bei den Wiederkäuern, so bei allen Säugethieren auch beim Menschen ist die Axe des *Caput Astragali* getrennt von der des Fersengelenkes, so dass das Sprungbein im Ganzen drei Axen besitzt. Die beiden unteren Axen sind beim Menschen unter einander parallel beim aufrechten Stande, wo auch die beiden unteren Gelenkflächen vollkommen congruent mit dem Fersen- und Kahnbein in genauem Contacte sind. Jede Bewegung stört den Parallelismus beider Axen und den innigen Contact, wodurch später die Hemmung der weiteren Bewegung eingeleitet wird.

Der Mensch hat in dieser Beziehung eine Mittelbildung, deren ein Extrem die Wiederkäuer mit Ausschluss der Rotation bilden, das andere *Bradypus* mit Ausschluss der Flexion. Erst die Summe der Rotation und Flexion beim Menschen wird dem Umfange der Flexion im unteren Gelenke der Wiederkäuer, und der Rotation dieses Gelenkes bei *Bradypus* nahe kommen. Nager und *Carnivora*, *Tapir* u. s. w. stehen den Wiederkäuern näher, wegen minder geneigter Axe, die Affen dem *Bradypus*, da ihre beiden unteren Axen wegen dem verlängerten Halse des *Caput Astragali* einander näher rücken, die Bewegung daher weniger hemmen werden.

Vortrag.

Über einige Nematoden.

Von dem corresp. Mitgl., **Prof. Dr. C. Wedl.**

(Mit 1 Tafel.)

---

1. Filaria flexuosa (nov. spec.).

Als ich mich im verflossenen Frühjahre mit der Anatomie der
Bremsenlarven beschäftigte und zu dem Behufe mir auch die u n t e r
d e r H a u t d e s H i r s c h e n b e f i n d l i c h e n K n o l l e n heraus-
schneiden liess, wurden mir zu wiederholten Malen einige der-
selben überschickt, die unter der Haut des Rückens, an den Seiten der
Brust und des Bauches gelegen waren und nach der Eröffnung sich
als im Zellgewebe eingebettete Rundwürmer erwiesen. Die besagten
Knollen sind abgeplattet, oval, derb, an der Aussenseite ziemlich glatt,
da sie nur durch lockeres Zellgewebe mit der Umgebung verbunden
sind, und von hie und da sichtbaren, gewundenen Blutgefässen um-
gürtet. Der Längendurchmesser des Ovals variirt von 1 1/2—2 Centim.,
die Dicke der Knolle beträgt meist 6 Millim.

Macht man in letztere einen oberflächlichen Einschnitt, so kommt
ein Convolut von feinen Fäden zu Tage, von welchen einzelne heraus-
hängen (Fig. 1 *a, a*) und sich bis auf eine gewisse Strecke hervor-
ziehen lassen; bei weiteren derartigen Versuchen reisst jedoch der
Faden stets ab. Sammelt man nun die herausgezogenen Fäden, um einen
approximativen Begriff von der Längenausdehnung derselben zu erhalten, und betrachtet man vorerst die erübrigte Lagerstätte, so erscheint
diese als ein sinuöses Gewebe, dessen Buchten (Fig. 2 *b, b*) die Durch-
schnitts-Öffnungen von einem mannigfach gewundenen Canale vorstellen; aus einzelnen sieht man noch hie und da Fäden hervorhängen
(Fig. 2 *a, a*). Das sinuöse Gewebe selbst ist ein derbes Bindegewebe.

Wenden wir uns nun zur Analyse der Fäden selbst, so werden
wir dahin belehrt, dass dieselben nur Bruchstücke einer stets weiblichen Filarie sind. Die Länge eines solchen W e i b c h e n s wird

nicht überschätzt, wenn man sie auf 1½ Decim. angibt; die Dicke übersteigt nicht ⅛ Millim. Das Kopfende schmälert sich bis auf 0·1 Millim., ja in seinem vordersten Abschnitte bis 0·06 Mm. zu und verläuft mehr gestreckt; der Hinterseil ist vielfach gewunden, kaum dünner als der Mitteltheil und besitzt einen stumpfen, fingerförmigen, sehr dickhäutigen, glatten Ansatz. Der Kopf ist glatt, d. h. mit keinerlei Stacheln oder Wärzchen besetzt; eine Fortsetzung der verhältnissmässig dicken Körperhülle umschliesst ihn derartig, dass nur nach vorne eine Öffnung für den Mund erübrigt. Der Dauungscanal verläuft in flachen bogenförmigen Krümmungen in der Leibeshöhle, deren grösster Theil von dem Geschlechtsapparate ausgefüllt wird. Das Verhältniss dieses zu jenem ist in Fig. 3 gegeben, wo *a, a* dem braungelb tingirten Nahrungsschlauche, *b, b, b* den Uterinalschläuchen und *c, c* der dicken Körperhülle entsprechen.

Die weibliche Geschlechtsöffnung schien mir 20 Millim. vom Kopfende entfernt, also noch immer in dem vordersten Abschnitte des Thieres gelegen. Die Eier sind länglich und an dem einen Ende in eine zapfenartige Spitze ausgezogen. Nimmt man sie aus dem Theile des Eierstockes, wo die Eihaut vollkommen entwickelt, der Dotter aber keinerlei Furchung eingegangen ist, so stellen sich die Diameter der Länge und Breite als 0·043 : 0·024 Millim. heraus. Die bald fein- bald grobkörnige Dotterkugel ist durch eine beträchtliche, transparente Eiweissschichte von der dünnen, jedoch consistenten Eihülle getrennt (Fig. 4 *a, b*). Legt man hingegen ein Ei aus einem Uterusschlauche unter, wo der eingerollte Embryo in dem transparenten Medium vollkommen entwickelt ist, so verhalten sich die Durchmesser des ersteren wie 0·055 : 0·038 Millim.; die Eihülle nimmt somit an Umfang bis zur Reife des Embryo zu. Letzterer erweist sich im ausgekrochenen Zustande als ein gestreckter, aus fein moleculärer Masse bestehender, cylindrischer Körper, dessen Länge $= 0·2$ Millim., dessen Breite $= 0·004$ Millim. ist. Das Kopfende (Fig. 5 *a*) schmälert sich kaum merklich zu, während das Schwanzende in einen kurzen Faden (*b*) ausgezogen ist.

Während das Weibchen in den unter spitzen Bogenkrümmungen verlaufenden Gängen der zellgewebigen Knollen wohnt, wo es so eng umschlossen ist, dass es, wie erwähnt, unmöglich ist, lange Strecken des schmalen Wurmes oder vollends denselben in seiner Totalität hervorzuziehen, liegt das dünnere Männchen neben dem Knollen in lockerem Zellgewebe eingerollt (Fig. 1 *b*) und kann aus demselben bei einiger Vorsicht ganz hervorgeholt werden. Es stellt einen gegen 7 Centim. langen Faden dar, dessen eines Ende (Kopfende Fig. 6 *a*) einen gestreckten Verlauf zeigt, während das andere (Schwanzende Fig. 6 *b*) spiralig auf dem hinteren Leibesabschnitte herumgeschlungen ist, ungefähr so, wie die Schlange Aesculaps auf dem Stabe. Dieser korkzieherartig gedrehte Hintertheil zieht sich bei Streckversuchen wie eine Spiralfeder zusammen. Der Penis ist, wie dies bekanntlich zum Gattungscharakter von *Filaria* gehört, ein doppelter, ein *principalis* und *accessorius;* der erstere liegt mehr nach vorne; sein hornartiger Theil ist wie gewöhnlich gelbbräunlich gefärbt, mit einer Rinne versehen, quer gerifft und steckt in einer blos dünnen Scheide, welche jedoch gegen die Wurzelhälfte des Penis hin breiter erscheint. Sein freies Ende zeigt sich im hervorgezogenen Zustande abgerundet, und nimmt eine bogenförmige Krümmung an, während der *Penis pr.* im zurückgezogenen Zustande einige Schlangenwindungen zeigt.

Der 2½ — 3 Mal kürzere a c c e s s o r i s c h e Penis soll eine nähere Erörterung finden, da hier ein interessanter Apparat beigegeben ist, der meines Wissens noch nicht beschrieben wurde. Ich habe ersteren bei dem unverletzten Wurme nur im retrahirten Zustande angetroffen, wo er eine Curve, so ziemlich concentrisch mit jener des Hintertheiles beschreibt, und sein hinteres Ende als ein abgeplatteter, mit zwei entgegengesetzten schnabelförmigen Fortsätzen versehener Körper sich darstellt (Fig. 7 *B*). Es lässt sich aber bei etwas aufmerksamer Beobachtung erkennen, dass ein zugespitzter Theil innerhalb des kuppenförmigen Endes liegt. Um den benannten Theil hervorzuziehen, habe ich folgendes Verfahren eingeschlagen, das wohl freilich nicht stets gelingt. Es wurde der Hintertheil einige Millim. vom Schwanzende entfernt quer abgeschnitten und der Darm *vas deferens* sammt dem *Penis principalis* aus dem quer durchschnittenen Theile hervorgezogen, wobei es mir gelang, den accessorischen Penis mit seinem nebenliegenden Apparate klar zur Anschauung zu bringen. Der benannte Penis liegt mit seiner sichelförmigen Krümmung gegen die Bauchseite des Thieres hin gekehrt, besteht aus einer breiteren Wurzel (Fig. 7 *A*, *a*), einem rinnenförmigen Theil (*b*) und einem freien, hervorstehenden, mit einer starken, scharfen Spitze versehenen Ende (*c*); seine Substanz ist derb, chitinartig, leistet Alkalien und schwachen Säuren Widerstand und zeigt eine zarte quere Streifung. An diesen accessorischen Penis lagert sich gegen die Rückenseite des Thieres hin ein gleichfalls chitinartiger, ohngefähr ein Drittel der Länge des ersteren betragender Körper, der eine breitere Basis (*d*), und ein abgerundetes Ende (*e*) sammt einer zarten Membran (*e'*) besitzt und hohl ist. — Es ergibt sich hieraus von selbst, dass dieser Körper eine federnde Scheide für den spitzen Endtheil des accessorischen Penis abgibt, wenn derselbe sich zurückgezogen hat. Ich möchte diesen klappenartigen Apparat mit dem Namen der Spitzentasche für den accessorischen Penis belegen, welcher offenbar nur wegen seiner starken, scharfen Spitze mit einer deckenden Vorrichtung versehen ist, während der grössere Penis mit seinem schon besprochenen abgerundeten Ende einer solchen entbehrt.

Von dem Hinterende des Männchens ist noch anzuführen, dass es mit zwei seitlichen flügelartigen, derben Membranen (Haftmembranen) versehen ist, die begreiflicher Weise bei der Seitenlage des Wurmes als ein schmaler Saum erscheinen. (Fig. 7 *A*, *f*). Zudem befindet sich an der Bauchseite eine Doppelreihe von derben Wärzchen.

Sowohl Männchen als Weibchen gehen unter Umständen zu Grunde; man trifft nämlich auch eiterig infiltrirte Knollen, in welchen die gleichsam digerirten Überreste des Weibchens sich vorfinden; auch wird letzteres durch die Wucherung des Zellgewebes abgeschnürt, das oft an der Seite des Knollens mit zahlreichen Blutgefässen durchzogen und schwarz pigmentirt ist. Manchmal ist das Männchen in einer dickbreiigen, röthlich tingirten Masse eingebettet, die aus unvollkommen entwickelten Zellen (Kernen im verschrumpften Zustande), nekrotischen Blutkörperchen und granulären Plaques besteht. Die zellgewebige Hülle des Männchens wird zuweilen derber, und trabekelartige, zu einem Netze verbundene Fortsätze schieben sich zwischen die gewundenen Körpertheile ein, sie dermassen abschnürend, dass man selbst nicht einmal längere Körperabschnitte des Männchens ohne sie einzureissen hervorzuziehen vermag, während, wie oben erwähnt, letzteres gewöhnlich in seiner Totalität hervorgeholt werden kann. Das Körperparenchym eines solchen involvirten Wurmes ist in Fettkugeln transformirt, die in verd. Salzsäure oder Essigsäure unveränderlich sind. Das *contentum* des Darmcanals nimmt dabei zuweilen eine schwarzbraune Färbung an. Handelt es sich um die Frage, wie so denn die Filarie unter die Haut des Hirschen gelange, so kann man immer der Vermuthung Raum geben, dass der Wurm durch die Ausführungsgänge der Schweissdrüsen oder durch das Säckchen des beim Wechsel herausgefallenen Haares einkriechen könne, indem der Querdurchmesser eines Ausführungsganges an der Halshaut oder eines dickeren Haares 0·1 Millim. beträgt, während der vorderste Abschnitt des konischen Kopfendes 0·06 Millim. misst.

Es erübrigt noch die Differenz dieses von mir als *Filaria flexuosa* bezeichneten Nematoden von der in der Bauchhöhle von *Cervus Elaphus* zwischen den Windungen der Gedärme lebenden Filarie zu besprechen. Letztere wurde früher als *Filaria cervina* bezeichnet, bis Diesing (Syst. belm. II. 274) den systematischen Namen *Filaria terebra* wählte. Das Kopfende der letzteren, welche überhaupt dicker geformt ist, als *Filaria flexuosa*, ist mit 4 Stacheln bewaffnet, das Hinterende des Weibchens S-förmig gekrümmt und wie Dujardin (Hist. nat. des helm. 49) genau angegeben hat, mit 2 seitlichen und einer terminalen dickeren Papille versehen. Die weibliche Geschlechtsöffnung befindet sich unmittelbar hinter dem Kopfende; die Eier sind elliptisch; der Embryo zeigt an seinem Hinterende einen viel längeren peitschenförmigen Anhang als jener meiner Filarie und an seinem Kopfende angedeutete Papillen. Das Männchen von *Filaria terebra* (Dies.) ist mir nicht bekannt, auch Diesing und Dujardin geben von ihm nichts an; es genügt übrigens schon das, was von dem Unterschiede der Weibchen angeführt wurde, dass diese verschiedenen Species angehören.

2. Filaria Clava (n. sp.).

Hr. Prof. Dr. Fr. Müller fand in dem Zellgewebe zur Seite der Luftröhre einer gewöhnlichen Haustaube, deren Kopfknochen tuberculös entartet und deren Luftzellen mit einer breiigen Masse erfüllt waren, einige Filarien, die er mir gütigst zur näheren Bestimmung überliess. Ich erkannte in ihnen nur weibliche Individuen von einer Länge von 16—18 Millim. bei einer Breite von 1/3 Millim.; letztere bleibt sich in der ganzen Ausdehnung des Wurmes so ziemlich gleich, nur erweist sich der Kopf gerade vor seinem Ende konisch zugeschmälert, das Schwanzende hingegen ist etwas dicker geformt und keulenförmig abgerundet, von welch' letzterer Eigenschaft ich die vorgeschlagene Speciesbezeichnung wählte (Fig. 8 *a* und *c*).

Die Mundöffnung ist sehr schmal, indem ihr Querdurchmesser nur 0·004 Millim. beträgt; der Kopf ist mit einer ziemlich dicken, nackten Chitinhülle kappenartig überzogen, die nur durch den kleinen Mund unterbrochen ist. Der verhältnissmässig schmale Darmcanal verläuft als braun gefärbter Streifen in flachen bogenförmigen Krümmungen von vor- nach rückwärts und endigt an dem hinteren abgerundeten Ende in einer Furche. Die weibliche Geschlechtsöffnung (b) befindet sich 1·25 Millim. vom Kopfende entfernt, die Uterusschläuche sind sehr voluminös und voll mit Eiern gepfropft, welche letztere im ausgebildeten Zustande mit ihrem eingerollten Embryo (Fig. 8 d) 0·036 Mm. lang, 0·024 Mm. breit sind und eine dünne Eischale zeigen. Der ausgekrochene Embryo (e) misst 0·084 Mm. in der Länge und 0·006 Mm. in der Breite; knapp an seinem Kopfende ist er etwas zugeschmälert, jedoch abgerundet, während er an seinem Hinterende zugespitzt erscheint. Eine Querringelung der äusseren Haut des Weibchens konnte ich mit Sicherheit nicht mehr eruiren, und es hat dieselbe vielmehr das Aussehen einer glatten, structurlosen, dicken Membran; die darunter liegende Längsmuskelfaserschichte ist stark entwickelt.

In Diesing's Index (Syst. belm. II. 469) ist bei der Familie der *Columbidae* keine Filarie angeführt, jedoch ist mir aus einer mündlichen Mittheilung desselben bekannt, dass er bei einer Taube Zellgewebsfilarien gesehen, jedoch nicht beschrieben habe.

3. Trichosoma pachykeramotum (n. sp.).

Bei dem Katzengeschlechte wurde bisher nur in der Harnblase ein *Trichosoma* gefunden und zwar von O'Brien Bellingham bei der wilden Katze *(Annals of natural history*, XIV. 476) ohne irgend einer beigegebenen Beschreibung, was auch Diesing (S. h. II. 259) veranlasste, den benannten Nematoden unter die *Species inquirendae* zu zählen. Ich habe ein Weibchen von einem *Trichosoma* in der Harnblase der Hauskatze gesehen und dasselbe beschrieben (Sitzungsberichte d. k. Akad. math.-naturw. Classe, XVI. 392), von welchem das nun zu beschreibende eine verschiedene Species darstellt.

Es wurde mir durch Hrn. Dir. H. Schott ein Convolut von *Taeniae crassicolles* aus dem Darme eines Jagdleoparden gütigst übermittelt, bei deren Prüfung ich in der Umgebung der Bandwürmer haarförmige Würmchen entdeckte und als Trichosomen bestimmte. Da es mir glückte, nebst den Weibchen auch die im Allgemeinen bei

dieser Gattung nach dem Ausspruche erfahrener Helminthologen,
wie Creplin, Diesing, Dujardin so höchst seltenen Männchen
zu finden, so bin ich in der Lage eine vollkommene Charakteristik
dieser neuen Art zu geben.

Das Weibchen ist schlangenförmig gewunden, 15—18 Millim.
lang, an seinem Kopfende (Fig. 9 a) am schmalsten, indem es daselbst
blos eine Breite von 0·0096 Millim. besitzt; sein Hinterende (b) ist
ohngefähr 3 Mal so breit. An der hinteren Hälfte ist es am breitesten,
da der Querdurchmesser hier 0·06 Millim. beträgt. Die Vulva scheint
ohngefähr in der Mitte des Thieres zu liegen, denn an dieser Stelle
sehe ich die reifsten Eier agglomerirt. Letztere zeichnen sich durch
ihre dicke Schale aus, und ich glaubte bei der Speciesbezeichnung
von dieser Eigenschaft Gebrauch machen zu dürfen, indem ich es das
dick-eischalige Trichosom nannte. Die ausgebildeten Eier sind ellipsoidisch, 0·048—0·052 Millim. lang, 0·028 Millim. breit, die Dicke
der Eischale beträgt 0·003 Millim.; an ihrem oberen und unteren
Ende, entsprechend dem Längendurchmesser, ist die Schale abgeflacht,
mit einem kuppenförmigen kleinen Ansatze (Fig. 10 a) versehen
und wiedersteht der Einwirkung von kohlensauren Alkalien. Die
Eier liegen bald einreihig in dem langen Uterus und füllen, wenn
sie quer gestellt sind, den Querdurchmesser des Thierleibes beinahe
aus, wie dies aus den angeführten Messungen ersichtlich ist; zuweilen stösst man auf Stellen, wo sie in Paaren, in paralleler Lage
mit ihren Längendurchmessern, den Uteruscanal ausfüllen. Der Kopf
ist knapp an seinem Ende konisch zugespitzt und wie der abgerundete Hintertheil nackt.

Das Männchen ist zarter gebaut, indem es an seinen dicksten
Stellen nicht über 0·048 Millim. misst und um etwa ein Drittheil kürzer
als das Weibchen ist. Verschafft man sich eine Rückenansicht des
Hintertheils, so erscheint derselbe etwas breiter als der hinterste
Körperabschnitt, in dem sich das Körperparenchym gabelig in zwei
kurze abgerundete Fortsätze spaltet (Fig. 11 c, c), von denen jeder
an seiner Innenseite ein kurzes Wärzchen besitzt und nach aussen
von einer transparenten Membran (b) kuppenförmig überdacht wird.
Betrachtet man hingegen den Hintertheil von der Seite, so nimmt
derselbe eine flache bogenförmige Krümmung an und zeigt an seinem
hinteren schiefen Rande eine halbmondförmige Einbuchtung. Das
männliche Glied *(spiculum)* zeichnet sich durch seine Länge aus,

entspringt mit einer breiteren Wurzel (Fig. 12 *a*), verläuft in flachen, bogenförmigen Krümmungen und endigt abgerundet. Es ist mir nicht gelungen, seinen ziemlich weit vom Hinterende zurückgezogenen Endtheil durch Druck in seine Scheide (Fig. 11 *a*) und von hier nach aussen hervorzuquetschen. Die Scheiden-Substanz des hornähnlichen Penis ist fein quergerifft, so dass sie auch im herauspräparirten Zustande nicht unähnlich einem quergestreiften Muskel ist. Das *vas deferens* erscheint hinter dem abgerundeten zurückgezogenen Penis als ein aus eng an einander gedrängten Windungen bestehender Körper und endigt eine kurze Strecke vor dem Schwanztheile.

Es ist noch hervorzuheben, dass bei dem Männchen, noch auffälliger als bei dem Weibchen, runde oder ovale 0·010 — 0·024 Mm. im Durchmesser haltende, kapselartig abgeschlossene, mit mehreren discreten hellen Körnern im Innern versehene und in regelmässigen Interstitien gelagerte Körper in der vorderen Hälfte des Thieres prägnant hervortreten, über deren Bedeutung ich mich jedoch nicht auszusprechen wage, ob sie nämlich dem Nervensysteme oder dem Verdauungscanale angehören.

Die differentielle Diagnose zwischen dem nun beschriebenen *Trichosoma* und jenem aus der Harnblase der Hauskatze besteht wesentlich in dem konisch zugeschmälerten Kopfe des ersteren, in dem abgerundeten, nicht schief wie bei dem zweiten abgestutzten Hintertheile, in der Grössendifferenz der Eier und der dünnen Schale der reifen Eier des zweiten.

2. Trichosoma papillosum (n. sp.).

Da ich nun aufmerksam gemacht war, dass in der Umgebung einer *Taenia* ein *Trichosoma* seinen Wohnsitz nehmen könne und mir ein Darm eines Schafes mit *Taenia expansa* unter die Hände kam, so suchte ich auch hier nach jenen haarförmigen Würmchen und fand dieselben in ziemlich zahlreicher Menge, jedoch nur solche weiblichen Geschlechtes.

Die Länge des Weibchens beträgt 5 Millim. und ist dasselbe in seinem Verlaufe nicht selten mehr gestreckt. Der vordere Körperabschnitt ist schmäler und am Kopfende (Fig. 13 *a*) 0·016 Millim. breit, während an der hinteren Hälfte die Breite — 0·055 Mm. wächst und am Schwanzende (*b*) in eine stumpfe konische Spitze ausläuft. Der Kopf ist durch 4 markirte Papillen (Fig. 14 *a*) ausgezeichnet,

und ich habe hievon die Artbezeichnung genommen. Der Darmschlauch
verläuft entlang dem Körper und zeigt in seinem vorderen Abschnitte
(der sehr langen Schlundröhre) eine seiner Lichtung entsprechende,
scharf gezeichnete Linie (Fig. 14 *b*). Die verhältnissmässig grosse
Vulva tritt zu Anfang des hinteren Körperdrittheiles bei geeigneter
Lage als abgeflachte Papille hervor und führt zu einem *Uterus bicor-
nis*, der sich nicht selten durch erstere hervorstülpt, oder wenn die
dünne Körperhülle des Wurmes platzt, als freiliegender Canal zu
Tage kömmt, in dem die Eier einreihig oder höchstens zu zweien
über einander geschoben liegen. Letztere sind ellipsoidisch und mit
einer dünnen Eischale versehen, wenn auch der Dotter schon im
gefurchten Zustande erscheint; ihr Längendurchmesser beträgt
0·048 — 0·052 Millim., der quere 0·028 Millim. Die vielfach gewundenen Eierstöcke schlingen sich um den Darmcanal.

Weitere Forschungen müssen nun lehren, ob Trichosomen überhaupt häufig in der eine *Tänia* umhüllenden Schleimmasse, also
gleichsam als Ectoparasiten der letzteren ihre Lagerstätte aufschla-
gen, da es doch bekanntlich gewöhnlicher ist, dass Helminthen in
ihrem Bezirke sich nicht beirren.

5. Trichina (Owen).

Es wurde von C. Th. v. Siebold (Wiegmann's Archiv, J. 1838,
I. Bd., 310) ein eingekapselter Nematode als *Trichina spiralis* mit
einem Fragezeichen genau beschrieben. Ich habe denselben Wurm
in dem Gekröse und unter dem Peritonealüberzuge des Darmes bei
Larus ridibundus, *Buteo vulgaris* und *Grus cinerea* gesehen und
will hier nur anatomische Einzelheiten zur Sprache bringen.

In der kaum 1 Millim. im Durchmesser haltenden, glatten kugeligen Kapsel, die ziemlich consistent, jedoch nicht so dickhäutig ist,
dass man nicht durch eine Compression sie abflachen kann, liegt das
stets spiralig eingerollte Würmchen (Fig. 15). Den Inhalt der Kapsel
bildet eine transparente, gelblich tingirte Flüssigkeit; zuweilen ist
dieselbe getrübt, und es lässt sich eine lockere Substanz aus freien
Fettkugeln, Bindegewebszellen in fettiger Degeneration und feinstrei-
figen Massen zusammengesetzt herausziehen. Dem Thiere wird offenbar durch feine Blutgefässe, welche an der Oberfläche der Kapsel
sich ausbreiten, der Nahrungsstoff zugeführt und die transparente
Nahrungsflüssigkeit kann unter Umständen eine retrograde Metamor-

phose eingehen, wobei der Wurm ebenso wie bei der Wucherung
von Bindegewebszellen seinem Untergange entgegengeführt wird.

Am Kopfende gewahrt man zwei (vielleicht 4?) gegenüberste-
bende kleine, ziemlich spitze, consistente Papillen, die man füglich
auch Stacheln nennen könnte (Fig. 16 *a*), und zwischen welchen
der Eingang in die Schlundröhre (*b*) sich befindet. Die letztere wird
in ihrem Verlaufe (bei *c*) in ihren Wandungen dicker und zeigt in
ihrer Mitte eine helle gefaltete Auskleidungsmembran (*d*), die man
ja nicht für eine *raphe* des Thieres ansehen darf und in der hinteren
Hälfte des Darmtractes verschwindet. Der Darm nimmt, bevor er an
dem prominirenden After (Fig. 17 *b*) endet, einige zickzackförmige
Biegungen an. Der Hintertheil des Würmchens besitzt eine zarte
Stachelkrone (Fig. 17 *a*), auf welche schon v. Siebold aufmerksam
machte. Die äussere Körperhülle ist verhältnissmässig dick (Fig. 16 *g*)
und quer geringelt; unterhalb ihr liegt der Muskelcylinder (*f f*); der
erübrigte Raum der Leibeshöhle (*h*) wird mit einer transparenten,
structurlosen Masse ausgefüllt.

Bei diesem, 1·3 Mm. langen, 0·062 Mm. breiten, geschlechtlich
nicht entwickelten Nematoden, ist mir ein Organ aufgefallen, auf
das ich die Aufmerksamkeit insbesondere lenken möchte, da es einerseits mit dem Darmepitel verwechselt oder wohl gar als Entwick-
lungsstufe eines geschlechtlichen Apparates (Hode oder Eierstock)
angesehen werden könnte. Es ist nämlich eine sehr nette Doppelreihe
von gleich grossen, runden, bläschenartigen Kernen, die in gleichmässigen Distanzen durch eine zarte verschwommene Molecularmasse
von einander geschieden sind und welche, wenn das Thier in der
Rücken- oder Bauchlage sich befindet, entlang dem Körper insbesondere in dessen hinterem Abschnitte klar in der Mittellinie vorliegt.
Bei einer solchen Lage könnte man in die Versuchung kommen, die
Kernreihen für das Epitel des Darmes zu halten, wenn ein Abschnitt
des letzteren gerade unterhalb der Kerne liegt. Anders stellt sich
jedoch der Sachverhalt heraus, wenn man das Thier auch in der
Seitenlage in Betrachtung zieht; in einer solchen wird es erst evident, dass sowohl an der Rücken- als Bauchseite des Körpers eine
Doppelreihe von runden Kernen bestehe (Fig. 18 *a, a*), die gleich
unterhalb der Längsmuskelfaserschichte (*c, c*) liegt; in der Mitte
zieht der Darm mit seiner der Lichtung entsprechenden Linie hin (*b*).
Rückt man in der Beobachtung weiter gegen die Schlundröhre vor-

wärts, so verschwinden die Reihen von Kernen und man sieht nur
mehr eine zarte verschwommene, nach aussen hin scharf begrenzte
Molecularmasse (Fig. 16 *e*, *e*), die nach Art einer Scheide die
Schlundröhre umgibt, jedoch keinerlei Fäden aussendet. Was stellt
nun jenes Organ vor? In Anbetracht dessen, was ich über das Nervensystem der Nematoden (Sitzungsb. d. kais. Ak. math.-naturw. Cl.
Bd. XVII, S. 311) veröffentlicht habe, wo ich einen Rücken- und
Bauchmarkstrang gleich unterhalb der Längsmuskelfaserschichte
unterschied, glaube ich nicht ohne Grund die Vermuthung aussprechen zu dürfen, dass jene beschriebene Doppelreihe von Kernen bei
diesem unvollkommen entwickelten kleinen Nematoden eine Entwick-
lungsstufe des Nervensystems repräsentire.

Nach den genauen Angaben über *Trichina spiralis hominis*,
welche wir Luschka (Zeitschr. für wiss. Zool. von Kölliker und
von Siebold) verdanken, kann es wohl nicht mehr in Zweifel gezogen werden, dass die von Siebold und mir beschriebene *Trichina*
der Vögel von jener des Menschen verschieden sei, und daher der
Beiname *spiralis* bei ersterer gestrichen werden muss. Ich enthalte
mich jedoch bei dem ohnehin so schwankenden Gattungscharakter
von *Trichina* (Owen) eine systematische Artbezeichnung vorzu-
schlagen, da vorerst die Aufgabe vielmehr darin besteht, das Studium
der Embryonen von Filarien, Strongylinen u. s. w. zu cultiviren und
ihre weitere Entwicklung im eingekapselten Zustande zu verfolgen[1]).
Wie wichtig das Studium der Embryonen in dieser Beziehung ist,
erlaube ich mir durch ein Beispiel zu bekräftigen. Im Darme von
Aspro Zingel fanden sich einige Exemplare des lebendig gebärenden
Cucullanus elegans vor, dessen Junge sich durch ein abgestutztes
Kopfende kaum schmäler als der dickste Querdurchmesser des Leibes
und durch einen sachte sich zuschmälernden lange gezogenen, in
eine feine Spitze auslaufenden Hintertheil charakterisiren. (Vgl. auch
Diesing, Annalen des Wien. Mus. II, 231.) Da in dem zunächst dem
Magen liegenden Darmstüke des Fisches einige winzige Knötchen
sich vorfanden, in deren jedem ein kleiner Nematode wohnte, und
derselbe sich ganz isomorph den ausgekrochenen Jungen von *Cucullanus elegans* erwies, so konnte das eingekapselte Würmchen nur

---

[1]) Luschka's als wahrscheinlich hingestellte Deutung des männlichen Geschlechts-
apparates von *Trichina spir.* ermangelt noch triftigerer Daten.

als letzteres gelten; wäre man jedoch auf die Conformation der jungen *Cucullani* nicht aufmerksam gewesen, so würde es am nächsten gelegen sein, das unentwickelte Thier für eine *Trichina* anzusehen, was ein offenbarer Irrthum wäre. In der Wand des unteren Darmstückes desselben benannten Fisches kamen andere eingekapselte Rundwürmchen vor, die sich durch einen dickeren Leib, zweilippigen Mund und durch den Mangel des langgezogenen spitzen Hintertheiles von den Jungen des *Cucullanus el.* sattsam unterschieden. Zuweilen war der eingekapselte Wurm so enge von Bindegewebsschichten umschlossen, dass er sich nicht mehr in seiner Höhle zu bewegen vermochte und nur mehr mit anhängendem Bindegewebe isolirt werden konnte. Offenbar gehörte der zweite eingekapselte Nematode einer andern Art an und dürfte wohl ebenso wenig als der erste als *Trichina* bezeichnet werden.

Erklärung der Tafel.

Fig. 1. Aufgeschnittener Knollen, unter der Haut von *Cervus Elaphus* befindlich mit heraushängenden, abgeschnittenen Partien des Weibchens von Filaria flexuosa (n. sp.) in *a a*; *b* eingerolltes Männchen in lockerem Zellgewehe eingebettet (geringe Loupenvergr.).

„ 2. Aufgeschnittener zellgewebiger Knollen, aus welchem das Weibchen grösstentheils herausgezogen wurde; *a, a* heraushängende Überreste des Weibchens; *b, b* mannigfach gewundene Gänge im Durchschnitte (geringe Loupenvergr.).

„ 3. Eine Parcelle des Weibchens; *a, a* braungelb tingirter Nahrungsschlauch; *b, b, b* Uterusschläuche mit den über einander geschobenen, den eingerollten Embryo enthaltenden Eiern; *c, c* dicke äussere Hülle (mittelstarke Vergr.).

„ 4. Eier desselben Weibchens; *a* mit fein granulärer, *b* mit grobkörniger Dottermasse (stark. vergr.).

„ 5. Ausgekrochener Embryo desselben Weibchens; *a* Kopfende; *b* Schwanzende (stark. vergr.).

„ 6. Männchen derselben Filarie im isolirten Zustande; *a* Kopfende; *b* spiralig den Körper umschlingendes Hinterende (wenig vergr.).

„ 7. *A)* Hinterende des Männchens derselben Filarie; *a* Wurzel des accessorischen Penis; *b* dessen rinnenförmiger Theil; *c* dessen Spitze; *d* Basis der Spitzentasche für den accessorischen Penis; *e* abgerundetes Ende; *e'* zarte Membran; *f* seitliche Haftmembran. *B* Spitze des accessorischen Penis in ihrer Tasche (stark vergr.).

Fig. 8. Filaria Clava (n. sp.) aus dem Zellgewebe zur Seite de[...]
     einer gewöhnlichen Haustaube. *a* Kopfende; *b* weibliche G[...]
     öffnung; *c* Schwanzende (gering vergr.); *d* elliptisches [...]
     eingerollten Embryo; *e* letzterer im isolirten Zustande (st[...]

„ 9. Weibchen von Trichosoma pachykeramotum (n. sp.)[...]
     gebung von *Taenia crassicollis* aus dem Darme eines Jagd[...]
     a Kopfende; *b* Schwanzende (wenig vergr.).

„ 10. Ei desselben Weibchens; *a* kuppenförmiger Ansatz; *b* D[...]
     (stark vergr.).

„ 11. Hintertheil des Männchens; *a* Scheide des Penis; *b* me[...]
     Theil; *c, c* parenchymatöser Theil mit den beiden Wärze[...]
     vergrössert).

„ 12. Jener Leibesabschnitt des Männchens, wo der grösste Theil [...]
     sichtbar ist; *a* Wurzel desselben; *b* quergeriffter Theil (stark[...]

„ 13. Weibchen von Trichosoma papillosum (n. sp.) aus der U[...]
     von *Taenia expansa* aus dem Darme des Schafes; *a* K[...]
     b Schwanzende (wenig vergr.).

„ 14. Kopfende desselben Weibchens; *a* die 4 markirten Papillen[...]
     Lichtung des Darmcanals entsprechend (stark vergr.).

„ 15. Trichina (Owen) in einer Kapsel eingeschlossen in dem Gekr[...]
     unter dem Peritonealüberzuge des Darmes bei *Larus ridibundu[...]
     vulg. und *Grus cinerea* (geringe Vergr.).

„ 16. Vordertheil derselben *Trichina;* *a* zwei (vielleicht 4?) spitze P[...]
     b Schlundröhre; *c* erweiterter Theil derselben; *d* Auskle[...]
     membran derselben; *e, e* scharf begrenzte Molecularmasse; *f, f*[...]
     kelcylinder; *g* äussere Hülle; *h* Leibeshöhle (stark vergr.).

„ 17. Hintertheil derselben *Trichina;* *a* zarte Stachelkrone; *b* [...]
     (stark vergr.).

„ 18. Leibesabschnitt der hinteren Hälfte von derselben *Trichina;* *a, a* [...]
     pelreihen von hellen Kernen in einer zarten granulären Masse an[...]
     Rücken- und Bauchseite des Wurmes (Entwicklungsstufe des Ner[...]
     systems); *b* Darm; *c, c* Muskelfaserschichte (stark vergr.).

Eingesendete Abhandlungen.

Geognostische Beschreibung des Liaskalkes in der Tatra und in den angrenzenden Gebirgen.

Von Prof. Zeuschner in Krakau.

(Mit II Tafeln.)

(Im Auszuge vorgelegt von dem w. M. Dr. Boué in der Sitzung vom 22. März 1855.)

Die Abhandlung beginnt mit einer allgemeinen Begrenzung der zu beschreibenden Gegend, sie begreift nicht nur das Tatragebirge, sondern auch die südlichen, südwestlichen und südöstlichen Nebengebirge bis gegen Neusohl, Gömör und Kaschau. Dann kömmt eine kurze Übersicht der verschiedenen vorgeschlagenen Classificationen für die verschiedenen Kalke und Sandsteine, welche den Granit, Gneiss, Porphyr oder Talkschiefer der Kerngebirge überdecken, oder die nur an ihnen, nach verschiedenen Gegenden und unter höchst verschiedenen Winkeln geneigt, angelehnt sind. Endlich theilt der Herr Verfasser seine Classifications-Ansichten im Allgemeinen mit, und gibt die Zeitschriften an, worin er seit 1841 nicht nur die Geologie dieser Gegenden besprochen, sondern ganz besonders den älteren Kalk der Tatra als liassisch anerkannt hat. Nach ihm würden Jurakalke da fehlen. Das Ausführlichste hat er schon im J. 1852 in der Zeitschrift der Krakauer Gelehrtengesellschaft veröffentlicht. Der polnische Titel seiner Abhandlung ist: „*Monograficzni opis wapienia liasowego w Tatrach i w przyleglych pasmach karpackich*", im Deutschen: „Monographische Beschreibung des Liaskalkes in der Tatra und den benachbarten karpathischen Gebirgen".

Diese Abhandlung bildet den Hauptgrund seiner jetzigen. Sie wurde deutsch bearbeitet, verbessert und etwas erweitert. Dieses ist z. B. der Fall mit dem Theile der Abhandlung, welcher nach der Übersicht der verschiedenen Classificationen folgt. In jener gibt der Verfasser Ausführlicheres über die Ausbreitung seines Liaskalkes und Dolomites, so wie auch über diejenige der Sandsteine, auf denen sie ruhen, und über die eocenen Nummulitensteine und Karpathensandsteine, die sie bedecken.

Bei Gelegenheit der Besprechung der Dolomite, sowohl der liassischen als der Eocen-Bildung, bestreitet er förmlich die Buchische sogenannte Dolomisation, und stützt sich nicht nur auf schon früher in Tirol von ihm gesuchten Beweise, sondern vorzüglich auf eine grosse Masse von Dolomit-Tuff, welche die Luczkaer Thermalquelle im Thale Hrohotna, ein Nebenzweig des Revucza-Thales, abgesetzt hat.

Er meint auch, dass wenn die Nummulit-Dolomite keine wässerigen Niederschläge, sondern nur eine Metamorphose wären, die feinen Scheidewände jener Thiergehäuse durch die Volumen-Veränderung geborsten oder gänzlich zerstört erscheinen müssten, was keineswegs der Fall ist.

Nebenbei spricht der Herr Verfasser den zwei Gyps-Stöcken im Liaskalke (in der Nähe vom Johannis-Stollen bei Iglo und bei Pohorella im Gran-Thale) jede Spur von plutonischer Umwandlung ab. Dann geht er ans Detail, und gibt nach einander die ausführliche Beschreibung der Flötz- und Eocengebilde der Tatra, der Liptauer und Turotzer Alpen, des Wiaterne-Hole-Gebirge, des Gebirge des Schlosses Lietava, der Fatra, der Nizne-Tatry oder kleinen und niedrigen Tatra, des Melaphyr-Gebirges zwischen Wikartowce und Luczywna, der Kalkberge zwischen Neusohl und dem Branisko-Gebirge, der einzelnen auf den Talkschiefer aufgelagerten Kalksteinmassen südlich von Dobschau, so wie zwischen Göllnitz, Margecany und Kaschau, endlich des Kalksteingebirges zwischen Joosz und dem Rima-Thale. Die ganze Arbeit schliesst mit einer Tabelle der 30 organischen Überreste aus jenen Gebirgen mit der Anführung ihrer gewöhnlichen Lage in anderen Ländern. Verglichen mit der ähnlichen Tabelle in seiner polnischen Monographie, so würden mehrere Species fehlen; der Verfasser hat sich an die am genauesten bestimmten Arten gehalten, und nur Orthoceratiten vom Turecker Thale und von Szpana Hrbce, eine *Arca*, eine *Mya*, ein *Pecten Carpathicus n. sp.* und *Ostrea*

Marshi dazu gefügt. Die einzige von ihm in dieser Abhandlung abgebildete und beschriebene Species ist ein *Ammonites Liptoviensis*,
den Herr Franz Ritter von Hauer auf meine Bitte verglich, und als
neu anzuerkennen geneigt ist.

In seinem ersten Capitel, das Tatragebirge, stellt der Herr Verfasser uns den Liaskalk als eine Formation vor, die stellenweise eine
Mächtigkeit von 8000 bis 10,000 Klaftern erreicht. Die grauen Kalksteine prädominiren, das Übrige ist nur ganz untergeordnet. Abwechselnde, von Süden nach Norden gerichtete Querthäler erschliessen sie
dem Geognosten. Thonige Kalke und Mergel enthalten eine Unzahl
von *Terebratula biplicata* und können auf einer Strecke von drei
Meilen, namentlich im Thale Jaworyna-Rusinowa, am Hochofen von
Zakopane und im Thale Lejowa unfern Koscielisko verfolgt werden.
Die rothen Kalksteine zeigen sich nur sporadisch auf kleine Strecken.
Ebenso verhalten sich die körnigen grauen und weissen Dolomite, die
in mächtigen Kuppen unvermuthet emportauchen. Die Tatra-Thäler
sind tief eingeschnitten, öfters von 2000—3000 Fuss hohen Kalk-
wänden begrenzt und gänzlich ohne Spur von eruptiven Gesteinen.

Dann beschreibt der Herr Verfasser die Abarten des dichten
Liaskalkes, namentlich des grauen, schwärzlichen, gelblichen und
röthlichen. Der erste sondert sich gewöhnlich in dicke Schichten von
30 bis 40 Fuss Mächtigkeit. Der thonige Kalk ist dann schieferig und
auf die Absonderung mergelartig. Die meisten vorragenden Berge im
nördlichen Abhange der Tatra bestehen aus dieser Abänderung, wie
folgende, namentlich der hohe Muran am östlichen Ende des Dorfes
Zar, die zerrissenen Felsen am rechten Thalabhange des Bialka, der
Gewont bei Zakopane, die mächtige Felsmasse Vielki-Uplaz, der
Stoly bei Koscielisko und die Berge Osobita bei Zuberec in der
Arvaer Gespanschaft.

Der Kalkstein ist in viel bedeutenderen Massen im östlichen
Theile der Tatra als im westlichen entwickelt. Beiläufig vom Thale
von Zakopane an nehmen die Kalksteine gegen Westen an Breite zu,
Damit in Verbindung stehen die einzelnen Granit- und Gneisskuppen.
die dieses sedimentäre Gestein durchbrochen und verschoben haben.
Die Mächtigkeit des Kalksteines beträgt beiläufig 4—5000 Fuss, wie es
die Durchschnitte in.dem Koscielisker und Chocholowska-Thale zeigen.

Der schwärzlichgraue Kalkstein ist gewöhnlich etwas thonig, koh-
lenstoffhaltig, und namentlich sehr oft viele Acephalen und Brachiopoden-

Er lässt sich auf bedeutende Strecken verfolgen, wie vom Berge Pod Zakrzesy im Thale Jaworyna-Rusinowa, nahe am Flusse Bialka, durch das Thal von Zakopane bis zu demjenigen von Lejowa bei Koscielisko. Der rothe Kalkstein geht vom Dunkelrothen ins Rosenrothe über, seine hellen Varietäten sind geflammt mit grauen oder blauen Flecken, oder auf grauem oder bläulichem Kalke zeigen sich rothe Flecken. Im rothen Kalksteine geht gewöhnlich durch die Anhäufung der Kalkspath-Blätter das dichte Gefüge ins Krystallinische und Halbkrystallinische über. Viele Adern von weissem grobkörnigen Kalkspath durchkreuzen ihn. Rothe und graue Hornsteine sind hie und da im Dichten eingewachsen, oder die ganze Masse besteht aus Kugeln, die durch rothen Mergel oder dichten rothen Eisenstein verbunden sind. Das Innere der Kugeln bilden Ammoniten oder Nautilen. Die rothen Kalke sind dick-schieferig und kommen vorzüglich in der Mitte des Lias vor, wie z. B. am Berge Jagniecia oder Lämmerberg im östlichen Theile der Zips, in den Bergen Svistowa und Holica bei Jaworyna, am Eingange des Filipka-Thales bei Poronin, in der Spitze des Berges Kralowa, unfern Zakopane, in einem Theile des Berges Przyslop im Thale Mietusia, im Berge Kopka oberhalb Koscielisko und bei der Eisensteingrube des Berges Tomanowa-polska. An dem rothen Kalkstein scheinen thierische Überreste, so wie Eisentheile wie gebunden.

Der halbkrystallinische Kalkstein ist röthlich oder bläulichgrau. Schichten sieht man davon im rothen Kalke und in dem Rotheisenstein führenden Mergel am Berge Kopka bei Koscielisko, bei Przyslop u. s. w.

Der Mergel ist gewöhnlich schieferig und grau oder roth. Der graue Schiefermergel enthält bis 50 Procent Thon und verwittert leicht in eine ziemlich feste Erde. Einige Schichten zeigen auf den Absonderungen einen seidenartigen Glanz. Die Schiefer sind ¼ bis ½ Zoll dick; weisse Kalkspathadern durchziehen sie. In der Mitte des Koscielisker Thales, hinter dem Saturnus-Berge, erreichen sie eine Mächtigkeit nahe an 1000 Fuss; weniger entwickelt sind sie im Zadin-Uplaz-Thale, am mittleren Gasienicowe-Stawy-See, am Berge Kopka unter der Waxmundzka-Hola-Alpe im Thale Lejowa u. s. w.

Der rothe Schiefermergel erscheint nie so bedeutend entwickelt, seine Absonderungen sind krumm und haben das Ansehen von unförmlichen, länglichen, linsenförmigen Körpern. Die Schiefer sind 2 bis 3 Zoll dick. Ausser der rothen Farbe gibt es auch bläuliche und grüne Flecken; die erste rührt von Eisenoxyd, die anderen von Eisenoxydul her. Ihre Mächtigkeit übersteigt nie 100 Fuss; sie begleiten die Eisensteinlager, wie im Bergwerke Magora bei Zakopane, auf dem südlichen Abhange des Berges Gewont, im Thale des Bialka bei Zakopane, am Berge Krokiew, in der Eisengrube bei Tomanowa u. s. w.

Der Dolomit ist gewöhnlich krystallinisch, feinkörnig, grau und mit vielen weissen Adern von gröberem Gefüge, die leere Räume oder Drusen von rhomboedrischen Krystallen enthalten. Das Gestein zerfällt leicht und bildet Schutt und Sand. Dolomit bildet den Jaworynka bei der Eisengrube Magora - Zakopanego, den Rücken des Berges Magora bis zum nördlich gelegenen Nieborak beim Hochofen von Zakopane, die Kuppe Suchy-Wirch am Berge Gewont. Bei der Eisengrube des Berges Uplaz im Thale Mietusia entwickelt sich ein gelber Dolomit, welcher eine körnige oder dichte Varietät einschliesst und durch Manganhydrat schwarz gefleckt erscheint. Noch andere Dolomitpunkte sind die Alpe Siwa-Turnia oberhalb Zuberetz (Arvaer Gesp.), die Umgegend der Eisengruben Bobrowiec und Jambor (Arvaer Gesp.), der Berg Wielka-Mikova oberhalb Wielki Bobrowiec (Liptau).

Überhaupt kommt der Dolomit mit den Eisensteinlagern vor. Eine zellige Varietät ist an einigen Stellen in bedeutenden Lagern. Die Räume sind mehr oder weniger rhomboedrisch und mit feinen losen Dolomit-Krystallen ausgefüllt oder, besser gesagt, diese letzteren sind in einer thonartigen Masse eingehüllt. Die Farbe dieses Dolomites ist röthlich oder gelblich. Dieses Gestein bildet das unterste Glied des Lias über den rothen Sandstein, wie man es an folgenden Stellen beobachten kann, namentlich in der hinteren Ausweitung des Koscielisko-Thales, in den zwei entgegengesetzten Pässen, im westlichen, Iwanowka genannt, und im östlichen zwischen den Bergen Tomanova-Polska und Rzendy, wo der Fusssteig in das Wiercicha-Thal (Liptau) führt. Der Sandstein erscheint untergeordnet als Begleiter der Eisenerze, seltener mit Schiefermergel. Die Quarzkörner sind ohne Bindemittel oder durch weisslichen Thon verbunden. Je grösser die Körner, desto loser das Gestein und vice versa. Eine dichte Varietät ähnelte jenen Quarzfritten bei den Basalten unfern Göttingen. Kleine Stücke von rothem Mergel geben dem weissen Sandsteine manchmal eine rothe oder rosarothe Färbung.

Die Schichten sind meistens dick, ausser im Falle des Abwechselns des Sandsteines mit grünem Mergel. Bedeutend entwickelt sind diese Gesteine im Berge Magora bei Zakopane, am Eisenstein-

berge Tomanova, mit Mergel beim Hochofen von Zakopane, beim
Försterhause im Thale von Koscielisko. Unentschieden bleibt es, ob
noch die braunen zelligen Sandsteine dazu gehören, welche den
rothen Sandstein in den schon erwähnten Pässen von Iwanowka und
zwischen den Bergen Tomanova-Polska und Rzendy berühren.

Die Conglomerate bestehen aus eckigen, unten abgerundeten
weissen Quarzbrocken, die durch schwarzen dichten Kalkstein ver-
kittet sind. Die Quarzkörner haben die Grösse einer Erbse oder
Haselnuss. Das Gestein geht in Kalkstein über. Auch eckige Stücke
Mergel kommen darin vor, und an einigen Stellen werden Acephalen
und Brachiopoden-Schalen, so wie seltener Belemniten darin eingeschlossen. Die Schichtenabsonderung ist undeutlich, aber die kreuzenden Absonderungen häufig. Die Verwitterung gibt dem Gestein
ein rauhes Ansehen.

Das Conglomerat bildet ein untergeordnetes, aber mächtiges
Lager im grauen Kalksteine (Berge Smytnia und Pisana im Koscielisker Thale); es enthält *Belemnites digitalis*, *Spiriferina Walcotii*, *Pecten* u. s. w. Schwarzer und brauner Hornstein erscheint, in
dünnen Schichten getheilt, als ein abgesondertes Lager am Berge
Podskalna-Polanka, oberhalb des Vorwerkes Blociska bei Poronin.
Im Thale Lejowa ist er bläulichgrau.

Die beigemengten Mineralien der Liasformation beschränken
sich auf Adern und Drusen von Kalkspath und Dolomit, Knollen und
Schnüren von Hornstein, Rotheisenstein und Schwefelkies. Der Eisenstein ist gewöhnlich mit kohlensaurem Kalk gemischt und in Adern
oder Knoten (Thal Zeleznik, gegenüber dem Saturnus-Berge,
Koscielisker Thal).

Die untergeordneten Lager im Kalksteine enthalten nur Eisenstein und Manganerze. Die bunte Farbe der Felsarten macht diese
Stellen leicht erkennbar.

1. Die verlassenen Eisengruben von Jaworyna, fast an der
Baumgrenze, beim Zusammenstosse der Berge Holica und Swistowa.
Der kalkige Rotheisenstein liegt im grauen Kalke und hat eine sehr
verschiedene Mächtigkeit. Belemniten kommen darin vor.

2. Abhang des Pod Szatra am Porowietz bei den Seen Gasie-
nicowe Stawy. In einem 20 Fuss mächtigen feinkörnigen Sandsteine
sind eingesprengte Blätter von Eisenglimmer. Das Ganze ist von
dichtem Kalke umschlossen.

3. **Magora im Thale Jaworynka, am Hochofen von Zakopane.**
Dieses Bergwerk ist das bedeutendste und bauet auf ein mächtiges
Lager von Brauneisenstein im grauen Kalke. Die Schichten fallen
Nordwest Stunde 3 unter 45°. Auf dem Kalke liegt 2 feinkörniger
Sandstein, der K a m i e n des Bergmannes, 3 das Eisensteinflötz (erdi-
ger Brauneisenstein mit Knollen von reinem und Drusen von nieren-
förmigem oder tropfsteinartigem Brauneisenstein, mit einem göthit-
artigen Minerale, so wie rhomboedrischer Kalkspath), 4 quarziger
Sandstein, 5 rother Mergel, der mit weissem Sandsteine abwechselt,
6 rother Schiefermergel, 7 grauer Schiefermergel, 8 Dolomit. (Fig. 1.)

N.　　　　　　　　　　　　　　　　*Fig. 1.*　　　　　　　　　　　　　　S.

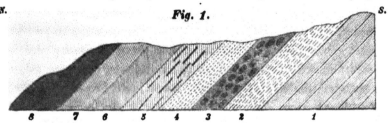

8　　　7　　6　　5　　　4　　3　　　2　　　　　1

4. **Verlassenes Bergwerk am nördlichen Fusse des Berges**
Gewont. Nichts zu sehen als quarzige Sandsteinblöcke mit Eisenoxydhydrat von Schwefelkies.

5. **Tomaniarska Kopalnia.** Dieses Bergwerk, 5000 Fuss Meereshöhe, liegt am Ende des Koscielisker Thales am Abhange des Berges
Tomanowa-Polska, der Czerwony-Zlebek genannt wird. Die unterirdischen Baue geben folgendes Profil: *1* dichter grauer Kalkstein,
darüber *2* rother Schiefermergel, 35′ mächtig, *3* grobkörniger Sandstein, 40′, *4* rother Schiefermergel, 40′, *5* quarziger weisser Sandstein,
130′, *6* Conglomerat, 15′, *7* rother Schiefermergel, 56′, *8* feinkörniger,
weisser Sandstein, 27′, *9* rother Schiefermergel mit dünnen Schichten
von weissem Sandstein, 40′, *10* weisser Sandstein, 45′, *11* Schiefermergel, 180′, *12* weisser Sandstein, 130′, *13* Brauneisensteinflötz, 30′,
14 rother Schiefermergel, *15* grauer Kalkstein. Streichen von Süden
nach Westen. (Fig. 2.)

Fig. 2.

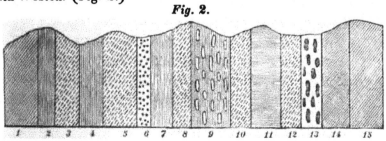

1　　2　　3　　4　　　5　　6　　7　　8　　9　　10　　11　　12　　13　　14　　15

6. **Wantula-Bergwerk am östlichen Abhange des Mietusia-Thales**; ein armes Lager von pulverförmigem kalkigen Eisenoxydhydrat, mit grauem Krinoiden führenden Kalkstein und gelblichgrauem Sandstein. Fallen der Schichten Nordost, Stunde 3 unter 35°.

7. **Bergwerk am Berge Przyslop im selben Thale.** An seinem Ende erheben sich die wild zerrissenen Felsen Konczysta, Zawiesista, Czerwona-Skalka, Spaleniec und Przyslop, die theilweise durch pulverförmigen Eisenoxyd roth gefärbt sind. Im dichten Kalke sind plattgedrückte Nieren von dichtem Rotheisenstein; diese haben 3 bis 4″ im Durchmesser, selten 1′, durch ihre Anhäufung bilden sich Lager. Der Rotheisenstein ist mit Kalkstein gemengt, und viele Kalkspathadern durchkreuzen letzteren. Ein grünes eisenhaltiges Silicat scheidet gewöhnlich den Kalkstein vom Rotheisenstein, der auch pulverförmig wird. Die Eisen- und Kalk-Kugeln enthalten folgende Petrefacten : *Ammonites Walcotii* S o w., *A. Serpentinus* S c b l., *A. Bucklandi* S o w., *A. fimbriatus* S o w., *A. Heterophyllus numismalis* Q u., *Nautilus aratus* S c h l. und Belemniten. In dem angrenzenden Berge Czerwona - Skalka findet man noch im grauen oder röthlichen Kalke viele Bivalven, unter anderen *Spirifer Walcotii*, den *Pecten Carpathicus n. sp.* Der Kalkstein des Berges Przyslop (*1*) wird durch ein eigenthümliches Conglomerat bedeckt; rothe und graue Mergelstücke mit abgerundeten Quarzstücken werden durch ein kalkiges Cement verbunden (*2*). Darauf folgt ein Quarz-Conglomerat mit Dolomit-Cement, das entschieden zum nummulitischen Eocen gehört (*3*). Auf dieser Schichte ruht der reine Dolomit der Spitze des Wielki Regiel (*4*). Dieses Gestein enthält einige Nummuliten und wird durch thonigen Schiefermergel und schieferigen Sandstein bedeckt (*5*). (Fig. 3.)

Fig. 3.

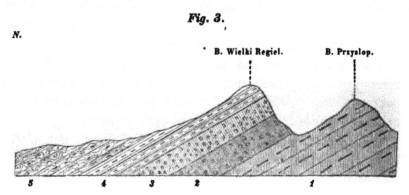

N.

B. Wielki Regiel.   B. Przyslop.

5   4   3   2   1

8. Berg Kopka oberhalb Koscielisko. Der Rotheisenstein bildet Trümmergänge von 3 bis 4''' Dicke im rothen oder bläulichgrauen Kalksteine, der eine halbkrystallinische Structur annimmt. Die Trümmer verwandeln sich hie und da in Kugeln mit concentrisch-schaligen Absonderungen und mit eingeschlossenen Ammoniten. Folgende Species werden da gefunden: *Ammonites capellinus* Schl., *A. variabilis* d'Orb., eine aus der Familie der Falciferen sammt Belemniten. Schichten-Neigung gegen Südost Stunde 4 unter 20° oder Stunde 3 unter 35°.

9. Thal Zelesniak, Seitenthal des Koscielisker Thales. Mitten im grauen Kalksteine erscheint schieferig-kalkiger Rotheisenstein in 4 bis 6' dicken und 30 bis 50' langen Linsen. Sie enthalten 1000 bis 2000 Centner Eisenerz.

10. Lager des Graubraunsteines in dem Na Siodle-Bergwerk in der Nähe des Lejowa-Thales. Mitten gegen Norden im geneigten grauen Kalksteine liegen die alten verlassenen Gruben. Das Erz liegt in Lagern, ist dicht, stahlgrau und hat viele Absonderungen. Es wird von Kalkspathadern durchzogen. Selten werden letztere durch kohlensaures Manganoxyd rosaroth gefärbt. Auch füllt dieses letztere Erz Bivalven-Schalen aus.

11. Bobrowietz im westlichen Theile des Chocholower Thales. Dichter Brauneisenstein wird von rothem und grauem Mergel begleitet und liegt auf grauem Kalksteine, höher kommt breccienartiger Dolomit vor.

12. Durchschnitt des Bergwerkes Jambor im Uraniowa-Thale (Arvaer Com.). Von oben nach unten *1* grauer Kalkstein, *2* Dolomit-Breccie, *3* grauer und rother Schiefermergel, *4* grünlichgelber sandiger Mergel, *5* thoniger Rotheisenstein, theilweise in Brauneisenstein verwandelt. Streichung von Osten nach Westen, Neigung nördlich unter 50°.

13. Bergwerk Jaworowa (Arvaer Com.). Zwischen grauen Dolomitfelsen zeigt sich ein Lager von Rotheisenstein, das aus eingesprengten abgerundeten und platten Körnern von der oolithischen Varietät besteht. Diese Eisenoolithe werden von Kalkspathtrümmern durchzogen und in ein graues dichtes eisenhaltiges Silicat eingeschlossen. Viele Muschelschalen sind darin zu sehen.

Die Reihenfolge der verschiedenen Liaskalke stellt sich in den Thälern von Koscielisko und Mietusia wie folgend. Auf rothem Sandstein kommt:

1. Gelblich und röthlichgrauer Kalkstein mit untergeordneten Schichten von zelligem Dolomit (Pässe Iwanowka und zwischen den Bergen Tomanowa-Polska und Rzendy).

2. Grauer, dichter Kalkstein (Berge Muran, Stoly, Pisana).

3. Grauer Schiefermergel, mit Kalkstein abwechselnd.

4. Grauer Kalk mit zerstreuten Dolomitmassen (Chocholowa-Thal, Berg Osobita, Arvaer Gespanschaft).

5. Thoniger grauer Kalkstein mit Schiefermergel und *Terebratula biplicata* sammt Schichten von Sandstein (Berg Pod-Zakrzesy an der Alpe Jaworyna-Rusinowa).

6. Grauer Kalkstein.

7. Rother Kalkstein mit Eisenoxyd-Knollen und Ammoniten.

Das auf das Thal von Koscielisko beschränkte Conglomerat kommt zwischen Nr. 2 und 3. Der Dolomit tritt plötzlich hervor und bildet eigene Felsen oder Berge. Längs des westlichen Theiles der Tatrakette wird der Lias durch Nummuliten oder Eocen-Dolomit überlagert.

Was die Lias-Petrefacten anbetrifft, so sind sie ausser im Conglomerate mehr in den obersten als in den untersten Abtheilungen angehäuft. Die hauptsächlichsten sind die folgenden: *Aptychus lamellosus* [1]), *Ammonites Bucklandi, A. Walcotii, A. capellinus* S c h l., *A. variabilis* d' O r b., *A. radians compressus* Q u., *A. Heterophyllus numismalis* Q u., *Nautilus aratus* S c h l., *Belemnites digitalis* und andere, *Pleurotomaria, Posidonia* B r o n n i i, *Pecten aequivalvis* S o w., *P. tatricus n. sp., Ostrea Marshii?* S o w., *Terebratula biplicata var., Rhynchonella subsimilis* S c h l., *Spiriferina Walcotii* und *rostrata* d' O r b., *Cidaritis coronatus* G o l d f., nur in einem einzigen Exemplare [2]), rhomboedrische Fischschuppen u. s. w.

Der gänzliche Mangel an Korallen ist für den Lias der Tatra charakteristisch. Die zahllosen Terebrateln setzen Untiefen auf der bedeutenden Strecke von $3\frac{1}{2}$ Meilen zwischen dem Morskie-Oko- und Lejowa-Thälern voraus. Die meisten Versteinerungen sind diejenigen des oberen Lias in anderen Ländern. Die Kalksteine sind in mächtigen Schichten abgesondert, die Absonderungsflächen sind meistens gleiche Ebenen. Querabsonderungen kommen auch vor. Im Dolomite ist der Schichtenbau fast nie wahrnehmbar. Der Herr Verfasser theilt

---

[1]) Dieser Aptychus ist anderswo keine Lias-Species oder in andern Worten er kommt gewöhnlich nicht mit *Ammonites Bucklandi* zusammen.

[2]) Dieser Cidaris ist gewöhnlich eine jurassische Species.

41 Beobachtungen über Schichten-Neigungen mit (s. *Monograficzny opis*, S. 51).

Die allgemeine Neigung ist gegen Nord und Ost; durch Empor-
hebung haben einige Massen ganz entgegengesetzte Neigungen
bekommen. Gebogene Schichten kommen ausser im Thale Mietusia
nie vor. (Fig. 4.)

Fig. 4.

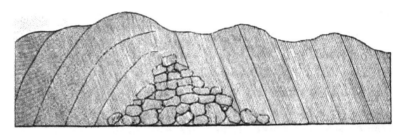

In der ganzen Tatra ruht stets der Liaskalk gleichförmig auf
rothem Sandstein von unbestimmtem Alter, und wird von Nummuliten-
Dolomit oder eocenen Karpathensandsteinen auch gleichförmig
bedeckt. Die Schichten fallen alle gegen Norden. In der östlichen
Tatra ruhen auf Lias eocene Schiefermergel und Sandsteine, doch
zeigen sich hie und da Dolomitblöcke, so dass ihre Anwesenheit nur
verborgen zu sein scheint, wie in den Thälern von Jaworyna, der
Bialka, von Filipka bis gegen Sichla. Vom Thale des Hochofen von
Zakopane aber an ragen mächtige eocene Dolomitfelsen hervor, und
erstrecken sich gegen Westen über Koscielisko, den Berg Osobita,
oberhalb Zuberetz bis gegen Kubin.

Am östlichen Ende des Berges Stösschen, oberhalb Käsmark,
bedecken rothe Sandsteine Liaskalke und umgürten den ganzen nördlichen Anhang der Tatra vom Dorfe Zar angefangen.

Zwischen Zakopane und Koscielisko ist die Kalkmasse des
Wielki-Uplaz ungemein zerrissen. Mitten aus dem Kalksteine ragen
zwei Kuppen hervor, die aus Gneiss und porphyrartigem Granit
bestehen und die Berge Twardy-Uplaz und Czerweny-Wirch-Malo-
laczniak bilden. Der Gneiss ist wie kielförmig eingeschlossen. Das
tiefe Mietusia-Tbal trennt den Twardy-Uplaz von Malolaczniak, der
aus Porphyr-Granit besteht. Im letzten Gesteine bildet stellenweise
der Glimmer kreisförmige Figuren, und es kommen Talkkörner vor.
An den Rändern gegen Osten und Süden geht es in porphyrischen

Gneiss über. Eine grössere Masse Gneiss zieht sich zwischen dem
Berge Bezkid oberhalb den Jasienicowe-Stawy-Seen und dem Berge
Kondratowa. Gneiss und Granite nehmen von Osten bis Westen eine
Strecke von ³/₄ Meilen mit einer Breite von 6—8000 Fuss ein.

Der Berg Bezkid besteht aus Granit, und wird durch einen
schmalen Streifen von Liaskalk (3) und rothen Sandstein (2) von der
Hauptmasse der Granit-Axe (1) getrennt. Die letzteren fallen unter
20° ein. (Fig. 5.)

Von dieser Einsattelung, die
den Namen Lilijowe führt, biegen
beide Schichten um, und ziehen
sich längs dem krystallinischen
Gebirge im Längenthal der Wier-
cicha, wo sie scheinbar unter dem
Gneiss und Granit fallen. Am westlichen Ende ragt der Kalkstein als
mächtige Wand im südöstlichen

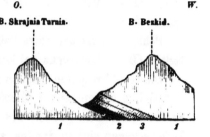

Fig. 5.

Theile des Berges Tomanowa-Polska vor. Von da wendet er sich
nach Norden, umgibt den Gneiss-Granit des Berges Kondratowa und
erstreckt sich in einem zungenförmigen Streifen zwischen dem Gneisse
des nördlichen Abhanges des Berges Kondratowa. (Siehe die Karte
[Taf. II] und die hier beigedruckte Fig. 6.)

Fig. 6.

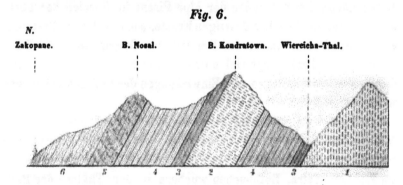

(*1* Granit, *2* Gneiss, *3* rother Sandstein, *4* Lias, *5* Nummuliten-
Dolomit, *6* eocener Karpathen-Sandstein.)

Die Kalkberge bilden gewöhnlich abgerundete Kuppen, wie die
Heuschober oder **Kopa** oder **Kopka**, der Polen. Meistens ist auf
einer Seite eine felsige Wand, aber im hohen Gebirge findet man
einzelne spitze und mächtige scharfe Rücken, die **Szcoty** der

Einwohner, die durch furchtbare Abgründe getrennt sind. Die mergeligen Kalkberge runden sich mehr ab, und bedecken sich mit Erde und Pflanzen. Ausserdem ist der Liaskalk zur Felsenbildung sehr geneigt. Der Felsen Gewont bei Zakopane, die des Saturnus bei Koscielisko, das Gebirge Rzendy-Stoly, die Alpe Muran bei Jaworyna und Zar, der Berg Osobita u. s. w. sind Beispiele davon. Der Dolomit bildet keine grossartigen Felsen, sondern der Fuss seiner Berge ist mit Schutt bedeckt. Ausser dem Wiercicha-Längenthale hat das Tatragebirge nur Querthäler, die im älteren Gebirge anfangen und von Süden nach Norden ziehen. Gewöhnlich sind die Wände in Absätzen oder Terrassen getheilt. Sie erweitern und verengern sich wie alle Spalten.

Höhlen besitzt der Tatra keine, aber wohl unterirdische niedrige Spalten (Berg Jaworynka bei Zakopane u. s. w.).

Die reichhaltigsten Quellen brechen im Tatra aus dem Liaskalk; als Beispiele diejenigen im Chochotower Thale, am Berge Kalatowka bei Zakopane. Die Quellen des schwarzen Dunajec im Koscielisker Thale verlieren sich in Spalten zwischen Conglomerat und Liaskalk, und nach 100 Schritten treten sie als ein mächtiger Bach wieder hervor.

Es gibt nur unbedeutende Seen im Kalkgebirge des Tatra (See Jeziorki, oberhalb Poronin, der See unter dem Berge Ptasia-Turnia).

Die Verwitterung der Kalke und Dolomite ist sehr verschieden. Die Oberfläche der Kalksteine der Alpe Pisana im Koscielisker Thale verändert sich in einer kreideartigen Kruste, sonst leidet der Kalkstein wenig Veränderung, indem im Dolomit das Gegentheil der Fall ist. Im Jaworynka-Thale liegt viel dolomitischer Schutt und Sand. Die Conglomerate widerstehen den Einwirkungen der Luft und bekommen nur Spalten.

Der Fuss des Tatra ist die Grenze des Ackerbaues. Die Flora der Kalkalpen sticht durch ihren Reichthum von derjenigen der Granitberge ab. Dichte Waldungen von *Pinus abies* und *P. picea* bedecken den Fuss des Tatra, Rothbuchen wuchern in den Thälern der Biala und Olczysko bei Zakopane. Schwarze Erde überlagert die Kalkfelsen.

Nutzen. Die liassische Formation enthält wenige nutzbare Mineralien. Der Kalkstein wird als Baustein benützt, der aber dazu wenig geeignet ist, indem die daraus gebauten Häuser feucht und kalt sind, ebenso verhält es sich mit dem Dolomit. Der Kalkstein wird gebrannt und gibt einen schönen weissen Kalk; ob der Dolomit dieser Formation zu Wasserbauten anwendbar ist, wurde bisher nicht versucht. Da die Eisensteine weder in grossartigen Lagern, noch sehr ergiebig sind, so hat sich in dieser Gegend die Eisenproduction nicht gehoben. Die Erzeugung des Hochofens von Zakopane, der einzige in der Tatra, der mit Eisenstein aus dieser Formation arbeitet, war folgende:

	Magóra.	Mientusia.	Bobrowiec.	Tomanowa.	Zeleźniak.
1835:	6082 W. Ctr.	4036 Ctr.	4120 Ctr.	1831 Ctr.	600 Ctr.
1836:	7755 „ „	4950 „	5494 „	3000 „	500 „
1837:	7970 „ „	3012 „	1684 „	5065 „	900 „

Mit Beimischung von Eisenstein aus dem metallischen Gebirge der Zips wurde in denselben Jahren folgende Quantität an Roheisen erzeugt:

1835:   4232 Wiener Centner.
1836:   5583   „   „
1837:   6622   „   „

Liptauer Alpen.

Dieses Gebirge trennt die Liptauer und Arvaer Gespanschaften und hat eine von der Tatrakette verschiedene Richtung. Es erstreckt sich nordöstlich bis südwestlich Stunde 3, und wurde in einer anderen Zeit als die Tatra gehoben. Auf eine Strecke von 7 Meilen dehnt sich das Gebirge von Zuberetz im Arvaer Comitate bis zu den Turotzer Alpen, an der Grenze der Liptauer, Trentschiner und Turotzer Gespanschaften aus. Es besteht aus Lias und eocenen Nummuliten-Schichten in hohen Rücken von beiläufig 4000 Fuss. Aus ihrer Mitte erhebt sich der Berg Chocz bis zu 4937 Fuss Meereshöhe.

Die Zusammensetzung des Lias ist der im Tatra ganz gleich. Beim Bade Luczka steht schöner Lias-Dolomit an, der auch die Spitze des Chocz bildet. Im Mergelschiefer stecken lange Belemniten. In den Thälern Hrohotna und Solisko kommen in Schwefelkies verwandelte Versteinerungen vor. Am nördlichen Abhange des Berges Chocz gegenüber von Leszczyny wurde ein Lager von Brauneisenstein im dichten Kalk bekannt. Neigung der Schichten nach Nordost Stunde 8—9 unter 60°.

Die Versteinerungen sind ebenso selten wie im Tatra, doch zeigen die Thäler von Hrohotna, Jastraba, Lopuszna und Solisko beim Bade Luczka, dass dieser Mangel möglichst nur scheinbar ist.

Der Verfasser hat da folgende Petrefacten gefunden: *Ammonites Bucklandi* S o w., *A. Walcotii* S o w., *A. radians compressus* d'Or b., *A. Humphresianus* S o w.? [1]) *A. striato-sulcatus* d'O r b., *A. liptoviensis nov. spec.* [2]), Belemniten (Osada, Thal Lopuszna). *Terebratula biplicata* S o w., den Abänderungen im Koralrag Krakau's ganz ähnlich. Cylindrische Abdrücke, gewöhnlich an einem Ende dünner und in der ganzen Länge reifenartig gezeichnet (Lopuszna). Die Fauna wäre dadurch liassisch, obgleich der *Ammonites striato-sulcatus* der Kreide gewöhnlich angehört.

Die Absonderungen der Felsarten sind wie im Tatra, ausser dass auf dem Wege vom Bade Luczka gegen Norden die Dolomite in fussdicke aufgerichtete Schichten abgesondert sind. Das Fallen ist allgemein gegen Norden. Der Neigungswinkel ist selten über 20—30°. (Siehe *Monogr. opis,* S. 80.)

Die äusseren Umrisse sind viel sanfter als im Tatra, die langgezogenen Rücken lassen nur einzelne Felsen erblicken. Die Thäler erstrecken sich von Norden gegen Süden und durchschneiden das ganze Erzgebirge, indem sie sich in das Liptauer Comitat öffnen. Das bedeutendste ist das Prosieker Thal, das nördlich mit einer 25 Fuss breiten Spalte anfängt. Das grosse Thal am östlichen Abhange des Chocz ist auch eine Spalte mit grossen Wänden.

Die bebende Gebirgsart ist nirgends zu sehen, doch da die Schichten gegen Norden fallen, so hat sie von Süden gewirkt, und hat nach der eocenen Nummuliten-Zeit stattgefunden. Die Kalke und Dolomite jener Periode bedecken den Lias. Die Dolomite am Berge Holitza, oberhalb des Dorfes Huta, verwandeln sich durch Aufnahme von Sand in Sandstein, die von thonigen Mergeln und schieferigen eocenen Karpathensandsteinen bedeckt sind. Indem sie eckige Bruchstücke von Dolomit aufnehmen, werden die Sandsteine Conglomerate und enthalten selten Nummuliten. Am nördlichen Abhange des Berges Chocz sind° die Liaskalke und Nummulit-Dolomite durch schieferige Sandsteine getrennt. Der das Waagthal in der Liptau ausfüllende Karpathensandstein scheint eocen zu sein. Die Schichten des Sandsteines fallen auch nach Norden, unter einem verschiedenen Winkel

---

[1]) *Ammonites Humphresianus* ist gewöhnlich keine Lias-Species. Herr F o e t t e r l e hat das Neocomien im Arvaer Comitate ausgebreitet gefunden.

[2]) Siehe die Beschreibung am Ende der Abhandlung.

als der des Kalksteines, und werden vom Granit der Nizne-Tatry

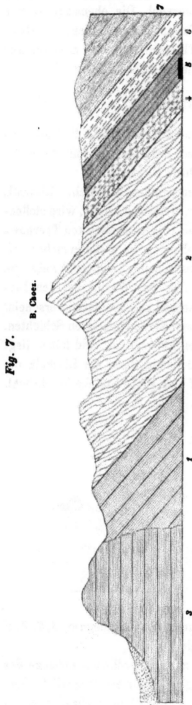

Fig. 7.

B. Chocz.

gehoben. Am südöstlichen Abhange
des Berges Chocz, zwischen
Luczki und Turyk, treten Kalksteine
hervor, die in Sandstein übergehen
und Nummuliten einschliessen, ohne
eocene Sandsteine. Diese Gesteine
sind isolirte, auf Liaskalk ungleichförmig gelagerte Felsen. (Siehe
den Durchschnitt der Liptauer Alpen
zwischen Turyk und Leszczyny
Fig. 7.) *1* Liasdolomit, *2* Liaskalk,
3 Nummuliten-Sandstein, *4* Eocen-
Dolomit-Conglomerat, *5* Nummuliten-Dolomit, *6* Dolomit mit
rothen eckigen Stücken dieses
Gesteines, *7* eocener Sandstein,
8 Lehm.

Das Klima dieses Gebirges ist
weniger rauh als in der Tatra, die
Buche gedeiht üppig, wie bei dem
Bade Luczka. Fichten und Tannen
sind vorwaltend auf den höheren
Spitzen des östlichen Theiles, wie
in den Bergen Siwa-Turnia bei
Zuberetz. Weiter gegen Westen
herrschen Laubwälder. Der Kalkstein wird von einer schwarzen
fruchtbaren Erde bedeckt. Die
Quellen sind zahlreich, doch nicht
so mächtig wie im Tatra. Ihre
Temperatur ist gewöhnlich auch
etwas höher; bei Luczka beträgt
sie $+7^\circ$ C. Viele Mineralquellen,
und besonders Säuerlinge entspringen aus dem Kalke. Die gross-
artige Therme von Luczka hat
$+32^\circ$ C. Wärme, daneben sind

andere mit $+17\cdot20^{\circ}$ C. Sie enthält ausser viel Kohlensäure, kohlensaure Kalkerde, Magnesia und Eisenoxydul. Die ehemalige Grösse
dieser Therme wird durch eine 70 Fuss mächtige Schichte von Dolo-
mittuff angedeutet, die das ganze Thal zwischen dem Lias und den
Dolomitwänden ausfüllt, und viele Blätter-Abdrücke umschliesst.

Turotzer Alpen.

Dieses Gebirge hat im Kleinen denselben Bau wie die Tatra. Es
erstreckt sich von Osten bis Westen zwischen der Mündung des
Flusses Arva in die Waag und dem Dorfe Streczno.

Auf den bebenden Granit ruhen: rother Sandstein, Liaskalk,
nummulitenreicher Kalk, und letzterer, weiss und sandig, wird stellenweise von Karpathensandstein überdeckt. Doch südlich von Tyerhowa
zeigen sich nach einander folgende Hebungen. Im ersteren mehr nördlichen berühren eocene Karpathensandsteine ungleichförmig die
Nummuliten-Schichten. Das Spalten-Thal von Wratna hat den Lias
aufgeschlossen. Weiter in einer kesselartigen Erweiterung erscheint
auf Lias der Karpathensandstein mit nach Norden geneigten Schichten.
Granit steht im Gebirge am nördlichen Abhange an, und höher liegt
rother Sandstein, indem auf der südlichen Seite der Liaskalk die
Oberhand hat, so dass der Granit, auf eine kleine Strecke beschränkt,
den Kamm des Gebirges nicht bildet. (Fig. 8.)

Fig. 8.

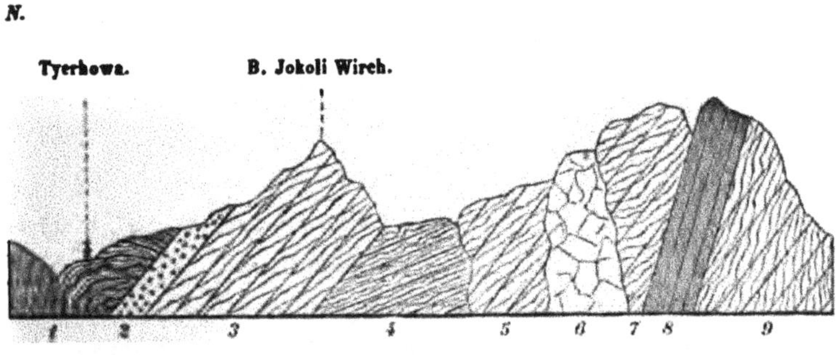

(*1* und *4* Karpathen-Sandstein, *2* Nummuliten-Conglomerat, *3, 5, 7, 9*
Liaskalk, *6* Granit, *8* rother Sandstein.)

Der rothe Sandstein findet sich nur am nördlichen Abhange des
Berges Roszudec und theilweise zelliger Dolomit am Berge Hleb oberhalb Tyerhowa, im Belska-Thale u. s. w. Hornstein wechsellagert mit

Kalk am Felsen Tepliczka zwischen Parnica und Zazrywa. Die Lager
sind 20 bis 30′ mächtig. Im Thale Wratna oberhalb Tyerhowa ist im
Kalke eine 4—5″ dicke Ader von schwarzer Kohle, und südlich von
Waryn gibt es ein Rotheisenstein-Lager.

Die Neigung der Schichten ist allgemein gegen Norden unter
30 bis 50 und 60°. Die Lagerungsverhältnisse sind denjenigen im
Tatra ganz gleich, wie man sich davon in den Durchschnitten des
Thales Belska Dolina und des Kura-Thales überzeugen kann. Im ersten
Thale bestehen die ersten Höhen aus eocenem Karpathensandstein (*1*),
Lias (*2*) und Dolomit (*3*) trennen nur diesen vom rothen Sandstein
(*5*) und Granit (*6*). (Fig. 9.)

Fig. 9.

N.

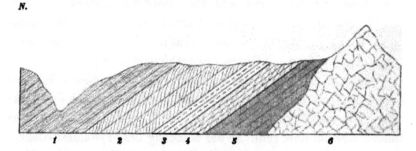

Im Kura - Thale bei Waryn bedecken den Karpathensandstein
(*5*) mächtige Kalk-Breccien oder Conglomerate (*4*), die zur eocenen
Nummuliten-Formation gehören. Bei Huta in den Liptauer Alpen
kommt ein ähnliches Gestein vor. Unterhalb steht Liaskalk (*3*) an und
lagert auf einem unter 30 bis 50° gegen Norden geneigten rothen
Sandstein (*2*) und Granit (*1*). (Fig. 10.)

Fig. 10.

N.

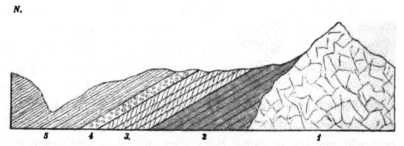

Obgleich ein niedriges Gebirge, sind die Turotzer Alpen stark
zerrissen. Ein auffallender Fels ragt über dem Wratna-Thale und

heisst Sokoli Wirch (die Spitze des Falken). Auch bildet der Berg Roszudetz eine zackige Kalkmasse. Die Mächtigkeit des Kalkes mag selten über 2000 bis 3000 Fuss betragen. Die bedeutendste Quelle ist eine im Belska - Thale bei Waryn mit $+ 6 \cdot 40°$ C. Temperatur.

Wiaterne- oder Wiecserne-Hole-Gebirge.

Dieses kleine Gebirge erstreckt sich von Norden nach Süden zwischen Streczno und Frywald oberhalb Rajetz; seine geognostische Beschaffenheit ist der der vorhergehenden Gebirge gleich. Gegen Osten sind rothe Mergel sehr entwickelt. Die Kalksteine haben eine dunkelbräunlichgraue Farbe und ein halbkrystallinisches Ansehen; sie enthalten viele eingesprengte Kalkspathblätter. Die rothe Varietät ist selten (Thal Frywaldzka Dolina). Einige Versteinerungen werden darin gefunden (*Pecten Carpathicus* u. s. w.).

Dolomite erscheinen nur in der Verlängerung dieses Gebirges längs dem Thale zwischen Frywald und Faczkowa, wo sie den Kalkstein ganz verdrängen. Die Kuppe des Berges Klak besteht aus Dolomit, der auf Kalk ruht. An der Mündung des Frywaldzka-Dolina-Thales unterteufen rothe Mergel die graue Kalkwand. Im Thale Kozieradzka Dolina steht ein Lager von derbem röthlichbraunen Brauneisenstein im Kalke an.

Alle Schichten sind aufgerichtet, ohne eine vorwaltende Richtung der Hebung, so dass mehrere gewirkt haben müssen und sich selbst durchkreuzt haben, wie es zwölf Beobachtungen zeigen.

Die Lagerungsverhältnisse sind die der Tatra, ausser dass der Nummulitenkalk nirgends zu Tage kommt. Der eocene Sandstein füllt das ganze Thal der Zybinka aus, nur in der Gegend von Luczka schneidet ihn Liaskalk ab, der eine Stunde weiter hinter Rajeckie-Teplice sich verliert, und wieder erscheint Sandstein, der gegen Rajetz sich hinzieht; weiter südlich bei Faczkowa wird er durch Lias und tertiäres Conglomerat mit Nummuliten abgeschnitten. Die Sandsteine überdecken den Lias immer gleichförmig. Der Liaskalk beschreibt um den in seiner Mitte stark ausgebauchten Granit eine krumme Linie. Am nördlichen Ende bildet der Kalk die westlichen Abhänge des Wiaterne-Hole-Gebirges, aber in der Mitte, gegenüber

Luczka und Rajeckie-Teplice, steht rother Sandstein an und der Kalk-
stein zieht sich ins Thal hinein und verbindet sich mit einem kleinen
Gebirge, dessen Hebungsaxe Nordwest 2° gegen Südwest 2° sich
erstreckt. Von der Therme Rajeckie-Teplice zieht sich wieder der
Kalkstein nach Osten in das Gebirge hinein und bildet wieder die
Abhänge der Wiaterne-Hole, doch sind Karpathensandsteine im
Thale. Nachdem der Granit im Koniradzka-Thale sich verliert, nimmt
der Kalk die Oberhand und setzt ein Gebirge mit Nordwest 2° bis
Südost 2° Richtung zusammen. Der Berg Klak ist seine höchste
Spitze, und das Ganze besteht aus Dolomit. Mächtige Felsen dieser
Gebirgsart erstrecken sich von Rajetz gegen Paczkowa. Dolomit
und Kalk bilden in diesem Gebirge mehr oder weniger dicke
Streifen.

Mehrere Querthäler schliessen den inneren Bau des Wiaterne-
Hole-Gebirges auf. Eine Ausnahme von den allgemeinen Lagerungs-
verhältnissen macht das am nördlichen Ende gelegene Thal Na Flaku
(bei Straniny). Auf dem Granite (1) der Alpen Plotynska-Skala
und Raztoczna ruht Liaskalk in dicken gegen Norden 45°
geneigten Schichten. Mächtige Quellen sprudeln auf der Grenze
beider Gesteine hervor. Der gewöhnlich sie trennende rothe Sandstein erhebt sich mehr nördlich und bildet den Felsen der Ruine
Streczno. Der graue Kalk (2) im oberen Thale Na Flaku besteht
aus Dolomit-Conglomerat und wird durch Alluvium (3) bedeckt.
(Fig. 11.)

Fig. 11.

W.   O.

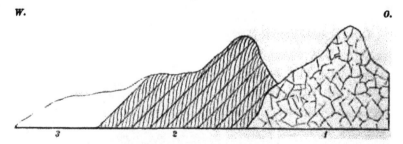

Thal Wiśniowa. Zwei dichte Kalkmassen, rechts der Djel,
links der Lwacy Djel, erheben sich aus der Ebene. Das Gestein zieht
sich ¼ Stunde im Thale hinein, wo dann der rothe Sandstein alle
Höhen bildet und auf Granit ruht. Ein Kupferkies führender Quarz-

gang im letzteren wurde einst benutzt. (Fig. 12.) (*1* eocener Sandstein, *2* und *4* Lias, *3* und *5* rother Sandstein, *6* Granit.)

Fig. 12.

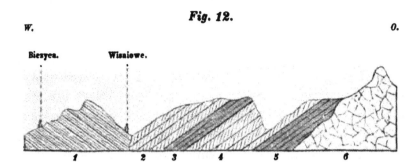

Thal Medzyborska bei Trnowe. Zwischen den Thälern
Turska und Medzyhorska findet sich am Gebirgsabhange kein Kalk-
stein, er ist gegen Westen in das Thal in den bauchigen Granit hin-
eingedrängt; mächtige Kalkfelsen (*1*) bei Pawlusia, Luczki bis gegen
Zbinow verbinden sich mit einem andern Gebirgs-Systeme, wo die
Ruine des Schlosses Lietawa steht. Der rothe Sandstein an der
Öffnung des Thales Medzyhorska oder Medzygorska geht in Conglo-
merat über und bedeckt Talkschiefer (*3*), indem zwischen diesem und
dem Granite (*5*) wieder rother Sandstein (*2* und *4*) zu liegen kommt.
(Fig. 13.)

Fig. 13.

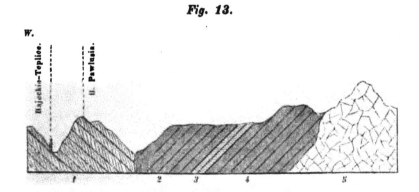

Stranianka-Thal. Liaskalk (*1*) bedeckt rothen Sand-
stein (*3* u. *5*) und grünen Talkschiefer (*4* u. *6*), und weiter wiederholen sich beide letzteren Gebirgsarten, ehe man zum Granit (*7*)

gelangt. Eocener Karpathensandstein (2) steht in Berührung mit dem
Kalkstein am Anfange des Thales. (Fig. 14.)

Fig. 14.

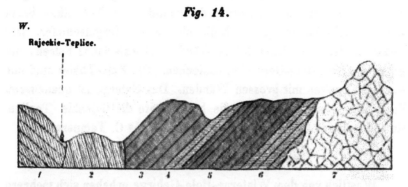

Koniradzka-Thal (bei Konirad). In diesem Durchschnitte
besteht der höchste Rücken nicht aus Granit, sondern aus Liaskalk.
Unter der grossen Kalkwand zeigen sich rothe grobe Sandsteine, die
gegen Nordwest Stunde 10 unter 50° geneigt sind. Ähnliche Sandsteine wechseln mit Mergeln im Frywaldzka-Thale ab und sind dem
Kalksteine untergeordnet. Etwas weiter im Thale enthält der Kalk
ein Lager von Brauneisenstein am Berge Homolkai. Noch weiter
bedeckt quarziger Sandstein den Talkschiefer und Granit. (Fig. 15.)
(*1* eocenes Conglomerat, *2* eocener Sandstein, *3, 5, 8* Lias, *4* rother
Sandstein, *6* Talkschiefer, *7* Granit.)

Fig. 15.

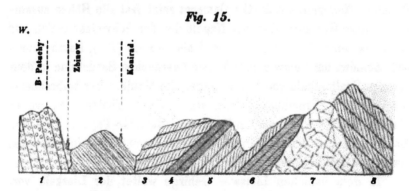

Frywaldzka Dolina ist ein Spaltenthal im Lias, dem hier
viele gefärbte Mergel, rothe Kalke und Sandsteine eingelagert sind.
Bei Frywald treten dann rothe und graue Mergel auf, die weiter oben
mit gelblichem Kalke abwechseln und wieder von rothem Mergel
und grauem Kalksteine bedeckt werden. In der Mitte des Thales

herrschen dichte, selten rothgefärbte Kalke. In einem Nebenthale, Wajdna-Dolina, sieht man grauen Kalk mit vielen weissen Kalkspath-adern und mit einer angefressenen Oberfläche. Einige Versteinerungen, wie *Pecten Carpathicus*, wurden da gefunden. Im Nebenthale Brzsa Dolina wechsellagert grauer Kalk mit rothem Mergelschiefer. Der Kalkstein dieses Gebirges bildet Wände und malerische Felsen, die gegen die Sandstein-Gegenden abstechen. Die Kalk-Thäler sind nur mächtige Spalten mit grossen Wänden. Das Gebirge ist quellenarm. Unter den Mineralquellen ist die bekannteste die Rajeckie-Teplice, ein sodahaltiger Säuerling mit $+$ 34·5 bis 35° C. Temperatur.

Das Gebirge des Schlosses Lietawa.

Westlich von dem Wiaterne-Hole-Gebirge erheben sich mehrere parallele, Nordosten 2° bis Südwesten 2° gerade laufende Liasrücken. In der Gegend zwischen Luczka und Rajeckie-Teplice bilden sie eine Fortsetzung des Wiaterne-Hole. Dieses Gebirge besteht nur aus Liaskalk, Nummulitenkalk-Conglomerat und grauem eocenem Sand-stein. Diese Schichten sind aber sehr zusammengeworfen. Dichten Liaskalk findet man am westlichen Abhange zwischen Rajeckie-Teplice und Swinowe, schieferigen Kalk vom Swinower Thale gegen den Berg der Ruine von Lietawa und an den Anhöhen von Zbinow hin-ter Rajeckie-Teplice. Dolomit-Conglomerat erhebt sich in mächtigen Felsen oberhalb der letztgenannten Therme und im Thale Merchowa Dolinka. Nummulitenkalk-Conglomerat setzt fast alle Höhen zusam-men, diese Gesteine sind der Nagelfluhe der Schweizer gleich und zeigen selten dicke Schichten von 6 bis 10 Fuss (Berg Patuhy ober-halb Zbinów, um Sulow u. s. w.). Sie überdecken Sandsteine in dem grossen Spaltenthale von Sulow gegen die Mühle. Der wahrschein-lich eocener Karpathensandstein steht in den Thälern an, wo er Mulden ausfüllt, wie zwischen Rajetz und Rajeckie-Teplice, zwischen Luczka und dem Waagthale gegen Streczno und Sillein, in den tiefen Swinower und Sulower Thälern.

In dem östlichen Lietawer Gebirge waltet der Liaskalk vor, indem das mehr westliche aus Conglomeraten besteht; in letzterem sind jedoch auch kleine Streifen von Liaskalk, die bei der Hebung heraufgerissen wurden. Als Beispiel mag der Gebirgszug Lietawa dienen. Oberhalb Swinowe zieht sich vom Thale bis auf den Rücken mitten im Conglomerat ein 150 Fuss breiter Streifen von schieferigem

Liaskalk. Die Schichten des Conglomerates fallen Nordwest Stunde 10 unter 25°, diejenigen des Kalksteines nach Osten unter 80°. Auf dem Wege vom Berge Patuhy gegen Sulow findet sich ein Fels von grauem Liaskalk in der Mitte des groben Conglomerates. (S. einige Beobachtungen über das Fallen der verschiedenen Gesteine im *Monogr. opis*, S. 86.)

Fatra-Gebirge.

Dieses Grenzgebirge zwischen dem Liptauer und Turotzer Comitate erstreckt sich von Norden nach Süden parallel mit dem Wiaterne-Hole Gebirge. Zwischen beiden liegt das breite Thal, das die Turotzer Gespanschaft bildet. Die Kalkmasse hat beiläufig 6 Meilen in der Länge zwischen den südwestlichen Liptauer Alpen und Badin (südlich von Neusohl); sie umgibt von beiden Seiten rothe Sandsteine und Granite, welche das Kerngebirge ausmachen. Wahrscheinlich besteht es aus mehreren Hebungen, besonders am südlichen Ende gegen Neusohl, wo die Fatra sich mit dem. Nizne-Tatry und dem Graner Gebirge verbindet. Der graue Liaskalk enthält Dolomit, rothen Mergel und grauen Sandstein (Berg Sturetz), unter denen letzterer von dem eocenen Karpathensandsteine mineralogisch nicht zu unterscheiden ist. Im Thale Turecka nahe bei Altgebirge treten mächtige rothe Kalke hervor. Schöne Beispiele von Dolomiten sind im Berge Mala-Fatra bei Kralowiany, in den Höhen bei Rewutza, im Turecker Thale u. s. w. Manche Dolomite sind zellig oder rauchwackenartig. Das Thal Turecka mündet im Osten gegen Altgebirge, wo auf ein Talk-Conglomerat folgende Gebirgsarten liegen: 1. grauer derber Kalk, 2. rother Schiefermergel, 3. grauer Sandstein, 4. Dolomit, 5. rother breccienartiger Mergel, 6. breccienartiger und zelliger Dolomit, 7. grauer Kalkstein, 8. grauer Dolomit, 9. grauer Sandstein, 10. zelliger Dolomit, 11. Sandstein, 12. Dolomit, 13. rother Kalkstein mit Mergel, 14. grauer Kalkstein, 15. rother Kalk mit Ammoniten, 16. grauer Kalk mit *Terebratula biplicata* Sow., Ammoniten und Nautilen. In diesem Durchschnitte von einer halben Meile streichen die Schichten alle Südost Stunde 3 und fallen Südwest Stunde 9, 20°. Am Fusse der hohen Alpe erhebt sich der niedrige Rücken Mala-Krzysina. Auf dem Rücken der eigentlichen Krzysine sind die Schichten fast wagrecht. Die bestimmbaren Petrefacten sind wieder *Ammonites Bucklandi* Sow., *A. planicosta* Sow., *A. radians*

compressus Qu., *A. communis* Sow., *Nautilus aratus* Schl.,
Belemniten, Orthoceratiten (einige Zoll lang), *Terebratula biplicata* Sow.

In dem Bobotnik genannten Theile des Bystryca-Thales in der
Nähe von Hermanetz bei Neusohl enthält der sehr entwickelte graue
Kalk rothe Varietäten mit vielen Petrefacten: wie *Ammonites Bucklandi*
Sow. und *A. planicosta* Sow., *Belemnites, Avicula inaequivalvis*
Sow., *Pecten Carpathicus* u. s. w. Bei Tajowa unfern Neusohl war
einmal eine Auripigmentgrube, wahrscheinlich eine Spaltenausfüllung.
Realgar ist auch da vorhanden. Encrinitenstiele werden von gekrümm-
ten Blättern von Auripigment bedeckt. Kalkwände werden durch
weisse Fasern von Arsenik überkleidet.

Im Berge Skalka, eine halbe Meile von Tajowa, ist eine Realgar-
grube oder Stock im grauen Sandsteine, der wahrscheinlich miocen
ist. Krystallisirter Zinnober wurde im mergeligen weissen Sandstein
in der Nähe von Tajowa gefunden.

Bei Malachow, zwei Stunden von Neusohl, ist ein Dolomit, dessen
Zellen aus Quarz bestehen und mit pulverförmigem Dolomit ausge-
füllt sind. Die Zellen schneiden sich gewöhnlich unter einem schiefen
Winkel von beiläufig 106°.

Die Kalkschichten dieses Gebirges sind stark aufgerichtet und
fallen meistens gegen Norden. (S. *Monogr. opis*, S. 95.) Diese
Hebung scheint ausser dem Bereiche der Wirkung des Granites zu
sein, obgleich er eine Richtung von Norden nach Süden anzeigt.
Wahrscheinlich haben die krystallinischen Schiefer auf die Kalksteinpartien bei Altgebirge eine Wirkung ausgeübt, indem weiter südlich
zwischen Kremnitz und Neusohl der Trachyt gewirkt hat. Westlich
von Rosenberg in der Vereinigung des Waagthales zwischen Hrbultowa
und Gombasz sind dünne gewundene Kalkschichten.

Die Kalksteine mit rothem quarzigen Sandstein im Thale von
Lubochnia bedecken den Granit des Berges Wielka-Fatra. In der
Gegend von Rosenberg, das Ende der Fatra, berühren sich auf einer
kleinen Strecke die Liaskalke und eocenen Sandsteine; eine Stunde
weiter kommen die Kalksteine mit ähnlichen des Nizne-Tatry in
Berührung und von da dehnt sich der Lias bis nach Altgebirge, wo
er von einem eigenthümlichen Kalk-Conglomerate (die Grauwacke
des ungarischen Bergmannes) abgeschnitten wird. Weiter gegen
Süden berühren tertiäre Sandsteine den Lias. Am westlichen Abhange

der Fatra ist der Lias mächtig entwickelt und berührt im Thurotzer Thale die eocenen Sandsteine.

Dieses Gebirge ist besonders durch grosse Höhlen ausgezeichnet, wie die Tufnahöhle bei Hermanetz. Die Öffnung ist 18 Fuss breit und 10 Fuss hoch. Kantige Blöcke bedecken den Boden. Knochen vorweltlicher Thiere werden darin in Menge gefunden (*Ursus spelaeus*). Zwei grosse noch nicht untersuchte und knochenreiche Höhlen befinden sich am westlichen Abhange der Fatra bei Blatnica.

Nisne-Tatry.

Dieses Gebirge wurde weniger als die Tatra gehoben und zerrissen, darum ist seine Höhe geringer, doch gibt es steile Felsen, und der Berg Poludnica oberhalb St. Nicolai und das Gebirge bei Demanova sind stark zerrissen und ausgezackt. Der Liaskalk enthält rothe Kalke mit Versteinerungen im Thale Korytnica bei dem Sauerbrunnen Medokiszna. Der Dolomit tritt bedeutender als im Tatra auf und ist stellenweise breccienartig oder zellig, wie im Berge Podluka bei Botza. Die Breccien bilden vorzüglich viel Schutt an der Mündung des Szent Ivány-Thales, wo der Berg Popova oberhalb Wernar aus körnigem grauen Dolomit besteht, bei Domanova, Maluzyna, Deutsch-Liptsch u. s. w.

Der mergelige Kalk ist im Thale Korytnica, im Dorfe Osada, am südlichen Abhange des Berges Poludnica bei Sz. Ivány und im Thale Brawno (Deutsch-Liptscher Thal) sehr entwickelt. Der quarzige Sandstein sieht wie Quarzfels aus und seine Schichtenflächen sind gewöhnlich glatt und mit einem grauen oder röthlichen Minerale bedeckt, das an Talk erinnert. Möglicherweise haben die nahen Porphyre darauf gewirkt, doch kommt Quarzfels bei Sunyawa in der Zips vor, ohne dass man die mindeste Veränderung wahrnimmt. Hornstein bildet ein 60 Fuss mächtiges Lager im Kalkberge Porubskie-Hradki am östlichen Abhange des Berges Poludnica oberhalb St. Nicolai.

Versteinerungen wurden bis jetzt nur an drei Localitäten, in den Thälern Korytnica und Brawno und am Berge Paludnica, gefunden, namentlich grosse Belemniten im rothen Kalke bei Medokiszna, *Terebratula biplicata* Sow. (im Thale Brawno), seltener *Rhynchonella* (der *R. concinna* nahe verwandt), *Spiriferina rostrata* d'Orb. (Brawno), *Orbicula*, mit *O. radiata* Schl. verwandt, zweischalige Muscheln (St. Nicolai) und Encriniten.

Die Kalksteine bilden dicke Schichten, die dem Dolomit gänzlich fehlen. Die Hauptneigung der Schichten ist gegen Norden unter 25 bis 50°.

Im Nizne-Tatry bedeckt der Liaskalk auch gleichförmig den rothen Sandstein und die krystallinischen Schiefer, und vom östlichen Ende bis hinter Deutsch-Liptsch ruht die Nummuliten-Formation auf ihm. Deutsch-Liptsch, bei dem Bergwerke Magórka unfern Botza, am Berge Poludnica bei Sz. Ivány und am Wirthshause Belanski sind vier Localitäten, wo diese Auflagerung deutlich ist. (Fig. 16.) (*1* eocener Karpathensandstein, *2* Nummulitenkalkstein, *3* und *8* Liaskalk, *4* und *9* rother Sandstein, *5* Glimmerschiefer, *6* Granit, *7* Gneiss, *10* Talkschiefer.)

Am westlichen Ende verlieren sich die krystallinischen Schiefer, und die Liaskalke der Nizne-Tatry und Fatra verbinden sich in einem Knoten. Derselbe Fall stellt sich auch am östlichen Ende hinter dem krystallinischen Schiefer der Kralowa-Hola ein. Vom Säuerling Medokizna (im Thale Korytnica) ziehen sich Kalksteine längs dem Gebirge von Westen nach Osten bis gegen Maluzyna. Von hier dringen sie mehr südlich ein und bedecken unmittelbar den Granit. Der Kalk bildet den Gebirgsrücken Czertowa-Swadba, durch welchen der Weg aus der Liptau in die Gömörer

Gespanschaft führt. Weiter gegen Osten nehmen die krystallinischen Schiefer die Oberhand; die Kalksteine werden vorherrschend in der Gegend von Tepliczka und verbinden sich mit dem dritten parallelen Gebirge zwischen Neusohl und dem Branisko-Gebirge.

Die Kalkberge bilden lange Rücken oder gerade parallele Linien, wie südlich von Maluzyna. Seltener sind die abgerissenen Partien oder Felsen mit hohen Wänden, wie der Poludnica bei St. Nicolai. Die Thäler sind fast alle Querthäler. Die bedeutendsten sind die von Deutsch-Liptsch, von Szent Ivány und Maluzyna. Alle sind 4 bis 5 Stunden lang, aber ziemlich schmal. Das Demanova-Thal hat aber eine bedeutende Breite und steile kurze Wände. In der Nizne-Tatry sind die Kalkmassen mehr zusammenhängend nach der Hebung als im Tatra geblieben.

Von Höhlen kennt man in diesem Kalkgebirge bei Demanova die knochenführende sogenannte Drachenhöhle. Die Öffnung liegt 2249 Fuss hoch, und die Höhle mit Stalaktiten erstreckt sich von Westen nach Osten und wendet sich dann nach Norden. Das Ende ist ein grosser Raum voll herabgefallener Bruchstücke. Der Verfasser sucht darin eine Wirkung der Hebung und keine Auswaschung, weil die Räume in der Richtung des Streichens und Fallens der Schichten liegen. Eissäulen fand er in der letzten Halle den 7. Sept. 1838 und eine hatte 14 Fuss Höhe bei 3 Fuss Durchmesser. Die Temperatur des Wassers war Null. Doch zeigen die Quellen im Tatra bei 3000 Fuss Höhe eine Temperatur von + 4 — 5° C. Das Gestein der Höhle ist ganz und gar nicht zerklüftet. Die antidiluvianischen Thierüberreste liegen in einem Theile der Höhle, wo Pisolithen vorhanden sind [1].

Es gibt in jener Gegend noch vier kleinere Höhlen. Eine ist eine halbe Stunde von der ersten; in einer sollen auch Bärenknochen vorkommen. Die zwei anderen heissen Okno und Wody-Wywierane. In der letzten fliesst ein Bach, der einen unterirdischen See bildet und den Ursprung der Demanovka ist. Auch im Szent Ivány-Thale sind zwei Höhlen.

Die Quellen sind weniger stark als im Tatra. Die grössten sind in den Thälern Brawno, Demanova und Szent Ivány. Viele Säuerlinge sind vorhanden. Der bekannteste ist der von Medokiszna im Thale

---

[1] Siehe Antra Demanfalviensia admiranda in Comitatu Liptoviensi. Georg Buchola adiit et fideliter delineavit A. 1719.

Korytnika am nördlichen Abhange des Berges Praszyna bei Osada. Nach der chemischen Analyse der drei Mineralquellen zu Korytnika (Herrsch. Likawa) (Neusohl 1854, S. 17 in 8°·) enthalten sie ausser viele freie Kohlensäure, schwefelsauren Kalk, Magnesia und Natron, kohlensaures Magnesia, Chlornatrium und Kalk, Kieselsäure und Spuren von Humusextract. Im Bodensatz kommt kohlensaurer und schwefelsaurer Kalk und Eisenoxyd, kohlensaures Manganoxydul und Magnesia sammt Kieselsäure vor. In 1000 Theilen sind 2·8782 feste Bestandtheile. — Dieser Säuerling liegt 2578 Fuss Meereshöhe, und hat eine Temperatur von 6·85° C. Mehrere ähnliche Quellen brechen aus dem Kalkstein bei dem 2107 Fuss hohen Dorfe Luzna mit einer Temperatur von + 10·35° hervor. In ihrer Nähe sind süsse Quellen, die nur 7·35° C. Wärme haben. Die Säuerlinge von Szent Ivány sprudeln aus Nummuliten-Dolomit. Dieses Gebirge hat keine Seen.

Melaphyr-Gebirge zwischen Luczywna und Styrba.

Am östlichen Ende des Nizne-Tatry ist eine bedeutende Gebirgsgruppe gegen Norden durch Melaphyr hervorgeschoben. Dieses Gebilde erstreckt sich auf eine Meile von Luczywna bis Styrba, und ist dem Nizne-Tatry parallel. Kalkstein umgibt ihn mantelförmig, doch am nördlichen Abhange ruhen rothe quarzige Sandsteine und Kalksteine gleichförmig auf Melaphyr. Diese letzteren werden durch tertiäre versteinerungsreiche Sandsteine und Thone begrenzt. Weiter gegen Norden erhebt sich wieder ein mächtiger Liaskalkrücken, der von Nummulitenkalk möglichst ungleichförmig bedeckt wird. Auf dem südlichen Abhange des Melaphyr-Gebirges liegt grauer Kalkstein, und im Thale von Wikartowce herrscht horizontaler tertiärer Sandstein. (Fig. 17, Durchschnitt zwischen Wikartowce und Luczywna.) (*1* tertiärer Sandstein, *2* Liaskalk, *3* Melaphyr, *4* rother Sandstein, *5* tertiärer Thon, *6* Nummulitenkalk.)

Der Liaskalk liegt unmittelbar in der Verlängerung des Nizne-Tatry. Der Dolomit tritt darin auch ausgezeichnet hervor und zeigt beim Verwittern geglättete Flächen wie am Berge Kahlenberg, zwischen Luczywna und Styrba, und im Thale Mala-Lopuszna bei Suniawa.

Den breccienartigen Dolomit mit dunkelgrauen Stücken in einer erdigen, weisslichen Masse sieht man im Nebenthale Drystowkut, am Bache Twarde bei Luczywna. Am Kahlenberg kommen im Kalke Lithodendron vor.

Diese Kalke und Dolomite bilden zwei durch tertiäre Sedimente getrennte Gebirgszüge. Der nördliche, den Kahlenberg und Kienberg umfassend, wird durch Nummulitenkalk bedeckt. Auf dem Kienberg sind mächtige Kalk-Conglomerate in gegen N. Stunde 11—12 unter 50° geneigten Schichten.

Der südliche Zug erstreckt sich von Suniava und berührt den Melaphyr. Gegen O. wird der Kalk mächtiger und ragt in vielen Kuppen hervor, welche gegen S. in der Richtung gegen Wikartowce fort laufen, wo die Porphyre sie aufrichten. Nördlich trennt rother Sandstein den Kalk von letzteren, aber südlich liegt dieser unmittelbar unter dem unveränderten Kalksteine.

Im Thale Hernad bei Wikartowce findet man liegen feine graue Sandsteine, die westlich von Metallgängen durchsetzt werden. Der tertiäre Sandstein zieht sich um den Kalkstein gegen Luczywna herum und steht mit ähnlichen des Berges Baba in Zusammenhang. Der Melaphyr bildet in ihnen einen mächtigen Gang von einer halben Stunde Breite. Der Porphyr ist dunkelbraun, mit weissen oder graulichen Feldspathkrystallen, die oft recht- oder schiefwinkelige, oder selbst sternförmige Zwillinge sind.

Im Thale Wielka-Lopuszna verwandelt sich der Melaphyr in

Mandelstein mit Kalkspathkugeln. Da zeigen sich Spuren eines alten Bergbaues auf Kupferkies. Es scheint, dass die Melaphyrhebung nach der Miocen-Periode stattfand.

Der Porphyr (*1*) erscheint wieder an drei Punkten am rechten Abhange des Thales Mala-Lopuszna, gegen Suniava. Er wird vom rothen Sandstein (*3*) bedeckt, und zwischen beiden liegt eine rothe, schieferige und mergelige Hülle (*2*). (Fig. 18.)

Fig. 18.

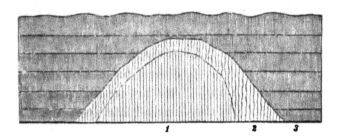

Der Kalksteinstrich zwischen Neusohl und dem Branisko-Gebirge.

Dieser Gebirgsstrich ist der längste unter den beschriebenen. Wahrscheinlich sind diese Kalksteine so wie die hebenden Felsarten in verschiedenen Zeiten hervorgetreten und die jetzige Configuration hat sich nur nach und nach hergestellt. Die Hauptrichtung ist W.-O. Stellenweise sind die Kalksteine durch jüngere Sedimente getrennt, wie beim Durchbruche der Hernad bei Wallendorf, in der Öffnung des Thales des Bergwerkes Johannisstollen bei Igló, und zwischen Polomka und Bries an der Gran.

Von Wallendorf östlich umgibt der Kalkstein fast mantelförmig das grosse Gneiss-Gebirge Branisko, selbst an dem östlichen Abhange dieses letzteren zeigen sich Kalkstreifen wie bei Izyp. Am Durchbruche des krystallinischen Schiefers an der Hernad berühren dieselben nicht eocene Karpathensandsteine, sondern ein graues Kalk-Conglomerat, wahrscheinlich ein Glied jenes Sandsteines. Zwischen Wallendorf und Johannisstollen bei Igló tritt wieder Kalkstein mächtig hervor. Dann nach einer kleinen Unterbrechung berühren die Schiefer unmittelbar den eocenen petrefactenreichen Sandstein.

Zwischen Polomka und Briesen, eine Strecke von zwei Meilen, verschwinden die Kalksteine und Talkschiefer sammt Gneiss trennen sie von ihrem westlichen Theile, der von Wutaczka nach Neusohl

fortsetzt. Zwischen Rothenstein und Pohorella zieht sich eine fast dreieckige Kalkmasse zwischen die Gneisse der Kohutgebirge und Granite, die sich südlich zwischen Pohorella und Zawadka an der Gran
erstrecken. Südlich aber von Theissholz bis Polhora sind sie von
Gneiss umgrenzt. Die Grenzen dieser dreieckigen Kalksteinmasse
sind durch grosse Wände von 4 bis 600 Fuss über der Thalsohle
bezeichnet und stellenweise stark ausgezackt.

Diese Massen wurden von hebenden Gebirgsarten heraufge-
gedrückt. An der östlichen Grenze geht der Weg von Rothenstein
nach Theissholz, beiläufig 3 Meilen. Ziemlich deutlich sondert sich
der Gneiss vom Kalkstein zwischen Theissholz und Polhora ab. Im
Norden sind die Grenzen unklar, weil hohe Berge sie verdecken,
aber steile Wände kommen doch auch vor. Am Berge Cygan und
Gindura findet man krystallinische schwarze und weisse Kalksteine
mit Bleigängen. Weiter erstreckt sich Talkschiefer, der in Protogyn
übergeht.

Der Kalkstein ist aber auch etwas körnig, hellgrau oder hellroth.
Die Schichtenabsonderungen sind nicht zu sehen. Sie stehen doch
in unmittelbarer Verbindung mit dem Liaskalk der Tatra durch die
Fatra in der Gegend von Neusohl bis Briesen. Östlich verbinden sie
sich durch den Nizne-Tatry. In jenen Knoten des Berges Popowa
erreicht der Kalkstein eine Breite von fast 2 Meilen. Aber weiter
gegen Osten verschmälert er sich zu 2 — 3000 Fuss Breite.

Ausser diesen Gebirgsmassen ist ein kleiner Strich Liaskalk an
der Gran am Eisenwerk Zawadka, 1000 Fuss lang liegt es in der
Mitte von krystallinischem Schiefer und tertiärem Gesteine.

Die Dolomite walten vorzüglich in diesem Gebirge vor, und an
einigen Punkten sind die Kalksteine halbkrystallinisch. Das charakteristische Zerfallen der Dolomite gibt den Gegenden zwischen Neusohl
und Predajna, so wie dem Plateau Pustepole bei Telgard ein eigenes
Aussehen. Zwischen Johannisstollen und Wallendorf sind die
Kalksteine verändert, vorzüglich weisslich, feinkörnig und ohne
Schichtung.

Ausser diesen Gesteinen findet man auch einen eigenthümlichen
mergelig-sandigen Kalkstein mit beigemengtem Glimmer und Petrefacten im Hnusnathale bei Lehota Gorna unfern Libethen und im
Thale Zajacowa-Dolina auf der Strasse von Rothenstein nach Telgard.
In letzterem Orte kommen rothe Mergel mit rothen und weissen

Sandsteinen vor. Rothe Mergel sind auch zwischen Lopej und Predajna an der Gran, in Berührung mit dem Dolomit in Szwabowka bei Pohorella und zwischen Rothenstein und Telgard. Endlich kommt Gyps am nördlichen Fusse des Berges Cygan bei Pohorella und in einem Seitenthale gegenüber dem Berge Zamyczsko bei Johannisstollen unfern Iglò vor.

Graue Kalksteine sieht man bei Predajna oberhalb Rhonitz in den Bergen Gindura und Cygan bei Pohorella, im Thale von Stracena u. s. w. Rothe Varietäten im Berge Szpanu-Herbce bei Herrengrund. Eine schwarze Varietät bei letzterem Orte enthält viele Verstei- nerungen.

Halbkrystallinischer Kalkstein beschränkt sich auf die Gegend zwischen Markdorf und Wallendorf nördlich von Kotterbach, Poracz und Stawinka, dann bei dem Palzmann'schen Hochofen am Hnilitz- Flusse zwischen Theissholz und Rothenstein und in der Gebirgsmasse Stozki und Klak gegenüber von Zawadka am Ursprunge der Gran.

Gabbro scheint vorzüglich auf die Kalksteine gewirkt zu haben. Doch werden beide Gesteine immer durch Talk - Conglomerate getrennt. Den Gabbro durchziehen viele Kalkspathadern, wenn er sich dem Kalke nähert, und seine ganze Masse braust mit Säuren. Der halbkrystallinische Kalkstein ist, wie schon gesagt, weisslich, selten bläulich, lichtroth oder rosenroth, dunkelroth, auch gelblich wenn das Eisenoxyd in Hydrat übergeht. Das Gestein ist durch- scheinend und geht in dichten Kalk über, ohne nie ganz körnig zu werden. Mit rothem Mergel gemengt nimmt es ein marmorirtes Aussehen an, wie am Berge Czerwony Wirch nördlich von dem Berg- werke die Lindt in der Zips.

Dieser Kalkstein ist ungeschichtet und durch Sprünge in würfel- artige rhomboidische oder polyedrische Massen getheilt. Verstei- nerungen enthält er keine. Beim Dorfe Walaczka unfern Bries gibt es eine hellgraue Varietät in dünnen Schichten, auf deren geglätteten Absonderungsflächen dünne Lager von einem gelben oder grünlichen dem Talke ähnlichen Silicat ausgebreitet erscheint. Gabbro ist auch in seiner Nähe.

Die Dolomite sind gewöhnlich feinkörnig, wie am Berge Glence, zwischen Stracena und Kapsdorf in der Zips. Doch bleibt die Farbe grau und wird nie weiss (Berg Popowa zwischen Grinitz und Telgard). Anderswo ist der Dolomit breccienartig und zerbröckelt leichter, wie

in Herrengrund bei Neusohl, an der Öffnung des Libethner Thales
bei Telgard, Muran u. s. w. Es gibt auch seltener zelligen Dolomit,
deren Räume durch feine Dolomitkrystalle gefüllt sind, die wie eine
erdige Masse aussehen. Selten sind solche Krystalle auf den Scheide-
wänden der Zellen (Berg Zamczysko bei Igló). Durch Verwitterung
wird das Gestein einem Schwamme ähnlich. Letztere Varietät kennt
man am Berge Czuntowa bei Doschau, am Berge Kastel bei Theissholz, am nördlichen Abhange des Cygan-Berges, an den Höhen nördlich von Szwabowka bei Pohorella, am Berge Zamczysko bei der
Johannisstollner Grube.

Untergeordnete Gesteine sind: 1. grauer Kalkmergel, der
in griffelartige Stücke zerfällt (Libethen), 2. Gewöhnlicher dick-
schieferiger Mergel (Szwabowka u. s. w.), 3. Thon zwischen Gyps
und Liaskalk (im Thale Terscianie, am Berge Cygan, am Berge
Gipsowka bei Johannisstollen u. s. w.), 4. Sandstein mit rothem mergeligen Cement, wie im Thale Zajacowa Dolina bei Telgard, am
Abhange Czysty - Grun in Bergrüken des Cygan. Auch kommen
glimmerreiche graue Sandsteine mit vielen undeutlichen Versteinerungen vor, wie im Thale Zajacowa Dolina und auf dem Wege von
Herrengrund nach dem Berge Jelenska Skala. Längs der Gran
erscheinen sie in einer zusammenhängenden Masse zwischen Telgard
und Rothenstein am Berge Zakutie, im Thale Hnusna, zwischen Gorna
Lehota und Mostenitz unfern Slowianska Lipcza. 5 Gyps mitten im
Liaskalk in zwei Punkten am Fusse hoher Kalkberge, namentlich im
Thale Podzamczysko bei Johannisstollen unfern Igló, wo er aus
abgerundeten Brocken besteht, die eine glatte Oberfläche haben und
ohne Bindemittel oder durch weisslichen oder röthlichen Gyps verbunden werden. Kleine Pentagondodekaeder von Schwefelkiesen und
etwas Thon sind beigemengt. In den Stollen sah man im Jahre 1851
nur das Gebirge 180 Fuss in der Länge aufgeschlossen; über den
Gyps kommt grauer Schieferthon und aufgeschwemmtes Gebirge.

Ein feinkörniger Gypsbruch bestand lange Zeit im Thale
Terscianie, Seitenthal des grossen Jaworynska-Thales, unfern Rothen-
stein an den Quellen der Gran und am Fusse des Berges Cygan.
Grauer Schieferthon umschliesst ihn auch hier.

Im Allgemeinen treten die einzelnen Glieder der Liasformation
sehr massenhaft hervor. Grosse Verschiedenheiten im Gesteine sind
Ausnahmen. Doch im Querthale zwischen Slowianska Lipcza und

Libethen findet man folgende Gesteine: Auf Talkschiefer ruht 1. feinkörniger Sandstein, 2. grauer Liaskalkstein, 3. Mergelschiefer, 4. grauer Dolomit, 5. Schiefermergel, der griffelartig zerfällt, 6. grauer dichter Kalkstein, 7. breccienartiger Dolomit.

Die beigemengten Mineralien sind ausser Kalkspath nur Hornstein in Knollen (Neusohl) und Rotheisenstein dicht oder pulverförmig in Adern im Kalkstein (Rothenstein an der Gran, und bei Theissholz). Im rothen Schiefermergel des Berges Czuntowa bei Dobschau kommt Eisenglimmer vor.

Versteinerungen findet man an mehreren Punkten in diesem Gebirge. Folgende wurden namentlich bestimmt: *Ammonites Bucklandi* Sow., ein zusammengedrückter mit Glimmer bedeckter Ammonit (Thal Zajacowa Dolina, Berg Zakutie bei Mostenitz), Orthoceratiten, Belemniten (Berg Szpanu-Hrbce, oberhalb Marienstollen, und südlich am Berge Kopienietz bei Herrengrund), *Nerita costata* Sow. (in denselben Bergen), *Trochus, Avicula, Arca, Inoceramus, Mya, Cardium, Pecten* (2 Species), glatte *Ostrea, Terebratula biplicata* Sow., Encriniten (Dobschau). Auch Zellgewebe von Dikotyledon-Blättern (Predajna). Beudant hat in seiner Liste von Petrefacten einige aus anderen Formationen gemischt.

Die Kalksteine sind in dicken Schichten abgesondert, da die halbkrystallinischen fehlen. Die Schichten sind aufgerichtet und neigen sich allgemein gegen Norden, eine Ausnahme ist die entgegengesetzte Neigung (siehe *Monogr. opis*, S. 130).

Plutonische Gebirgsarten haben den Liaskalk, und seltener den rothen Sandstein und die krystallinischen Schiefer deutlich durchbrochen. Es sind Gabbro, Serpentine und Melaphyre. Diese ersten, theilweise Beudant's Diorite, sind ganz denen zwischen Dobschau und Kotterbach, oder bei Golnitz, Helemanowce u. s. w. gleich. Die Durchbrüche lassen sich gut an folgenden Punkten beobachten: bei Pryboj, unweit Slowianska Lipcza, im Hnusna-Thale, bei Mostenitz an der Mündung des Bystra-Thales, im krystallinischen Schiefer bei Rhonitz, zwischen Walaszka im Bries und zwischen Grinitz und Wernar. Serpentin erscheint bei Dobschau einmal im Kalkstein und zweitens im Talkschiefer. Melaphyre beschränken sich auf das Bytra-Thal unfern Rhonitz und bei Telgard.

Der Gabbro erhebt sich in der Mitte von Liaskalk am einsamen Wirthshause Pryboj, an der Hauptstrasse von Neusohl nach

Slowianska Lipcza. Talkconglomerat trennt beide Felsarten und besteht
aus abgerundeten Quarzstücken und grünem Talk. Ein unmerklicher
Übergang davon in Gabbro vermittelt sich dadurch, dass der feine
Gabbro, graulich-grau werdend, kleine Quarzstücke und mergeligen
Schiefer einschliesst. Der dichte Gabbro geht in Mandelstein über,
worin die Kugeln aus Kalkspath, Speckstein und Chalcedon bestehen.
Epidot bildet darin Adern. Bei Pryboj sind zwei Gabbrobrüche.

Thal Hnusna. An seiner Mündung im Gran-Thale ragen glimmerreiche Talkschiefer-Felsen hervor. Auf ihnen ruht quarziger Sandstein und grauer Kalk, den ein 10 Fuss mächtiger Gabbrogang durchbricht. Das letztere Gestein geht auch in Mandelstein über.

Bystra-Thal bei Rhonitz. An seiner Öffnung im Gran-Thale
steht dünner, schiefriger Liaskalk an, der gegen N. St. 11—12, 20°
geneigt ist. Lehm bedeckt ihn. Nahe bei der Brücke am Wege von
Bystra nach Wataszka erhebt sich im Lias Gabbro. Gegen Norden
erscheinen wieder Kalk und rother Sandstein sammt Melaphyr, Mandelstein, mit Quarzkugeln. Dieses letztere Gestein hat eine Mächtigkeit
von fast 6000 Fuss längs des Thales. Es wird nördlich durch rothen
Sandstein bedeckt, der nach NO. Stunde 4 unter 45° geneigt ist. Weiter
hinter Bystra, nördlich gegen das Granit-Gebirge des Nizne-Tatry,
tritt wieder grauer Kalkstein hervor.

Der Mandelstein bildet einen mächtigen Gang, der die Flötz-
gebirge aufgerichtet und auf die Seite geschoben hat. Es ist dasselbe
Verhältniss wie bei Sunyawa und Luczywna. Der Gabbro soll in
keiner Verbindung mit dem Mandelstein stehen (Fig. 19). (*1* Lehm,
2 Liaskalk, *3* rother Sandstein, *4* Gabbro, *5* Mandelstein.)

Fig. 19.

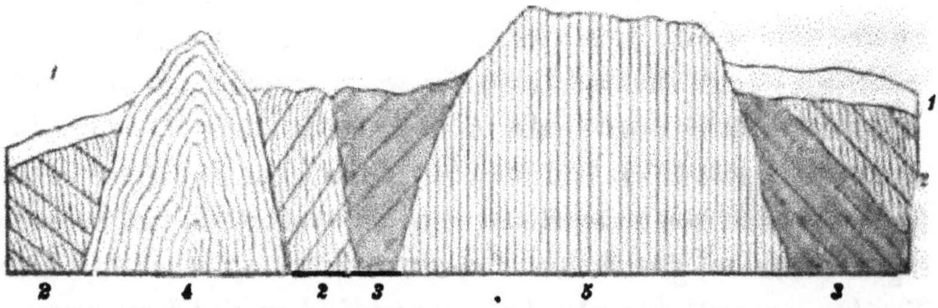

Lunterowa-Thal bei Telgard. Mitten im grauen Liaskalk
und rothen Mergelschiefer liegt braun-röthlicher Mandelstein-Melaphyr,

seine Mandeln enthalten Speckstein und Apophyllit, oder die Blasen sind leer. Der Kalkstein ist unverändert. Zwischen Telgard und Pustopole ist ein ähnliches Vorkommen bekannt. Der Mandelstein ist porphyritisch.

S t r y m n a S y r d z. Am Abhange des Berges Czuntowa, am Ende des Dobschauer Thales, ist im Liaskalk ein Serpentingang, der NO.—SW. läuft, und Marmolite sammt dünnen Adern von Chrysotil, sowie auch graue Granaten in Rhombododekaedern und Schwefelkies enthält.

Metallgänge sind im Lias nur bei Dobschau und Neusohl bekannt, namentlich in ersterer Gegend zwei Gänge, der Ferdinandistollen und eine Zinnobergrube. Im ersten Bergwerke liegt Lias-Dolomit in deutlichen Schichten abgesondert, gegen SW. Stunde 2 unter 35° einfallend. Der Gang ist 10 Fuss mächtig, streicht NW. St. 4 mit einer Neigung gegen NW. St. 10 unter 80°. Die Gangmasse, ein schneeweisser Dolomit, hat ein 4 Zoll dickes Sahlband von gelbem Thon, im Dolomit stecken einfache und Zwillings-Krystalle von blätterigem Hämatit. Ausnahmsweise concentriren sich diese Krystalle in 1 Fuss mächtige Lager. Selten zeigt sich im Eisenglimmer Kupferkies. In der Nähe des Ganges ist der Dolomit auf einer Strecke von 20 Fuss stark zerklüftet. In seinen Absonderungen ist ebenfalls Eisenglimmer eingeschlossen. Auch gibt es da eine hohe Wand von rothem Mergelschiefer mit Eisenglimmer.

Am Berge Czuntowa ist ein Zinnobergang, der deutlich eine Ausfüllungsspalte ist. Der Liaskalk ist hier ziemlich dünnschieferig. An der Öffnung des Stollen steht zelliger Dolomit an, weiter in der Grube findet man Kalkstein, der NO. Stunde 10 streicht und gegen SW. Stunde 4 unter 12° einfällt. Der Gang zieht von SO. gegen SW. Stunde 9 und fällt SW. Stunde 3 unter 75°, so dass das Streichen des Kalksteins und des Ganges fast gleich sind, aber ihr Fallen ganz verschieden.

Dieses entschiedene Verhältniss war vorzüglich im Jahre 1840 am südlichen Ende der Grube zu beobachten. Die Mächtigkeit des Ganges beträgt 20 Fuss und hat ein 1 Zoll dickes thoniges Sahlband. Die Gangmasse ist ein verwitterter brauner Ankerit, in fast pulverförmigem Zustande, grauer Schwerspath vertritt ihn hie und da. Rother Zinnober, pulverförmig oder derb, sammt Fahlerz sind darin zerstreut. Durch Zersetzung bildet das Kupfererz Malachit und Kupferlager, der die Klüfte des Ankerits und Schwerspathes überzieht oder selbst

in dem letzteren Mineral grüne oder blaue Flecken verursacht.
Auch findet man im Gange zolllange Stücke von gelbem Schieferthon,
der in Talk zu übergeben anfängt. Es ist eine Ausfüllung durch aufsteigende Thermen.

Bleierzlager am Berge Cygan, eine Stunde südlich von Pohorella.

Graue dichte Kalksteine berühren bier schwarze, halbkrystallinische, die weiter in weissen Marmor übergeben und Feldspath
führenden Talkschiefer berühren. Letzterer geht in Protogyn über.
Das Bleierz befindet sich im schwarzen Kalkstein.

Die Kalksteine dieses Gebirges sind sehr zerrissen, und durch
krystallinische oder sedimentäre Gebilde zerstückelt. Die einzige
Ausnahme ist zwischen Neusohl und Bries vorhanden, wo die
bekannten Lagerungsverhältnisse der Tatra sich wiederholen. Der
Lias bedeckt die krystallinischen Schiefer und sie werden nur bei Slowianska-Lipcza an der Gran durch Nummuliten-Dolomit überlagert.
Gewöhnlich kommen die Liaskalksteine mit den Graniten des Nizne-
Tatry in Berührung, wie in den Thälern von Predajna und Bystra.
Bei Slowianska-Lipcza gibt es noch eine bedeutende Strecke von
tertiären versteinerungsreichen Thonen bei der Mühle Priechod. Diese
letzteren stehen mit den erwähnten weissen Sandsteinen bei Ortuly
und Tajowa, sowie mit den Braunkohlen von Badin in Verbindung.

Bei Walaszka endigt der Kalk und östlich erscheinen im Gran-
Thale Talkschiefer, die durch eine grosse Masse von Gabbro
durchbrochen und vom Gneiss auf diese Art getrennt wurden. Bei
Polomka an der Gran erhebt sich wieder in einer Strecke von einer
halben Stunde grauer Kalkstein, der von Süden durch Talkschiefer
und von Norden durch tertiären Thon sammt Braunkohle begrenzt
wird. Die Lagerungsverhältnisse des Kalkes sind durch Löss verdeckt.
Eine starke Meile weiter tritt eine bedeutende Kalksteinpartie hervor.
Oberhalb des Schlosses von Pohorella ziehen mächtige Kalkmassen
nach S. und N. Der südliche, fast dreieckige Theil bildet das Cygan-
Gebirge, die Höhen oberhalb Hutta, Muran, Theissholz, Mittelwald
und die Gegend von Zawadka, so wie das Gebirge Stozki. Die Kalkmasse wird durch Gneiss oder Protogyn umschlossen, ohne auf Letzterem zu ruhen, weil es herausgerückt wurde; grosse Wände begrenzen
das Ganze, wo der halbkrystallinische Typus und die lichten Farben
herrschen. Vom Berge Gindura oberhalb Pohorella, während einer

Stunde Weges, sind die Kalke mit dem feldspathreichen Talkschiefer oder Protogyn in Berührung. Sie sind dann schwärzlich und körnig, oder weisser Marmor.

Weiter gegen Osten nehmen sie ihr gewöhnliches Aussehen wieder an oder es sind graue Dolomite. Sie verbinden sich nördlich mit dem Gebirge von Nizne-Tatry, wo sie einen grossartigen Knoten bilden und die Gebirge von Pustopole, Popowa und Glence zusammensetzen. Je weiter sie gegen Osten ziehen, verschmälern sie sich. Nur auf einer kleinen Strecke bei Dobschau werden diese Kalksteine durch rothe Sandsteine vom Gneiss getrennt oder sie bedecken den Talkschiefer und die Conglomerate. Löss ruht auf dem Lias. Bei Grinitz am Berge Popowa berühren die Kalke einen groben Sandstein. Oberhalb Kapsdorf werden sie von tertiären Sandsteinen überdeckt, die sich gegen Norden unter 25° neigen. Nördlich von Kapsdorf herrschen in der Ebene eocene Sandsteine, die sich in der Fläche am Fusse des Kalkgebirges des Szaroscher Comitates hinziehen.

Am Berge Popowa, zwischen Dobschau und Kapsdorf, haben die Kalksteine eine Breite von 3 bis 4 Stunden; von da gegen Osten ist ihre Breite geringer und im Thale von Johannisstollen verlieren sie sich ganz. Eocene Karpathensandsteine füllen die eine halbe Stunde breite Lücke aus, seine Schichten neigen sich gegen Norden unter 5°. Weiter gegen Osten erhebt sich wieder der Kalkstein mit dem gewöhnlichen Charakter; bei Marksdorf aber bis gegen Krompach wird er krystallinisch und heller. Dieses Gestein bedeckt ein rothes Talk-Conglomerat, das es von einer mächtigen Gabbro-Masse trennt. Unter Poratsch gegen Slawinska findet sich zwischen dem Kalkstein und dem Talkschiefer ein enges Thal. Eocene Sandsteine berühren den Fuss des Kalkgebirges.

Der die hohe Branisko-Gneissmasse umhüllende Kalkstein steht nicht mit demjenigen in Verbindung, der sich nördlich von Slawinska mit steilen Wänden erhebt. Eine bandbreite Kluft wird durch graues Kalk-Conglomerat ausgefüllt, welches wohl eocen sein wird. Es ist dem zwischen Rajetz und Preczen im Trentschiner Comitate sehr ähnlich. Im Branisko-Gebirge wiederholt sich auf einer kleinen Strecke das normale Lagerungsverhältniss, namentlich Gneiss und rothes Talk-Conglomerat werden durch rothen Quarzsandstein und Lias bedeckt und eocene Karpathensandsteine berühren die letzteren. Am östlichen Abhange des Branisko-Gebirges bis in die Gegend von Izyp

fehlen die Kalke und werden durch Karpathensandsteine und Conglomerate ersetzt. Erst oberhalb Bystra und Margezan findet man
einen schmalen Streifen von krystallinischem Dolomit zwischen Kalkschiefer und jüngeren Conglomeraten, die in der Gegend von Piller-
Peklin den Kalkschiefer vertreten. An der Pekliner Mühle am Swinka-
Flusse berühren Kalksteine die Talkschiefer. Mächtige eocene Sandsteine bedecken ungleichförmig die ersteren, wie bei Radaczow, Peklin
u. s. w., und enthalten viele Blätterabdrücke.

Was die Bergform anbetrifft, so bilden die Kalksteine nur lang
gezogene Rücken ohne hervorragende Felsenmassen; doch in Abstufungen getheilt erscheinen dann einige Wände und erheben sich
vereinzelte Kuppen. Über alle angrenzenden Höhen dominirt die stark
gehobene dreieckige Gebirgsmasse zwischen Rothenstein, Muran,
Theissholz, Zawadka und Pohorella. Grosse steile Wände mit aus-
gezackten Rändern verschönern diese Gegend; die Gebirgsmasse
wird durch die lange Wand Cygan oberhalb Pohorella und Zlatno
umgrenzt und eine zweite Wand ist die fünf Stunden lange, zwischen
Kalk und Gneiss, zwischen Rothenstein, Huter, Muran und Theissholz;
endlich kommt die Stozki- und Klakwand südlich von Zawadka. Ein
grosses Plateau mit üppiger Alpenwiese bedeckt diese Gebirgsmasse.
Bei Theissholz aber haben sich einige pyramidalische Berge und Felsen
von dem Hauptkörper getrennt. Waldungen aber kleiden die langen
Rücken. Im östlichen Theile sind bedeutend würfelförmige Kalkmassen gehoben, wie der bekannte *Lapis refugii* oberhalb Igló. Im
Thale Stracena zwischen Poracz und der Slawinkaer Kupferhütte
ragen Kalkwände ober dem Thale; zerrissene Dolomit-Felsen geben
der Gegend von Pustopole zwischen Stracena und Telgard ein trau-
riges Aussehen. Zwischen Predajna und Lopej längs der Gran ist
der Boden wegen der rothen Mergelschiefer ähnlich gefärbt.

Die Thäler sind ziemlich kurz, zwischen Neusohl und Walaska
erstrecken sich mehrere Querthäler, die das grosse Graner Längenthal von Osten bis Westen durchschneiden. Diese letzteren sind
gewöhnlich vier bis fünf Stunden lang und ihre Abhänge mehr oder
weniger steil. Das Graner Thal wird durch niedrige Kalkfelsen in
ihren Abhängen geschmückt. An der dreieckigen Kalkmasse zwischen
Pohorella, Theissholz und Zawadka ziehen tiefe Spaltenthäler heran,
die aber auf der Grenze der Gneiss-Talkschiefer und Protogyne
liegen. Das Hnilezthal ist an seinem Anfange bei Pustopole und

Stefanovce ein Längenthal im Lias; weiter gegen Osten verschmälert sich der Kalkstein, und es stellen sich kurze Querthäler ein.

Höhlen im Kalksteine gibt es eine Menge, vorzüglich im Muraner Gebirge. Die folgenden hat der Verfasser untersucht:

1. Nad Marnikower Stodola, zwischen Zlatno und Rothenstein, ist eigentlich eine grosse Spalte im grauen Kalkstein, die in der Quere von Südosten nach Nordwesten zieht. Andere Spalten durchkreuzen die erstere und bilden dann zusammen grössere Räume.

2. Zwei Höhlen im Berge Cygan oberhalb Zlatno. In einer erhält sich Schnee während eines Theiles des Sommers. Es ist also eine tiefe Spalte, die nordsüdlich läuft. Man lässt sich 40 Fuss tief in dieser Höhle wie in einem Schachte herab. Den 3. September 1839 war die Temperatur an ihrem Ende 5·65° C. und die eine Quelle daselbst 7·75° C.; die mittlere Temperatur der Gegend ist 7—8° C.

3. Die Kalkhöhle im Berge Dodupiat oberhalb Marksdorf; sie enthält grosse Räume und Knochen von *Ursus spelacus*.

Die Quellen sind nicht so zahlreich und wasserreich als in der Tatra und Nizne-Tatry, die Gegend ist viel trockener. Doch zwischen Muran und Theissholz sprudeln 20 starke Brunnen auf einer Strecke von einer Meile unter der Kalkwand hervor. Die Temperatur der Quellen ist sehr verschieden, im Gran-Thale zeigen sie 6—8° C., an der Hütte Szwabovka bei Pohorella aber 7·85° C., am Berge Gindura daselbst 6·8° C., bei Stefanovce im Hnilez-Thale 6·60° C., zu Lepej an der Gran 8·0° C.

Sehr viele Säuerlinge sind in diesem Gebirgsdistrict bekannt, gewöhnlich haben sie eine etwas kühlere Temperatur als die sässen Quellen. Am Berge Kozie Hrbce bei Mostenitz, 1933 Fuss Meereshöhe, zeigte ein Säuerling den 8. September 1840 8·40° C.; in Bruzno an der Gran gegenüber von St. Andrej in einer Höhe von 1243 Fuss den 6. September 1840 die eine 8·20° C., die andere 9·95° C.; das Kisla-Voda-Sauerwasser bei Theissholz den 27. September 1839 10·60° C.

Die Verwitterung ist dieselbe wie anderwärts. Auf dem Kalk und Dolomit stehen schöne Tannen-, Fichten- und Buchen-Waldungen. Der Dolomit eignet sich vorzüglich zum Strassenbau (zwischen Neusohl und Rhonitz).

Einzelne auf dem Talkschiefer aufgelagerte Kalksteinmassen südlich von Dobschau.

Südlich von Dobschau ist ein bedeutendes krystallinisches Schiefergebirge, auf dem einzelne Liaskalk-Kuppen aufsitzen; sie bilden eine Verlängerung des Kalkgebirges von Pustopule und Popowa. Die rauhen zackigen Wände unterscheiden von Weitem den Kalk vom Schiefer.

In der Gegend von Dobschau sind fünf solche isolirte Kalkmassen:

1. Der Radzin, ein hoher Berg oberhalb Radowa und Ober-Szlana, auf einem Talkschiefer-Plateau, das sich längs des Thales von Osten bis Westen 1 Stunde weit erstreckt. In dem östlichen Theile ist das Gestein schwärzlich, dicht, mit einer Neigung zum körnigen, in dem westlichen Theile ist es fast weiss, krystallinisch und von vielen rothen Adern durchzogen.

2. Stozek, eine östlich vom Berge Radzin gelegene Höhe, oberhalb Szlana; der Kalkstein in steilen Wänden ist auf grünem Talkschiefer aufgesetzt, der in Talk-Conglomerat übergebt. Das Gestein ist halbkrystallinisch und in dickstengligen Stücken abgetheilt. Seine Farbe ist weingelb, es enthält Kalkspathdrusen.

3. Na Stranu, Abhang des Rückens oberhalb Wlachow bei Dobschau und unter dem Berge Buczyna-Kobylarska. Das ganze Gebirge bei Wlachow besteht aus schwärzlich-grauen krystallinischen Thonschiefern, die zur Talkschiefer-Formation gehören. Ein dünnes Lager von Dolomit bedeckt sie und hat kaum 10 Fuss Mächtigkeit.

4. Am Wege zwischen Nieder-Szlana und Czetnek steht ebenfalls schwarzer Thonschiefer an, der durch eine inselartige Dolomitmasse überdeckt ist. Das Gestein ist zellig und gelb. Die Masse ist viel zerstört worden.

5. Am Gründel bei Dobschau. Zwischen Serpentin und Talkschiefer zeigen sich unter einer mächtigen Lehmdecke graue mergelige Kalksteine, die als Bausteine verwendet werden. Sie enthalten Crinoiden-Stiele und Acephalen-Schalen. Diese Masse ist 1000 Schritte breit.

Diese fünf Kalkmergel- und Dolomit-Inseln finden sich auf einer Strecke von 1½ Meilen. Wahrscheinlich sind sie nur die Überbleibsel einer zusammenhängenden Masse, die nordwestlich und nördlich mächtige Gebirge zusammensetzt. Gewaltige Umwälzungen müssen hier stattgefunden haben.

Einzelne Kalksteinmassen zwischen Göllnitz, Margecany und Kaschau.

Die Gegend besteht hauptsächlich aus Talkschiefer, körnigem oder dichtem Gabbro und Serpentin. Der letztere ist nur auf einige Punkte beschränkt, der Gabbro tritt aber in bedeutender Masse hervor.

Auf dem Schiefer liegen die verschiedenen Glieder des Lias oder sie sind darin wie eingekeilt, ein Verhältniss, das mächtige Umwälzungen bedingt. Neben Gabbro und Serpentin sind die Kalksteine gewöhnlich verändert, fast krystallinisch, aber neben dem Talkschiefer oder selbst umschlossen von ihm bleiben sie grau und dicht. Die umgewandelten Kalke sind schichtenlos und weiss.

Die einzelnen Kalksteinpartien sind von Norden bis Süden folgende:

1. Jaklowska-Gora und Wapienna-Skala, zwei zusammenhängende pyramidale Berge, nördlich von Jeckelsdorf. Der weisslichgraue halbkrystallinische Kalkstein wird von Talkschiefer umgeben. Gegen Westen kommt ein Gestein vor, das aus abgerundeten Quarzkörnern und einem rothen verwitterten (?) Talk besteht. Dieser Kalkstein wird von Kalkspathadern durchsetzt und kommt in Berührung mit Serpentin, der die Ursache seiner Veränderung ist. Im Schlosse Kyary durchbricht der Serpentin den Kalkstein als ein 1000 Fuss breiter Gang, der sich von Norden nach Süden erstreckt.

Der Serpentin mit seinen gewöhnlichen graulichen, gelblichen, rothen und braunen Farben enthält eingesprengt oder in kleinen Adern Marmolite, edlen Serpentin, faserigen Chrysotil, Epidot und Eisenglimmer.

In der Schlucht Kyary, an der Grenze des Serpentins, stehen öfters grosse Kalkfelsen mit deutlichen Reibungsflächen, die durch Serpentin grau gefärbt erscheinen. Anderswo findet man weissgelbe, feinkörnige Kalksteine mit vielen Drusenräumen und eingeschlossenen Bruchstücken von Serpentin.

2. Petrow Jarek. Am südwestlichen Ende von Jeckelsdorf erhebt sich ein kleiner Kalksteinhügel auf Talkschiefer; das Gestein ist grau und dicht.

3. Harbek na Hlinie. Östlich von dem vorigen Hügel erhebt sich eine kleine, durch ein tiefes Thal getrennte Anhöhe und wird von Süden durch den Serpentinberg Szwablica begrenzt. Im Osten aber ist dunkelblau-graues, halbkrystallinisches Gestein mit Serpentin

verbunden, welches sich weiter nördlich gegen den Berg Na
Skalu erstreckt. In Letzterem sind Adern von graulichem Chrysotil,
der durch die Verwitterung zu Thon wird. Anderswo sind ¼ Zoll
dicke Adern von Eisenglimmer.

4. Zwischen Jeckelsdorf und Wielki-Folkmar erhebt sich westlich von der Strasse ein etwas höheres Gebirge, dessen Spitzen aus
Lias-Kalk bestehen und auf Talkschiefer ruhen, aber von Norden
durch den Serpentin des Berges Szwablica abgeschnitten werden.
Am östlichen Abhange ragen Schichten von Schiefertalk hervor, die ein
Lager im Talkschiefer bilden. Auf diesem eigenthümlichen Gestein
steht Kalkstein, der etwas krystallinisch ist, Kalkspath-Drüsen und
Adern enthält. Die Kalkspitze Fajtowa wird davon zusammengesetzt,
aber im nahen Berge Wyzszy Harbek ist der Kalkstein grau, feinkörnig und geht weiter gegen Süden in gelben zelligen Dolomit über.

5. Harbek pod Dryjenku, ein hoher Abhang südwestlich von
Wielki-Folkmar. Die Kalkbildung erscheint hier keilförmig zwischen
Talkschiefer und Gabbro. In der tiefen Schlucht des südlichen Theiles von Wielki-Folkmar erhebt sich eine dichte Kalksteinmasse, die
von Talkschiefer begrenzt wird. Weiter im Thale steht zelliger Dolomit. Nahe bei Folkmar berühren sich wieder Kalkstein und Talkschiefer, weiter dichter Gabbro, der auf die anderen Gesteine keine
Einwirkung hervorgebracht hat.

6. Skala Folkmarska, auch Zulon Folkmarski genannt, ein mächtiger Kalksteinfels, der die Umgegend dominirt. Das dichte Gestein
ist zwischen Talkschiefer und Gabbro eingeschlossen.

7. Dubowy Harbek, ein Hügel am Wege von Wielki-Folkmar
nach Hamor, der 1000 Schritte im Umfange hat. Dieser Kalkstein ist
halbkrystallinisch und auf Talkschiefer aufgesetzt.

8. Zwischen dem Thale Czertowik bei Klein-Folkmar und Stara
Roza erstreckt sich ein ziemlich ausgedehntes Kalkgebirge mit pyra-
midalen Bergen. Es ist zwei Stunden lang, eine Stunde breit und
liegt mitten im Talkschiefer und Gabbro. Im Thale Czertowik berühren
sich beinahe dichter Gabbro und Kalkstein, der weiss halbkrystallinisch und ohne Schichtung ist. Hundert Schritte weiter gegen
Hernad ist das Gestein wieder unverändert und dicht; seine Schichten
fallen südöstlich Stunde 3 unter 20°. Weiter gegen Hernad erheben
sich hohe Kalkwände, die bis im Flusse sich hineinziehen. Weiter
gegen Süden vertreten den Kalkstein Dolomite, die sich durch die

zwei hohen Berge, namentlich den Siwiec und die mächtige Wand Czerwieniec auszeichnen. Der körnige Dolomit der letzteren enthält 3 bis 10 Fuss dicke Lager von hellbraunem und grauem Dolomit- mergel, so dass die auf diese Weise geschichteten und massiven Gebirgsarten wechsellagern.

9. Zwischen Hamor und Opaka zieht sich im Opaker Thale in der Quere auf fast einer halben Stunde Weges ein grauer Liaskalk. Er bildet Berge, wie den Sosnowiec und Skwirczynowiec. Von beiden Seiten von Hamor und Opaka wird der unveränderte Kalkstein durch dichten Gabbro begrenzt.

10. Südlicher Abhang des Jahodna. Fast an der Spitze dieses Berges, nahe an der Strasse von Bela nach Kaschau, zeigt sich auf grünem Talkschiefer eine Insel von halbkrystallinischem weissem Kalkstein. Er ist in dünnen Tafeln abgesondert.

Kalksteingebirge zwischen Joosz und dem Rima-Thale.

Dieses am meisten gegen Süden gerückte Gebirge bildet den südlichen Abhang der breiten Karpathen-Kette. Von da an fängt die ungarische Tertiär-Ebene an, deren einzelne Einförmigkeit nur durch Trachyt-Erhebungen gestört wird, wie das Bikgebirge, die Misz- kolczer Höhen, das Gebirge von Parad u. s. w.

Dieses Kalkgebirge ist 5—6 Meilen lang und erstreckt sich von Joosz bis nach dem Rimathale und ist 2—3 Meilen breit, wie zwischen Jolwa und Gömör, oder zwischen Joosz und Baltosch. Die bebende Gebirgsart kommt nicht zum Vorschein, und die ganze Masse besteht aus grauem dichten Liaskalk. Er bildet langgezogene gerade Rücken, die mit $\frac{1}{4}$—$\frac{1}{2}$ Meile breiten und 1—2 Meilen langen Plateaus bedeckt sind. Hie und da ragt ein Felsen empor, oder zieht sich eine Wand in Thaleinschnitten hinein. Diese ziemlich über die Thalsohle erhobene Masse hat steilere Abhänge gegen Norden als gegen Süden. Die stark geneigten Schichten und die Spaltenthäler bewei- sen ihre Hebung.

Diese Gebirgsmasse zwischen Joosz und Czetnek ist von dem gleichen Kalkstein der schon beschriebenen Gegenden vorzüglich durch Talkschiefer getrennt. Doch gehört das Gebilde dem Lias an, wie es die Versteinerungen, die *Terebratula biplicata* u. s. w., bewei- sen. An einigen Punkten zeigen sich rothe Mergelschiefer und Dolo- mit ausnahmsweise.

Nördlich von Rosenau erhebt sich der Hügel des Schlosses Krasnohorka; an seinem südlichen Abhange sind zwei tiefe Wasserrinnen, wo folgende Gesteine in der ersten von N. nach S. zu sehen sind: 1. Schieferiger mergeliger Kalkstein; 2. grauer dichter Kalkstein mit rothen Kalkspatbadern; 3. dunkelgrauer Serpentin, der in unterliegenden glimmerreichen Schiefer überzugehen scheint. Je mehr dieses Gestein (4) sich vom Serpentingange entfernt, desto weniger enthält es weissen Glimmer; aber bald weiter gegen Süden mehrt sich wieder dieses letztere Mineral und neben dem glimmerreichen Schiefer kommt wieder ein Serpentingang vor (5); 6. grauer dichter Kalkstein.

In der zweiten Wasserrinne zeigt sich ein Serpentingang mit demselben Mergelschiefer, der sich in glimmerreichen Schiefer verwandelt. Von N. nach S. ist die Folge: 1. grauer dichter Kalkstein; 2. Kalksteingerölle, 20 F. mächtig; 3. schieferiger Serpentin; 4. glimmerartiges Gestein; 5. violeter Mergel; 6. grauer Schiefermergel; 7. grauer dichter Kalkstein. — Neigung der Schichten 10°. Die Serpentingänge streichen OW., wahrscheinlich hat sich der Gang in der nördlichen Wasserrinne abgegabelt. 1000 Fuss von da an den Ruinen des Schlossberges Krasnohorka ist der Kalkstein unverändert. Er enthält viele Schaalen von *Terebratula biplicata*. Die Schichten fallen nach SW. Stunde 9 unter 45° oder W. unter 70°, oder N. unter 10°.

Südlich werden diese Kalksteine von eocenem Gebilde begrenzt. Ein glimmer- und versteinerungsreicher Thon bedeckt südlich von Gömör das ganze flache Land; er scheint etwas gegen Süden geneigt.

Nördlich von den Kalksteinen gibt es krystallinische Schiefer, die am östlichen Ende bei Joosz in Contact mit röthlichen, stark verwitterten Talkschiefern kommen. Dasselbe wiederholt sich bei Nieder-Metzen-Seifen; zwischen Joleva und Czetnek aber werden die Schiefer vom Kalkstein durch ein fast ¼ Stunde breites Lager von körnigem Marmor getrennt.

Der hoch emporgehobene Berg Mlynska bei Joleva besteht aus schwarzgrauem Kalkstein mit mehr oder weniger Kalkspathadern. Im nördlichen Theile dieses Berges wird das Gestein weisslich und fast weiss und geht weiter nördlich in einen körnigen Marmor über, der stellenweise grau gefärbt ist und dessen Absonderungen von einem talkartigen Minerale überzogen werden. Durch Anhäufung des

Talks geht der Marmor in Talkschiefer über. Diese Übergänge setzen den Berg Marmankamen zusammen, wo Carrara-Marmor ähnliche Gesteine vorkommen.

Weiter westlich gegen Czetnek werden diese Marmore durch Eisenoxydhydrat gelb gefärbt und sind grobkörniger als am Berge Mlynska. Auf dem südlichen Abhange dieses letztern gegen Jelszanska-Tepliczka geht er in dichten Kalkstein über, der endlich eine rosenrothe Farbe vom Eisenoxyd annimmt.

In diesem Gebirge sind mehrere bedeutende Höhlen, unter denen zwei besonders ausgezeichnet sind, namentlich die Höhle Baradla bei Aggtelek und die von Silica. In der ersten sind mehrere grosse Räume mit vielen schönen Stalaktiten und Thierknochen (*Ursus spelacus* etc.). Die Silicer-Höhle ist viel kleiner, und besteht aus einem grossen unterirdischen Raume, in welchem das ganze Jahr sich Eis erhält. Im Frühling und Sommer vergrössert sich das Quantum des Eises, das doch im Winter sich gleich bleibt.

Das Gebirge bildet langgezogene massenhafte Rücken, die von Weitem wie gerade Linien erscheinen. Hie und da zeigt sich ein mächtiger Fels wie bei Joosz, oder es gibt Wände, wie am Berge Mlynska bei Jolcva.

Ausser diesen Liasgebirgen sind im südwestlichen Theile der Karpathen noch andere ziemlich ausgedehnte. Zwischen der Trentschiner Therme und der Stadt dieses Namens erhebt sich eine solche Liasmasse. Ein Theil ist mergelig und schieferig, und besteht aus grossen flachen Linsen, die selten 6 Zoll erreichen. Die Farbe dieser Mergelkalke ist grau oder roth. Die alte Ruine neben der Stadt Trentschin steht auf einem solchen Berge. Dolomite sind auch da vorhanden, wie am Abhange Dubowa, oberhalb Topla, zwei Stunden von der Trentschiner Quelle, und bei Baraschka, eine halbe Stunde davon.

Anhang. Beschreibung des *Ammonites Liptoviensis* L., Taf. II, Fig. 1 *a*, *b*; 2 *a*, *b*; 3 *a*, *b*. Das scheibenförmige Gehäuse, gewöhnlich 30—41 Millimeter gross, besteht aus 3—5 sichtbaren Umgängen, die sich bis ²/₃ bedecken, die Seiten mehr weniger flach, bei einigen Individuen sind es fast ebene Flächen, bei anderen etwas gewölbte, mit wenig ausgedrückten geraden Rippen bedeckt, die sich bis zur Sutur fortsetzen, in der Hälfte unbestimmt. spalten und durch Einschnürungen absondern. Gewöhnlich zwischen zwei Einschnürungen zeigen

sich zwei bis drei grössere Rippen, die in der Mitte
drei Theile, und manchmal zum zweiten Mal am Rücken
und dadurch an *Amm. bidichotomus* d'Orb. erinnern;
aber eine Beständigkeit des Spaltens zu beobachten. Der
lieb. Die Mundöffnung ist länger als breit und etwas ve
flachen und gewölbten Varietäten, bei den ersteren fas
hoch wie breit. Der Rücken gewölbt. Die Sättel und Lo
und vielfach eingeschnitten. (Fig..1 *c.*) Der Rückenlobus
lang wie breit und etwas länger als der obere Seitenlobus;
sattel am bedeutendsten entwickelt, fast zweimal so lang
der Mitte tief in zwei Äste eingeschnitten; der erste Seitenlo
so tief als breit; der erste Lateralsattel erreicht fast die
Rückensattels, ist aber um die Hälfte weniger breit; d
Seitenlobus um die Hälfte kleiner als der erste; seine Län
sich ebenfalls wie 1 : 3; der zweite Lateralsattel fast um
kleiner als der erste; drei schief gestellte Nebenloben zi
von der Sutur gegen den Nabel herab.

Der Durchmesser 18 Millimeter; Höhe des letzten
8 Millim.; Breite 5 Millim.

$$D : H : B = 100 : 44 : 27.$$

Diese schöne, sehr veränderliche Species hat die grös
lichkeit mit *Amm. polyplocus* Quenst., XIII, 2, 5, und
fascicularis d'Orb., XXX, 1, 2, unterscheidet sich aber von
durch einen kleineren Nabel, eigenthümliche Spaltung der
die durch Einschnürungen abgesondert werden; bei den ho
digen sind sie ganz dem *A. polyplocus* ähnlich, bei den breitm
aber sind sie zweifach gespalten, einmal in der Hälfte der
und zweitens höher an der Wölbung des Rückens. Mit *Amm.
lutus interruptus* Quenst., XIII, 4, hat diese Species die viel
schnürungen gemein, unterscheidet sich aber durch ein fla
Gehäuse, eine verschiedene Art des Spaltens der Rippen un
schiedenen Bau der Loben; besonders sind die beiden Seite
viel höher im Verhältnisse zum Rückensattel. Die Lobenausse
haben mich bewogen, diese Species für neu zu betrachten.

Ziemlich häufig in Schwefelkies umgewandelt im
Kalkstein im Thale Hrohotna bei dem Bade Luczka im Lip
Comitate.

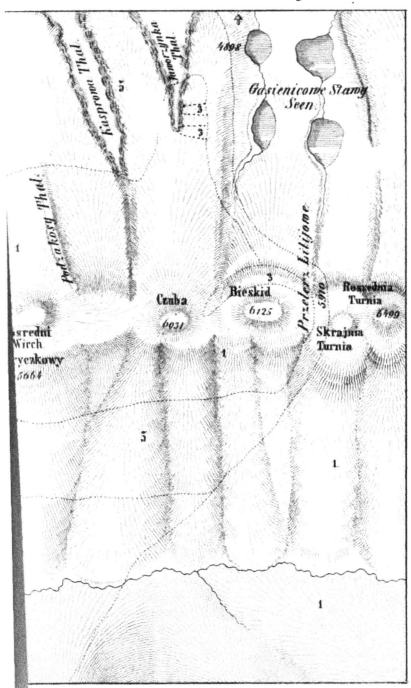

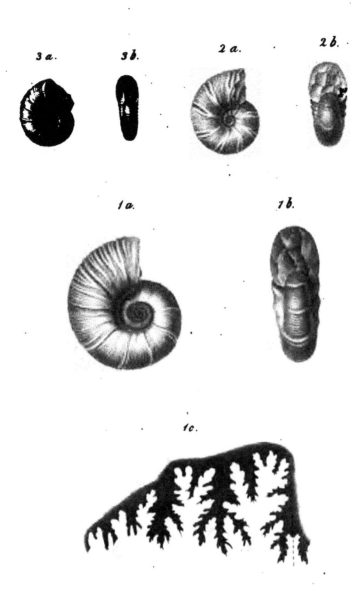

3 a. 3 b. 2 a. 2 b.

1 a. 1 b.

1 c.

Fig. 1. 2 3 Amm. Liptoviensis Zeuschner.

Sitzungsb d.k.Akad d.W math. naturw Cl.XIX.Bd 1.Heft.1856

Zur Entwickelungsgeschichte der Najaden.

Von Prof. Oskar Schmidt in Krakau.

(Mit IV Tafeln.)

(Vorgelegt in der Sitzung vom 11. October 1855.)

Von den älteren Beobachtungen über die Entwickelung der Najaden *(Unio* und *Anodonta)* sind die von Carus in den Nov. Act. Acad. Leop. Car. vol. 10. 1832, die brauchbarsten, während bekanntlich einige Jahre später dem sonst so verlässlichen Quatrefages[1]) über dem, was er sah, die Phantasie durchging, so dass er die jungen Anodonten als wahrhaftige Doppelwesen beschrieb und ihnen Organe andeutete, die sie während des Aufenthaltes in den Kiemen nie besitzen.

Nächst v. Siebold hat besonders Rud. Leuckart[2]) das Verdienst, dieser Entwickelung den Nimbus des Wunderbaren abgestreift und den Versuch gemacht zu haben, nachzuweisen, wie sie in den Grundzügen mit dem übereinstimme, was man sonst über die Entwickelung der Lamellibranchiaten weiss. Er findet sogar „im Wesentlichen eine gleiche typische Anordnung mit den Gasteropoden", ein Ausspruch, wozu ihn wohl besonders die Anwesenheit eines rudimentären Segels bei der, wie es scheint, allein von ihm beobachteten *Anodonta intermedia* veranlasste. Auf diese Art bezieht sich ohne Zweifel die Abbildung in dem citirten grössern Werke S. 675, wo sie mit dem, mit einem sehr ausgeprägten Segel versehenen Embryo von Cardium (nach Lovén) zusammengestellt ist.

An den Angaben, welche Leuckart über *Anodonta intermedia* macht, babe ich, so weit sie eben nur diese Art angeben, einige indif-

---

1) Sur la vie interbranchiale des petites Anodontes. Annal. des scienc. nat. T. 4 o. S. 1831 und 1836.

2) Morphologie der wirbellosen Thiere. 1848, S. 163 ff. und in der anat.-physiol. Übersicht des Thierreichs. 1852, S. 675 f.

ferente Punkte ausgenommen, nichts zu mäkeln. Dagegen bin ich in
der Lage, mich gegen die Übertragung und Verallgemeinerung der
speciellen Beobachtungen auf andere Arten und auf die Najaden
überhaupt aussprechen zu müssen. Was ich aus der Entwickelungsgeschichte zweier anderer Najaden, *Anodonta cygnea* und *Unio
pictorum*, mitzutheilen im Begriffe bin, stimmt zwar vielfältig mit dem
an *Anodonta intermedia* Beobachteten überein, zeigt aber auch
erhebliche Abweichungen und bestärkt mich in dem, was ich vor
Kurzem [1]) gegen derartige Generalisirungen gesagt habe. Die Weise
wie *Cyclas calyculata* sich bildet, ist so verschieden von dem Gange
den *Cyclas cornea* nimmt [2]), dass man mir doch wohl beistimmen
muss, wenn ich meine: „Ehe die Beobachtungen nicht viel weiter
ausgedehnt sind, thun wir wohl am besten, sie unvermittelt auf sich
beruhen zu lassen. Ehe man sich daran machen kann, für die Lamellibranchiaten sich nach gemeinsamen, die verschiedenen Erscheinungen wirklich erklärenden Entwickelungsmomenten umzusehen, werden
erst die meisten Familien für sich in dieser Hinsicht untersucht sein
müssen; erst dann wird es sich entscheiden, wie weit der alte em-
bryologische Satz für die Lamellibranchiaten seine Geltung hat, dass in
der Entwickelung erst der Classentypus, dann der Ordnungs-, Familien-
typus u. s. f. zum Vorschein komme. Für diese Classe ist man noch
nicht so weit, geschweige denn, dass ich eine Verallgemeinerung der
Morphologie über den Typus der Weichthiere überhaupt mit Hinzu-
ziehung der Tunicata schon jetzt für gerechtfertigt und wahrhaft
fruchtbar halten könnte“.

Es ist merkwürdig, welchen verschiedenen Eindruck dieselben
oder ähnliche Dinge auf verschiedene Beobachter machen können.
Leuckart, der allerdings, wie schon erwähnt, die *Anodonta intermedia* vor Augen hat, an welcher er ein rudimentäres Segel beobachtete, auch eine wulstige Dottermasse, welche er „für die erste Anlage
des eigentlichen Rumpfes mit dem Fusse ansehen möchte“. sagt [3]):
„Wenn die Blattkiemer ein selbstständiges Leben im Waser beginnen,
zeigen sie eine sehr ungleiche Form und Entwickelung. Die Einen
(Unio, Anodonta, Cyclas) zeigen dann bereits die Gestalt und

[1]) In meiner Arbeit: Über die Entwickelung von *Cyclas calyculata*, Müll. Arch. 1854.
[2]) Man vergleiche die neueste Angabe Leydig's in Müll. Archiv. 1855.
[3]) Anat.-phys. Übersicht. S. 675.

Lebensweise ihrer Eltern, während die Anderen (*Teredo, Montacuta
Modiolaria, Cardium* u. s. f. vielleicht alle Seemuscheln) sich von
denselben mehr oder minder auffallend unterscheiden, mit Hilfe eines
besondern provisorischen Segelapparates gleich den Gastropoden-
larven mit Metamorphose umherschwimmen u. s. w." Mir erscheint es
gerade umgekehrt, ich meine, dass jene Seemuscheln t r o t z ihres
Seegelapparates den Eltern ähnlicher sind als die Najaden im Augenblicke, wo sie die Kiemenfächer verlassen, und wo von ihren inneren
Organen nichts definitiv, von den äusseren nur die Schalen fertig sind.
Und auch diese tragen noch jene bekannten, sonderbaren Aufsätze
und weichen an und für sich in ihrer Gestalt bedeutend ab von der
spätern Form. Die Mantelhälften als solche existiren auf dieser Stufe
noch nicht, nur versteht es sich von selbst, dass die Zellenlage
unmittelbar unter den Schalen das Material für den Mantel abgeben
wird. In dem Verlust des Byssusorgans, der sonderbaren Stacheln,
der Schalenaufsätze, möglicher Weise auch des Schalenmuskels
dieser Periode steht den Najaden nach dem Austritt aus den Kiemen-
fächern eine rückschreitende Metamorphose bevor, kaum geringer, als
die der Seemuscheln mit ausgebildetem Segel. Bei diesen sind gerade
zur Zeit der höchsten Entwickelung des Segelapparates schon viele der
inneren Organe angelegt, zum Theil weit vorgerückt, wogegen bei
den Najaden zur Zeit ihrer Freiwerdung die Entwickelung erst recht
beginnen soll; denn so verhält sich auch die von Leuckart untersuchte Species.

     Wie allen meinen Vorgängern ist es auch mir nicht gelungen,
die Embryonen ausserhalb der Kiemen zu verfolgen, obgleich ich mir
alle erdenkliche Mühe gegeben, sie aufzufinden. Bei *Anodonta Cygnea*
bin ich sogar nicht einmal bis zur Dotterspaltung gekommen. Zu
dieser, zu

Anodonta cygnea

gehe ich nun zunächst über, und zwar beginne ich, mit Übergehung
des Zerklüftungsprocesses, bei dem Moment, wo schon ein rotiren-
der Embryo mit einem dunklern Rückenpole vorhanden ist (Fig. 1).
Der Embryo, von der Seite gesehen, zeigt eine ungefähr birnförmige
Gestalt, nur ist das, dem spätern Rücken entsprechende Stielende
gleichfalls abgerundet und ragt nach der Seite hin, nach welcher die
Drehung erfolgt, etwas hervor. Obgleich die Drehung auf diesen und

den folgenden Stadien sehr lebhaft ist, gelingt es doch nur sehr selten, die äusserst kurzen und zarten Wimpern zu sehen. Sie finden sich, so lange die Schalen noch nicht gebildet, an verschiedenen Stellen des Rückens, namentlich am Vorder- und Hinterende; nach dem Auftreten der Schale glaube ich sie an beiden Stellen, sowohl vorn als hinten in den Einbuchtungen unter den Schalen bemerkt zu haben. Nichts hat mich aber an das Segel der Seemuscheln und der Gasteropoden erinnert; es ist weder ein besonderer Segelwulst noch sind längere Wimpern vorhanden, wie sie sonst in der Regel bei der Segelbildung vorkommen.

Die nächste Veränderung besteht darin, dass am Rückenpole sich zwei kuglige Hervorragungen bilden (Fig. 2), welche unmittelbar an einander stossen; der Kerb zwischen ihnen ist jedoch oft auch nicht besonders ausgeprägt, so dass die Rückenlinie, wie später immer, schon jetzt ziemlich gerade ist. Die untere durchsichtigere Hälfte des Embryo ist von nun an bekleidet mit einer Schichte kernloser Zellen; weiter nach innen aber, so wie in der Rückenhälfte zwischen den moleculären, die Trübung und Undurchsichtigkeit verursachenden Körnchen, finden sich kleine körnchenartige Zellchen in ziemlicher Menge eingestreut. Das Stadium, von dem wir so eben geredet, hat grosse Ähnlichkeit mit einer Ansicht des Embryo von vorn auf einer spätern Stufe (Fig. 4 b), ist jedoch augenblicklich an der Richtung der Drehungen zu erkennen, indem immer der eine Kugelabschnitt (A) vorangeht, mit andern Worten, die Drehung in der Ebene stattfindet, in welcher die Längs- und die Höhenaxe liegen. Ob das bei der Drehung vorangehende Ende, welches wir ein für allemal mit A bezeichnen, das Vorder- oder Hinterende des Rückens ist, lässt sich jezt noch nicht entscheiden. Wir wollen aber um in der Beschreibung bestimmter sein zu können, vorweg nehmen, dass aus der Beschaffenheit der Schale später sich zu ergeben scheint, dass das bei der Drehung vorangehende Ende der Rückenaxe das hintere ist; in unserer Abbildung ist also B das Vorderende, A das Hinterende des Rückens.

Abgesehen von den kugligen Aufwulstungen am Rücken ist die Gestalt des Embryo jetzt im Ganzen kuglig gewesen. Dieselbe geht nunmehr sehr wesentliche Veränderungen ein, und man vergegenwärtigt sich dieselbe nur, wenn man sie von drei Seiten auffasst, von der Seite, von hinten und von vorn. Bei der seitlichen Ansicht

(Fig. 3) zeigt sich zunächst die Tendenz des Rückens, sich zu strecken, obwohl die Linie, die man längs desselben von *A* nach *B* zieht, noch eine sehr ungleichmässige ist; die untere Grenze des dunklern, d. h. obern Embryonalabschnittes bezeichnet die Stelle , bis zu welcher die Schale sich bildet. Diese scheint jetzt als kalkige Absonderung noch nicht vorhanden zu sein, obwohl man besonders in der Ansicht von hinten sie deutlich umschrieben findet. An dem Bauchrande, nach unten und vorn, ist eine auffallende Hervorragung zum Vorschein gekommen, in welcher man den Fuss würde vermuthen können, wenn nicht die später eintretende Spaltung des Leibes dies unzulässig machte. Übrigens zeichnet sich diese Hervorragung vor dem übrigen Bauchtheile nicht etwa durch eine besondere Beschaffenheit ihrer Zellen aus und ihre Existenz verräth sich jetzt und später weder, wenn man den Embryo von vorn, noch, wenn man ihn von hinten ansieht.

Aus der Vergleichung dieser beiden Ansichten (Fig. 3 *a* und 3 *b*) ergibt sich, dass, während das Vorderende sehr abgerundet ist und Höhe und Querdurchmesser fast gleich sind, das Hinterende bedeutend schmäler geworden ist, und der Rücken von der Firste aus nach den Seiten steil abfällt. Dabei ist zugleich ersichtlich (Fig. 3 *a*), dass die Trübung sich vorzugsweise auf die äussere Schicht erstreckt. Wenn ich nicht sehr irre, wird sie durch die Ablagerung moleculärer, für den Schalenaufbau bestimmter Kalkpartikelchen verursacht, Partikelchen, welche wohl später bei der definitiven Bildung der Schalen wieder aufgelöst und in die krystallinischen durchsichtigen Schüppchen umgewandelt werden, welche den Schalen ein so zierliches Aussehen geben.

Wir gelangen nunmehr zu demjenigen Fortschritt in der Entwickelung, wo die beiden Muschelhälften sich zu isoliren und von dem Körper abzuheben angefangen haben (Fig. 4, 4 *a*, 4 *b*), ohne jedoch mit dem untern Rande sich bestimmt abzugrenzen. In der allgemeinen Form ist nur die Änderung eingetreten, dass die Rückenfirst durch eine fast gerade Linie gebildet wird; an beiden Enden derselben bemerkt man eine kleine blasige Auftreibung, deren vordere, d. h. die bei *B* gelegene eine Anzahl von Körnchen enthält. Über die Bedeutung dieser Blasen weiss ich nichts. Was Leuckart von *Anodonta intermedia* bezüglich der Schalen anführt, „dass die eine derselben schon eine sehr ansehnliche Grösse besitzt, während die andere

noch sehr klein ist oder auch wohl noch gänzlich fehlt" und dass
schon frühe an dem grossen Basalstücke das Endstück von der Form
einer Lanzenspitze sich zeige, gilt weder für *Anodonta cygnea* noch
für *Unio pictorum*.

Noch ist aus dieser Periode das Entstehen des Schalenmuskels
zu erwähnen (*m*), der seiner Lage nach ungefähr dem hinteren
Schliessmuskel am ausgewachsenen Thiere entsprechen würde. Man
kann ziemlich leicht die Bildung seiner Fasern aus sich verlängernden und mit einander verschmelzenden Zellen beobachten.
Da er schon jetzt fertig, wo die Spaltung des Leibes noch gar nicht
eingeleitet, so ist er noch längere Zeit zur Unthätigkeit verurtheilt.
Die Ausdehnung seiner Anheftungsflächen ist ziemlich schwankend,
eben so, wie die Grenzen dieser Flächen unregelmässig sind.

Wenn die Schalen als zwei vollständig geschiedene Hälften
fertig sind (Fig. 5), umschliessen sie bei Weitem nicht den ganzen
Embryo, sondern erreichen kaum etwas mehr als die Hälfte der Höhe
desselben. Betrachtet man dabei den Embryo vom Rücken (Fig. 5 a),
so wird es nun aus der Anlage des Schlosses und der Wirbel möglich,
das Vorder- und Hinterende des jungen Thieres zu bestimmen. Durch
die Umbonen wird nämlich der Rückenrand der Schalen in zwei
ungleiche Hälften getheilt, und in der Voraussetzung, dass diese
Abtheilung die bleibende ist, haben wir in dem stumpferen Ende *B*
das Vorderende, so wie schon jetzt das Hinterende schlanker und
schmäler ist. Dies ist, bei der völligen Abwesenheit des sonst die
Längsaxe anzeigenden Segels, das einzige Merkmal, welches an der
vorliegenden Art, so weit ich sie beobachten konnte, zur Determini-
rung der Gestalt dient. Übrigens wird, wie voraus angegeben werden
kann, die Deutung durch ganz ähnliche Verhältnisse bei *Unio pictorum* unterstützt, bei welcher später hinter den Wirbeln ein sehr
starkes Ligament sichtbar ist. So weit habe ich, wie gesagt, die *Anodonta cygnea* nicht verfolgen können.

Im Gegentheil reichen meine Beobachtungen an dieser Art nur
noch bis zu wenigen ferneren Veränderungen (Fig. 6 und 7). Die
eine derselben betrifft das Hervorbrechen von borstenartigen Spitzen
an zwei Stellen, unterhalb des vordern untern Randes der Schalen (*l*).
Von der Seite sieht man daher immer nur eine Gruppe dieser zu zwei
bis vier zusammen stehenden Spitzen. Will man sie beide zugleich
sehen, so muss man den Embryo von vorn haben (Fig. 4), und bei

dieser Lage erblickt man zugleich die sehr auffallende zweite Veränderung, welche sich auf die Schalen und die zwischen ihnen sich ausbreitende Dottermasse bezieht. Die Schalen, von vorn herein klaffend, da sie sich, wie wir gesehen, bis jetzt nie mit ihrem unteren Rande haben berühren können, sind durch eine Zurückziehung und Abplattung, auch Vermehrung des Bauchtheiles des Dotters so auseinander gedrängt worden, dass die Schlosslinie tief zwischen die nach oben gewendeten seitlichen Wölbungen zu liegen kommt. Auch Leuckart spricht von solchen Stacheln, welche aber bei *Anodonta intermedia* [1]), nach seiner Angabe schon vor der Bildung der Schale auf der Oberfläche des Dotters sich finden. Auch ist ihre Stellung keine regelmässige. In der angeführten Abbildung entspricht sie jedoch ungefähr derjenigen bei *Anodonta cygnea*, abgesehen davon, dass ich bei dieser Art nie eine Spur der Stacheln vor dem Auftreten der Schalen bemerken konnte.

Es ist wohl nicht zu zweifeln, dass bei unserer Species sich demnächst der Dotter noch mehr abplatten und zurückziehen, und dann die Spaltung des Körpers in die beiden scheinbar fast ganz getrennten Hälften eintreten wird. Ich musste leider hiermit meine Untersuchungen abbrechen und habe nur noch, was sich eigentlich von selbst versteht, hinzuzufügen, dass alle die beschriebenen embryonalen Stadien innerhalb der Eihaut vor sich gehen, so dass der Embryo in der eiweissartigen, klaren und etwas zähen Flüssigkeit schwimmt.

Ich wende mich nun zu

Unio pictorum,

welche zwar ähnliche, durchaus aber nicht dieselben Erscheinungen, wie *Anodonta cygnea*, darbietet, und an welcher ich die Spaltung verfolgt und detaillirt abgebildet habe.

In der Zeit, wo an dem Ei die Abscheidung von Embryonaltheilen beginnen soll, ist dasselbe sonst ganz regelmässig sphärisch und zerfällt in eine hellere und eine dunklere Halbkugel (Fig. 8). Ich kann leider nicht sagen, welcher Pol zum Rücken, welcher zum Bauche wird, da mir einige Zwischenstufen fehlen, welche den Über-

---

[1]) In der „Morphologie" erwähnt L. ausdrücklich, dass er seine Beobachtungen an *Anodonta intermedia* angestellt. Ohne Zweifel ist diesen Untersuchungen die leider im Holzschnitt sehr roh ausgefallene Abbildung entnommen, Übersicht, S. 675, mit der Unterschrift „Embryo von *Anodonta* mit Segel.

gang aus dieser Periode in die Fig. 9 und 9 *a* dergestalt vermitteln.
Diese Stufe entspricht der von *Anodonta cygnea,* welche unsere Abbildungen 4, 4 *b* und 4 *a,* auch noch die späteren, zeigen, und es lassen
sich sowohl die Gestalt als die einzelnen Theile des Embryo und ihr
Verhältniss unter einander vergleichen.

Es sind demnach, wie man am deutlichsten bei der Rückenansicht sieht, die beiden Schalenhälften vollständig gebildet, sie
bedecken jedoch den Embryo weder nach unten noch nach vorn.
welcher Theil als der breiteste und ganz stumpf abgerundet hervor-
ragt (9 *a*). Die Rückenlinie ist schwach eingebogen, ein Umstand,
der sich bald wieder verliert. Sehr merkwürdig ist die Bildung eines
hohlen, scharf umschriebenen Raumes (*a*), der vorzugsweise sich
oberhalb und vor dem starken Schliessmuskel (*m*) befindet. Der
Dotter liegt zum grössten Theile unter und vor diesem Raume und
bildet auch jene fussähnliche Hervorragung, wie wir sie bei *Anodonta
cygnea* kennen gelernt. Es zeigt sich in der Folge, dass der Vorgang, welchen man bei anderen Arten vielleicht mit Recht eine Spaltung des Körpers genannt hat, hier nur uneigentlich diesen Namen
verdient, oder wenigstens nur theilweise, indem aus der Vergleichung
der Abbildungen 9 mit 11 hervorgeht, dass mit der Trennung der
einen Partie des Dotters in dem untern Theile des Embryo zugleich
ein Zurückweichen eines nicht unbedeutenden andern Theils nach
vorn und oben, nämlich nach *B* hin, verbunden ist.

Mit dem Wachsthum der Schalen geht jetzt eine sehr erhebliche
Veränderung der Gestalt vor sich. Die Schalen umwachsen den
Embryo vollständig, und während bis jetzt die Seitenansicht (Fig. 9)
verschiedene, mit kurzen Worten nicht zu beschreibende Einbuchtungen und Ausschweifungen zeigte, erblickt man jetzt (Fig. 10) ein
fast regelmässiges Dreiseit mit abgerundeten Scheiteln. Mehr geo-
metrisch genommen, weicht die Gestalt, an welcher wie bisher *B* und *A*
das Vorder- und das Hinterende des Rückens, *C* aber den Marginalpol
bezeichnet, so vom gleichseitigen Dreieck ab, dass *B A* die kürzeste
Seite ist und eine vom *C* nach *B A* gefällte Senkrechte *B A* näher
nach *A* zu schneidet, *B C* also die längste Seite ist. Die eigentliche
Rückenlinie aber, in welcher die Schalen sich berühren, ist noch
kleiner als es von der Seite den Anschein hat, da die Schalen nach
vorn und oben beträchtliche Buckel bilden.

Mit dieser Umwölbung des Embryos durch die Schalen ist die Zurückdrängung des Dotters eingeleitet.

In dem Masse nun, als an der Randecke der Schalen (bei C) der gleich näher zu beschreibende Aufsatz sich bildet, treten die Schalen von einander und klaffen. Die Embryonen sind auf diesem Stadium immer noch von der Eihaut umschlossen, und ich muss ausdrücklich anführen, dass ich nie einen Embryo innerhalb der Eihaut so weit klaffend gefunden habe, als er Spielraum gehabt hätte; so wie aber die sehr leicht verletzliche Eihaut gesprengt ist, und der Embryo mit Wasser in Berührung kommt, klappt die Schale mit einem Rucke auf, wie sich kaum zweifeln lässt in Folge des Übergewichtes der Spannung des Ligamentes über den Schalenmuskel. Der Embryo macht dann und wann vergebliche Anstrengungen, durch die Muskelkraft die Schalen wieder einander zu nähern, und das ist das zuckende Aneinanderklappen, was alle Beobachter mit dem totalen Klaffen als einen regelrechten Zustand beschreiben, während mir die ganze Situation als eine sehr unfreiwillige erscheint, die Zuckungen aber als die letzten Anstrengungen eines mit dem Tode Kämpfenden.

Einen solchen in seiner natürlichen Stellung im Ei befindlichen Embryo zeigt Fig. 11, denselben mit etwas mehr geöffneten Schalen von der Bauchseite Fig. 11 a. Aufgeklappt ist er Fig. 11 b und 11 c. Bei diesen verschiedenen Ansichten wird man sich sehr leicht orientiren.

Die Gestalt der Schalen hat sich insofern geändert, als die Basis des Dreiecks, die Rücken- und Schlosslinie BA dieselbe geblieben ist mit geradem Verlauf, die beiden anderen aber sich bedeutend gekrümmt haben; sie bilden indess in dem von dem Schlosse entferntesten Punkte C einen Winkel, wie zwei Seiten eines sphärischen Dreiecks. Und hier bekommen die Schalen den merkwürdigen Aufsatz (d). Den Hauptbestandtheil desselben bildet eine dreiseitige, etwas nach innen gebogene Platte; dieselbe ist besetzt nach aussen mit vielen sich dachziegelförmig deckenden Zähnchen oder Schüppchen. Von den beiden freien Seiten der Platte erstreckt sich eine Membran (k) nach dem Schalenrande, etwa wie an den Fenstermarquisen die an den Seiten herabhängende Leinwand.

So lange die Schalen nur unvollständig klaffen, sieht man im Dotter fast nur die beiden grossen seitlichen Ballen (b), deren stumpfe Gipfel etwas über den Schalenrand hervorragen. Leuckart hat zur Genüge hervorgehoben, dass diese Dottermassen im Vorderende in

einander übergeben (*f*). Diese Brücke ist bei *Unio pictorum* ein breiter
Wulst, dessen Seitentheile bei *Anodonta intermedia*, wie Leuckart
angibt, im Innern eine ziemlich grosse ovale Höhlung enthalten. Dergleichen Höhlungen bat unsere Art nicht, es wäre jedoch möglich, dass
die länglichen, retortenförmigen Zellen, auf welchen die bekannten
Stacheln stehen, zu einer Verwechslung Veranlassung gegeben hätten.

Aber nicht nur dort, auch im Hinterende ist eine zweite, wiewohl
weit schmälere Dotterbrücke (Fig. 11 *c, g*).

Der sonderbaren so eben erwähnten Stacheln (*e*) zähle ich in
jeder Embryonalhälfte zwei, einen unweit des Vorderendes, den
andern in der Nähe des Schalenaufsatzes. Jeder dieser hohlen Stacheln steht auf einem ziemlich spitzen Dotterberge (Fig. 12) und ist
unmittelbar aufgesetzt auf eine retorten- oder flaschenförmige Zelle
mit eigener structurloser Wandung. Die Bedeutung dieser Organe
ist ganz räthselhaft. Darin aber, glaube ich, bat Leuckart entschieden Unrecht, wenn er den Ursprung des Byssusorgans (11 *c, h*)
von einem solchen Stachel herleitet.

Ich bin mit meinen Beobachtungen zu Ende, obwohl man damit,
wie man am deutlichsten aus Fig. 11 *c* sieht, erst recht an den Anfang
gekommen ist. Der noch zu lösende Rest der Aufgabe und die sorg-
fältige Vergleichung der Najadenarten mit einander ist jedenfalls
sehr interessant; erst nach dieser Lösung wird sich die allgemeinere
Vergleichung anstellen, und es werden sich vielleicht Anknüpfungs-
punkte finden lassen, welche für sämmtliche Lamellibranchiaten gelten.
Denn wie jetzt die Sache steht, kann man auf die Frage: Was lässt
sich allgemein Giltiges über die Entwickelung der Lamellibranchiaten
sagen? — nur das anführen: Es bildet sich nach totaler Furchung
allseitig eine Keimschicht, und die am frühesten auftretenden blei-
benden Organe pflegen der Mantel und die Schalen zu sein. Dass
gerade der Mantel hierher zählt, scheint freilich bedeutsam zu sein,
wenn wir uns an die hervorragende Bedeutung dieses Organs auch
in der Entwickelung der Gasteropoden und Cephalopoden erinnern.
Es wäre aber eine ganz falsche Logik, sein frühes Auftreten bei den
Lamellibranchiaten immer zu postuliren. Nachdem ich im letzten Hefte
von Müller's Archiv 1854 gezeigt, dass bei *C. calyculata* der Mantel
das erste von der Keimschicht sich abhebende Organ ist, beweist Leydig im ersten Hefte des Jahrganges 1855, dass bei *Cyclas cornea* man
äusserlich zuerst die Mundvertiefung, dann den Fuss sieht. Die

Embryone dieser beiden Arten, auf den früheren Stadien verglichen, sind einander so fremdartig, dass man daraus gar nicht auf den Gedanken ihrer engen Zusammengehörigkeit kommen könnte.

Die Schlussfolgerung aus der Gleichartigkeit oder Ungleichartigkeit der Entwickelungszustände der Lamellibranchiaten, und ich füge hinzu, auch der Gasteropoden, auf die engere oder losere Zusammengehörigkeit der fertigen Formen hat nicht die Geltung, welche anzunehmen man inducirt werden könnte. Wir müssen es eingestehen, dass bei diesen und ähnlichen Fällen die Induction ziemlich arg in die Klemme geräth, oder besser, wir sollten aus diesen Fällen folgern, dass man vielleicht in der neuern Zeit der Entwickelungsgeschichte einen grössern Einfluss auf die Systematik einräumt, als statthaft ist. Aus der so abnormen, ans Unglaubliche grenzenden Entwickelung des Meerschweinchens (Bischoff) kann unmöglich die Nothwendigkeit sich ergeben, dieses Thier von den übrigen Nagern zu trennen, und ist damit nicht im Geringsten an der Wichtigkeit gerüttelt, welche die Wirbelsäule, Hirn und Rückenmark für die systematische Einheit der mit vollem Rechte jetzt und fernerhin Wirbelthiere genannten Thiere hat.

Erklärung der Abbildungen.

Allgemein giltige Bezeichnungen:

A Hinterende des Rückens.

B Vorderende „   „

C dem Rücken gegenüber liegendes Eck der Schale.

m Schalenmuskel.

l Stacheln, aussen auf dem Dotter.

a Hohlraum.

b Hauptmasse des Dotters, in den späteren Stadien in zwei seitliche Hälften zertheilt.

d Schalenaufsätze.

k Seitliche Membran der Schalenaufsätze.

e Stacheln, nach der Spaltung des Embryos auf dem Dotter auftretend.

f Dotterwulst, durch welchen vorn die beiden seitlichen Dottermassen verbunden werden.

g Dotterwulst hinten.

h hohles Byssusorgan.

n Byssusfaden.

Fig. 1 bis 7 Embryonen von *Anodonta cygnea.* (Die Pfeile bedeuten die Drehungs-Richtung.)

„ 1. Embryo, an welchem der dunklere Rückentheil von dem Bauche sich zu sondern angefangen hat.

„ 2. Embryo mit etwas weiter ausgebildetem Rückentheil.

„ 3. Etwas weiter vorgerückter Embryo, von der Seite.

„ 3 *a* derselbe von hinten.

„ 3 *b*   „   „ vorn.

„ 4. Embryo nach Anlage der Schalen, von der Seite.

„ 4 *a* derselbe von hinten.

„ 4 *b*   „   „ vorn.

„ 5. Etwas weiter vorgeschrittener Embryo, von der Seite.

„ 5 *a* derselbe von oben.

„ 5 *b*   „   „ unten.

„ 6. Embryo nach dem Hervorbrechen der Stacheln, von der Seite.

„ 7. Ein anderer aus diesem Stadium von vorn.

„ 8 bis 12 gehören zur Entwickelungsgeschichte von *Unio pictorum.*

„ 8. Embryo, kurz nach der Furchung.

„ 9. Embryo nach Anlage der Schalen, von der Seite.

„ 9 *a* derselbe von oben.

„ 10. Embryo, vollständig von den Schalen umschlossen, von der Seite.

„ 10 *a* derselbe von oben.

„ 11. Embryo nach dem Auseinandertreten der Schalen, von hinten.

„ 11 *a* derselbe von unten.

„ 11 *b*   „   vollständig klaffend von hinten.

„ 11 *c*   „   von unten.

„ 12. Isolirter Stachel dieses Embryos.

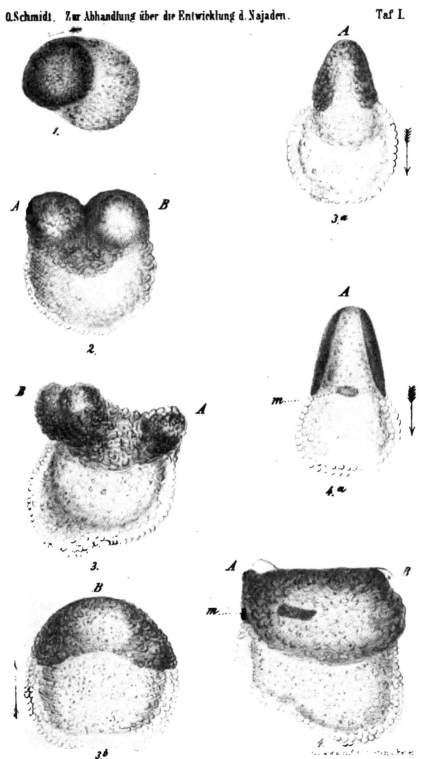

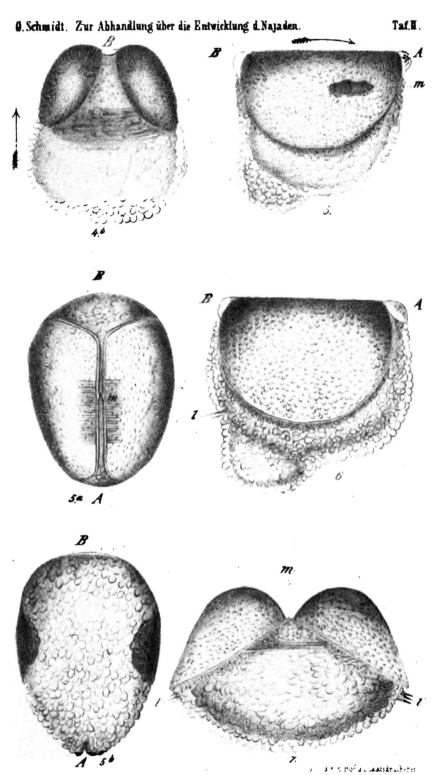

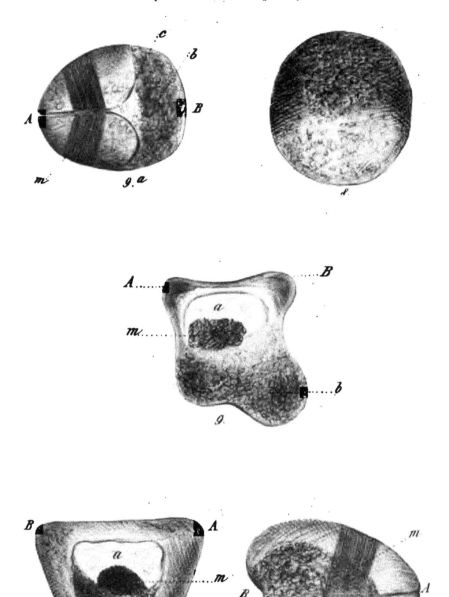

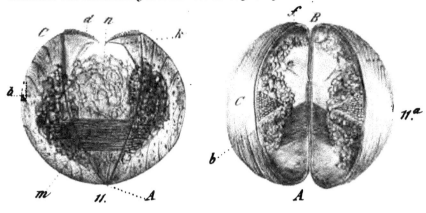

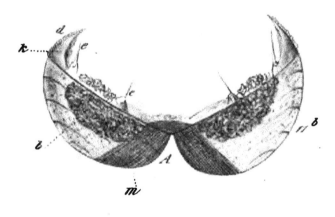

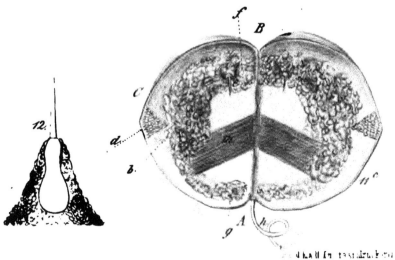

Verausberechnung der totalen Sonnen-Finsterniss am 18. Juli 1860.

Von Adolph Hirsch.

(Mit III Karten.)

(Vorgelegt in der Sitzung vom 2. November 1855.)

Das lebhafte Interesse, welches die letzte für einen Theil Europa's totale Sonnenfinsterniss vom Jahre 1851 in den weitesten wissenschaftlichen Kreisen erregt hat, der ungewöhnlich grosse Eifer, mit welchem dieselbe beobachtet worden ist, die mannigfachen Resultate, welche dadurch für die Wissenschaft gewonnen wurden, und andererseits die immer noch bedeutenden Zweifel und Probleme, namentlich über die physische Beschaffenheit der Sonne, welche dieselbe ungelöst der weiteren Beobachtung anderer Finsternisse überlassen hat, rechtfertigen die Erwartung, dass die nächste am 18. Juli 1860 wiederum in Amerika, Europa und Afrika total sichtbare Finsterniss eine wo möglich noch ausgedehntere Beobachtung erfahren werde; zumal da dieselbe auch geeignet wäre, die noch so wenig zahlreichen Ortsbestimmungen im brittischen Nord-Amerika, in Spanien und Algier zu vervollständigen. Es erscheint desshalb wohl zweckmässig, diese Finsterniss bei Zeiten mit entsprechender Genauigkeit astronomisch vorherzubestimmen, und ich übernahm daher auf die freundliche Aufforderung des Herrn Director v. Littrow diese Arbeit, in der Hoffnung, der zu gewärtigenden Beobachtung einen Dienst zu leisten.

Da. für 1860 die astronomischen Jahrbücher noch fehlten, so wurden die nöthigen Data für die Sonne aus den Hansen'schen Sonnentafeln von Stunde zu Stunde, und eben so die des Mondes aus den Burkhardt'schen Tafeln berechnet; Parallaxe und Halbmesser des letzteren jedoch nach den von Adams verbesserten Tafeln (siehe Berliner Jahrbuch für 1856 und 1857). Breite und Länge des Mondes wurden dann in Rectascension und Declination verwandelt, sämmtliche Mond-Data für die wahren Zeiten interpolirt und endlich ebenfalls durch Interpolation dieselben für die halben Stunden berechnet. Auf diese Weise wurden folgende Fundamente der Rechnung erhalten.

13*

Elemente der Sonnen-Finsterniss

Wahre Par. Zeit $^1/_{15}\tau$	Zeitgleichung	AR. des Mondes α^i			AR. der Sonne α			Declin. des Mondes δ^i		
23^h	5' 54'582	116°	5'	3'88	117°	57'	2'69	+22°	2' 28'85
0	54·772	116	42	44·29	117	59	33·42	21	52 54·78
1	54·962	117	20	19·85	118	2	4·13	21	43 11·93
2	55·144	117	57	52·54	118	4	34·71	21	33 19·86
3	55·335	118	35	21·58	118	7	5·43	21	23 19·42
4	55·521	119	12	47·43	118	9	36·08	21	13 9·24
5	55·705	119	50	10·03	118	12	6·68	21	2 51·03
23 30^m	54·677	116 · 23	54·69		117	58	18·05	21	57' 42·91
0 30	54·867	117	1	32·53	118	0	48·81	21	48 4·48
1 30	55·053	117	39	6·60	118	3	19·42	21	38 16·99
2 30	55·239	118	16	37·49	118	5	50·07	21	28 20·77
3 30	55·428	118	54	4·91	118	8	20·75	21	18 15·44
4 30	55·613	119	31	29·14	118	10	51·39	21	8 1·14
5 30	55·798	120	8	50·11	118	13	21·98	20	57 38·91

Darauf wurden, da die Rechnung im Wesentlichen nach der Methode von Gauss geführt werden sollte, wie sie von Ursinus: „De eclipsi solari die 7 Septembri 1820 apparitura secundum methodum geometriae analyticae tractatu, Hafniae 1820" entwickelt ist —

Werthe der

$^1/_{15}\tau$	x	$^1/_{15}\tau$	$x''-x'$
23^h 30^m	− 5251'91	0^h	+1950'15
0 30	− 3301·76	1	1951·33
1 30	− 1350·43	2	1952·91
2 30	+ 602·48	3	1954·08
3 30	+ 2556·56	4	1955·65
4 30	+ 4512·21	5	1957·24
5 30	+ 6469·45		

Mit Hilfe derselben sind dann diejenigen Grössen, welche constant sind oder vielmehr nur von der Zeit abhängen, für die ganzen Stunden voraus berechnet, und ihre Werthe finden sich in folgenden

Tabellen der Grössen f, lg. n;

$^1/_{15}\tau$	f	lg. n	T	η
0^h	343° 46'94	8·57531	32° 53'78	2069'40
1	44·51	8·57566	52·85	2066·87
2	42·57	8·57609	52·35	2066·04
3	39·91	8·57644	52·51	2066·55
4	37·68	8·57687	53·46	2068·35
5	35·24	8·57732	55·14	2071·92

am 18. Juli 1860.

Declin. der Sonne δ	Mond-Parallaxe Π	Sonnen-Par. P	Mond-Halbm. ρ	Sonnen-Halbm. r
+20° 58' 24˙90	59' 44˙24	8˙44	16' 18˙91	15 45˙49
20 57 58˙20	45˙61	8˙44	19˙28	45˙49
20 57 31˙38	46˙89	8˙44	19˙63	45˙49
20 57 4˙50	48˙21	8˙44	19˙99	45˙50
20 56 37˙71	49˙52	8˙44	20˙35	45˙50
20 56 10˙76	50˙77	8˙44	20˙68	45˙50
20 55 43˙90	52˙05	8˙44	21˙03	45˙50
20 58 11˙56	44˙94	8˙44	19˙10	45˙49
20 57 44˙80	46˙25	8˙44	19˙46	45˙49
20 57 17˙94	47˙55	8˙44	19˙81	45˙49
20 56 51˙11	48˙87	8˙44	20˙17	45˙50
20 56 24˙24	50˙15	8˙44	20˙52	45˙50
20 55 57˙32	51˙41	8˙44	20˙85	45˙50
20 55 30˙50	52˙70	8˙44	21˙21	45˙50

zunächst die Coordinaten des geocentrischen Mondcentrums in Bezug auf den geocentrischen Sonnenort in der Gauss'schen Projections-Ebene, x und y, gesucht und folgender Massen gefunden:

Coordinaten x und y.

$1/_{15}$ τ	y	$1/_{15}$ τ	$y'' - y'$
23ʰ 30ᵐ	+3596˙98	0ʰ	−567˙22
0 30	3029˙76	1	569˙06
1 30	2460˙69	2	570˙72
2 30	1889˙97	3	572˙70
3 30	1317˙27	4	574˙54
4 30	742˙73	5	576˙52
5 30	166˙21		

Tabellen zusammengestellt, wo die Buchstaben die von Ursinus aufgestellte Bedeutung haben.

T, η; B, lg. b, C, lg. c.

B	lg. b	C	lg. c
129° 6' 41	9˙64618	354° 3' 50	9˙98470
11˙41	9˙64646	2˙69	9˙98463
15˙52	9˙64666	2˙06	9˙68456
20˙93	6˙64698	1˙16	9˙98447
25˙56	9˙64723	0˙43	9˙98440
30˙54	9˙64751	353° 59˙61	9˙98432

Um nun bei den späteren Rechnungen, welche zum grössten Theile auf indirecten Annäherungs-Methoden beruhen, die mit der Zeit und dem Orte auf der Erde veränderlichen Grössen nicht erst jedesmal besonders finden zu müssen, so wurden dieselben, nämlich nach der Bezeichnung von Ursinus die Grössen k, g, L und l im voraus berechnet für alle Stunden von 0^h bis 5^h und für alle Breiten von 70° nördlicher bis 15° südlicher, da eine Approximation gezeigt hatte, dass diese beiden Parallelen jedenfalls vom Schatten nicht erreicht werden würden. Die so gefundenen Werthe wurden in Tabellen mit doppeltem Eingange gebracht, wie es Götze vorgeschlagen, indem auch zugleich seine Tafel III (s. „Abriss der praktischen Astronomie von Sawitsch; 2. Band, S. 188) benutzt wurde, um die sphäroidische Gestalt der Erde bei diesen Grössen zu berücksichtigen, wobei die Abplattung zu $^1/_{300}$ angenommen wurde. Wir theilen die Tafeln dieser Grössen wie die der obigen mit, damit die Vorausberechnung der Erscheinung für einen bestimmten Ort, an welchem dieselbe etwa beobachtet werden soll, wenn dieser sich nicht unter den später mitzutheilenden befinden sollte, leichter und schneller geschehen könne.

Tafel der Werthe von g für die Breiten von +70° bis —15° und für die Zeiten von 0^h bis 5^h.

φ	g pro 0^h	Differenz	1^h	2^h	3^h	4^h	5^h
70°	+1·86952	—11980	+431	+644	+535	+223	—417
69	1·74972	11037	417	616	518	221	386
68	1·63935	10213	403	592	503	220	358
67	1·53722	9499	390	572	489	219	332
66	1·44223	8876	378	554	477	220	307
65	1·35347	8327	366	538	466	221	283
64	1·27020	7836	355	523	456	224	260
63	1·19184	7397	344	509	447	226	238
62	1·11787	7000	335	495	438	228	217
61	1·04787	6651	328	481	429	230	197
60	0·98136	6341	321	468	420	231	178
59	0·91795	6055	316	457	414	233	159
58	0·85740	5792	311	448	410	235	141
57	0·79948	5558	307	442	409	239	123
56	0·74390	5342	303	437	409	246	106
55	0·69048	5148	299	432	409	253	89
54	0·63900	4972	296	429	409	260	72
53	0·58928	4810	293	426	409	266	56
52	0·54118	4660	281	423	409	272	40
51	0·49458	4525	280	420	409	278	26

φ	g pro 0ʰ	Differenz	1ʰ	2ʰ	3ʰ	4ʰ	5ʰ
50°	+0·44933		+279	+417	+409	+283	− 12
49	0·40537	−4396	277	413	409	287	+ 2
48	0·36260	4277	275	409	409	291	15
47	0·32090	4170	273	406	409	295	28
46	0·28017	4073	271	403	409	299	41
45	0·24034	3983	269	400	409	304	54
44	0·20133	3901	267	397	410	309	67
43	0·16311	3822	265	395	410	314	79
42	0·12559	3752	263	393	411	320	91
41	0·08872	3687	261	393	413	326	103
		3627					
40	0·05245		260	393	416	333	115
39	+0·01675	3570	259	393	418	338	127
38	−0·01843	3518	258	392	420	344	138
37	0·05315	3472	257	392	422	350	149
36	0·08743	3428	256	392	424	356	160
35	0·12132	3369	256	391	426	362	172
34	0·15487	3355	256	392	429	369	183
33	0·18808	3321	257	392	433	375	194
32	0·22099	3291	257	392	436	381	205
31	0·25365	3266	257	393	439	388	216
		3241					
30	0·28606		257	394	443	395	227
29	0·31826	3220	258	397	446	401	239
28	0·35027	3201	259	399	450	408	250
27	0·38212	3185	260	401	454	415	261
26	0·41382	3170	261	403	458	422	273
25	0·44542	3160	262	405	462	429	284
24	0·47692	3150	263	406	467	437	296
23	0·50834	3142	264	406	472	444	307
22	0·53973	3139	265	407	477	452	318
21	0·57109	3136	266	408	481	459	329
		3134					
20	0·60243		267	410	486	467	340
19	0·63376	3133	268	412	491	474	352
18	0·66512	3136	269	415	496	482	363
17	0·69652	3140	270	417	501	490	374
16	0·72798	3146	271	419	506	498	385
15	0·75952	3154	272	422	511	506	396
14	0·79117	3165	273	425	517	514	407
13	0·82294	3177	274	429	523	523	418
12	0·85483	3189	276	432	530	532	429
11	0·88688	3205	278	436	536	541	440
		3222					
10	0·91910		280	440	543	550	452
9	0·95149	3239	282	443	549	559	464
8	0·98410	3261	284	446	556	568	476
7	1·01693	3283	287	450	562	577	488
6	1·05000	3307	290	454	569	586	501
5	1·08333	3333	293	458	576	595	514
4	1·11694	3361	296	463	583	605	527
3	1·15085	3391	299	468	590	615	540
2	1·18508	3423	302	473	597	625	553
1	1·21964	3456	304	477	604	635	566
		3492					

φ	g pro 0h	Differenz	1h	2h	3h	4h	5h
0°	−1·25456	−3531	+306	+480	+612	+645	+579
— 1	1·28987	3569	308	484	620	655	593
— 2	1·32556	3613	310	489	629	665	607
— 3	1·36169	3657	313	495	637	676	621
— 4	1·39826	3704	316	501	645	687	635
— 5	1·43530	3755	319	507	654	698	649
— 6	1·47285	3808	322	513	663	710	663
— 7	1·51093	3861	326	519	673	723	677
— 8	1·54954	3916	329	525	683	736	692
— 9	1·58870	3978	333	531	693	749	707
—10	1·62848	4040	337	537	704	763	722
—11	1·66888	4108	342	544	714	776	737
—12	1·70996	4179	347	552	724	789	753
—13	1·75175	4251	352	559	735	802	769
—14	1·79426	4327	357	566	746	816	786
—15	−1·83753	−4327	+362	+573	+757	+830	+803

Tafel der Werthe von *k* für die Breiten von +70° bis −15° und für die Zeiten von 0h bis 5h.

φ	k pro 0h	Differenz	1h	2h	3h	4h	5h
70°	+1057'81	−20'50	+3'75	+6'00	+6'78	+6'20	+3'84
69	1037·31	21·42	3·74	5·96	6·73	6·16	3·79
68	1015·89	22·36	3·73	5·93	6·69	6·12	3·74
67	993·53	23·22	3·72	5·90	6·67	6·08	3·69
66	970·31	23·22	3·71	5·86	6·64	6·04	3·64
65	946·10	24·21	3·70	5·83	6·60	5·99	3·58
64	920·93	25·17	3·70	5·81	6·56	5·94	3·52
63	894·89	26·04	3·69	5·78	6·52	5·89	3·46
62	867·93	26·96	3·68	5·76	6·48	5·85	3·40
61	840·13	27·80	3·67	5·75	6·44	5·80	3·34
		28·73					
60	811·40	29·62	3·66	5·73	6·41	5·75	3·28
59	781·78	30·51	3·65	5·71	6·38	5·70	3·22
58	751·27	31·34	3·63	5·69	6·35	5·65	3·16
57	719·93	32·20	3·62	5·65	6·31	5·60	3·10
56	687·73	33·01	3·61	5·61	6·27	5·54	3·04
55	654·72	33·86	3·59	5·58	6·23	5·48	2·98
54	620·86	34·67	3·58	5·55	6·19	5·43	2·92
53	586·19	35·47	3·57	5·53	6·15	5·39	2·86
52	550·72	36·29	3·56	5·52	6·11	5·34	2·80
51	514·43	37·07	3·54	5·50	6·07	5·29	2·73
50	477·36	37·82	3·53	5·48	6·03	5·23	2·66
49	439·54	38·59	3·51	5·45	5·99	5·16	2·59
48	400·95	39·34	3·50	5·42	5·95	5·09	2·52
47	361·61	40·07	3·48	5·38	5·90	5·02	2·44
46	321·54	40·77	3·47	5·36	5·85	4·95	2·36
45	280·77	41·50	3·45	5·32	5·80	4·88	2·28
44	239·27	42·20	3·44	5·27	5·75	4·81	2·20
43	197·07	42·89	3·42	5·22	5·69	4·74	2·12
42	154·18	43·58	3·41	5·18	5·63	4·67	2·03
41	110·60	44·23	3·39	5·14	5·58	4·61	1·94

φ	k pro 0ʰ	Differenz	1ʰ	2ʰ	3ʰ	4ʰ	5ʰ
40	+ 66.37	−44.87	+3.38	+5.10	+5.53	+4.55	+1.85
39	+ 21.50	45.49	3.36	5.07	5.47	4.49	1.76
38	− 23.99	46.09	3.34	5.05	5.40	4.42	1.67
37	70.08	46.73	3.32	5.02	5.34	4.34	1.57
36	116.81	47.29	3.30	4.98	5.28	4.27	1.47
35	164.10	47.90	3.28	4.94	5.22	4.20	1.37
34	212.00	48.44	3.27	4.90	5.16	4.12	1.27
33	260.44	49.00	3.25	4.87	5.10	4.04	1.17
32	309.44	49.52	3.23	4.83	5.04	3.96	1.07
31	358.96	50.02	3.21	4.79	4.98	3.87	0.97
30	408.98	50.53	3.19	4.75	4.93	3.78	0.87
29	459.51	51.00	3.17	4.71	4.86	3.69	0.77
28	510.51	51.48	3.15	4.66	4.79	3.61	0.67
27	561.99	51.91	3.13	4.61	4.72	3.52	0.57
26	613.90	52.37	3.11	4.56	4.65	3.43	0.46
25	666.27	52.80	3.08	4.51	4.58	3.34	0.35
24	719.07	53.18	3.06	4.47	4.51	3.25	0.24
23	772.25	53.58	3.04	4.43	4.45	3.16	0.13
22	825.83	53.96	3.02	4.39	4.39	3.08	+0.02
21	879.79	54.32	3.00	4.35	4.33	2.99	−0.09
20	934.11	54.64	2.98	4.30	4.27	2.91	0.20
19	988.75	54.98	2.96	4.25	4.20	2.82	0.31
18	1043.73	55.27	2.93	4.21	4.13	2.73	0.43
17	1099.00	55.58	2.91	4.16	4.06	2.65	0.55
16	1154.58	55.84	2.89	4.11	3.99	2.56	0.66
15	1210.42	56.10	2.86	4.07	3.92	2.47	0.78
14	1266.52	56.35	2.84	4.02	3.85	2.37	0.89
13	1322.87	56.56	2.82	3.97	3.78	2.27	1.00
12	1379.43	56.77	2.79	3.92	3.70	2.17	1.12
11	1436.20	56.96	2.77	3.87	3.63	2.08	1.24
10	1493.16	57.13	2.75	3.83	3.56	1.99	1.36
9	1550.29	57.29	2.73	3.79	3.49	1.90	1.47
8	1607.58	57.43	2.71	3.74	3.42	1.81	1.59
7	1665.01	57.54	2.68	3.69	3.35	1.72	1.70
6	1722.55	57.65	2.66	3.65	3.28	1.62	1.82
5	1780.20	57.74	2.64	3.60	3.20	1.53	1.93
4	1837.94	57.80	2.62	3.56	3.13	1.43	2.05
3	1895.74	57.86	2.60	3.51	3.06	1.34	2.17
2	1953.60	57.89	2.57	3.46	2.99	1.24	2.28
+ 1	2011.49	57.91	2.55	3.41	2.92	1.15	2.40
0	2069.40	57.91	2.53	3.36	2.85	1.05	2.52
− 1	2127.31	57.89	2.51	3.31	2.78	0.95	2.64
2	2185.20	57.86	2.49	3.26	2.71	0.86	2.76
3	2243.06	57.80	2.46	3.21	2.64	0.76	2.87
4	2300.86	57.74	2.44	3.17	2.57	0.67	2.99
5	2358.60	57.65	2.42	3.12	2.50	0.57	3.11
6	2416.25	57.54	2.40	3.08	2.42	0.48	3.22
7	2473.79	57.43	2.38	3.03	2.35	0.38	3.34
8	2531.22	57.29	2.35	2.98	2.28	0.29	3.45
9	2588.51	57.13	2.33	2.94	2.21	0.20	3.57

φ	k pro 0ʰ	Differenz	1ʰ	2ʰ	3ʰ	4ʰ	5ʰ
−10°	−2645'64	−56'96	+2'31	+2'90	+2'14	+0'11	−3'68
11	2702·60	56·77	2·29	2·85	2·07	+0·02	3·80
12	2759·37	56·56	2·27	2·80	2·00	−0·07	3·92
13	2815·93	56·35	2·24	2·75	1·92	0·17	4·04
14	2872·28	56·10	2·22	2·70	1·85	0·27	4·15
15	2928·38		2·20	2·65	1·78	0·37	4·26

Tafel der Werthe von L für die Breiten von 70° bis —15° und für die Zeiten von 0ʰ bis 5ʰ.

φ	L pro 0ʰ	Differenz	1ʰ	2ʰ	3ʰ	4ʰ	5ʰ
70°	30°42'52'	+152'	− 96'	−151'	−161'	−110'	− 2'
69	30 45 24	159	96	150	160	109	− 1
68	30 48 3	166	95	150	159	108	0
67	30 50 49	173	95	149	158	106	+ 1
66	30 53 42	180	95	148	157	105	2
65	30 56 42	186	94	147	156	104	4
64	30 59 48	194	94	147	155	102	6
63	31 3 2	200	94	146	154	101	8
62	31 6 22	206	94	145	153	99	10
61	31 9 48	214	93	145	152	98	12
60	31 13 22	220	93	144	150	96	14
59	31 17 2	226	92	143	149	95	16
58	31 20 48	233	92	142	147	94	18
57	31 24 41	239	91	142	146	92	20
56	31 28 40	245	91	141	145	90	23
55	31 32 45	251	90	140	143	88	25
54	31 36 56	256	90	139	142	86	27
53	31 41 14	263	89	138	140	84	29
52	31 45 37	270	89	138	139	82	31
51	31 50 7	275	88	137	138	80	34
50	31 54 42	281	88	136	136	78	37
49	31 59 23	287	87	135	134	76	39
48	32 4 10	292	87	134	133	74	42
47	32 9 2	297	86	133	131	72	44
46	32 13 59	303	86	132	130	70	47
45	32 19 2	308	85	131	128	68	49
44	32 24 10	314	84	130	126	66	52
43	32 29 24	318	84	129	124	64	55
42	32 34 42	324	83	128	123	62	58
41	32 40 6	328	83	127	121	59	61
40	32 45 34	333	82	126	119	56	64
39	32 51 7	338	81	125	117	54	67
38	32 56 45	342	81	124	115	51	70
37	33 2 27	347	80	122	113	49	73
36	33 8 14	352	79	121	111	46	77
35	33 14 6	356	78	120	109	44	80
34	33 20 2	359	78	119	107	41	83
33	33 26 1	364	77	118	105	39	86
32	33 32 5	367·5	76	116	103	36	89
31	33 38 12·5	371·5	76	115	101	33	92

φ	L pro 0ʰ	Differenz	1ʰ	2ʰ	3ʰ	4ʰ	5ʰ
30°	33°44'24"	+376'	− 75'	−114'	− 99'	− 30'	+ 96'
29	33 50 40	378	74	113	97	28	99
28	33 56 58	382	74	111	95	25	103
27	34 3 20	386	73	110	92	23	107
26	34 9 46	389	72	108	90	20	110
25	34 16 15	392	71	107	88	17	114
24	34 22 47	395	71	106	86	14	117
23	34 29 22	397	70	104	84	11·	121
22	34 35 59	401	69	103	82	8	124
21	34 42 40	403·5	69	101	80	5	128
20	34 49 23·5	405·5	68	100	77	− 2	132
19	34 56 9	408·5	67	99	75	+ 1	135
18	35 2 57·5	410·5	66	97	72	4	139
17	35 9 48	413	65	96	70	7	143
16	35 16 41	415	64	94	68	10	146
15	35 23 36	416	63	93	66	13	150
14	35 30 32	418	63	92	63	16	153
13	35 37 30	420	62	90	61	19	157
12	35 44 30	422	61	89	59	22	161
11	35 51 32	423	60	87	56	25	165
10	35 58 35	424	59	86	54	28	169
9	36 5 39	425·5	58	85	52	31	172
8	36 12 44·5	426·5	57	83	49	34	176
7	36 19 51	427	56	82	46	37	180
6	36 26 58	428·4	55	80	44	41	184
5	36 34 6·4	428·6	54	79	42	44	188
4	36 41 15	429·4	54	78	40	47	192
3	36 48 24·4	429·6	53	76	37	50	196
2	36 55 34	429·6	52	75	35	53	200
+ 1	37 2 43·6	430·4	51	73	32	56	204
0	37 9 54'	430	50	72	30	59	208
− 1	37 17 4	430	49	70	28	62	212
2	37 24 14	429·5	48	69	25	65	216
3	37 31 23·5	429	48	67	23	68	220
4	37 38 32·5	428·5	47	66	20	71	224
5	37 45 41	428·5	46	64	18	74	228
6	37 52 49·5	427	45	63	16	77	232
7	37 59 56·6	426·4	44	61	14	80	236
8	38 7 3	426	44	60	11	83	240
9	38 14 9	424	43	58	8	86	244
10	38 21 13	423	42	57	6	89	247
11	38 28 16	421·5	41	56	4	92	251
12	38 35 17·5	420	40	54	− 1	95	255
13	38 42 17·5	418·5	39	53	+ 1	99	259
14	38 49 16	417·5	38	51	4	102	262
15	38 56 13·5		37	50	6	106	265

Tafel der Werthe von lg. *l* für die Breiten von 70° bis 0° und für die Zeiten von 0ʰ bis 5ʰ.

φ	lg. *l* pro 0ʰ	Differenz	1ʰ	2ʰ	3ʰ	4ʰ	5ʰ
70°	4·49827	+2026	−28	−60	−89	−124	−161
69	4·51853	1923					
68	4·53776	1829					
67	4·55605	1742					
66	4·57347	1661					
65	4·59008	1587					
64	4·60595	1519					
63	4·62114	1454					
62	4·63568	1394					
61	4·64962	1338					
60	4·66300	1284	−28	−60	−89	−124	−161
59	4·67584	1235					
58	4·68819	1188					
57	4·70007	1143					
56	4·71150	1100					
55	4·72250	1061					
54	4·73311	1022					
53	4·74333	985					
52	4·75318	951					
51	4·76269	917					
50	4·77186	885	−28	−60	−89	−124	−161
49	4·78071	854					
48	4·78925	825					
47	4·79750	796					
46	4·80546	769					
45	4·81315	742					
44	4·82057	717					
43	4·82774	692					
42	4·83466	668					
41	4·84134	645					
40	4·84779	623	−28	−60	−89	−124	−161
39	4·85402	600					
38	4·86002	579					
37	4·86581	559					
36	4·87140	538					
35	4·87678	519					
34	4·88197	499					
33	4·88696	481					
32	4·89177	462					
31	4·89639	444					
30	4·90083	427	−28	−60	−89	−124	−161
29	4·90510	409					
28	4·90919	393					
27	4·91312	376					
26	4·91688	359					
25	4·92047	344					
24	4·92391	328					
23	4·92719	312					
22	4·93031	297					
21	4·93328	281					

φ	lg. l pro 0ʰ	Differenz	1ʰ	2ʰ	3ʰ	4ʰ	5ʰ
20°	4·93609	+267	—28	—60	—89	—124	—161
19	4·93876	252	.	.	.	.	.
18	4·94128	238	.	.	.	.	.
17	4·94366	223	.	.	.	.	.
16	4·94589	209	.	.	.	.	.
15	4·94798	195	.	.	.	.	.
14	4·94993	181	.	.	.	.	.
13	4·95174	167	.	.	.	.	.
12	4·95341	153	.	.	.	.	.
11	4·95494	140	.	.	.	.	.
10	4·95634	126	—28	—80	—89	—124	—161
9	4·95760	112	.	.	.	.	.
8	4·95872	99	.	.	.	.	.
7	4·95971	86	.	.	.	.	.
6	4·96057	93	.	.	.	.	.
5	4·96130	59	.	.	.	.	.
4	4·96189	46	.	.	.	.	.
3	4·96235	33	.	.	.	.	.
2	4·96268	19	.	.	.	.	.
1	4·96287	7	.	.	.	.	.
0	4·96294		.	.	.	.	.

Nachdem so die Vorarbeiten erledigt waren, wurden zunächst die allgemeinen Erscheinungen der Finsterniss untersucht; und zwar wurde begonnen mit der Bestimmung von Zeit und Ort des ersten Eintrittes der Erde in den Schatten und ihres Austretens aus demselben, so wie des Anfanges und Endes der centralen Finsterniss auf der Erde überhaupt, und endlich des Ortes, wo die centrale Finsterniss im Mittage gesehen wird. Es ergaben sich dabei folgende Resultate, bei denen sowohl der Einfluss der Erdabplattung, als die Vergrösserung des Mondhalbmessers berücksichtigt sind:

	Geographische Breite	Östliche Länge von Paris	Wahre Pariser Zeit	Wahre Ortszeit
Anfang der Finsterniss auf der Erde überhaupt	34° 31'7	255° 24'4	23ʰ 57ᵐ23	16ʰ 58ᵐ85
Anfang der centralen Verfinsterung	45 49·2	231 38·5	1 0·58	16 27·15
Centrale Verfinsterung im Meridiane	56 17·4	327 4·9	2 11·68	0 0·0
Ende der centralen Verfinsterung	16 12·0	37 9·3	3 56·90	6 25·52
Ende der Finsterniss auf der Erde überhaupt . .	4 25·8	16 46·7	4 59·68	6 6·79

Während also die beiden Punkte, mit welchen die Erde zuerst in den Halbschatten des Mondes eintritt und zuletzt denselben verlässt, jener in Mexico zwischen dem Rio Grande del Norte und dem rothen Flusse, südöstlich von Santa Fe, dieser auf der unbekannten Hochebene Inner-Afrika's südlich von den Mendify-Bergen auf der Linie liegt, welche die Stadt Kouka am Tsad-See mit Missel bei dem Zamba-See verbindet, beginnt die Centrallinie von Sonne und Mond ihren Weg auf der Oberfläche der Erde in einem Punkte des nördlichen stillen Oceans an der Westküste Nord-Amerika's gegenüber der Mündung des Columbia-Flusses und beendet ihn an der Westküste des rothen Meeres bei dem Orte Massaua in Abyssinien; und der Ort endlich, für welche beide Gestirne in demselben Augenblicke und in gleicher Höhe culminiren, ist in dem nördlichen atlantischen Ocean, südöstlich von Cap Statenhuk im Meridian der Azoren-Insel Corvo zu suchen. —

Um dann die Curven zu finden, welche das Gebiet des Kern- und Halbschattens auf der Erde begrenzen, so wie auch den Weg, den die Axe des Schattenkegels beschreibt, zu bestimmen, wurde in Breite von 2 zu 2 Grad fortgegangen und für jeden Parallel die zugehörige Länge und die entsprechende Zeit gefunden. Für die letztgenannte Curve der Centralität wurde zunächst mit den Constanten für 2^h gerechnet und, nachdem so die Pariser Zeiten annähernd gefunden waren, mit den Constanten, wie sie für diese gelten, die Rechnung noch einmal durchgeführt. Um zu zeigen, wie weit die erste Annäherung von der zweiten abweicht, geben wir die Resultate beider Rechnungen in folgenden Tafeln zusammengestellt.

Curve der Centralität.

Erste Näherung				Zweite Näherung			
Geograph. Breite φ	Östl. Länge von Par. λ	Wahre Zeit am Orte t	Wahre Par. Zeit τ	Geograph. Breite φ	Östl. Länge von Par. λ	Wahre Zeit am Orte t	Wahre Par. Zeit τ
45°49'2	231°38'5	16ʰ27·15	1ʰ 0·58	45°49'2	231°38'5	16ʰ27·15	1ʰ 0·58
46	232 1·5	16 29·00	1 0·91	46	232 0·7	16 28·96	1 0·91
48	236 56·2	16 49·01	1 1·27	48	236 55·1	16 48·95	1 1·35
50	242 8·5	17 10·84	1 2·27	50	242 7·1	17 10·76	1 2·29
52	247 47·2	17 35·18	1 4·03	52	247 45·45	17 35·07	1 4·04
54	254 6·2	18 3·12	1 6·71	54	254 4·3	18 3·00	1 6·71
56	261 31·3	18 36·72	1 10·63	56	261 29·0	18 36·57	1 10·44
58	271 6·85	19 21·15	1 16·69	58	271 3·3	19 20·90	1 16·68
60	288 40·2	20 44·67	1 29·99	60	288 29·2	20 43·81	1 29·86

Erste Näherung				Zweite Näherung			
Geograph. Breite φ	Östl. Länge v. Par. λ	Wahre Zeit am Orte t	Wahre Par. Zeit τ	Geograph. Breite φ	Östl. Länge v. Par. λ	Wahre Zeit am Orte t	Wahre Par. Zeit τ
60°17'	296°29'4	21·22·97	1·37·07	60°17'	296°33'05	21·23·07	1·36·87
60°	304 16·1	22 1·27	1 44·19	60	304 23·4	22 1·89	1 44·33
58	320 33·6	23 24·79	2 2·55	58	320 33·45	23 24·78	2 2·55
56°17'4	327 4·9	0 0·0	2 11·68	60°17'4	327 4·9	0 0·00	2 11·68
56°	328 48·7	0 9·21	2 13·97	56	328 48·0	0 9·15	2 13·95
54	334 49·4	0 42·81	2 23·52	54	334 49·15	0 42·70	2 23·43
52	339 39·7	1 10·75	2 32·11	52	339 37·7	1 10·57	2 32·06
50	343 45·8	1 35·10	2 40·04	50	343 43·15	1 34·85	2 39·98
48	347 21·4	1 56·92	2 47·49	48	347 18·15	1 56·62	2 47·41
46	350 35·7	2 16·93	2 54·55	46	350 32·0	2 16·58	2 54·13
44	353 36·4	2 35·58	3 1·15	44	353 30·75	2 35·19	3 1·14
42	356 23·5	2 53·20	3 7·63	42	356 18·9	2 52·79	3 7·52
40	359 5·0	3 10·03	3 13·70	40	359 0·0	3 9·59	3 13·59
38	1 42·3	3 26·29	3 19·47	38	1 36·8	3 25·82	3 19·30
36	4 17·9	3 42·13	3 24·93	36	4 12·05	3 41·63	3 24·83
34	6 54·35	3 57·70	3 30·08	34	6 47·8	3 57·19	3 29·97
32	9 33·5	4 13·11	3 34·88	32	9 26·4	4 12·54	3 34·78
30	12 17·8	4 28·51	3 39·33	30	12 9·85	4 27·90	3 39·24
28	15 9·3	4 44·00	3 43·38	28	15 1·2	4 43·37	3 43·29
26	18 10·8	4 59·73	3 47·01	26	18 1·8	4 59·06	3 46·94
24	21 23·6	5 15·85	3 50·27	24	21 15·45	5 15·00	3 50·10
22	24 56·0	5 32·52	3 52·79	22	24 45·25	5 31·76	3 52·74
20	28 47·7	5 49·96	3 54·78	20	28 35·9	5 49·16	3 54·76
18	33 6·2	6 8·46	3 56·05	18	32 53·0	6 7·60	3 56·07
16°12'	37 9·3	6 25·53	3 56·90	16°12'	37° 9'3	6 25·53	3 56·90

Auf dieselbe Weise wurde dann mit der südlichen und nördlichen Grenzcurve des Kernschattens verfahren, wo aber bei der zweiten Annäherung auch auf die Vergrösserung des Mond-Halbmessers für die einzelnen Breiten Rücksicht genommen wurde. Da bei der inneren Berührung der Ränder der Gestirne die Distanz ihrer Mittelpunkte eine kleine Grösse ist, so wird sie durch diese Wirkung der Parallaxe im Mondhalbmesser bedeutend afficirt und so kommt es, dass die Resultate der ersten und zweiten Näherung wesentlich differiren, so dass, wenn diese allgemeinen Rechnungen z. B. dazu benutzt werden sollen, für einen bestimmten Ort vorher zu entscheiden, ob er innerhalb der Grenzen der totalen Verfinsterung liegt, diese Correction des Mond-Halbmessers nicht vernachlässigt werden darf.

Südliche Grenze der Zone der totalen Finsterniss.

Erste Näherung				Zweite Näherung			
Geograph. Breite φ	Östl. Länge von Paris λ	Wahre Zeit am Orte t	Wahre Par. Zeit τ	Geograph. Breite φ	Östl. Länge von Paris λ	Wahre Zeit am Orte t	Wahre Par. Zeit τ
44°	229°16'5	16ʰ17ᵐ45	1ʰ 0ᵐ35	44°	229°12'3	16ʰ17ᵐ20	1ʰ 0ᵐ38
46	234 3·45	16 36·51	1 0·28	46	234 3·15	16 36·49	1 0·28
48	239 3·6	16.57·06	1 0·82	48	239 ·7·4	16 57·31	1 0·81
50	244 23·4	17 19·61	1 2·05	50	244 34·3	17 20·33	1 2·04
52	250 13·2	17 44·96	1 4·08	52	250 27·6	17 45·93	1 4·09
54	256 49·1	18 14·4	1 7·13	54	257 12·3	18 16·03	1 7·21
56	264 44·4	18 50·6	1 11·64	56	265 20·8	18 53·25	1 11·87
58	275 32·9	19 41·15	1 18·96	58	276 41·0	19 46·25	1 19·62
59 33'24	296 38·0	21 22·97	1 36·43	59 24'3	296 40·7	21 23·07	1 36·36
58	316 44·0	23 4·78	1 57·85	58	315 3·5	22 56·05	1 55·81
56	326 12·05	23 55·33	2 10·53	56	325 4·7	23 49·36	2 9·05
54	332 42·9	0 31·53	2 20·67	54	331 47·75	0 26·60	2 19·42
52	337 50·2	1 0·97	2 29·63	52	336 53·3	0 55·87	2 28·32
50	342 14·0	1 26·93	2 37·99	50	341 23·6	1 22·41	2 36·84
48	345 50·5	1 48·87	2 45·51	48	345 9·85	1 45·25	2 44·60
46	349 10·2	2 9·43	2 52·75	46	348 31·8	2 6·03	2 51·94
44	352 13·15	2 28·49	2 59·61	44	351 36·65	2 25·29	2 58·84
42	355 4·25	2 46·43	3 6·15	42	354 29·55	2 43·42	3 5·45
40	357 47·5	3 3·52	3 12·35	40	357 14·1	3 0·67	3 11·73
38	0 25·8	3 19·98	3 18·26	38	359 53·55	3 17·28	3 17·71
36	3 1·7	3 35·96	3 23·85	36	2 30·6	3 33·41	3 23·37
34	5 37·85	3 51·64	3 29·12	34	5 7·6	3 49·21	3 28·70
32	8 16·0	4 7·12	3 34·05	32	7 46·7	4 4·81	3 33·69
30	10 58·8	4 22·55	3 38·63	30	10 30·3	4 20·35	3 38·33
28	13 48·0	4 38·02	3 42·82	28	13 20·85	4 35·97	3 42·58
26	16 46·45	4 53·69	3 46·60	26	16 20·4	4 51·77	3 46·41
24	19 57·0	5 9·71	3 49·91	24	19 34·75	5 7·89	3 49·58
22	23 22·1	5 26·18	3 52·71	22	22 58·6	5 24·55	3 52·64
20	27 7·6	5 43·41	3 54·91	20	26 45·4	5 41·91	3 54·89
18	31 17·4	6 1·57	3 56·41	18	30 57·95	6 0·30	3 56·44
16	35 59·4	6 21·05	3 57·09	16	35 42·3	6 19·97	3 57·15

Nördliche Grenze der Zone der totalen Finsterniss

Erste Näherung				Zweite Näherung			
46°	229°59'4	16ʰ21ᵐ57	1ʰ 1ᵐ61	46°	229°59'05	16ʰ21ᵐ55	1ʰ 1ᵐ62
48	234 49·3	16 41·80	1 1·79	48	234 46·3	16 40·89	1 1·80
50	239 54·7	17 2·60	1 2·59	50	239 46·5	17 1·73	1 2·63
52	245 23·6	17 25·67	1 4·10	52	245 9·5	17 24·75	1 4·12
54	251 27·7	17 52·29	1 6·44	54	251 6·65	17 50·87	1 6·42
56	258 27·8	18 23·73	1 9·95	56	257 56·5	18 1·55	1 9·78
58	267 11·1	19 3·75	1 15·01	58	266 21·4	19 0·15	1 14·72
60	280 9·4	20 5·01	1 24·39	60	278 30·3	19 57·05	1 23·03
60 52'8	296 25·95	21 22·97	1 37·24	61 6'3	296 24·95	21 23·07	1 37·40
60	312 0·8	22 40·92	1 52·87	60	314 7·9	22 51·35	1 54·82
58	323 52·9	23 42·18	2 6·65	58	325 5·2	23 48·49	2 8·14
56	331 15·7	0 22·20	2 17·15	56	332 12·1	0 27·17	2 18·37
54	336 51·4	0 53·65	2 26·22	54	337 39·0	0 57·84	2 27·24
52	341 26·85	1 20·26	2 34·47	52	342 8·1	1 23·90	2 35·36
50	345 23·0	1 43·69	2 42·16	50	345 59·7	1 46·91	2 42·93
48	348 51·8	2 4·85	2 49·40	48	349 24·75	2 7·72	2 50·07
46	352 1·3	2 24·36	2 56·27	46	352 33·85	2 27·15	2 56·90
44	354 57·0	2 42·62	3 2·82	44	355 24·1	2 44·91	3 3·31

Erste Näherung				Zweite Näherung			
Geograph. Breite φ	Östl. Länge von Paris λ	Wahre Zeit am Orte t	Wahre Par. Zeit τ	Geograph. Breite φ	Östl. Länge von Paris λ	Wahre Zeit am Orte t	Wahre Par. Zeit τ
42°	357°42'9	2ᵘ59ᵐ94	3ʰ 9ᵐ08	42°	358° 1	3ʰ 2ᵐ01	3ʰ 9ᵐ47
40	0 23·1	3 16·53	3 14·99	40	0 4	3 18·43	3 15·34
38	2 59·65	3 32·61	3 20·64	38	3 45	3 34·28	3 20·92
36	5 35·1	3 48·31	3 25·97	36	5 ·6	3 49·59	3 26·15
34	8 12·05	4 3·79	3 30·98	34	8 ·7	4 5·06	3 31·15
32	10 51·65	4 19·93	3 35·65	32	11 :9	4 20·23	3 35·77
30	13 38·4	4 34·53	3 39·97	30	13 ·6	4 35·40	3 40·03
28	16 32·4	4 50·04	3 43·88	28	16 ·6	4 50·75	3 43·91
26	19 37·15	5 5·84	3 47·30	26	19 ·9	5 6·35	3 47·36
24	22 56·0	5 22·80	3 50·35	24	23 45	5 22·35	3 50·32
22	26 32·3	5 38·94	3 52·79	22	26 2	5 38·96	3 52·75
20	30 31·2	5 56·65	3 54·57	20	30 :1	5 56·41	3 54·54
18	34 59·4	6 15·54	3 55·58	18	34 :0	6 14·99	3 55·59

Ebenso wurde bei der Berechnung der südlichen Grenze des Halb-schattens in der zweiten Annäherung sowohl auf die Veränderung der Grössen k, g, L und l mit der Zeit, als auf die Vergrösserung des Mond-Halbmessers Rücksicht genommen u. so ergaben sich folgende Resultate:

Südliche Grenze der Finsterniss.

Erste Näherung				Zweite Näherung			
Geograph. Breite φ	Östl. Länge von Paris λ	Wahre Zeit am Orte t	Wahre Par. Zeit τ	Geograph. Breite φ	Östl. Länge von Paris λ	Wahre Zeit am Orte t	Wahre Par. Zeit τ
20°	263°10'0	18ʰ17ᵐ64	0ʰ44ᵐ97	20°	263°28'9	18ʰ18ᵐ97	0ʰ45ᵐ04
22	269 8·6	18 44·53	0 47·82	22	269 35·7	18 46·55	0 48·17
24	275 57·05	19 16·94	0 53·14	24	276 36·3	19 20·06	0 53·64
26	284 40·3	20 1·38	1 2·69	26	285 49·3	20 7·41	1 4·12
27 26'	299 10·8	21 22·97	1 26·25	27 11'	299 12·48	21 23·12	1 26·29
26	312 7·1	22 44·55	1 56·08	26	310 41·55	22 35·24	1 52·47
24	318 37·45	23 28·99	2 14·50	24	317 42·2	23 22·82	2 12·01
22	323 10·8	0 1·41	2 28·69	22	322 25·9	23 56·35	2 26·63
20	327 0·6	0 28·29	2 40·25	20	326 12·7	0 23·85	2 39·01
18	330 5·1	0 51·88	2 51·54	18	329 28·5	0 47·85	2 49·95
16	332 59·5	1 13·25	3 1·29	16	332 25·05	1 9·54	2 59·86
14	335 41·8	1 32·97	3 10·18	14	335 9·5	1 29·57	3 8·93
12	338 18·6	1 51·67	3 18·43	12	337 46·9	1 48·42	3 17·29
10	340 51·0	2 9·43	3 26·03	10	340 20·3	2 6·37	3 25·02
8	343 22·4	2 26·55	3 33·05	8	342 52·3	2 23·63	3 32·15
6	346 0·0	2 43·19	3 39·19	6	345 25·3	2 40·41	3 38·73
4	348 30·5	2 59·51	3 45·48	4	348 1·5	2 56·87	3 44·77
2	351 11·25	3 15·65	3 50·90	2	350 42·55	3 13·13	3 50·30
0	353 58·7	3 31·73	3 55·81	0	353 30·3	3 29·32	3 55·30
− 2	356 54·9	3 47·87	4 0·21	− 2	356 26·9	3 45·57	3 59·78
− 4	0 1·8	4 4·17	4 4·05	− 4	359 34·2	4 2·00	4 3·72
− 6	3 21·5	4 20·79	4 7·35	− 6	2 54·86	4 18·75	4 7·10
− 8	6 56·85	4 37·85	4 10·06	− 8	6 31·2	4 35·96	4 9·88
−10	10 51·2	4 55·54	4 12·13	−10	10 26·5	4 53·79	4 12·03
−12	15 8·9	5 14·10	4 13·51	−12	14 45·56	5 12·51	4 13·47
−14	19 55·2	5 33·77	4 14·09	−14	19 33·95	5 32·39	4 14·13
−16	25 18·6	5 55·02	4 13·78	−16	24 59·8	5 53·85	4 13·86

Um die Begrenzung des Verfinsterungs-Gebietes auf der Erde zu vollenden, mussten nun noch die östliche und westliche Grenz-Curve berechnet werden, d. h. die Curven derjenigen Orte, welche den Anfang der Finsterniss bei untergehender Sonne, und derjenigen, welche das Ende bei aufgehender Sonne sehen. Der Vollständigkeit halber wurden auch diejenigen Orte bestimmt, welche das Ende der Finsterniss bei untergehender, und den Anfang derselben bei aufgehender Sonne sehen, da die Curven dieser Orte zwar in das Gebiet des Schattens fallen, aber doch insoferne Grenz-Curven sind, als sie

Östliche

Ost-Grenze des Schattengebietes. Anfang der Finsterniss bei untergehender Sonne				Curve der Orte, welche gehender	
Geograph. Breite φ	Östliche Länge von Paris λ	Wahre Zeit am Orte t	Wahre Par. Zeit τ	Geograph. Breite φ	Östliche Länge von Paris λ
−14°22'	20°50'62	5ʰ37ᵐ48	4ʰ14ᵐ11	−14°22'	20°50'62
−14	23 14·6	5 38·09	4 5·11	−14	20 59·8
−12	27 28·65	5 41·33	3 51·42	−12	21 50·8
−10	30 13·6	5 44·51	3 43·61	−10	22 43·2
− 8	32 30·45	5 47·66	3 37·63	− 8	23 37·35
− 6	34 31·6	5 50·77	3 32·67	− 6	24 33·0
− 4	36 22·5	5 53·86	3 28·36	− 4	25 30·5
− 2	38 6·15	5 56·93	3 24·52	− 2	26 29·9
0	39 44·3	6 0·00	3 21·05	0	27 31·3
+ 2	41 18·4	6 3·07	3 17·84	+ 2	28 34·9
4	42 49·15	6 6·14	3 14·86	4	29 40·6
6	44 13·0	6 9·23	3 12·36	6	30 48·7
8	45 43·75	6 12·34	3 9·42	8	31 59·15
10	47 8·7	6 15·49	3 6·91	10	33 12·08
12	48 32·6	6 18·67	3 4·50	12	34 27·7
14	49 55·9	6 21·91	3 2·19	14	35 46·1
16	51 19·0	6 25·21	2 59·95	16	37 7·3
18	52 42·2	6 28·59	2 57·77	18	38 31·5
20	54 5·9	6 32·05	2 55·65	20	39 58·9
22	55 30·15	6 35·60	2 53·59	22	41 29·45
24	56 55·75	6 39·26	2 51·54	24	43 3·65
26	58 22·85	6 43·05	2 49·53	26	44 41·5
28	59 51·95	6 46·99	2 47·52	28	46 23·4
30	61 23·3	6 51·09	2 45·53	30	48 9·4
32	62 57·5	6 55·37	2 43·54	32	50 0·0
34	64 35·0	6 59·93	2 41·53	34	51 55·4
36	66 16·5	7 4·61	2 39·51	36	53 56·2
38	68 2·65	7 9·63	2 37·45	38	56 2·85
40	69 54·15	7 14·96	2 35·35	40	58 15·9
42	71 52·15	7 20·67	2 33·19	42	60 36·25
44	73 57·8	7 26·80	2 30·95	44	63 4·8
46	76 12·3	7 33·43	2 28·61	46	65 42·5
48	78 37·7	7 40·66	2 26·15	48	68 31·1
50	81 15·9	7 48·60	2 23·54	50	71 32·2

den Theil der Erde nach Ost und West begrenzen, welcher die Finsterniss vollständig sieht, d. h. ohne dass ein Theil derselben sich vollzieht, ehe die Sonne auf-, oder nachdem sie untergegangen ist. Endlich wurde auch noch die Curve derjenigen Orte gefunden, welche die grösste Phase im Horizonte sehen, weil diese offenbar die Zone der totalen Finsterniss nach Osten und Westen begrenzt. Die Resultate dieser Rechnungen, bei denen übrigens bei der ersten Näherung stehen geblieben wurde, sind in folgenden Tafeln zusammengestellt.

Grenzcurven.

die grösste Phase bei unter-Sonne sehen		Curve der Orte, welche das Ende der Finsterniss bei untergehender Sonne sehen			
Wahre Zeit am Orte t	Wahre Par. Zeit τ	Geographische Breite φ	Östliche Länge von Paris λ	Wahre Zeit am Orte t	Wahre Par. Zeit τ
5h 37m48	4h 14m11	−14°22'	20°50'62	5h 37m48	4h 14m11
5 38·09	4 14·10	−14	18 45·0	5 38·09	4 23·09
5 41·33	4 13·94	−12	16 12·95	5 41·33	4 36·46
5 44·51	4 13·63	−10	15 12·8	5 44·51	4 43·66
5 47·66	4 13·17	− 8	14 44·25	5 47·66	4 48·71
5 50·77	4 12·57	− 6	14 34·4	5 50·77	4 52·48
5 53·86	4 11·83	− 4	14 38·5	5 53·86	4 55·29
5 56·93	4 10·94	− 2	14 53·65	5 56·93	4 57·36
6 0·00	4 9·91	0	15 18·3	6 0·00	4 58·78
6 3·07	4 8·74	+ 2	15 51·4	6 3·07	4 59·64
6 6·14	4 7·43	4	16 32·05	6 6·14	5 0·00
6 9·23	4 5·98	6	17 24·4	6 9·23	4 59·60
6 12·34	4 4·40	8	18 14·55	6 12·34	4 59·37
6 15·44	4 2·68	10	19 15·5	6 15·44	4 58·45
6 18·67	4 0·83	12	20 22·8	6 18·67	4 57·15
6 21·91	3 58·84	14	21 36·3	6 21·91	4 55·49
6 25·21	3 56·93	16	22 55·6	6 25·21	4 53·51
6 28·59	3 54·49	18	24 20·8	6 28·59	4 51·20
6 32·05	3 52·12	20	25 51·9	6 32·05	4 48·59
6 35·60	3 49·63	22	27 28·75	6 35·60	4 45·48
6 39·26	3 47·02	24	29 11·55	6 39·26	4 42·49
6 43·05	3 44·29	26	31 0·15	6 43·05	4 39·04
6 46·99	3 41·43	28	32 54·85	6 46·99	4 35·33
6 51·09	3 38·46	30	34 55·5	6 51·09	4 31·39
6 55·37	3 35·37	32	37 2·5	6 55·37	4 27·21
6 59·93	3 32·17	34	39 15·8	6 59·93	4 22·81
7 4·61	3 28·86	36	41 35·9	7 4·61	4 18·21
7 9·63	3 25·44	38	44 3·05	7 9·63	4 13·42
7 14·96	3 21·90	40	46 37·65	7 14·96	4 8·45
7 20·67	3 18·25	42	49 20·35	7 20·67	4 3·31
7 26·80	3 14·48	44	52 11·8	7 26·80	3 58·01
7 33·43	3 10·60	46	55 12·7	7 33·43	3 52·59
7 40·66	3 6·59	48	58 24·5	7 40·66	3 47·09
7 48·60	3 2·45	50	61 48·5	7 48·60	3 41·37

Ost-Grenze des Schattengebietes. Anfang der Finsterniss bei untergehender Sonne				Curve der Orte, welche gehender	
Geograph. Breite φ	Östliche Länge von Paris λ	Wahre Zeit am Orte t	Wahre Pariser Zeit τ	Geographische Breite φ	Östliche Länge von Paris λ
52°	84° 9'6	7h 57m38	2h 20m74	52°	74°48'0
54	87 22·65	8 7·21	2 17·70	54	78 22·0
56	90 59·7	8 18·35	2 14·37	56	82 18·1
58	95 7·5	8 31·15	2 10·65	58	86 42·5
60	99 55·0	8 46·17	2 6·51	60	91 43·15
62	105 40·55	9 4·25	2 1·55	62	97 37·3
64	112 47·7	9 26·89	1 55·71	64	104 47·0
66	122 14·15	9 57·26	1 48·32	66	114 7·05
68	137 2·32	10 45·53	1 37·31	68	128 31·72
69	154 39·1	11 43·60	1 24·99	69	145 29·0
69 3'	159 36·95	12 0·00	1 21·54	69 3'	150 14·15

Westliche

West-Grenze des Schattengebietes. Ende der Finsterniss bei aufgehender Sonne				Curve der Orte, welche gehender	
Geograph. Breite φ	Östliche Länge von Paris λ	Wahre Zeit am Orte t	Wahre Pariser Zeit τ	Geographische Breite φ	Östliche Länge von Paris λ
16°10'	252°51'7	17h 34m51	0h 43m06	16°10'	252°51'7
18	247 4·7	17 31·41	1 3·10	18	252 3·5
20	244 2·5	17 27·95	1 11·79	20	251 7·3
22	241 33·25	17 24·40	1 18·19	22	250 7·55
24	239 19·5	17 20·74	1 23·44	24	249 3·8
26	237 14·7	17 16·95	1 27·97	26	247 55·8
28	235 15·5	17 13·01	1 31·98	28	246 43·5
30	233 19·4	17 8·91	1 35·62	30	245 26·45
32	231 26·45	17 4·63	1 38·86	32	244 4·25
34	229 30·65	17 0·13	1 42·09	34	242 36·65
36	227 35·5	16 55·39	1 45·01	36	241 3·0
38	225 38·5	16 50·37	1 47·80	38	239 22·7
40	223 38·6	16 45·40	1 50·47	40	237 35·4
42	221 34·6	16 39·33	1 53·01	42	235 40·0
44	219 25·5	16 33·20	1 55·50	44	233 35·8
46	217 9·8	16 26·57	1 57·91	46	231 21·5
48	214 46·0	16 19·34	2 0·27	48	228 55·7
50	212 11·8	16 11·40	2 2·61	50	226 16·3
52	209 25·2	16 2·62	2 4·94	52	223 21·4
54	206 22·7	15 52·79	2 7·27	54	220 7·4
56	203 0·2	15 41·65	2 9·64	56	216 30·4
58	199 11·65	15 28·85	2 12·07	58	212 24·05
60	194 47·2	15 13·83	2 14·68	60	207 38·4
62	189 36·45	14 55·75	2 17·32	62	202 2·55
64	183 11·65	14 33·11	2 20·33	64	195 7·95
66	174 43·1	14 2·74	2 23·87	66	186 2·65
68	161 21·9	13 14·47	2 29·01	68	171 50·25
69	145 23·0	12 16·40	2 34·87	69	154 59·1
69 3'	140 51·35	12 0·00	2 36·58	69 3'	150 14·15

die grösste Phase bei unter-Sonne sehen		Curve der Orte, welche das Ende der Finsterniss bei untergehender Sonne sehen				
Wahre Zeit am Orte t	Wahre Pariser Zeit τ	Geographische Breite φ	Östliche Länge von Paris λ	Wahre Zeit am Orte t	Wahre Pariser Zeit τ
7ʰ 57ᵐ38	2ʰ 58ᵐ18	52°	65°26'4	7ʰ 57ᵐ38	3ʰ 35ᵐ62
8 7·21	2 53·75	54	69 21·35	8 7·21	3 29·79
8 18·35	2 49·14	56	73 36·5	8 18·35	3 23·91
8 31·15	2 44·32	58	78 17·5	8 31·15	3 17·99
8 46·17	2 39·30	60	83 31·3	8 46·17	3 12·09
9 4·25	2 33·77	62	89 34·05	9 4·25	3 5·98
9 26·89	2 27·76	64	96 46·3	9 26·89	2 59·81
9 57·26	2 20·79	66	105 59·95	9 57·26	2 53·26
10 45·53	2 11·42	68	120 1·1	10 45·53	2 45·46
11 43·60	2 1·67	69	136 18·9	11 43·60	2 38·34
12 0·00	1 59·06	69 3'	140 51·35	12 0·00	2 36·58

G r e n s c u r v e n.

die grösste Phase bei auf-Sonne sehen		Curve der Orte, welche den Anfang der Finsterniss bei aufgehender Sonne sehen				
Wahre Zeit am Orte t	Wahre Pariser Zeit τ	Geographische Breite φ	Östliche Länge von Paris λ	Wahre Zeit am Orte t	Wahre Pariser Zeit τ
17ʰ 34ᵐ51	0ʰ 43ᵐ06	16°10'	252°51ᵐ7	17ʰ 34ᵐ51	0ʰ 43ᵐ06
17 31·41	0 43·18	18	257 2·3	17 31·41	0 23·26
17 27·95	0 43·47	20	258 12·1	17 27·95	0 15·15
17 24·40	0 43·90	22	258 41·85	17 24·40	0 9·61
17 20·74	0 44·45	24	258 48·1	17 20·74	0 5·53
17 16·95	0 45·23	26	258 36·9	17 16·95	0 2·49
17 13·01	0 46·11	28	258 11·5	17 13·01	0 0·25
17 8·91	0 47·15	30	257 33·5	17 8·91	23 58·68
17 4·63	0 48·34	32	256 42·05	17 4·63	23 57·82
17 0·13	0 49·69	34	255 42·65	17 0·13	23 57·29
16 55·39	0 51·19	36	254 30·5	16 55·39	23 57·36
16 50·37	0 52·86	38	253 6·9	16 50·37	23 57·91
16 45·40	0 54·68	40	251 32·2	16 45·40	23 58·93
16 39·33	0 56·67	42	249 45·4	16 39·33	0 0·31
16 33·20	0 58·80	44	247 46·1	16 33·20	0 2·13
16 26·57	1 1·13	46	245 33·2	16 26·57	0 4·35
16 19·34	1 3·63	48	243 5·4	16 19·34	0 6·98
16 11·40	1 6·31	50	240 20·8	16 11·40	0 10·01
16 2·62	1 9·19	52	237 17·6	16 2·62	0 13·45
15 52·79	1 12·29	54	233 52·1	15 52·79	0 17·31
15 41·65	1 15·63	56	230 0·6	15 41·65	0 21·61
15 28·85	1 19·24	58	225 36·45	15 28·85	0 26·42
15 13·83	1 23·27	60	220 29·6	15 13·83	0 31·85
14 55·75	1 27·58	62	214 28·65	14 55·75	0 37·84
14 33·11	1 32·58	64	207 4·25	14 33·11	0 44·82
14 2·74	1 38·56	66	197 22·2	14 2·74	0 53·26
13 14·47	1 47·12	68	182 18·6	13 14·47	1 5·23
12 16·40	1 56·46	69	164 35·2	12 16·40	1 18·05
12 0·00	1 59·06	69 3'	159 36·95	12 0·00	1 21·54

Nachdem auf solche Weise die allgemeinen Erscheinungen der Finsterniss durch Rechnung bestimmt waren, wurden die Resultate derselben auf eine Karte getragen (s. Karte I), um das Gebiet der Finsterniss zu veranschaulichen und zu erfahren, für welche einzelnen Orte es von Interesse sein würde, die Erscheinung der Finsterniss besonders zu untersuchen. — Da der Schatten des Mondes fast nur die nördliche Hälfte der Erde bedeckt, — nur mit einem kleinen Theile greift er in Afrika über den Äquator hinüber — so wurde der Bequemlichkeit halber die Nord-Polar-Projection gewählt. Bei der Einzeichnung der Curven ergab sich nun zunächst folgendes Gebiet der totalen Finsterniss (s. Karte I): Der Kernschatten beginnt die Erde zu berühren etliche Meilen seewärts von der Westküste Nord-Amerika's, südlich von Vancouver-Island, mit seiner Süd-Grenze die Mündung des Columbia bei Astoria streifend; er überschreitet dann den Barbobs-See und die Rocky-Mountains, zieht durch das Gebiet der Schwarzfuss-Indianer, zwischen dem Winnipeg-See im Süden und dem durch den Churchill verbundenen Systeme von Seen im Norden, der Hudsons-Bay zu, in welche er bei der Mündung des Nelson am Fort York und Cap Talnam eintritt und die er, an Breite zunehmend, südlich der Musquito-Bay an der Portland-Spitze wieder verlässt, um durch Ost-Main und Nord-Labrador, dessen Nordspitze (Cap Chidley) gerade von der Schatten-Axe berührt wird, dem atlantischen Ocean sich zuzuwenden, zunächst die Davis-Strasse überschreitend und mit seiner Nordgrenze die äusserste Süd-Küste Grönlands zwischen dem Cap Farewell und Cap Statenbuk streifend. Nachdem der Schatten dann in südöstlicher Richtung den atlantischen Ocean durchzogen, nähert er sich dem europäischen Festlande im Golf von Biscaya, bedeckt von Frankreich nur den kleinen südwestlichsten Winkel zwischen der Mündung des Adour und den Pyrenäen; von Spanien hingegen, welches derselbe in einer durchschnittlichen Breite von 28 geographischen Meilen durchzieht, sehen ganz oder theilweise die Provinzen Asturia, Burgos, Biscaya Navarra, Soria, Arragon, Catalonien und Valencia die Sonne gänzlich verfinstert. Verfolgen wir hier das Gebiet der totalen Finsterniss etwas genauer (s. Karte II), so zeigt sich, dass die nördliche Grenze des Kernschattens die französische Küste zwischen Bayonne und St. Jean de Luz schneidet, die Pyrenäen südöstlich von den Gipfeln des Pic du Midi und Mont Perdu überschreitet und dann, ohne Orte von Bedeutung zu berühren, die catalonische Küste nördlich von Tarragona verlässt. Die südliche Grenze der Zone hingegen betritt, am Cap de Peñas nordöstlich vorbeiziehend, bei Villa Viciosa den spanischen Boden, zieht auf ihrem Wege über die Städte Burgos und Teruel und tritt nördlich von Valencia zwischen den Mündungen der Küstenflüsse Palancia und Mijares in das mittelländische Meer. Endlich die Linie der centralen Finsterniss schneidet bei dem Cap de Quejo ein, geht über Santoña, zieht eine Meile südwestlich von Zaragoza vorüber und tritt südlich von der Ebro-Mündung im Puerto de los Alfaques wieder aus. — Nachdem nun der Schatten auf seinem Wege durch das mittelländische Meer mit seiner Nordgrenze die Nordostküste von Mallorca in dem Cap Formentor und Cap de Pera, mit seiner Südgrenze die Insel Iviza in der P. del Aguila streift, betritt er Afrika in der Algier'schen Küste zwischen Algier und Bona, von beiden Städten mehrere Meilen entfernt, bedeckt hingegen Bugia und Constantine, überschreitet in Tunis den Lowdejah-See, verfinstert an seiner Nordgrenze einen Theil der kleinen Syrte, durchzieht Tripolis zwischen der Hauptstadt und Gadames, wendet sich über den nordöstlichen Theil von Fezzan der lybischen Wüste und der Oase Selimeh zu, überschreitet in Nubien zweimal den Nil, berührt im Süden Neu-Dongola und verlässt die Erde in Senaar an der Küste des arabischen Meerbusens, nördlich von Arkiko vor der Insel Dahlak.

Da die Erde in den Halbschatten des Mondes nicht ganz hineintritt, so fällt die nördliche Finsterniss-Grenze fort und das Gebiet der Finsterniss wird ausser von der südlichen Grenze des Halbschattens, d. h. der Curve, welche diejenigen Orte auf der Erde verbindet, welche die äussere Ränderberührung, und zwar die des Nordrandes der Sonne, als Maximum der Finsterniss sehen, von jener ∞förmigen Curve, welche Bessel die 0-Curve genannt hat, eingeschlossen. Was zunächst jene Südgrenze der Finsterniss betrifft, so geht sie in dem Punkte ($\varphi = 16^\circ 10'$; $\lambda = 252^\circ 51'7$), welcher die Ränderberührung als grösste Phase der Finsterniss im Horizonte bei aufgehender Sonne sieht, von der West-Curve aus, betritt alsbald nördlich von Acapulco den Boden von Mexico, berührt Puebla, verlässt bei Veracruz das Festland von Amerika wieder, zieht durch die Campeche-Bay, streift die Nordküste der Halbinsel Yucatan am Cap Catoche, zieht nördlich von Cuba, dicht bei Havanna vorüber, über Guanahani, erreicht alsbald ihr Maximum der nördlichen Breite, schneidet unter

dem 320. Grade der Länge den Wendekreis des Krebses, zieht durch
die Gruppe der Cap-Verdischen Inseln der Küste Sierra Leone zu,
welcher sie sich auf wenige Meilen nähert, durchschneidet den Busen
von Guinea, betritt an der Mündung des Longa-Flusses bei Alt-Ben-
guela afrikanischen Boden und wendet sich nördlich von Bailundo
über Canjungo ihrem Endpunkte in der Ost-Curve zu, nämlich demjenigen ($\varphi = -14^o 22'$; $\lambda = 20^o 50'62$), welcher die Ränderberührung als Maximum der Finsterniss bei untergehender Sonne
sieht.

Die 0-Curve endlich, welche das Schatten-Gebiet nach Westen,
Norden und Osten begrenzt, besteht aus zwei zusammenhängenden
Theilen, nämlich aus der Verbindungslinie derjenigen Orte, welche
das Ende der Finsterniss im Horizonte sehen, und aus der Curve der
Orte, denen der Anfang derselben im Horizonte erscheint. Beide
durchschneiden sich in einem Punkte, der also ein Doppelpunkt der
0-Curve ist, und geben in einander über in jenen zwei schon erwähnten Punkten, welche die 0-Curve mit der südlichen Grenz-
Curve der Finsterniss gemein hat. Die Lage des Doppelpunktes
findet man durch Interpolation in beiden Curven folgender Art:
$\varphi = 68^o 43'5$; $\lambda = 149^o 47'5$; also in Sibirien zwischen der Indigirska und Alazeja, unmittelbar nördlich von dem östlicheren der
beiden kleinen Seen, aus denen der letztere Fluss entspringt. —
Man überzeugt sich auch bald, dass von den beiden durch Hansen
unterschiedenen Fällen (s. „Astronomische Nachrichten", Band XV,
Nr. 431, p. 69) der erstere bei unserer Finsterniss statthat; denn
von der Curve, welche den Anfang der Finsterniss im Horizonte sieht,
ist nur derjenige Theil wahre und zwar östliche Grenz-Curve,
welcher von dem Ausgangspunkte in der Süd-Curve bis zum nördlichsten Grenz-Parallel (69° 3') reicht, auf welchem Zweige nämlich der Anfang der Finsterniss bei untergehender Sonne gesehen
wird; auf dem andern Zweige aber, welcher sich von diesem Punkte
des Grenz-Parallels ($\varphi = 69^o 3'$; $\lambda = 159^o 36'95$), in welchem die
Sonne im Mitternachtspunkte des Horizontes erscheint, bis zu dem
West-Ende der Süd-Curve erstreckt, wird der Anfang der Finsterniss bei aufgehender Sonne gesehen.

Ebenso zerfällt die Curve, welche das Ende der Finsterniss im
Horizonte sieht, in zwei Theile, erstens in die wahre West-Grenze
der Finsterniss vom West-Punkte der Süd-Curve an bis zum Grenz-

Parallele ($\varphi = 69^\circ 3'$; $\lambda = 140^\circ 51'35$), auf welchem Theile das
Ende der Finsterniss bei aufgebender Sonne gesehen wird, und in
den anderen, in das Gebiet des Schattens fallenden Theil, von eben
diesem Punkte an bis zum Ost-Ende der Süd-Curve. Da nun aber
der oben bestimmte Doppelpunkt sowohl auf der einen als der andern Curve in demjenigen ihrer Theile liegt, welcher wahre Grenz-
Curve ist, so begrenzt die 0-Curve das Schattengebiet vollständig,
nicht nur nach Osten und Westen, sondern auch nach Norden zu;
in jenem Doppelpunkte aber wird der Anfang der Finsterniss bei untergehender, das Ende derselben an dem darauf folgenden Morgen
bei aufgehender Sonne gesehen. — Trägt man nun die vier Äste der
0-Curve auf der Karte ein, so findet man folgenden Weg zunächst
für die West-Grenze der Finsterniss: Sie zieht von dem West-Ende
der Süd-Grenze in nordwestlicher Richtung über die Insel-Gruppe
de Revilla Gigedo der West-Küste Amerika's fast parallel streichend
durch den stillen Ocean, zwischen der Tscherikow- und Trinity-
Insel hindurch, überschreitet die Halbinsel Alaschka, den Busen Ka-
mischatskaja, streift die Südwest-Küste von Russisch-Nordamerika,
die sie am Cap Rumianzoff verlässt, berührt auf ihrem Wege durch
das Behrings-Meer die Insel St Laurentius, geht durch den Anadyr-
Busen, betritt in der Tschuktschen Halbinsel asiatischen Boden, zieht
über den Iwaschka-See, übersetzt nahe an ihrer Mündung die Ko-
lyma sammt ihren Zuflüssen, kreuzt sich im erwähnten Doppelpunkte
mit der Ost-Curve und erreicht nach Übersetzung der Indigirska
bald ihren nördlichsten Punkt nahe bei der Quelle des Birtulakh-
Flusses. Von hier an hört sie auf, Grenz-Curve zu sein, überschreitet
bei Sitkinska die Lena, bei Saganska den Olonek, hei Podgameno-
Tunguska und Miskulina zweimal den Jenisey, südlich von Omsk den
Irtysch, zieht über Constantina und Tschernaia der Kirgisen-Steppe
zu, durchschneidet den Aral-See an seiner nordwestlichen Spitze,
betritt in der Kenderlinsk-Bay das Caspische Meer, schneidet das
Vorgebirge bei Baku, berührt Ardebil, den Urmia-See, überschreitet
den Euphrat und Tigris, letzteren bei Anah, durchzieht die Syrische
Wüste, betritt bei Calaat das rothe Meer, übersetzt zwischen Girgeh
und Assuan den Nil, durchschneidet bei Selimeh die Zone der Totalität, zieht westlich von Darfur vorbei über Mungari, überschreitet
östlich von S. Salvador den Zaire-Fluss, bei Pedra den Coanzo und
vereinigt sich unweit Cubango im Ost-Ende der Süd-Curve zugleich

mit der wahren Ost-Grenze. — Verfolgen wir diese in ihrer nordöstlichen Richtung, so überschreitet sie zunächst den Zambeze-Fluss,
durchzieht die Küste von Zanguebar, bei Jubo unter dem Äquator
dem Meere am nächsten tretend, und die Küste Ajan; verlässt bei
dem Cap Guardafui Afrika, durchzieht den Busen von Aden, betritt
beim Cap Merbat Arabien, das sie bei Kalhat verlässt, um durch die
Strasse von Ormus Beludschistan zu erreichen; sie durchzieht als-
dann Afghanistan zwischen Kandahar und Kabul, übersteigt den
Hindukusch, begleitet westlich den Belur Tagh, berührt fast das
West-Ende des Balkasch-See's, übersetzt den oberen Irtysch, den
Teletzkoi-See, den Jenisey bei Krasnojarsk, den Olenek bei Alikit,
die Lena nördlich von Schigansk, erreicht jenseits der Indigirska
den Doppelpunkt und berührt bald darauf an der Mündung der Ko-
lyma, nördlich von Nischne-Kolymsk den Grenz-Parallel. Von hier
an also in das Gebiet des Schattens tretend, durchzieht die Curve
den Tschaun-Busen, dann die Kolytschinskaja-Bay und erreicht jenseits der Behrings-Strasse am Cap Espenberg unter dem Polar-
Kreise amerikanischen Boden. Sie durchzieht dann das russische
Amerika, nähert sich am St. Elias-Berge der Küste von Neu-Norfolk,
durchzieht Neu-Caledonien, begleitet dann nach Überschreitung des
oberen Columbia-Flusses die Rocky Mountains an ihrem West-Ab-
bange, zugleich die Zone der totalen Finsterniss durchschneidend,
übersteigt die Sierra Verde, begleitet den oberen Rio Grande del
Norte bis Santa Fé, übersetzt ihn dann nahe an seiner Mündung,
berührt bei Neu-Santander und Tampico die Küste, zieht westlich
an der Stadt Mexico vorbei und vereinigt sich unweit der Küste des
stillen Oceans im Ost-Ende der Süd-Curve mit der wahren West-
Grenze, deren Verlauf wir schon beschrieben haben.

Nachdem nun also die allgemeinen Erscheinungen unserer Finsterniss durch Rechnung ermittelt und durch Zeichnung dargestellt
waren, wurde dazu geschritten, für solche Orte, welche in die Zone
der Totalität fallen, die Erscheinung der Finsterniss, d. h. die Zeit
des Anfanges und Endes, sowohl der partiellen als totalen Finsterniss und die der grössten Phase, so wie die Grösse dieser letzteren
und die Punkte des Sonnenrandes, in welchen die Berührungen stattfinden, besonders zu berechnen. Es ist aus der Karte sogleich ersichtlich, dass ein grosser Theil der der totalen Finsterniss angehörigen Zone für die Beobachtung verloren geht, einestheils, weil

sie wie in Nord-Amerika zu nördlich gelegene und wenig bewohnte
Länder durchzieht, dann weil sie zum grossen Theile dem offenen
Ocean angehört und endlich in Afrika, wo sie meist Wüsten oder
doch uncivilisirte Länder bedeckt; es blieben also hauptsächlich
nur Spanien und Algier zu berücksichtigen. — Da bei der Auswahl
der Orte der praktische Zweck massgebend war, die Erscheinungen
für solche Orte genauer vorherzubestimmen, an welchen ihre Beobachtung möglich und wahrscheinlich, und anderseits zweckdienlich
wäre, so wurden namentlich die Küsten-Orte berücksichtigt, was
übrigens auch schon dadurch geboten war, dass im Innern sowohl von
Spanien als Algier nur wenig verlässliche Ortsbestimmungen existiren. — Auch bei diesen Rechnungen wurde wieder als die be-
quemste die Gauss'sche indirecte Methode angewandt und die
Zeiten bis auf Hundertstel Minuten angegeben; es genügte meist
eine zweimalige Annäherung, um Resultate zu erhalten, deren Feh-
lergrenze $1/_{10}$ Zeit-Minute nicht übersteigt. Wegen des wenig dichten
Netzes der Ortsbestimmungen in den betreffenden Ländern war die
Littrow'sche Methode, aus den Resultaten für drei Orte vermittelst
der Differenzen für andere nahe gelegene die Zeiten zu bestimmen
(s. Littrow, „Vorlesungen über Astronomie", 1. Theil, p. 306), bei
dieser Finsterniss nicht wohl anzuwenden, weil die Dreiecke zu ausgedehnt hätten genommen werden müssen, wodurch die Resultate
über eine Minute unsicher geworden wären.

Als Quelle der geographischen Positionen diente das „Verzeich-
niss geographischer Ortsbestimmungen von C. L. v. Littrow" (nur
für Zaragoza wurde die Ortsbestimmung aus den „Positions géogra-
phiques" von Coulier entnommen); in demselben fand ich als
geeignet für die Berechnung in Brittisch-Amerika nur zwei Positionen, in Frankreich eben so viel, in Spanien 24 und in Algier 7.
Die Resultate der betreffenden Rechnungen sind in folgendem Verzeichnisse zusammengestellt, in welchem sämmtliche Zeiten, wie
überall in dieser Arbeit, als wahre zu verstehen sind und die Winkel
welche unter den Rubriken: „Ort des Eintritts oder Austritts am
Sonnenrande" angegeben sind, vom Nordpunkte der Sonnenscheibe
nach Osten zu gezählt werden müssen.

Ort und Land	Frankreich	
	Bayonne (Kathedrale)	S. Jean de Luz
Geographische Breite	40°29'29"	43°23'22"
Östliche Länge von Paris	— 3 48 57	— 4 0 5
Anfang der Finsterniss — Pariser Zeit	1ʰ 49ᵐ72	1ʰ 49ᵐ62
— Orts-Zeit	1 34·45	1 33·61
— Ort des Eintritts am Sonnenrande	295°31'7	295°48'0
Anfang der totalen Finsterniss — Pariser Zeit	—	3ʰ 3ᵐ73
— Orts-Zeit	—	2 47·72
— Ort d. Berührung am Sonnenrande	—	121°7'3
Grösste Phase — Pariser Zeit	3ʰ 4ᵐ98	3ʰ 4ᵐ94
— Orts-Zeit	2 49·71	2 48·93
— Grösse der Phase in Zollen . .	11·99	12·04
Ende der totalen Finsterniss — Pariser Zeit	—	3ʰ 5ᵐ59
— Orts-Zeit	—	2 49·58
— Ort d. Berührung am Sonnenrande	—	184°59·2
Ende der Finsterniss — Pariser Zeit	4ʰ 12ᵐ71	4ʰ 12ᵐ84
— Orts-Zeit	3 57·44	3 56·84
— Ort d. Austritts am Sonnenrande	118°0'9	117°47'5
Dauer der Finsterniss überhaupt . . .	2ʰ 22ᵐ99	2ʰ 23ᵐ22
Dauer der totalen Finsterniss	—	1·86

Ort und Land	Spa-	
	Santoña (Bergspitze)	Santander (Damm)
Geographische Breite	43°27'32"	43°27'52"
Östliche Länge von Paris	— 5 47 17	— 6 8 3
Anfang der Finsterniss — Pariser Zeit	1ʰ 46ᵐ97	1ʰ 46ᵐ60
— Orts-Zeit	1 23·81	1 22·06
— Ort des Eintritts am Sonnenrande	297° 0'0	297°14'1
Anfang der totalen Finsterniss — Pariser Zeit	3ʰ 1ᵐ03	3ʰ 0ᵐ72
— Orts-Zeit	2 37·88	2 36·18
— Ort d. Berührung a. Sonnenrande	60°45'2	50°29'9
Grösste Phase — Pariser Zeit	3ʰ 2ᵐ81	3ʰ 2ᵐ39
— Orts-Zeit	2 39·66	2 37·86
— Grösse der Phase in Zollen .	12·29	12·20
Ende der totalen Finsterniss — Pariser Zeit	3ʰ 4ᵐ61	3ʰ 4ᵐ22
— Orts-Zeit	2 41·46	2 39·68
— Ort d. Berührung a. Sonnenrande	245°15'3	255°32'5
Ende der Finsterniss — Pariser Zeit	4ʰ 11ᵐ83	4ʰ 11ᵐ64
— Orts-Zeit	3 48·68	3 47·11
— Ort des Austritts am Sonnenrande	116°38'3	116°24'1
Dauer der Finsterniss überhaupt . . .	2ʰ 24ᵐ86	2ʰ 25ᵐ04
Dauer der totalen Finsterniss	3·58	3·50

S p a n i e n

Fuenterabia	Los Passages (Hafen)	S. Sebastian (Leuchtthurm)	C. Machichaco	Portogalete
43°21'47"	43°20'16"	43°19'17"	43°28' 0"	43°20'10"
— 4 7 45	— 4 16 8	— 4 20 52	— 5 9 31	— 5 23 3
1ʰ49ᵐ49	1ʰ49ᵐ32	1ʰ49ᵐ24	1ʰ47ᵐ85	1ʰ47ᵐ74
1 32·97	1 32·25	1 31·85	1 27·22	1 26·21
295°55'9	296°3'5	296° 8'4	296°32'8	296°53'3
3ʰ 3ᵐ45	3ʰ 3ᵐ19	3ʰ 3ᵐ13	3ʰ 1ᵐ72	3ʰ 1ᵐ67
2 46·93	2 46·12	2 45·74	2 41·09	2 40·14
112°14'8	105°14'0	101°18'7	80°14'6	67°35'2
3ʰ 4ᵐ85	3ʰ 4ᵐ72	3ʰ 4ᵐ75	3ʰ 3ᵐ52	3ʰ 3ᵐ47
2 48·33	2 47·64	2 47·34	2 42·89	2 41·93
12·07	12·10	12·11	12·21	12·28
3ʰ 5ᵐ74	3ʰ 5ᵐ81	3ʰ 5ᵐ92	3ʰ 5ᵐ12	3ʰ 5ᵐ22
2 49·22	2 48·74	2 48·53	2 44·48	2 43·68
193°29'1	200°49'2	204°42'4	225°48'0	238°23'3
4ʰ12ᵐ82	4ʰ12ᵐ80	4ʰ12ᵐ80	4ʰ12ᵐ13	4ʰ12ᵐ26
3 56·31	3 55·73	3 55·41	3 51·50	3 50·72
117°41'7	117°34'1	117°30'0	117° 4'9	116°48'5
2ʰ23ᵐ33	2ʰ23ᵐ48	2ʰ23ᵐ56	2ʰ24ᵐ28	2ʰ24ᵐ52
2·29	2·62	2·79	3·40	3·55

...ien

S. Vincente de la Barquera	Cap de Peñas	Bilbao (Kirche St. Nicol)	Pamplona	Zaragoza
43°24'34"	43°42' 0"	43°15'47"	42°49'57"	41°47'0"
— 6 44 57	— 8 8 13	— 5 16 37	— 4 1 30	— 3 3
1ʰ45ᵐ66	1ʰ43ᵐ16	1ʰ48ᵐ02	1ʰ50ᵐ49	1ʰ53ᵐ60
1 18·66	1 10·61	1 26·91	1 34·39	1 41·40
297°44'7	298°20'2	296°53'1	296°31'4	297°6'0
3ʰ 0ᵐ48	—	3ʰ 1ᵐ91	3ʰ 4ᵐ08	3ʰ 6ᵐ80
2 33·49	—	2 40·80	2 47·98	2 54·60
27°23'5	—	67°44'4	88°20'7	73°15'0
3ʰ 1ᵐ75	2ʰ59ᵐ58	3ʰ 3ᵐ71	3ʰ 5ᵐ81	3ʰ 8ᵐ56
2 34·75	2 27·03	2 42·60	2 49·71	2 56·36
12·13	11·97	12·28	12·17	12·27
3ʰ 3ᵐ42	—	3ʰ 5ᵐ46	3ʰ 7ᵐ25	3ʰ10ᵐ20
2 36·43	—	2 44·35	2 51·15	2 58·00
278°27·0	—	238°13'1	217°31'5	232°11'9
4ʰ11ᵐ38	4ʰ10ᵐ01	4ʰ12ᵐ47	4ʰ13ᵐ87	4ʰ16ᵐ27
3 44·38	3 37·46	3 51·36	3 57·77	4 4·07
115°55'9	115°13'7	116°48'9	117°18'4	117°3'0
2ʰ25ᵐ72	2ʰ26ᵐ85	2ʰ24ᵐ45	2ʰ23ᵐ38	2ʰ22ᵐ67
2·94	—	3·55	3·17	3·4

Ort und Land .... {	Spa-	
	Tarragona	Reus
Geographische Breite	41°8' 50"	41° 9'30"
Östliche Länge von Paris	— 1 4 45	— 1 10 37
Anfang der Finsterniss { Pariser Zeit	1ʰ 57ᵐ37	1ʰ 57ᵐ22
Orts-Zeit	1 53·05	1 52·51
Ort d. Eintritts am Sonnenrande	296°23'6	296°26'1
Anfang der totalen Finsterniss { Pariser Zeit	3ʰ 10ᵐ36	3ʰ 10ᵐ16
Orts-Zeit	3 6·04	3 5·45
Ort d. Berührung a. Sonnenrande	115°17'4	111°12'1
Grösste Phase { Pariser Zeit	3ʰ 11ᵐ66	3ʰ 11ᵐ54
Orts-Zeit	3 7·34	3 6·83
Grösse der Phase in Zollen .	12·06	12·07
Ende der totalen Finsterniss { Pariser Zeit	3ʰ 12ᵐ44	3ʰ 12ᵐ43
Orts-Zeit	3 8·12	3 7·72
Ort d. Berührung a. Sonnenrande	190°12'7	194°16'6
Ende der Finsterniss { Pariser Zeit	4ʰ 18ᵐ24	4ʰ 18ᵐ19
Orts-Zeit	4 13·92	4 13·48
Ort d. Austritts a. Sonnenrande	117°50'4	117°48'1
Dauer der Finsterniss überhaupt . . .	2ʰ 20ᵐ87	2ʰ 20ᵐ97
Dauer der totalen Finsterniss	2·08	2·27

Ort und Land .... {	Spa-	
	Iviza (Schloss)	J. Formentera
Geographische Breite	38°54'21"	38°39'56"
Östliche Länge von Paris	— 0 53 47	— 0 48 10
Anfang der Finsterniss { Pariser Zeit	2ʰ 1ᵐ54	2ʰ 2ᵐ10
Orts-Zeit	1 57·95	1 58·89
Ort d. Eintritts a. Sonnenrande	298°54'6	299°13'2
Anfang der totalen Finsterniss { Pariser Zeit	3ʰ 14ᵐ59	3ʰ 15ᵐ22
Orts-Zeit	3 11·01	3 12·01
Ort d. Berührung a. Sonnenrande	13°40'5	356° 8'3
Grösste Phase { Pariser Zeit	3ʰ 15ᵐ46	3ʰ 15ᵐ89
Orts-Zeit	3 11·87	3 12·68
Grösse der Phase in Zollen .	12·07	12·03
Ende der totalen Finsterniss { Pariser Zeit	3ʰ 16ᵐ84	3ʰ 17ᵐ06
Orts-Zeit	3 13·26	3 13·85
Ort d. Berührung a. Sonnenrande	291°3'0	303°36'9
Ende der Finsterniss { Pariser Zeit	4ʰ 22ᵐ38	4ʰ 22ᵐ84
Orts-Zeit	4 18·79	4 19·63
Ort d. Austritts am Sonnenrande	116°4'04	115°50'6
Dauer der Finsterniss überhaupt . . .	2ʰ 20ᵐ84	2ʰ 20ᵐ74
Dauer der totalen Finsterniss	2·25	1·84

a l e a

Balaguer (Castell)	Tortosa (Kathedrale)	Peniscola	Oropesa	Burgos (grosser Platz)
40°59'40"	40°48'46"	40°23' 0"	40° 5'15"	42°20'28"
− 1 19 50	− 1 47 15	− 1 52 37	− 2 4 22	− 6 2 49
1ʰ57:29	1ʰ56:98	1ʰ57:61	1ʰ57:86	1ʰ48:60
1 51·97	1 49·83	1 50·10	1 49·57	1 24·42
296°46'9	297°21'15	297°57'4	298°28'6	298°39'1
3ʰ10:01	3ʰ 9:71	3ʰ10:45	3ʰ11:05	—
3 4·69	3 2·56	3 2·94	3 2·76	—
95°22'3	71°52'8	50°39'9	30°21'5	—
3ʰ11:65	3ʰ11:47	3ʰ12:07	3ʰ12:34	3ʰ 4:27
3 6·33	3 4·32	3 4·56	3 4·05	2 40·08
12·14	12·25	12·24	12·14	11·99
3ʰ12:92	3ʰ13:11	3ʰ13:82	3ʰ13:98	—
3 7·60	3 5·96	3 6·31	3 5·69	—
210° 3'5	233°24'8	254°27'8	274°37'7	—
4ʰ18:46	4ʰ18:59	4ʰ19:33	4ʰ19:79	4ʰ13:75
4 13·14	4 11·44	4 11·82	4 11·50	3 49·56
117°35'1	117° 4'0	116°37'7	116°14'1	115°28'4
2ʰ21:17	2ʰ21:61	2ʰ21:72	2ʰ21:93	2ʰ25:15
2·91	3·4	3·37	2·93	

a l e a · A l g i e r

Palma (J. Majorca)	Madrid (gr. Platz)	Cadix (neues Observat.)	Algier (Fanal)	C. Dellys od. Tedeles
39°34' 4"	40°24'57"	36°27'45"	36°47'20"	36°54'20"
+ 0 18 12	− 6 2 15	− 8 32 15	+ 0 44 10	+ 1 54 0
2ʰ 1:96	1ʰ51:73	1ʰ55:62	2ʰ 7:54	2ʰ 8:79
2 3·17	1 27·58	1 21·47	2 10·49	2 16·39
297°13'2	301° 8'8	308°28'2	300°14'3	299° 6·8
3ʰ13:92	—	—	—	3ʰ20:34
3 15·13	—	—	—	3 27·94
86°42'3	—	—	—	21°44'1
3ʰ15:59	3ʰ 7:31	3ʰ10:21	3ʰ20:46	3ʰ21:37
3 16·80	2 43·16	2 36·06	3 23·41	3 28·97
12·17	11·54	10·12	11·87	12·10
3ʰ16:99	—	—	—	3ʰ22:84
3 18·20	—	—	—	3 30·44
218°25'5	—	—	—	282°49'8
4ʰ21:59	4ʰ17:23	4ʰ22:32	4ʰ26:64	4ʰ26:80
4 22·80	3 53·08	3 48·17	4 29·59	4 34·40
117°23'7	113°44'2	108° 4'0	115°11'8	116° 6·2
2ʰ19:63	2ʰ25:50	2ʰ26:70	2ʰ19:10	2ʰ18:01
3·07	—	—	—	2·5

Ort and Land	C. Carbon (Spitze)	Bagia (Geareya)
Geographische Breite	36°49' 0"	36°46'34"
Östliche Länge von Paris	+ 2 49 40	+ 2 44 36
Anfang der Finsterniss — Pariser Zeit	2ʰ 10ᵐ10	2ʰ 10ᵐ07
Anfang der Finsterniss — Orts-Zeit	2 21·41	2 21·05
Anfang der Finsterniss — Ort d. Eintritts am Sonnenrande	298°29'8	298°33'3
Anfang der totalen Finsterniss — Pariser Zeit	3ʰ 20ᵐ81	3ʰ 20ᵐ85
Anfang der totalen Finsterniss — Orts-Zeit	3 32·12	3 31·83
Anfang der totalen Finsterniss — Ort d. Berührung am Sonnenrande	51°47'1	47° 6'1
Grösste Phase — Pariser Zeit	3ʰ 22ᵐ35	3ʰ 22ᵐ34
Grösste Phase — Orts-Zeit	3 33·66	3 33·32
Grösste Phase — Grösse der Phase in Zollen .	12·24	12·22
Ende der totalen Finsterniss — Pariser Zeit	3ʰ 24ᵐ01	3ʰ 24ᵐ00
Ende der totalen Finsterniss — Orts-Zeit	3 35·32	3 34·98
Ende der totalen Finsterniss — Ort d. Berührung am Sonnenrande	252°56'1	257°35'0
Ende der Finsterniss — Pariser Zeit	4ʰ 27ᵐ20	4ʰ 27ᵐ25
Ende der Finsterniss — Orts-Zeit	4 38·51	4 38·23
Ende der Finsterniss — Ort d. Austritts am Sonnenrande	116°36'3	116°33'3
Dauer der Finsterniss überhaupt . . .	2ʰ 17ᵐ10	2ʰ 17ᵐ18
Dauer der totalen Finsterniss	3·2	3 15

Es finden sich in diesem Verzeichnisse sechs Orte, welche ausserhalb der Zone der Totalität liegen, darunter nahe am Rande derselben Bayonne, Cap de Peñas, Burgos und Algier, für welche die
Rechnung geführt wurde, um die oben gegebene Bestimmung der
Grenzen der Zone im Einzelnen zu controliren, und Madrid und Cadix,
weil es angezeigt schien, für diese beiden Sternwarten in Spanien
die Ercheinungen ebenfalls vorher zu bestimmen. Es ergibt sich aus
diesen Resultaten, dass in Spanien die Beobachtung der Finsterniss
besonders an der Nordküste gerathen scheint, weil hier die Erscheinung durchschnittlich zwei bis drei Minuten länger währt als an der
Südküste; als besonders geeignet erscheinen die Orte Santoña, Zaragoza und Tortosa, als der Linie der centralen Finsterniss am nächsten
gelegen. In Algier wären wohl am geeignetsten die Städte Bugia
und Jigeli und in Amerika York Factory.

Da die Anzahl der Positionen, für welche die Erscheinung auf
solche Weise genau berechnet ist, in Spanien sowohl als namentlich
in Amerika nicht gross ist, so babe ich, um den Beobachtern an anderen Orten eine genügende Vorausbestimmung der Zeit-Momente

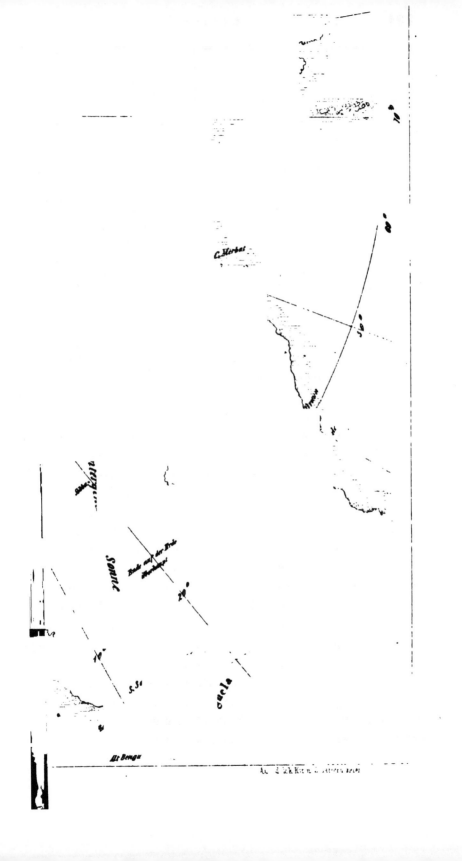

C. Herbst

Sonne

Bade auf der Erde
Werbstpol

Suela

Alt Benga

Erklärung.

Die ganz ausgezogenen Linien mit der Bezifferung am oberen Kartenrande
verbinden die Orte, welche den Anfang der Finsterniss zur selben (Orts) Zeit
sehen, ebenso die aus Strichen und Puncten gebildeten Linien mit der Bezifferung
am unteren Rande diejenigen, denen das Ende der Finsterniss zur selben Zeit er
scheint, endlich gehen die ganz punctirten Linien mit der Bezifferung in der Mitte
durch die Orte, für welche die grösste Phase zur selben Zeit eintritt. Um nun für
irgend einen Ort die Zeit des Anfangs zu finden, messe man mit einem beliebi
gen Massstabe die durch denselben gehende Distanz der beiden ganz ausgezogenen
Linien, zwischen denen er liegt-D\, mit demselben.

Aus d k k Hof u .`??u.dru `==

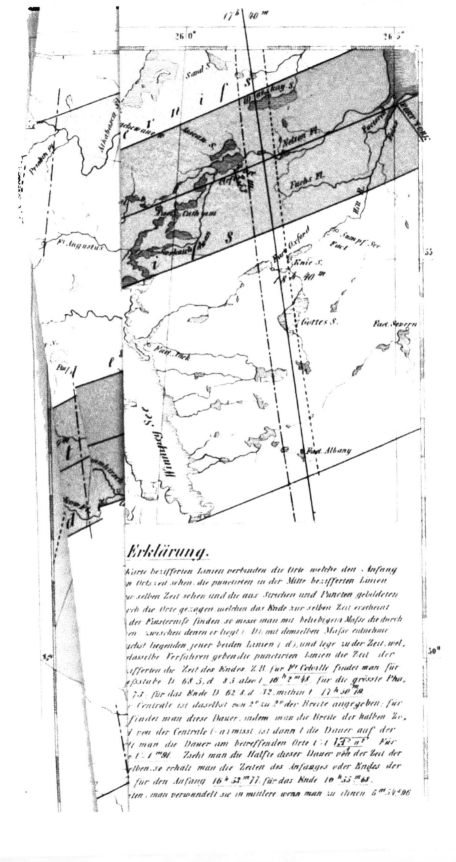

Erklärung.

...karte bezifferten Linien verbinden die Orte welche den Anfang
...n Ortszeit sehen, die punctirten in der Mitte bezifferten Linien
...ur selben Zeit sehen und die aus Strichen und Puncten gebildeten
...ch die Orte gezogen, welchen das Ende zur selben Zeit erscheint
...der Finsterniss finden, so messe man mit beliebigem Maafse die durch
...en zwischen denen er liegt (D) mit demselben Maafse entnehme
...chst liegenden jener beiden Linien (d), und lege zu der Zeit, wel,
...dasselbe Verfahren gebend die punctirten Linien die Zeit der
...ifferten die Zeit des Endes. Z. B. für P͟t Colville findet man für
...afsstabe D 68,5, d 8,5, also t 16ʰ 2ᵐ 48, für die grösste Pha,
...7,5; für das Ende D 62,8, d 32, mithin t 17ʰ 30ᵐ 10.
...Centrale ist daselbst von 2° zu 2° der Breite angegeben; für
...findet man diese Dauer, indem man die Breite der halben Zo,
...von der Centrale (-a) misst, ist dann t die Dauer auf der
...t man die Dauer am betreffenden Orte t : t 1,3ᵐ n² für
...t: 1ᵐ 91. Zieht man die Hälfte dieser Dauer von der Zeit der
...lben, so erhält man die Zeiten des Anfangs oder Endes der
...für den Anfang 16ʰ 53ᵐ 71, für das Ende 16ʰ 55ᵐ 68.
...ten, man verwandelt sie in mittlere, wenn man zu ihnen 6ᵐ 54ˢ 96

g l e r			Britt. Nord-Amerika	
Jigeli (Moschee)	Constantine (Casbah)	C. Bugaroni (Nord–Spitze)	Cumberland House	York Factory
36°49'54"	36°22'21"	37° 6'35"	53°56'40"	57° 0' 3"
+ 3 24 23	+ 4 16 36	+ 4 8 0	255 22 55	265 13 36
2ʰ10ᵐ78	2ʰ12ᵐ65	2ʰ11ᵐ16	0ʰ 9ᵐ93	0ʰ13ᵐ29
2 24·40	2 29·76	2 27·69	17 11·45	17 54·20
297°55'3	297°44'1	296°59'5	281° 8'4	281°22'0
3ʰ21ᵐ19	3ʰ22ᵐ68	3ʰ21ᵐ77	1ʰ 5ᵐ71	1ʰ11ᵐ76
3 34·82	3 39·79	3 38·30	18 7·24	18 52·67
71°42'2	81° 6'2	114°12'3	50° 0'9	86°56'7
3ʰ22ᵐ85	3ʰ24ᵐ30	3ʰ23ᵐ01	1ʰ 6ᵐ83	1ʰ13ᵐ06
3 36·47	3 41·41	3 39·54	18 8·36	18 53·96
12·24	12·20	12·06	12·13	12·22
3ʰ24ᵐ39	3ʰ25ᵐ71	3ʰ23ᵐ76	1ʰ 7ᵐ83	1ʰ14ᵐ38
3 38·02	3 42·82	3 40·29	18 9·36	18 55·29
233° 7'5	223°47'0	190°40'6	288°17'0	248°56'0
4ʰ27ᵐ32	4ʰ27ᵐ87	4ʰ26ᵐ99	2ʰ 7ᵐ89	2ʰ17ᵐ16
4 40·94	4 44·98	4 43·52	19 9·42	19 58·07
117° 3'6	117° 8'9	117°47'1	100°52'8	103° 0'4
2ʰ16ᵐ54	2ʰ15ᵐ22	2ʰ15ᵐ83	1ʰ57ᵐ96	2ʰ 3ᵐ87
3·2	3·03	1·99	2·12	2·62

zu ermöglichen, ohne die immerhin namentlich für Nicht-Astronomen umständliche Rechnung machen zu müssen, für jene beiden Länder Specialkarten entworfen und mit drei Systemen isochronischer Linien für Anfang, Mitte und Ende der Finsterniss versehen, welche mit einer den übrigen Rechnungen entsprechenden Genauigkeit berechnet wurden. Auf diese Weise werden die Karten dazu dienen, nicht nur für einen bestimmten Ort zu zeigen, ob die Finsterniss total werden wird, sondern auch für jeden Ort die Zeiten der äussern und innern Ränderberührungen genau genug vorher zu bestimmen. Die Erklärung des Gebrauchs der isochronischen Linien ist den Karten selbst beigefügt worden, damit diese ein unabhängiges Hilfsmittel der Beobachtung seien.

Möge also diese Finsterniss im Jahre 1860 recht allseitig und genau beobachtet werden, da die nächste im Jahre 1861 zwar in Griechenland total gesehen werden kann, aber zu einer für die Beobachtung weit ungünstigeren Jahreszeit, nämlich im December eintritt und dasselbe für die nächstfolgende für einen grössern Theil Europa's totale Finsterniss vom Jahre 1870 gilt.

Vortrag.

Brechung und Reflexion des Lichtes an Zwillingsflächen optisch-einaxiger Krystalle.

Von Dr. Jos. Grailich.

(Auszug aus einer für die Denkschriften bestimmten Abhandlung.)

Nachdem ich in früheren Mittheilungen die Ergebnisse jener Untersuchungen dargelegt, welche sich auf die Richtung der gespiegelten und gebrochenen Wellenzüge bezogen, so wie auch die Principien erläutert, welche der Erforschung der Intensitäts-Verhältnisse zu Grunde gelegt werden können, übergebe ich nun die Resultate der nach jenen Principien durchgeführten Berechnungen und der dadurch veranlassten Beobachtungen.

Soll eine derartige Untersuchung Anspruch auf Vollständigkeit machen, so müssen die in den allgemeinen Gleichungen enthaltenen Grössen, welche als Functionen des Azimuths der Einfallsebene. des Einfallswinkels, der Oscillationsrichtung, der Neigung der optischen Axe und der Hauptbrechungs-Indices auftreten, durch Beobachtung und Messung übereinstimmend mit der Theorie nachgewiesen werden.

So weit es möglich war, diesen Nachweis ohne quantitativ bestimmte Messungen zu führen, babe ich diese Übereinstimmung auch in der That dargethan. Wären solche Messungen unumgänglich nothwendig, so dürfte ein Nachweis der theoretischen Resultate in der Erfahrung noch geraume Weile auf sich warten lassen, da die Schwierigkeiten der Beobachtung wegen der doppelbrechenden Natur und unterbrochenen Structur des Mediums ausserordentlich erhöht werden und für die in unserm Bereiche befindlichen Beobachtungsmittel geradezu unübersteiglich sind. Glücklicher Weise gibt es aber eine Reihe von Corollarien, welche auch ohne Messung geprüft werden können und die zahlreich genug sind, um durch ihre Übereinstimmung mit der Beobachtung die Richtigkeit der ganzen Untersuchung zu verbürgen.

Wenn man die Grösse der Amplituden in den zwei reflectirten und gebrochenen Wellen als Function der zwei Hauptbrechungs-Exponenten, der Neigung der optischen Axen gegen die Zwillings-ebene, des Azimuths der Einfallsebene und des Einfallswinkels, sowohl für die einfallende ordentliche als auch ausserordentliche Welle berechnet, so findet man Ausdrücke, welche für keine der genannten Amplituden, also auch nicht für die der reflectirten ordentlichen Welle, im Allgemeinen der Nulle gleich sind. Da nun für eine einfallende ordentliche Welle die Richtung der Normale der gebrochenen ordentlichen Welle mit der der einfallenden coincidirt, so folgt:

1. dass der einfallende ordentliche Strahl unge-brochen, aber trotzdem durch Reflexion geschwächt in das zweite Individuum übertritt.

Betrachtet man die Bilder einer Kerzenflamme, die an einer Zwillingsfläche reflectirt wird, so findet man im Allgemeinen deren vier: der von aussen in den Krystall tretende Strahl wird doppelt gebrochen, und jedes der also getrennten Strahlenbüschel erleidet an der Zwillingsfläche doppelte Reflexion. Es ist somit nachgewiesen, dass der ordentliche Strahl bei seinem Durchgange durch die Zwil-lingsfläche durch Spiegelung geschwächt wird.

Was für einfachbrechende Mittel und in gewissen Fällen für Krystalle und einfachbrechende Mittel nur für die senkrechte Incidenz gilt, dass nämlich der Strahl ungebrochen, aber durch Reflexion in seiner Intensität geschwächt ins zweite Mittel tritt, findet hier im Allgemeinen für jede Incidenz des ordent-lichen Strahles Statt. Es erinnert dies an ein ähnliches Verhältniss in den Richtungen der ordentlichen und gebrochenen Strahlen; während bei isotropen Medien nur für den einzigen Fall der senk-rechten Incidenz Einfalls-, Reflexions- und Brechungswinkel gleich werden, finden wir diese Gleichheit ganz allgemein für jeden Ein-fallswinkel ordentlicher Strahlen an der Zwillingsfläche.

2. Im Hauptschnitte pflanzen sich die ordentlichen Strah-len ohne Änderung ihrer Intensität und Richtung ins zweite Individuum fort (setzt man in den allgemeinen

Formeln das Azimuth $= 0$, so wird sowohl $\mathfrak{A}_o{}'$ als auch $\mathfrak{A}_e{}'$ = Amplituden der beiden reflectirten Wellen = Null). Im Hauptschnitte stellt daher ein optisch-einaxiger Zwilling bezüglich der ordentlichen Strahlen ein einziges ununterbrochenes Individuum dar.

Ähnlich aber nicht gleich verhalten sich die ausserordentlichen Strahlen im Hauptschnitte. Sie pflanzen sich ins zweite Individuum mit ungeänderter Intensität fort, ohne jedoch ihre ursprüngliche Richtung zu behaupten; diese erfährt vielmehr alle die sonderbaren Abänderungen, welche in einer frühern Abhandlung ausführlicher besprochen wurden. Die isophanen Mittel, welche durch Reflexion vollständig oder doch nahezu vollständig polarisiren, zeigen eine Erscheinung, welche einige Verwandtschaft mit der hier besprochenen besitzt: der unter dem Polarisationswinkel einfallende Lichtstrahl wird nämlich, sobald er senkrecht zur Einfallsebene polarisirt ist, gänzlich oder nahezu gänzlich in das zweite Medium dringen und dabei zwar seine Richtung, aber nicht oder doch kaum seine Intensität ändern. Was nun bei isophanen Mitteln für den Polarisationswinkel, das gilt im Hauptschnitte eines optisch-einaxigen Zwillingskrystalles für jeden Incidenzwinkel des ausserordentlichen Strahles; wir haben demnach dort einen Winkel, hier eine Ebene der totalen Brechung.

Im Doppelspath findet sich häufig ein einziges Individuum von zahlreichen höchst feinen Zwillingslamellen durchzogen, deren Stellung dem Zwillingsgesetz $\alpha = 45^{\circ} 23' 4$ entspricht. Ist $ABCDEFA'$

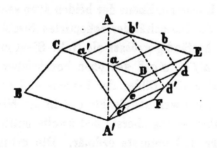

die Theilungsgestalt des Kalkspaths, so liegen die eingebetteten Zwillingsschichten parallel $abcd$ $a'b'c'd'$, d. i. sie stumpfen die Axenkante gerade ab. Die Zwillingsfläche gehört somit dem nächst stumpferen Rhomboeder mit halber Axenlänge an. Ich wählte einen Krystall, in welchem diese Schichten ziemlich weit aus einander lagen, und schnitt ein Stück desselben parallel $a'b'c'd'$ ab. Die Ecken E und D wurden nun durch Schnitte entfernt, so dass bei fg eine sehr stumpfe Kante entstand, die nun senkrecht gegen den Hauptschnitt gerichtet war. Die Schnittfläche $a'b'c'd'$ wurde matt gelassen, während die Seitenflächen $a'c'fg$,

$b'd'fg$, $a'b'f$, $e'd'o$ einen
möglichst vollkommenen Schliff
erhielten.

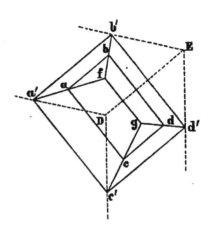

Sieht man nun durch eine
der Flächen $a'c'fg$, $b'd'fg$, so
erblickt man, sobald fg schief
gegen die Einfallsebene gerichtet ist, vier Spiegelbilder, von
denen je zwei einander genähert
sind; die unteren Bilder der
beiden Paare sind ordinär, die
oberen extraordinär. Alle vier
Bilder sind schwach und matt.
Dreht man nun das Prisma vor
dem Auge so, dass die Einfallsebene immer mehr rechtwinkelig gegen
fg gestellt wird (d. i. dass das Azimuth sich immer mehr dem Nullwerth
nähert), so nimmt die Lichtstärke der vier Bilder rasch ab, und wenn
die rechtwinkelige Stellung nahezu erreicht ist, verschwinden sie ganz,
zuerst die beiden extraordinären und dann auch die ordinären. Bei
fortgesetzter Drehung des Krystalls (d. i. wenn das Azimuth durch
Null geführt worden) stellen sich die beiden ordinären, dann die
beiden extraordinären Bilder wieder ein und ihre Intensität nimmt zu,
je kleiner der Winkel zwischen der Einfallsebene und der Kante fg
wird.

3. Im Querschnitte (d. i. dem zur Ebene der beiden Axen senkrecht gestellten Schnitte) ist die Intensität der reflectirten Strahlen
für den Zwilling $\alpha = 45°23'4$ beständig grösser als Null. Sieht man
durch die zwei Seitenflächen $a'fb'$, $c'gd'$ des oben beschriebenen
Prismas, so erblickt man wieder vier Bilder der Flamme und zwar
entsprechend der Berechnung zwei weit abgelenkte und in der Mitte
zwei nahezu coincidirende: dabei ist das oberste und zweite mittlere
extraordinär, das erste mittlere und unterste ordinär. Die grösste
Intensität und grösste Ablenkung besitzen diese Bilder dann, wenn
die Einfallsebene in die Kante fg tritt, d. i. im Querschnitte; dreht
man den Krystall vor dem Auge so, dass die Einfallsebene mit fg
einen $\not\gtrless > 0$ einschliesst, so rücken die Bilder, die zu je einem einfallenden Strahle gehören, gegen einander, während zugleich die Distanz
zwischen den äussersten Bildern abnimmt; dabei nimmt ihre Inten-

sität ab und zwar in einem sehr rasch steigenden Verhältniss, ohne dass jedoch ein völliges Auslöschen zu erreichen wäre. Die aus der Theorie abgeleiteten, in der Abhandlung in den Denkschriften sowohl numerisch als auch graphisch dargestellten Verhältnisse stehen mit dieser Beobachtung in voller Übereinstimmung.

VERZEICHNISS

DER

EINGEGANGENEN DRUCKSCHRIFTEN.

JÄNNER.

Academy of sciences, New-Orleans. Proceedings, Vol I, Nr. 1.

Agassiz, L., On ichthyological Fauna of the pacific slope of N. America. (American Journal of science. Ser. 2, Vol. 19.)

— Notice of a collection of fishes from the southern hend of the Tenessee river. N. Haven 1854; 8°·

— The primitive diversity and number of animals in geological times. (Ibid. 1854.)

— On extraordinary Fishes from California. (Ibid. 1853.)

Andrae, Karl Just., Bericht über die Ergebnisse geognostischer Forschungen im Gebiete der 14., 18. und 19. Section der General-Quatiermeisterstabs-Karte von Steiermark etc. (Geolog. Jahrbuch VI.)

Angius, Vittorio, L'Automa aerio o sviluppo della soluzione del problema della direzione degli aerostati. Torino 1855; 8°·

Baird, Spencer, Report etc. on the fishes of the New-Yersey Coast. Washington 1855; 8°·

Bizio, G., Risposta alla rettificazione del Prof. Ragazzini. Venezia 1856; 8°·

Breslau, Universitäts-Schriften 1854.

Capelli, Giov., Osservazioni barometr. Milano 1843; 8°·

Carlini, Osservazioni meteorologiche. Bogen 1—49.

Channing, Will., The American fire-alarm telegraph. Washington 1855; 8°·

Cicogna, Eman., Lettera a Fr. Caff intorno alla chiesa die S. Marco. Venezia 1855; 8°·

Cicogna, Osservazioni sul canto 39. di alcune edizioni del Furioso di L. Ariosto. Venezia 1855; 8°·

Dana, first Supplement to Mineralogy. (American Journal 1855.) 2 Exempl.

— Crustacea. Atlas. Philadelphia 1853; Fol.

Eisenstein, R. v., Pia desideria für und Neues aus Karlsbad. (Wochenblatt der Gesellschaft der Ärzte. 1855.)

Gazette, the geographical and commercial. Vol. I, Nr 1—6. N. York 1855. Fol.

Gesellschaft, naturforschende, in Basel. Verhandlungen, Heft 2.

Gesellschaft, Senkenbergische, naturforschende. Abhandlungen, Bd. I, Lief. 2. Frankfurt 1855. 4°·

Gesellschaft, physicalische, in Berlin. Fortschritte der Physik, Bd. VIII, Abth. 2.

Gesellschaft, Wetterauer, für die gesammte Naturkunde. Jahresbericht 1854.

Gesellschaft, physical.-medicin., in Würzburg. Verhandlungen, Bd. VI, Heft 2.

Hermann, Fr., Über die Gliederung der Bevölkerung des Königreichs Baiern. München 1855; 4°·

Hessel, J. F. C., Die Anzahl der Parallelstellungen und jene der Coincidenzstellungen eines jeden denkbaren Raumdinges mit seinem Ebenbilde und seinem Gegenbilde, der Regelmässigkeit des Schwerpunktes. Cassel. (5 Exempl.)

Hübner, Lor., Biographische Charakteristik von Jos. Wißmayr. München 1855; 4°·

Jahrbücher des Vereines für mecklenburgische Geschichte. Jahrgang 20.

Krönig, A., Neue Methode zur Vermeidung und Auffindung von Rechnungsfehlern. Berlin 1855; 8°·

Lotos, Jahrg. 1855, Dezember.

Marburg, Universitäts-Schriften aus dem Jahre 1853.

Marsh, George, Lecture on the Camel. (Smithson Instit.)

Miklosich, Fr., Vergleichende Grammatik der slavischen Sprachen. Bd. 3. .Wien 1856; 8°·

Moesta, C., Determinacion de la latitud geografica del circulo meridiano del Observatorio nacional de Santiago. Santiago 1854; 8°·

Peters, C. A. F., Bestimmung der Abweichungen des Greenwicher Passageninstrumentes vom Meridiane etc. Danzig 1855; 4°·

Plantamour, E., Resumé météorolog. de l'année 1854, pour Génève et le Grand S. Bernard. Genève 1855; 8⁰·

— Nivellement du Grand S. Bernard. Ibidem 1855; 8⁰·

Rassunti mensili ed annali delle Osservazioni meteor. di Milano dal 1763—1840. Milano 1841; 8⁰·

Reuter, J., Über die Fortschritte der Leinen = Industrie in Österreich. Wien 1855; 8⁰·

Rossmann, Jul., Beiträge zur Kenntniss der Wasserhahnenfüsse. Giessen 1854; 4⁰·

Russell, Rob., On meteorology. (Smithson. Instit.)

Sauvages de la Croix, Franc., Dissertatio med. atque ludicra d'Amore. Ed. d'Hombres-Firmas. Alais 1854; 8⁰·

Schade, Louis, The united states of N. America and the immigration since 1790. s. l. et d.

Stephen, Alexauder, Observation of the annular eclipse of may 26. Astron. journ. 74, 77. 1855.

Thiersch, Fried. v., Rede in der öffentl. Sitzung der k. Akademie der Wissenschaften am 28. März 1855. München 1855; 4⁰·

Trask, Joh., Report on the Geology of the coast mountains and part of the Sierra Nevada. Washington 1854; 8⁰·

Vereeniging, natuurkundige, in Nederlandsch Indië. Tijdschrift, Vol. V, afler. 5, 6.

Verein für vaterländ. Naturkunde in Würtemberg. Jahreshefte, XII, 1.

Verein, geognost.-montanist., für Steiermark. Bericht, V.

Verein für meklenburgische Geschichte. Quartalbericht, 20.

Verein, naturforsch., zu Riga. Correspondenzblatt 1854.

Villa, Antonio, Intorno alla malattia delle viti. Milano 1855; 8⁰·

Wheterill, Charles, Description of an Apparatus for organic analysis by illuminating gas etc. Philadelphia 1854; 8⁰·

— On Adipocire and its formation. Ibid.; 4⁰·

Wintrich, Anton, Krit. Beiträge zur medicin. Akustik etc. Erlangen 1855; 4⁰·

Zeitschrift, österr., für praktische Heilkunde. Jahrgang I. Wien; 4⁰·

Zerrenner, Karl, Einführung, Fortschritt und Jetztstand der metallurgischen Gasfeuerung im Kaiserthume Österreich. Wien 1856; 4⁰·

Valona [1]) am 13. +13°, am 6·6 +11°8, 23·6 +12, 27·6 +10°5·
Ragusa [2] ·9, 21·3. sowie 25·6 +9·2, 20. Schnee.
Curzola Gew. mit Hag., am 19·20 Schnee, am 6·9 +9·1, am
Rom . . [27·6 +9·7.
Zara . θ +8°0, am 11·6 +5°6, am 23·6 +8°4.
Ancona .
Triest [4]) von 3ʰ—4ʰ ab (wenig), am 22, von 9ʰ—10½ʰ Schnee.
Perugia .
Luino . .4, 28·7 +5°0.
Ferrara .
Urbino .
Venedig [5] n 2., 15. (sehr stark), 30., 31., am 1. dichter Nebel.
Parma [6]) . +4°0. *Die mittlere Feuchtigkeit ist 91 Pr.
Meran. ∞e am 22., am 24. +4°6. [a. NO. 7—8.
α Botzen . 1·86 Schnee am 6. 22 und 23., am 11 ·19 stürmisch
Sondrio .., 20., 22., 25. Schnee, am 19. stürmisch a. SW. 6—8.
Mailand . Schnee.
Bologna sch am 5. a. SO., am 7. a. O., am 19. a. N.
Adelsberg stürmisch a. O. [S¹⁰., **am 29·9 326·31.
Hermannst 3 u. 18·3—₁2°9, am 20. Sturm a. O⁷., am 21. a.
Kronstadt ·3—11·5, *am 29·8 319·97.
Zavalje .ł, 20 u. 21. —13°1, am 5. nur 8°2.
Unter-Till h. Nebensonne, 14.—16. Sturm a. W. u. NW. vom
St. Jakob [26.—30. sehr angenehme Tage.
†Kirchdo turm a. NW., am 7. u. 16. a. W. [gross u. hell wieVenus.
S. Magdal 9—16·1, am 18. NO⁸., am 8· 5ʰAb. Meteor im SSO. so
Fünfkirch ·9—12·3, am 39·3—9·0, am 8. dichter Nebel.
Salzburg Nachts sehr stürmisch.
Weissbri
St. Jako
Debreczin 19 stürmisch a. N., °am 4.—10°
Wien¹⁰) ∼ 3—15°1· [a. NW⁷.
Gran ¹¹) .. 17 +2°0, am 5.—13., am 19.—11·3, am 1. stürm.

1) V a am 12. Nachts stürmisch am Meere aus SW., am 15.
   r 0°, die Windrichtung wurde mehr westlich und seit

2) R len einzelne Schneeflocken, am 20. schneite es fast die
   Wärme beinahe auf das Maximum des Monates +9°2·

3) C Jahre ja sogar 10 bis 20 Jahre ausbleibt.

4) T al-Anstalt für Meteorologie und Erdmagnetismus I. Bd.
   ar das Minimum am 13. und 14. Februar 1854 — 3°0·

5) V chiaolin und Herr Assistent Giuseppe Meneguzzi
   bewölkte sich der Himmel, es trat starker NO. Wind
   indstiller, am 21. Nachts fror das Wasser im Canale
   r in Regen über und im grossen Canale, der Venedig

6) P nfälle, am 8. Ab. und vom 12. auf 13. Sichtbarkeit der
   1. — 9°5. welches bis 1824 zurück nicht beobachtet
   be Störungen am 17. Störungen des Luftdruckes vom

7) B mperatur wurde nur von jenem am 12. Februar 1830

8) H 13. Tage fiel Schnee, am 13. war die Schneehöhe 8″,
   Ring von intensiver Färbung. Die grosse monatliche

9) K 13 Tagen fiel Schnee. Vom 25. bis 31. häufige Nebel.

10) W), am 16. stürmisch aus NW⁸, am 22. um 6ʰ Morg.

11) G

†Kirchdc ems durchströmt. Die Beobachtungen dieser interessant r Reslhuber der k. k. Central-Anstalt mitgetheilt.

Anmerkungen.

Niederschlag Par. Lin.	Anmerkungen.
31·14	Am 1. 17. u. 18. stürmisch a. NW, v. 26.—31. häuf. Nebel.
—	Vom 14.—16. St. a. NW. Bis z. 31. auf 5000' noch schneefrei.
4·75	°Die mittl. Windrichtung WSW. g. W. [24. schön. Abendroth.
—	Am 3·3 — 13°8.
3·16	°Am 5. 8ʰ Morg. — 16°.
—	[Schnee.
—	°Am 5. nur —3°1, am 30. —13°0, am 20. Sturm, am SO. mit
49·54	°Am 4. —7°, am 29. —11°9, am 19. stürmisch a. NO⁷.
1·72	Vom 19.—26. wurden keine Beob. d. Luftdruckes gemacht.
—	°Am 6. —6·6°, am 31. —7·8°.
—	Am 1. Sturm a. W, am 4. a. SO, am 3. und 20. a. NO.
—	Am 1. stürmisch a. W⁷, am 16. und 17. a. W⁷⁻⁸.
4·50	Am 1. Sturm a. W⁸⁻¹⁰, am 16. stürmisch a. W⁸, am 22. gr.
4·07?	°Am 22., am 21. Ab. —15°4. [Mondhof.
16·10	°Am 4·3—13°1, am 22. Ab. grosser Mondhof.
33·25	Am 1. 8ʰ Ab. Sturm a. W¹⁰ m. Schnee, starker Schneefall
—	[am 16. (9ʰ45).
4·22	
—	Am 4. —15°0. am 20. 16°0·
—	°Am 4. um 8ʰ Morg. —17·9.
11·54	
—	Am 16. stürmisch a. WNW⁶, am 20. 8ʰ Morg. —19·9, °am
	[16. um 11ʰ Mitt + 3·6.
7·99	Am 1. stürmisch a. W⁷, am 16. Sturm a. W⁶⁻⁹.
0·52	
13·00	Am 22·9—14·9, am 1. Sturm a. N¹⁰, am 17. a. NW¹⁰.
6·73	Vom 14. auf 15. Sturm a. WSW mit Schnee.
2·92	Oft stürmisch a. W⁶⁻⁸, beh. am 1., 12. 14., 16.
—	°Am 22. —15°8.
3·46	Am 12. 13. 16. 18. stürmisch a. W und SW⁶⁻⁷.
25·44	°Am 4. —13°0·
2·14	Am 1. starker Wind a. N⁵ mit Schnee, um 24. Morgenroth.
—	
3·59	Am 2. Sturm a. N¹⁰ mit Schnee , am 17. und 18. a. NW⁸.
.3·82	°Am 22·3—16·5.
7·91	Am 1. 16. 17. stürmisch a. NW⁸.

tehen.

von 14.—16. starke Winde (Jähwind), häufige Morgen- und Abendröthen, teerein, erst am 22. allgemeine aber schwache Schneedecke über den Feldern hinauf noch schneefrei.

8ʰ Ab., jene am 19. und 20. dauerten von Mitternacht bis Morgen, am 19. 9. auf 20. — In den letzten 10 Tagen des Monates häufige Nebel, die sich als

ergeht, am 5., 6., 13. und 15. schwache Schneefälle. Das Thauwetter am 16. nfror die Kälte vom 19.—22. den Boden gut, welcher Umstand für die Saaten grometer war beständig auf dem Feuchtigkeitspunkte, am 30. heiter, am 31.

te im Thale 24″ auf Bergen (2000 W. F.) 28″, am 10. im Thale 16″, am 16. bis zu 3400' schneefreie Stellen, am 30. Schneehöhe 7″. Sehr oft wurde hier hatten, so besonders vom 27.—29. bei Nebel im Thale, oberhalb des Nebels

: Die Alpen (Schneeberg) waren sichtbar am 3., am 5. vor 9ʰ Ab. glänzendes t, am 20. weit hörbarer Schall (das Geräusch aus der Stadt sehr vernehmbar), nmen sichtbar am 6., 7., 8., 9., 18.
18 Jahren beobachtete ist, am 24. wurde ein grosser Mondhof gesehen, vom

Jaslo[1])

Reichen 0·3—20°0, am 1. 14. 15. **Stürme.**

Lemberg. stürmisch a. W. mit **Schnee.**

Rzeszow ·6 322″46, am 15. v. 6ʰ Fr. bis 1ʰ M. stark. **Sturm a. W.**

St. Paul [dann schnelles Steigen der Temp., am 31. dicht. **Neb.**

Malnitz

Oderberg. stürmisch a. W³. [ganz trüb.

Leutscha u. 16. stürmisch a. NW⁷, am 18. a. N⁵, v. 26.—31.

Plan . . sturm. a. N⁹, wenig Schnee, doch anhaltende **Kälte.**

Deutschl. 0. 8ʰ Morg. —22°, am 1. stürm. a. WNW⁸, am 16. a.

Kalkstei n. vom 16. auf 17. Sturm, am 24. **Abendroth.** [WNW⁶·

Klagenf u. stürm. a. SO. m. Schnee, seit 6. allg. **Schneedecke.**

Elischau . Ab. Abendroth. [am 16. Sturm a. NW.

Senften b 9. —19°2, am 21. —19°5, v. 2. auf 3. Sturm a. NO.,

Stilfserj stürmisch a. S⁷, am 15. und 18. a. O⁶·

Markt A [18. Nebensonne, 19. Sonnenhof.

Villgratt h 5. —17. Sturm a. WNW. u. N., am 18. Eisregen, am

Tröpela c

Innichen r. und 18. stürmisch a. O⁶. [Treibeis.

Neusohl 23.—31. SO. u. S., bis 16. **Eisdecke** der Gran, dann

Raggabe

Trautens. stürmisch a. NW⁶·

Cilli · · 3. —17·2, am 22. —14°4·

Kesmark . Morg. —19°2, am 11. —19°3, a. 18. stürm. a. N⁷⁻⁸·

Krakau . Sturm a. W⁷⁻⁸, am 3. u. 20. **Mondh.**, am 7. **Sonnensäul.**

Admont ·3. —18°3, am 1. Sturm a. NO., am 17. u. 18. a. NW.

Heiligen k [und SW.

St. Maria

---

1) Ja n Orten zahmes Geflügel erfroren gefunden. — Am 14.

. °9, am 11. 10ʰ Ab. —19°3, am 19. 7ʰ Morg. —23°

2) L äulenartige Nebensonnen mit schwachen Regenbogen-

3) E ' war bis zum 15. durch Verwehung und Verdunstung
nur wenige Schneefälle, aber starke Reife. Stürmische

4) S am 31. Eisregen.

5) St. 24. fiel gar kein Schnee, man fährt bis 1800 Meter über
ratur schwankte zwischen —10° und —15° während

Magnet 3. 16. 19., der **Feuchtigkeit** am 2. 3. 11. 19.

Wallendo . 12. 13. 14. 20. 21. 30. G., am 5. 19. **Wetterl.** [25. Wtl.
. 7. 8. 9. 11. 13. 15. 18. 22. 24. 25. 26. 27. G., a. 5. 8. 24. m. St., a.
· 9 320″65' a. 6. 12. 3. 14. 25. G., a. 13. 14. 25 m. St., a. 6. 14.
rst. **Reif**, a. 6. G., a. 5. m. St., a. 5. Wtl., a. 25. 26. St. [Wtl.
—8. **Gew.**, am 8. **Wetterl.**, am 10. **Sturm** a. W.

Admont² 15. 29. 30. **Stürme**, am 8. Donner.
7·3 —9·0, am 12. stürmisch a. SW.

1) W ar die Trockenheit der Luft sehr gross, nur 37 Prc.
13. 3″23' daher der Niederschlag vom 20. auf 21. von
eckte. Am 4. wurde ein Sonnenhof, am stürmischen 6.
irme im Juli begannen am 5. um 2ʰ, am 8. um 1ʰ und
m 25. aus NO. um 4ʰ Ab. Hier, sowie in Lemberg etc.
güsse herrschten (Vergleiche August-Übersicht). Der
nd von + 2°4' + 1°8' Am 27. Schnee am Kahlenberg
von O. gegen SSO. horizontal in einer Höhe von 35°

Nieder- schlag Par. Lin.	Herr- schender Wind	Anmerkungen.
11·17	N.	Vom 2. auf 3. St. a. SO¹⁰., a. 14. Ab. Gew., a. 25. letzt. Schne
32·81	NW.S.	Am 9. Schneegraup., am 5. 14. 16. 28. Gew., am 17. sehr hef
27·89	NW.	Am 1. 9. 14. 16. Gew., am 14. m. Hagel. [m. Hag
19·27	NW.	Am 3. 4. 24. 25. 31. Gew., am 3. m. Hagel, am 7. u. 19. die
2·09	NW.	Am 10. 27. 28. stürmisch a. NW. u. 8ᵈ· [Neb
16·99	NW.	Vom 11. auf 12. Schnee a. SW. und SSO.
9·32	S.	Am 25. erster Schnee.
56·28	W.	Am 27. von 7—8ʰ Wetterl., am 29. 8ʰ Ab. Gew. a. SO.
13·86	O.W.	Am 3. erster Schnee.
8·04	W.	Am 11. stürmisch.
5·13	W.	Am 4. erster Schnee.
36·48	SW.	*Am 29. noch + 17·0°, **a. 26. u. 30. + 11°4' a. 31. stürm. a
—	W.NW.	An 9 Tagen Schnee.
—	W.NW.	Am 23. Mondhof, an 11 Tagen Schnee.
—	W.SW.	Am 23. nahes Gew., an 12 Tagen Schnee. [8 Tagen Sch
—	O.NO.	Am 15. u. 20. nahes, a. 20. Nachts fernes Gew., a. 14. Wtl
—	O.NW.	Am 5. u. 29. nahe, am 2. 16. 27. 31. ferne Gew., am 14. 21. E
—	W.	Am 1. (2ʰM.) 12. 13. 14. (v. 4ʰ—7ʰA.) nahe, a. 3. u. 9. ferne G
—	W.	Am 3. 4. 7. 9. 10. 15. 16. 17. 28. nahe, a. 4. 7. 21. 25. 30. ferne G
—	W.	Am 4. 5. 20. 26. nahe und 26. 31. ferne Gewitter.
—	O.	Am 5. 12. 15. 24 nahe und ein fernes Gewitter.
—	N.NW.	Am 8. um 5ʰAb. nahes, am 6. 29. fernes Gew., am 7. 27. W
—	N.NNW.	An 5 Tagen Schnee. [am 7. u. 27. Wtl. im S

3' fielen dicht und ununterbrochen Schlossen, ein Blitz schlägt ein, 3ʰ 49'
Süd, um 4ʰ 15' hörte der Hagel ganz auf.
leeren Aufzeichnungen noch im Jänner Stürme, am 1. a. W. mit Regen, a
Schnee. Am 19. März Sturm aus NW., am 22. aus SW., am 8. und 10. St
/., am 29. aus W., am 14. und 21. Reif. An den merkwürdigen Gewitter
. Juli Sturm aus W., am 16. etwas Hagel. Am 4. August Hagel, am 3.
September um 1ʰ Morgens Gewitter mit Sturm aus W., am 17. erster,
W., am 10. Regen mit Hagel. Am 4. November fiel der erste Schnee, am

ien auch zwei magnetische, in Ancona und Civita vecchia, errrichtet wer
tvollen Directors der Sternwarte des Collegio Romano in Rom, P. Secc
Vaterlandes verbreitet, durch diese neuerliche Anerkennung seiner eige

und zwar:
n von Kappeller ausgeführt werden, und die der Herr Beobachter

kbarer angenommen werden, als die früheren Beobachtungen — weg
chienen.
P. Vincenz Staufer und P. Franz Gleiss vollständig und berechn
z.
e getreten. Die Beobachtungen werden vollständig und berechnet monatli

ollständige und berechnete Beobachtungen einzusenden die Güte hat, ist e
einerseits und dem Flachlande u. Gebirge andererseits Beiträge liefern wir

Jeden Monates einzusenden.

Gang der Feuchtigkeit und des Ozongehaltes der Luft im Decemb. 1858.

Die punktirten Linien stellen die Feuchtigkeit, die ausgezogenen den Ozongehalt dar.
Die am Rande befindlichen Zahlen sind die Monatmittel der Feuchtigkeit, jene zwischen
den Curven die Monatmittel des Ozongehaltes.
Den Monatmitteln entsprechen die stärkeren Horizontallinien.
Ein Netztheil beträgt für die Feuchtigkeit 5 Procent, für den Ozongehalt einen Theil der Far-
benscala, welche vom völligen Weis bis zum tiefsten Blau zehn Abtheilungen enthält.

Lemberg
89.4

am 16.
4.60"

Caaslau
84.5

am 31.
1.65"

Wien
87.5

am 3.
5.11"'

Lienz
84.7

am 25.
0.68"

Klagenfurt
90.0

am 23.
2.44"'

Kremsmünster
92.4

am 3.
5.40"'
am 1.
5.10"'

Die am Rande rechts stehenden Zahlen bezeichnen die grösste Menge des Niederschlages an einem Tage.

Die Sitzungsberichte jeder Classe der kais. Akademie der Wissenschaften bilden jährlich 10 Hefte, von welchen nach Massgabe ihrer Stärke zwei oder mehrere einen Band bilden, so dass jährlich nach Bedürfniss 2 oder 3 Bände Sitzungsberichte mit besonderen Titeln erscheinen.

Von allen grösseren, sowohl in den Sitzungsberichten als in den Denkschriften enthaltenen Aufsätzen befinden sich Separatabdrücke im Buchhandel.

SITZUNGSBERICHTE

DER KAISERLICHEN

...MIE DER WISSENSCHAFTEN.

—

...EMATISCH-NATURWISSENSCHAFTLICHE CLASSE.

—

XIX. BAND. II. HEFT.
JAHRGANG 1856. — FEBRUAR.

(Mit 8 Tafeln.)

...en bei W. BRAUMÜLLER, Buchhändler des k. k. Hofes
und der k. Akademie der Wissenschaften.

Ausgegeben am 19. April 1856.

SITZUNGSBERICHTE

DER

KAISERLICHEN AKADEMIE DER WISSENSCHAFTEN.

MATHEMATISCH-NATURWISSENSCHAFTLICHE CLASSE.

XIX. BAND. II. HEFT.

JAHRGANG 1856. — FEBRUAR.

16

Eingesendete Abhandlungen.

Del Densiscopio differenziale di alcuni liquidi

del prof. Francesco Zantedeschi di Padova.

(Con una tavola.)

Il valente Fisico Plateau, per esperimenti speciali risguardanti l'origine dell' annello di Saturno, imaginò di formare un miscuglio di aqua e di alcool di tale peso specifico, che una massa d'olio avesse a rimanervi immersa, quasi avesse perduto il suo peso, come un globo aereostatico che si mette in equilibrio in seno dell' aria atmosferica.

Di questo miscuglio io mi valsi per la costruzione di un densiscopio differenziale.

Consiste esso in un tubo cilindrico di vetro dell' altezza circa di quaranta centimetri (Fig. 1) e del diametro interno di sei, a pareti robuste per potere resistere alle pressioni di cinque a sei atmosfere. Fatto il miscuglio conveniente, che una sferat d'olio di un centimetro e mezzo di diametro circa possa rimanervi uffata, e pendente in seno del liquido, si applica all' apertura del cilindro un embolo che combacia perfettamente colle interne pareti del cilindro. Facendo uso di un manometro immerso nel liquido si può conoscere in atmosfere la pressione esercitata sulla superficie del liquido. La holla d'olio sotto la pressione di quattro atmosfere circa sensibilmente s'innalza, il che dimostra un accresciuta densità del liquido nel quale nuota la bolla d'olio. Abbiamo noi qui tre fenomeni distinti: le variazioni di volume del cilindro di vetro sotto l'azione della forza premente dell'embolo. Con un esperimento idrostatico mi sono con-

16*

vinto che le pareti di vetro del cilindro un po'cedono. Infatti appeso
il densiscopio al braccio di una bilancia sensibilissima e tuffato nell'
acqua fino ad un dato punto, ed ottenuto l'equilibrio perfetto, ho esercitata la pressione di 4 a 5 atmosfere sopra il livello del liquido del
densiscopio, ed appresso ho rimesso l'istrumento nell' acqua stessa al
punto preciso di prima, ed ho costantemente veduto, che l'equilibrio
veniva rotto, e che il cilindro del densiscopio appariva specificamente
meno pesante. Il qual fatto è prova evidente di un' aumento di volume
del cilindro, prodotto dall' interna pressione. Questo esperimento fu
pure ripetuto anche senza distaccare il densiscopio dal braccio della
bilancia, e senza estrarlo dal liquido in cui era immerso, ed il risultamento è stato sempre lo stesso. Raccolgo da questo fatto costante
che per l'aumentata capacità del vaso cilindrico il livello del liquido
deve essersi abbassato, e per questo abbassamento anche la bolla
d'olio nuotante deve abbassarsi. Ma l'esperienza dimostra che sotto
la forza premente dell' embolo la bolla d'olio s'innalza, adunque con-
vien dire che l'effetto dovuto alla densità del liquido circondante la
bolla sia maggiore dell' effetto devuto all' abbassamento del livello
del liquido circondante la sfera d'olio, per l'accresciuta capacità del
cilindro, anzi di più si deve dire, che comprimendosi ancora la bolla
d'olio, l'effetto osservato dell' innalzamento della medesima sia la differenza della sofferta compressione del liquido circostante sull'aumento
di capacità del vaso, e della compressione prodotta nella sfera dell'
olio; in modo che se si chiami D, la compressione ottenuta nel liquido
circostante, d la compressione ottenuta nella sfera d'olio, C l'aumento
di capacità del cilindro sotto l'azione della forza premente dell' embolo si acrà: $D > d + C$ per l'effetto prodotto. Il movimento adunque
della bolla d'olio è l'indice della differenza dell'un effetto o di D
sopra gli altri due ovvero di $d + C$.   E da questo è manifesta la
ragione per la quale io ho chiamato il mio densiscopio differenziale.
Le variazioni di ascesa o di discesa della bolla d'olio vengono imper-
tanto a dimostrare in un modo non equivoco la compressibilità del
liquido circostante. Io ho amato di fare questo esperimento per togliere
dall' animo mio il dubbio, che tuttavia rimaneva in me sul modo di
sperimentare dei fisici nell'uso del piezometro. Ammettono essi, che
il vaso esterno non ceda sensibilmente, ed attribuiscono l'abbassamento del liquido nel vaso interno unicamente alla compressibilità
del liquido contenuto, il che è dimostrato falso da miei esperimenti

Fig. 2.

Fig. 1.

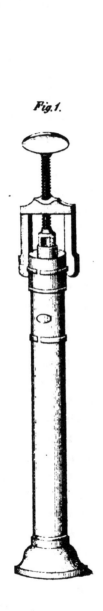

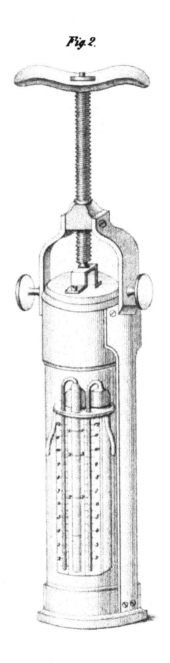

Aus d. k.k. Hof u. Staatsdruckerei

Sitzungsb.d.k Akad.d W. math naturw. Cl XIX Bd. 2.Heft 1856

Bisognava per lo meno conoscere quanto sia dovuto all' aumento di capacità del vaso per poter conchiudere se i liquidi sieno veramente compressibili. Io ho cercato di mettere in evidenza la loro compressibilità collocando nello stesso vaso due tre o più piezometri ripieni di liquidi diversi, coi tubi capillari ripiegati all' ingiù ed immersi nel mercurio, come indica la figura 2, che accompagna questo mio scritto. Io diceva a me stesso se i liquidi non sono compressibili, e l'effetto apparente è tutto dovuto alla pressione esercitata sulle pareti dei vasi; i liquidi contenuti nei piezometri dovranno ridursi di un egual quantità, ma io ebbi ad osservare che a temperature e ad eguali pressioni si riducevano di quantità ineguali adunque conchiusi i liquidi sotto l'azione premente si riducono in un volume minore. Rimaneva però ancora il dubbio sul grado di elasticità differente dei vetri de' varii piezometri, poteva accadere che l'uno dei piezometri avesse a cedere di più in confronto di un altro, sotto eguale pressione. Bisognava per questo ripetere molte volte l'esperimento variare la natura dei liquidi per giungere ad un risultamento che fosse costante. Il che non fu fatto per quanto io conosca dai fisici ne io ho potuto realizzare nelle mie ricerche, e per queste incertezze io credetti che l'esperimento fatto colla bolla fluttuante fosse più decisivo, da rimuovee ogni dubbio anche nella mente la più severa e la più critica. Questo mio apparato serve ancora a dimostrare le variazioni di volume prodotte dalle variazioni di temperatura. La bolla nuotante al di sotto del massimo di densità per abbassamento di temperatura discende, e al di sopra del massimo di densità per abbassamento di temperatura ascende, come pure discende ancora per aumento di temperatura al di sopra del massimo di densità anzidetta. L'esperimento di questo massimo di densità e della susseguente rarefazione per freddo appare immediatamente, mentre nel comune esperimento de' fisici bisogna calcolare la diminuita capacità del vaso vitreo in confronto dell' innalzamento di livello del liquido stesso per dedurne la differenza, e quindi la rarefazione dell' acqua: ovvero bisogna precedentemente, come fu praticato, raffreddare il recipiente fino alla temperatura del ghiaccio che si fonde, ed appresso versare in esso l'acqua che raffreddandosi per gradi si condenserà fino a che raggiunto il suo massimo spiccherà il salto di rarefazione avvertito dagli accademici del Cimento.

Über das Wachsen abgeschnittener Haare.

Von Professor Dr. Engel.

(Mit 2 Tafeln.)

Bei der Untersuchung starker Barthaare, die ich im vergangenen Sommer vornahm, stiess ich auf knotenartige Anschwellungen an denselben, welche ich anfangs für einen pathologischen Process hielt. Bald überzeugte ich mich indessen, dass diese Anschwellungen nur von dem Abschneiden oder zufälligen Abbrechen der Haare abhingen, und wenn man auch nicht behaupten darf, dass die Anschwellung nach jeder Durchschneidung der Haare vorkomme, so hört sie doch auf pathologisch zu heissen. Die einmal begonnene Untersuchung über die Bildung dieser knotenartigen Anschwellungen führte mich nun aber zur Erforschung der Art des Wachsens abgeschnittener Haare überhaupt, und die Resultate der Untersuchung lege ich in den nachfolgenden Zeilen nieder.

Untersucht man ein abgeschnittenes Haar, am besten ein nicht zu dickes Haar, etwa von der Hand, wenige Tage (3—8 Tage) nach der Durchschneidung an dem Ende des zurückgebliebenen Stumpfes, so erscheint die Schnittfläche nicht mehr scharfkantig und unregelmässig wie bei frisch abgeschnittenen Haaren, sondern die Kanten der Schnittfläche erscheinen anfangs abgerundet, später die ganze Schnittfläche (vorausgesetzt dass sie senkrecht oder nahe senkrecht gegen die Axe des Haares gerichtet war) kuppenartig hervorgewölbt. Ich habe dieses Aussehen in den Figuren 1 und 2 der beigegebenen Tafel darzustellen versucht, wo man bei *a b* das veränderte abgeschnittene Ende findet. War nun das Haar nahe der Spitze geschnitten oder überhaupt nicht dick, so ist diese Abrundung ganz regelmässig; im entgegengesetzten Falle aber minder regelmässig, wie noch später ausführlicher auseinandergesetzt werden soll. Untersucht man das kuppenartig abgerundete Ende genauer, und zwar mittelst der grösstmöglichsten Vergrösserung, so bemerkt man weder an der Oberfläche noch in der Tiefe irgend eine Zeichnung, welche analog wäre der normalen Quer- oder Längenstreifung am ausgewachsenen Haare; im Gegentheile, ist das Haar ein blondes gewesen, so ist das kuppenförmig hervorgetriebene Haarende oft vollkommen farblos und durchsichtig, und weder durch Zusatz von kaustischen oder kohlensauren Alkalien noch durch Mineralsäuren ist man im Stande irgend eine Structur an dieser Stelle nachzuweisen. War das Haar ein dunkelgefärbtes, so ist auch das kuppenartige Ende verschieden braun gefärbt, und man ist selbst im Stande einzelne Pigmentkörnchen (nicht aber Pigmentzellen) daselbst nachzuweisen. Man sieht ferner ganz deutlich, dass die an der Oberfläche des Haarschaftes vorhandene normale Querstreifung in einer Entfernung von dem kuppenförmigen Ende schon aufhört (Fig. 2), und dass diese Entfernung um so grösser ist, je mehr Zeit seit dem Abschneiden der Haare verstrichen ist. Das Stück *abc* Fig. 2 erscheint daher wie eine aus der Durchschnittsstelle hervorgetriebene Knospe. Die Länge, welche diese Knospe erreicht, ist, wie ich bemerkte, der Zeit seit der Durchschneidung des Haares proportional, so dass das Stück *abc* Fig. 2 an einem vor wenig Tagen abgeschnittenen Haare kaum über die Linie *ab* hinausragt, dagegen nach 8 Tagen oft schon eine Länge von 0·0006″, nach 4 Wochen eine Länge von 0·002″ erreicht. Bis zu einer Länge, welche zwischen 0·0004″ und 0·008″ schwankt, bleibt dieses hervorgesprossene neue Ende vollkommen unverändert. Später aber beginnt eine interessante Veränderung, welche sich an dem Haare fort und fort so lange wiederholt als das Wachsen des Haares dauert; die Knospe *abcd* (Fig. 3) theilt sich nämlich deutlich in eine dünnere periphere Schichte, während die dickere centrale Schichte über die Theilungsstelle *cd* (Fig. 3) wieder in Gestalt einer Kuppe sich erhebt, die dann allmählich über die ursprüngliche Theilungsstelle *cd* (Fig. 4) herauswächst. Hat die neue Knospe *cde* eine entsprechende Länge erreicht, so wiederholt sich der Process der Theilung in eine centrale und eine peripherische Schicht, so dass sich das Ende des Haares allmählich wie das Auszugsrohr eines Fernrohres verhält, mit dem einzigen Unterschiede, dass jedes ausgezogene Röhrenstück durch die ganze Röhre hindurch sich fortsetzt. Jede neu hervorkeimende Haarknospe ist farblos, durchsichtig (bei ganz blonden Haaren), ohne sichtbare Textur; an den älteren Knospen dagegen ist bereits wieder eine Veränderung aufgetreten. Der Hohlcylinder *abcd* der 5. Figur, welcher der erstgebildete ist, hat sich abermal in zwei concentrisch verlaufende Röhren gespalten, von denen die eine $a b a' b'$ von der andern $a' b' c d$ ganz in derselben Weise überragt 'wird. Dieser Process wiederholt sich in immer kleineren Zwischenräumen, und so entsteht an der Oberfläche des Haares eine Reihe von Querlinien (Fig. 6), die immer näher und näher rücken, je mehr das Haar in seiner Entwickelung fortschreitet. Die Röhrenschichten, in welche sich jedes Haar nach und nach spaltet, erscheinen auch verhältnissmässig um so dicker, je jünger die neugebildete Knospe ist, daher dicker an dem Stücke $c d e f$ der 5. Figur als an dem Stücke $a b a' b'$; es bilden sich auf diese Art Wandschichten fast von unmessbarer Feinheit. So gewinnt es nun das Ansehen (Fig. 7), als befänden sich an der Oberfläche des Haares Schüppchen, welche dachziegelförmig über einander liegen, und in der That ist dieses der Fall; nur haben die so entstandenen Schüppchen noch nichts mit den Zellen der Epidermis was Form betrifft gemein, sondern stellen vielmehr ganz dünnhäutige in einander geschobene Cylinder dar, von denen immer der eine näher der Axe gelegene länger ist als der von der Axe entferntere. Indem aber diese verschiedenen Schichtentheilungen aus den verschiedensten Ebenen durch die durchsichtigen mehr centralen Theile hindurchschimmern, erscheint das Haar der Länge nach gestreift und es scheint daher als sei das Innere des Haares aus Fasern zusammengesetzt. Diese Faserung ist aber nur der optische Ausdruck für die Schichtenbildung. Die Form der Querstreifen ist eine verschiedene, und hängt einerseits ab von der Dicke des Haares, andererseits aber von dem Stadio der Entwickelung. Ist nämlich die Haarknospe ganz dünn und frisch gebildet, so ist die Linie $c d$ Fig. 4 z. B. eine ganz gerade oder nur wenig gegen die Haarspitze hin concave; ist dagegen die Haarknospe dicker und vor längerer Zeit gebildet, so sind die an der Oberfläche querlaufenden Linien (wie $c d$ Fig. 5 und 6) noch mehr gekrümmt und häufig um so mehr gekrümmt, je länger die hervorbrechenden Knospen sind. An noch dickeren und älteren Haaren werden diese krummen Linien sehr unregelmässig gezackt, und zwar dies um so mehr, je dünner die Schichten sind, deren Begrenzungslinien sie darstellen. Gewöhnlich haben wenigstens im Beginne die peripheren Schichten am wenigsten Farbe und erscheinen daher als ein heller Saum zu beiden Seiten der hervorbrechenden Knospe (Fig. 3).

Hat die Haarknospe durch diese fortgesetzte Theilung eine gewisse Feinheit erreicht, wie etwa die Terminalknospe der 7. Figur (bei einer 300maligen Vergrösserung), dann hört diese Schichtenspaltung auf und es beginnt nun ein neuer interessanter Vorgang, nämlich die Längenspaltung, die sich so lange fortsetzt als das Haar wächst und meistens in abwechselnder Reihe vor sich geht. Die Terminalknospe *mno* der 7. Figur verlängert sich nämlich und spaltet sich an dem Ende in zwei Knospen (Fig. 8), von denen die eine Knospe bald die andere überwächst und sich am Ende abermal spaltet (Fig. 9), wobei wieder die eine Knospe rasch die andere an Länge überflügelt, um sich abermal an ihrem Ende zu spalten (Fig. 10), und dieser Process wiederholt sich dann wie gesagt so lange, als überhaupt das Haar noch gegen die Spitze wachsen kann, so dass man an einem und demselben Haare wohl oft mehr als 20 — 30 solcher seitlichen Knospen unterscheiden kann (Fig. 11). Jede der neu hervortretenden Knospen ist farblos, bei blonden Haaren durchsichtig und ohne weitere Structur. Die Seitenknospen stehen abwechselnd. Indem nun je zwei in nahe gleicher Höhe neben einander liegenden Seitenknospen sich von der zwischen ihnen hervortretenden Knospe deutlicher abgrenzen, entstehen (Fig. 11) an der Oberfläche des Haares abermals Streifen, die aber von beiden Seiten gegen die Mitte unter einem Winkel zusammenlaufen, dessen Öffnung nach vorne gerichtet ist. Diese Linien stehen anfangs weit von einander und gehen dem Haare ein regelmässig gegliedertes Aussehen. Indem die älteren Knospen (Fig. 11 *mnm'n'*) aber einer fortwährenden Theilung in periphere und centrale Schichten unterliegen, erscheint allmählich die ganze Oberfläche einer solchen Knospe mit schrägliegenden Streifen überdeckt, welche die Begrenzungsflächen von Haarschichten darstellen, die dachziegelförmig über einander liegen. Diese Linien werden nun gewöhnlich für Contouren von Epidermiszellen gehalten, welche als eine Rindenschichte den ganzen Haarschaft umgeben sollen. Solcher Epidermiszellen sind aber während des bisher geschilderten Vorganges noch keine nachzuweisen, weder durch eine einfach mechanische Behandlung, noch durch Zusatz von Säuren oder Alkalien.

Bald bemerkt man übrigens, dass in den Winkeln, in welchen die einzelnen Knospen zusammenstossen, nämlich in den Punkten *a b c* u. s. w. der 11. Figur kleine schuppenartige Massen sich

bilden, welche als Afterblättchen zwischen je zwei Knospen abgelagert sind, wodurch der Parallelismus der an der Oberfläche des
Haares erscheinenden Querstreifung etwas gestört ist. Je mehr
solche Afterblättchen sich bilden, desto mehr erscheint die äussere
Fläche des Haares mit epidermisartigen rautenartigen Schüppchen
bedeckt, denen übrigens nicht blos die Kerne, sondern die ganze
Entwickelungsgeschichte der Epidermiszellen fehlt. In der 12. Figur
ist diese Art der Schüppchenbildung mit einer Regelmässigkeit dargestellt, wie sie sich bei frisch nachgewachsenen Haaren nicht selten
vorfindet.

Jede der neu angewachsenen Haarknospen hat eine längliche
spindelartige Gestalt und ist mit ihrer Längenaxe gegen die Axe
des Haarschaftes nur unter einem unmessbar kleinen Winkel geneigt
oder derselben auch vollkommen parallel. Je zwei dieser neben
einander liegenden Haarknospen sind um aliquote Theile ihrer Länge
gegen einander verschoben, so dass ihre langen Axen nicht in der
Verlängerung derselben Geraden liegen, sondern unter einem wenn
auch sehr kleinen Winkel gegen einander geneigt sind. Keine dieser
Knospen enthält übrigens etwas, was nur im Entferntesten an einen
Zellenkern oder an eine Zelle erinnern könnte; jede an eine Art von
Zellenentwickelung sich anlehnende Vorstellung ist durch diese Untersuchungen geradezu ausgeschlossen.

Nach den eben gegebenen Darstellungen besteht nun das neu
gewachsene Haar aus concentrischen in einander geschobenen Schichten von fort und fort abnehmender Länge und Dicke. Von diesen
Schichten umschlossen, nämlich in der Axe des Haares verlaufend,
ist ein Strang, an welchem der Länge nach abwechselnd Knospenbildung stattfindet, welche als verborgene Knospen dort erscheinen,
wo der Axenstrang von den concentrischen Schichten umgeben
ist, als seitliche Knospen dagegen da erscheinen, wo der Axenstrang gegen die Spitze des Haares ganz frei und nackt sich entwickelt, wie dies oben in der 11. und 12. Figur dargestellt ist.

Die im Innern des Haarschaftes verborgenen Knospen des Axenstranges treten nun aber bei weiterer Ausbildung des Haares bald
deutlicher hervor. Die Knospen des Axenstranges erscheinen im
Innern des Haares als heller gefärbte durchsichtige Räume von spindelartiger Form (*ab* Fig. 13), die hinter und neben einander liegen
und einander in der Regel um so näher gerückt sind, je mehr das Haar-

stück in seiner Entwickelung bereits vorgerückt ist. Diese Knospen, welche ganz was Form betrifft an die spindelartigen Zellen erinnern, sind denn doch weit entfernt Zellen zu sein; sie enthalten anfangs weder Kern noch Kernkörper, sind jedoch gewiss eben so wenig blos leere Räume, für welche sie auf den ersten Blick gehalten werden könnten, sondern jene solide Masse, aus welcher die Substanz des ganzen Haarschaftes besteht. Später findet man zuweilen in diesen inneren Haarknospen Pigment in Form kleiner Krümel, oder es beginnt ein Quertheilungsprocess, wodurch jede solche innere Haarknospe in zwei Abtheilungen, eine obere und eine untere Abtheilung (*c* Fig. 13) zerfällt. Diese Quertheilung erfolgt in derselben Knospe oft einige Male (*d e* Fig. 13), und jede innere Haarknospe zerfällt dadurch in eine Menge immer kleiner werdender Abtheilungen. Indem ein oder die andere dieser Abtheilungen (*f g* Fig. 13) sich zum letzten Male in zwei über einander liegende Abtheilungen spaltet, erhält eine von diesen Abtheilungen (*m* Fig. 13) die Gestalt eines kugelartigen Raumes und damit eine täuschende Ähnlichkeit mit dem Kerne einer Zelle. An den weissen Haaren von Kaninchen ist diese Theilung viel deutlicher und weit regelmässiger. Die Knospen der Haaraxensubstanz liegen nämlich dicht an einander gedrängt und sind je nach der Dicke des Haares entweder einzeilig (Fig. 14) oder zweizeilig (Fig. 15). Auch hier sind sie bei den jüngst entstandenen Knospen durchsichtig und ohne Structur im Innern, nur sind die einzelnen Knospen durch Scheidewände von einander geschieden. Hierauf folgt im Innern der Knospen eine regelmässige Quertheilung, welche sich in jeder Knospe mehrere Male wiederholt, und die Axensubstanz des Haares nimmt nun durch successive Quertheilung die Gestalt und Streifung der 16. Figur an, in der man bei den vier über einander liegenden Knospen diese successiven Quertheilungen in der Richtung von unten nach oben immer zahlreicher werden sieht. Die dunklen Streifen, durch welche sich die Axensubstanz des Haares nun gliedert, entsprechen den Zwischenräumen zwischen den so entstandenen Abtheilungen der einzelnen Knospen. Bei diesem Theilungsprocesse bleibt es übrigens nicht stehen. Indem wieder jede der einzelnen Abtheilungen in zwei andere zerfällt, entsteht in jeder der Abtheilungen ein kleiner rundlicher Körper (*a* Fig. 17), welcher sich von der andern Substanz eines solchen Knospentheiles öfters durch seine weissliche Farbe und den Glanz abhebt, und nun ganz die Form und Lageverhältnisse eines Zellenkernes darbietet. Zuweilen ist aber in diesen Abtheilungen der Haarknospen die Theilung keine durchgreifende, sondern nur eine unvollkommene (Fig. 18), und es haben dann die in der Haaraxe gelegenen Abtheilungen der ·Knospen die in der 18. Figur angegebene Gestalt. Die Zwischenräume der einzelnen Abtheilungen füllen sich bald, wie es in der 18. Figur angegeben ist, mit Luft, und die Substanz der Haaraxe erscheint dann bei durchgehendem Lichte regelmässig der Quere nach gestreift. In manchen Kaninchenhaaren erfolgt überhaupt eine solche Quertheilung gar nicht, sondern die Knospen der Haaraxe werden sehr bald zu lufterfüllten Räumen, die dicht hinter einander liegen und durch ihre Verschmelzung zuletzt einen einfachen cylindrischen Luftcanal darstellen.

An der Axensubstanz von Menschenhaaren ist selten eine so regelmässige Längen- und Quertheilung, sondern es wechseln Längen- und Quertheilungen unter einander und mit schiefen und unregelmässigen Theilungen ab. Auch sind die Segmente, in welche eine Haarknospe zerfällt, selten gleich gross, sondern grössere Theile wechseln mit kleineren Theilen in höchst unregelmässiger Weise ab, und das Innere der Haare erscheint daher oft unter der in der 19. Figur dargestellten oder einer andern beliebigen Form, indem krumme Flächen und Linien der verschiedensten Art — die ehemaligen Scheidewände zwischen den einzelnen Abtheilungen — sich durchkreuzen (Fig. 19). Später wird die Axe zu einem luftführenden Canale, in welchem entweder nach der Richtung der (in der Zeichnung dunkel gehaltenen) Scheidewand sich hinzieht, oder das Innere der einzelnen Abtheilungen erfüllt, wodurch die Figuren 19 und 20 entstehen, bis endlich nach Resorption der Scheidewände alle Abtheilungen zu einem einfachen cylindrischen Luftcanale verschmelzen.

Alle die genannten Vorgänge rücken allmählich von der Wurzel gegen die Haarspitze vor, greifen jedoch nicht in den Theil der vorgeschobenen Haarspitze ein, welcher, wie in der 11. und 12. Figur, noch in einer fortwährenden Knospenbildung begriffen ist.

Wenn man die Haare mit Schwefelsäure in Berührung bringt, dann tritt entweder von selbst eine Spaltung in die einzelnen Abtheilungen hervor oder dieselbe kann wenigstens mit grösster Leichtigkeit durch mechanische Mittel bewerkstelligt werden. Von der Ober-

fläche des Haares lösen sich zunächst und mit grösster Leichtigkeit
die Achselblättchen (c Fig. 11) ab, und da diese mit zunehmendem
Wachsthume des Haares immer zahlreicher werden, da sie eine
unregelmässige rautenförmige Form zeigen, so gewinnt es nun den
Anschein, als zerfalle die ganze Rindensubstanz des Haares in eine
Masse von Epithelialplättchen. Die longitudinalen Knospen der Haar-
axen fallen theilweise ab oder können leicht abgelöst werden, und
es gelingt die Haarsubstanz nach der Längenrichtung in Abtheilungen
zu spalten und zu zerfasern, welche zwar Kunstproduct sind, aber
gewöhnlich als Haarfasern gelten. Solche Haarfasern sieht man in
der 20. Figur abgebildet. Jede Haarfaser erscheint von Stelle zu
Stelle angeschwollen und trägt zu beiden Seiten Spuren der eben-
erwähnten Knospenbildung an sich. Diese Aneinanderreihung schmä-
lerer und breiterer Theile gibt der Haarfaser das Aussehen, als wäre
sie aus Zellen entstanden, welche von spindelartiger Form, in Reihen
hinter einander gelagert, mit den hinter einander gelagerten Enden
sich berührten. So entstand wohl hauptsächlich die Ansicht, dass das
Haar dadurch wachse, dass die bereits gebildeten Zellen durch neue
in der Haarwurzel entstandene Zellen allmählich mehr in der Richtung gegen die Haarspitze vorgedrängt würden und dabei die runde
Form allmählich in eine mehr spindelförmige Gestalt verändern.
Meine eben gegebene Darstellung des ganzen Wachsthumsvorganges
weist jedoch zur Genüge nach, dass die Zellen bei der Verlängerung
abgeschnittener Haare gar keine Rolle spielen, dass nicht der Haarschaft durch neue an der Haarwurzel entstandene Zellen nach vorne
geschoben werde, sondern dass aus der Schnittfläche des Haares
Haarsubstanz unmittelbar hervorwachse und an den alten Haarstumpf
anwachse, welcher letztere daher nicht gegen die Spitze des Haares
sich verlängert und auch nie zur Spitze des Haares wird, was
übrigens aus einer einfachen Vergleichung der Spitze eines längst
abgeschnittenen Haares mit dem Schnittende eines frisch abgeschnittenen Haares ohnehin leicht ersichtlich gewesen wäre; wir lernen
in dem Anwachsen des abgeschnittenen Haares einen eigenthümlichen
Regenerations-Vorgang kennen, der gewiss nicht in der Natur allein
steht, sondern im thierischen Organismus unstreitig eine Menge von
Analogien haben wird.

Ich habe bei der ganzen Erörterung den einfachsten Fall vor-
ausgeschickt, jenen nämlich, dass ein dünnes Haar an einer Stelle

abgeschnitten wurde, an der es weder eine beträchtliche Dicke
noch einen deutlichen Markcanal, d. h. einen mit Luft gefüllten bald
einfach cylindrischen, bald in Fächer getheilten Raum besitzt. Im
Folgenden werde ich nun den Wachsthumsprocess in den beiden
letztgenannten Fällen verfolgen.

Hat ein Haar an der durchgeschnittenen Stelle eine verhältnissmässig bedeutende Dicke, so erhebt sich nicht die ganze Durchschnittsstelle gleichmässig zu einer einzigen kuppenförmigen Haarknospe, sondern je nach der Dicke des Haares erheben sich 2—3
bis 4 solcher Haarknospen (a b c Fig. 22), welche aber bei weiterer Verlängerung der Haarknospe immer mehr durch Ausfüllung
der sie trennenden Zwischenräume sich verbinden und verschmelzen
(Fig. 23, 24), bis endlich die Verschmelzung so weit gediehen ist,
dass nun eine einzige Haarknospe aus dem Haare hervorgesprossen
zu sein scheint, worauf der weitere Vorgang des Wachsens ganz in
derselben Weise vor sich geht, wie bereits im Vorhergehenden auseinandergesetzt wurde.

War das Haar sehr schief abgeschnitten worden, so tritt der
sehr befremdende Umstand nicht selten ein, dass der längere Theil
des Stumpfes knospenartig hervortreibt (Fig. 26, 27), der kürzere
dagegen gar nicht weiter sich verlängert, sondern nur einfach abrun-
det, so dass das neu anwachsende Haar nun eine schiefe Richtung
annimmt und bei bedeutenderer Verlängerung sich kräuselt. Die
Abtheilung in Schichten und Knospen ist nun an dieser Haarknospe
etwas verschieden von der eben auseinandergesetzten Sprossung.
Die die einzelnen Schichten an der convexen Seite der Haarknospe
trennenden Furchen nehmen nämlich eine fast senkrechte Richtung,
an der concaven Seite dagegen eine fast quere Richtung an, und
so entsteht an dem Haare eine ganz eigenthümliche Streifung
(Fig. 27), welche erst an dem Theile verschwindet, an welchem
das Haar eine gewisse Feinheit erreicht hat, um einer einfachen
transversalen Streifung wie in den früher erwähnten Fällen Platz
zu machen.

Wenn ein Haar beim Abschneiden zum Theile gespalten wird,
so dass das Schnittende die in der 28. Figur angegebene Gestalt
annimmt, dann erfolgt die Knospenbildung an dem längeren Arme
des Stumpfendes und zwar ganz in der früher angegebenen Art,
anfangs durch concentrische, später durch longitudinale Theilung

und Knospenbildung, wie dies an dem Stücke *ab* der 29. Figur deutlich und naturgetreu dargestellt ist.

Wenn ein Haar an der Schnittfläche sich auffasert, so haben noch die einzelnen Fasern das Vermögen, sich durch Knospenbildung zu verlängern. Das Schnittende eines solchen aufgefaserten Haares ist in der 30. Figur dargestellt, in der man bei *a* und *b* zwei hervorragende Haarfasern mit seitlich anliegenden Knospen bemerkt. Übrigens erreichen solche Haarknospen nie eine beträchtliche Länge.

Bisher wurde mit keinem Worte des Verhaltens des Luftcanales gedacht, wenn ein solcher durch den Schnitt etwa getroffen wurde, was bei stärkeren Haaren gewöhnlich der Fall ist. Und gerade dieses Verhalten des Luftcanales bildete den ganzen Ausgang der Untersuchung; durch dasselbe wurde ich zuerst auf die Beobachtungen über die theilweise Regeneration abgeschnittener Haare hingewiesen.

Das Verhalten des Luftcanales ist aber verschieden, je nachdem ein dünneres oder ein dickeres Haar durchgeschnitten wurde.

Im ersteren Falle erscheint wenige Tage nach der Durchschneidung der Haarcanal luftleer (Fig. 31) bis in einige Entfernung vom Schnittende. Ob in dem luftleeren Theile eine flüssige Substanz enthalten ist, oder ob blos das Menstruum, in welchem ich das Haar untersuchte, eingetreten war, konnte ich nicht ermitteln. Wächst nun aber die Haarknospe aus dem Schnittende hervor, dann sieht man ganz deutlich, dass der Luftcanal an der Basis der Knospe sein scharf abgegrenztes Ende erreicht und dass die Luft selbst bis in einige Entfernung von diesem Ende nicht mehr vorgetrieben werden kann, dass. mithin das Ende des Luftcanales von irgend einer consistenteren Substanz vollgefüllt sein muss. So bleibt demnach der Luftcanal einfach geschlossen (Fig. 32), und erst dann, wenn die Haarknospe eine gewisse Länge und Breite erreicht hat, bilden sich in dem neu hervorgewachsenen Stück neue Luftzellen, welche allmählich zu einem Luftcanale zusammenfliessen, der sich dann wieder mit dem Luftcanale des nicht abgeschnittenen Haarendes vereinigt.

Ist nun aber ein breiterer Luftcanal durchgeschnitten, so kann kein Zweifel mehr darüber sein, dass in das Ende des Markcanales eine Substanz transsudirt, welche ziemlich zähe zu sein scheint. Diese Substanz drängt sich aus dem Markcanale des Schnittendes knopfartig hervor und schiebt die Wände des Schnittendes etwas von einander, so dass nun das ganze Schnittende die in der 33. Figur angegebene Gestalt annimmt. An dickeren Haaren entdeckt man schon mit freiem Auge die knopfartigen Anschwellungen des durchgeschnittenen Haarendes.

Die aus dem Schnittende hervorquellende Haarsubstanz unterliegt einer spätern Längen- und Quertheilung, aber in höchst unregelmässiger Weise und es gewinnt nun den Anschein, als wenn jene Narbensubstanz aus lauter Zellen zusammengesetzt wäre. Aber in jenen vermeintlichen Zellen ist keinerlei Kern vorhanden, und nach dem, was bisher über die Bildung der Haarknospen gesagt wurde, wird man es begreiflich finden, dass von einer Zellenbildung nicht die Rede sein kann. Während aber in dem Luftcanale diese Veränderung vor sich gegangen ist, haben die diesen Canal umgebenden Schichten der Haarsubstanz noch keine wesentliche Veränderung erlitten. Die peripheren Schichten der Haarsubstanz erheben sich allmählich in der früher angegebenen Weise über die Schnittfläche (*ab* Fig. 35) und umgeben als eine in mehrere Hügel auslaufende Schichte die aus dem Luftcanal hervortretende Haarknospe *c*. Indem aber das Wachsen der äussern Haarschicht immer mehr Fortschritte macht, die aus dem Luftcanale hervorbrechende Knospe aber ganz stationär bleibt (was deren Grösse betrifft), wird die Mittelknospe *c* allmählich von der fortwährend sich verlängernden Wandschicht überwachsen und bleibt nun im Innern des Haares eingeschlossen (Fig. 36). An der Stelle, wo die Centralknospe liegt, zeigt das Haar noch nach langer Zeit eine Anschwellung, welche erst allmählich sich verliert.

Die Centralknospe ist anfangs auch deutlich und scharf von der über sie hingewölbten und allmählich sich zuspitzenden, aus der peripheren Schichte sich entwickelnden Haarknospe abgegrenzt (Fig. 37), ja sie lässt sich, wenn man die Wandschichten an der Stelle *u:* Fig. 27 z. B. spaltet, leicht und unversehrt herauspräpariren. Dies ändert sich aber später. Die Centralknospe wird zu einem lufterfüllten Raume (Fig. 38), welcher zwar anfangs noch von dem neuangewachsenen Haarstücke deutlich getrennt ist, später aber (Fig. 39), wenn sich in dem neuangewachsenen Stücke ein Markcanal entwickelt, mit diesem letzteren zusammenschmilzt und in denselben übergeht.

Wenn nun ein Haar jenseits des so gebildeten Narbenknopfes zu wiederholten Malen abgeschnitten wird, so kann sich auch diese

Centralknospenbildung an verschiedenen Stellen des Haares wiederholen und so kommen an ein und demselben Haare zuweilen drei und
noch mehrere knotige Anschwellungen vor, welche die Stellen anzei-
gen, an denen das Haar abgeschnitten wurde.

Fürs freie Auge erscheinen diese Knoten entweder weiss oder
auch dunkelbraun, fast schwarz; das letztere gewöhnlich in dem
Falle, in welchem in der Centralknospe Luft angesammelt ist; das
erstere aber dann, wenn sich noch kein Luftcanal gebildet hat. Dass
das Abschneiden der Haare diese Knospenbildung gründlich hebt,
wenigstens für den Augenblick, bedarf keiner besonderen Erwäh-
nung; ob sie aber an dem nachwachsenden Haare nicht wiederkehrt,
ist eine ganz andere Frage. Die Wiederkehr ist höchst wahrscheinlich, weil denn doch nur ein physiologischer Process vorhanden ist.

Ich habe im Bisherigen den ganzen Gang des Anwachsens abgeschnittener Haare erörtert, ohne durch die nicht selten vorkommenden
kleineren Variationen, welche jeder derartige Bildungsprocess darzubieten pflegt, die übersichtliche Darstellung zu stören. Ich will nun
noch einige Nebenumstände hier hervorheben.

Die Stelle, wo das Haar abgeschnitten wurde, bleibt zuweilen
dünner als die nächst anliegenden Stellen des Haarschaftes. Die aus
der Schnittfläche hervorbrechende Haarknospe (Fig. 41) ist nämlich
gleich im Beginne dünner als der abgeschnittene Haarschaft; bei
fortschreitendem Wachsthume wird sie wieder etwas breiter, um erst
allmählich sich zu verjüngen, und so entsteht die Figur 42, in der
man bei *ab* die Stelle des Schnittes wahrnimmt, über welcher sich
eine schlanke zugespitzte Haarknospe entwickelt. Sehr zierlich ist
die in der 43. Figur nach der Natur gezeichnete Haarnarbe, deren
symmetrische Anordnung in der That nichts zu wünschen übrig lässt.
An zarteren Haaren nimmt die Haarnarbe zuweilen die in der 44. Figur
angegebene Gestalt an.

Zuweilen hat die aus einer Schnittstelle hervordringende Haarknospe die in der 45. Figur wieder gegebene Gestalt. Die Haarknospe
spaltet sich hier in zwei lange und zugespitzte Haarblätter, aus denen
wieder eine lange, ungetheilte, zugespitzt endende Terminalknospe
hervorbricht.

Bei schief durchgeschnittenen Haaren bleibt der centrale Luftcanal in manchen Fällen an der Durchschnittsstelle geöffnet, wodurch
sich die Figur 46 entwickelt.

In anderen Fällen wächst die Haarknospe an der einen Seite stärker nach der Breite als an der entgegengesetzten Seite. Bei der schichtenweisen Spaltung der Haarsubstanz liegen dann die Enden der Haarschichten auf der einen Seite treppenartig über einander und so entsteht die in der 47. Figur dargestellte Gestalt einer Haarknospe.

Zuweilen scheint die Haarknospe eine von der Haaraxe ganz abweichende Richtung zu nehmen. In den Figuren 45 und 47 ist dieses bereits angedeutet; in einem anderen Präparate fand ich die Richtung des neuangewachsenen Haares so, dass sie mit der ursprünglichen Haaraxe einen stumpfen Winkel bildete (Fig. 48).

Die Haarknospe ist nicht immer ein walzenförmiger oder konischer Körper mit einer kreisrunden Basalfläche, sondern der Querschnitt erscheint häufig einer excentrischen Ellipse sehr genähert. Da nun an verschiedenen Stellen die langen und kurzen Axen dieser elliptischen Querschnitte nicht in dieselbe Richtung fallen, so zeigt das Haar, wenn man es von einer Seite betrachtet, schmälere und breitere Stellen; betrachtet man es nach der Richtung des zweiten Querdurchmessers, so zeigt es abermals dünnere und dickere Stellen, nur entsprechen die Anschwellungen in dieser Ansicht den dünneren Stellen nach der andern Richtung, wie dies in den beiden zusammengehörigen Ansichten desselben Haares der 49. Figur zu sehen ist. Bei gekräuselten Haaren ist das Haar nach der Richtung des kürzeren Durchmessers gekrümmt, so dass daher, da diese Stellen abwechseln, auch die Krümmungen fortwährend in dieselbe Ebene fallen.

Oft beschränkt sich die Schichtenspaltung nur auf wenige weit von einander abstehende Schichten; es entwickeln sich dann an der Oberfläche des Haares nur wenig Streifen; die 50. Figur zeigt ein solches der Natur entnommenes Präparat.

Bei menschlichen Haaren erfolgt in der Axensubstanz des Haares wohl nicht häufig eine regelmässige Spaltung; doch habe ich auch Fälle beobachtet, in denen die Regelmässigkeit in der Spaltung der Axengebilde nichts zu wünschen übrig lässt. Solche regelmässige Theilungen habe ich in der 51. Figur nach der Natur gezeichnet. Die Zeichnung bedarf keiner weiteren Erklärung.

In anderen Fällen stossen die Knospen der Axensubstanz regelmässig mit ihren einander zugekehrten Enden an einander und bilden dadurch einen regelmässig gegliederten Axenstrang (Fig. 52). Jedes

dieser Glieder zeigt wieder eine regelmässig transversale Schichtenspaltung.

Oft stehen die Lufträume, welche in der Haaraxe sich entwickeln, in mehreren Reihen hinter einander, und durch deren
Zusammenstossen entstehen zuletzt zwei oder mehrere parallel mit
einander verlaufende cylindrische Luftcanäle (Fig. 53).

Zuweilen jedoch bilden diese Lufträume ein oder auch zwei
neben einander verlaufende Spiralen (Fig. 54). Wer die Stellung der
Haarknospen in der 12. Figur überblickt und diese Knospen in Lufträume sich umgewandelt denkt, wird den Grund der spiraligen
Anordnung der Lufträume ohne Schwierigkeit sich angeben können.

Ich habe auch den numerischen Verhältnissen einige Aufmerksamkeit geschenkt und die Länge der Haarknospen in verschiedenen
Zeiträumen gemessen. Es zeigt sich dabei, dass das Haar im Durchschnitte täglich vom Stumpfende um $0.0005 - 0.0006$ P. Z. wachse,
wobei übrigens nicht behauptet werden soll, dass das Wachsen
des Haares ein ganz gleichmässiges sei; im Gegentheile, in der
ersten Zeit nach der Durchschneidung scheint die Verlängerung nur
langsam, später aber mit grösserer Schnelligkeit zu erfolgen. Die
Verlängerung des ganzen Haares müsste nach diesem, wenn sie blos
von der Spitze aus erfolgte, in zwei Monaten an den feineren Haaren
des Handrückens ungefähr 0.036 P. L. betragen. Aber durch andere
Messungen fand ich, dass das Haar in diesem Zustande ungefähr
$0.12 - 0.15$ P. L. überhaupt gewachsen war, woraus denn folgt,
dass das abgeschnittene Haar nur zum vierten Theile ungefähr von
dem Schnittende, zu drei Vierteltheilen dagegen von der Haar-
papille aus sich vergrössert; die Art wie die Verlängerung von
Seite der Papille erfolgt, konnte übrigens vorläufig nicht genauer
untersucht werden.

Durch Messungen der Längen einzelner Haarknospen fand ich,
dass die Knospen eine Länge von $0.008 - 0.0100$ P. Z. erreichen
können, bevor sie sich spalten, dann aber spaltet sich eine solche
Knospe regelmässig in der Mitte ihrer Länge in zwei Schichten,
so dass jede Knospe in zwei hinter einander liegende Abtheilungen
zerfällt. Jede dieser Abtheilungen spaltet sich wieder transversal in
zwei ziemlich gleich lange Abbildungen und so fort, so dass zuweilen die Knospen gegen die Haarspitzen regelmässig immer um das
Doppelte länger werden und die Terminalknospe die längste ist.

Oft dagegen sind die hinter einander liegenden Haarglieder zie[m]
gleich lang, nur die Terminalknospe hat die doppelte Läng[e]
unmittelbar vorausgehenden Knospe.

Übrigens scheinen in diesen numerischen Verhältnissen ma[n]
Verschiedenheiten vorzukommen, die von dem Sitze, der Läng[e]
Dicke des Haares und tausenderlei Nebenumständen bedingt we[r]

Schliesslich erlaube ich mir noch die Aufmerksamkeit au[f]
Querstreifung der Muskel zu lenken, welche eine grosse Ähnli[ch]
mit jener der Haare, was Entstehung betrifft, zu haben scheint. [Ich]
behalte mir vor, in einer späteren Arbeit diesen Gegenstan[d]
besprechen.

Systematische Übersicht der Vögel Nord-Ost-Afrika's, mit Einschluss der arabischen Küste des rothen Meeres und der Nil-Quellen-Länder südwärts bis zum 4. Grade nördl. Breite.

Von **Dr. Th. v. Heuglin,**

Géranten des k. k. österr. Consulats für Central-Afrika.

(Vorgelegt in der Sitzung vom **19. Juli 1855.**)

Anm. Die mit * bezeichneten Arten sind in Rüppell's systematischer Übersicht der Vögel N. O. Afrika's nicht aufgenommen.

---

1. ORDNUNG. *RAPACES* (RAUBVÖGEL).

A. VULTURIDAE.

1. *Gypaëtos* (Ray) *meridionalis*, Keys. et Blas.

Rüppell, Syst. Übers. t. 1. — Heuglin, Beitr. t. 1. — Findet sich nicht selten paarweise und in grösseren Gesellschaften in den höheren Gebirgen von Arabien (Gebel-Serbal und Sinaï) und Abyssinien, und kommt ohne Zweifel auch in den nubischen Bergen und längs der Küste zwischen Suez und Sauakin vor. In Abyssinien fand ich ihn einzeln bei Gondar und auf den Hochebenen von Woggara, auf den Gebirgen von Simehn aber in so grosser Anzahl, dass ich in 7 Tagen acht Stücke erhielt und vielleicht ebenso viele andere angeschossene, die nicht verfolgt werden konnten, verlor. Er lebt hauptsächlich von Überresten von Schlachtvieh, nimmt aber auch im Nothfalle mit Aas vorlieb. — Dass der Bartgeier Ziegen und Schafe angreife -- wie Rüppell sagt, — kann ich nicht bestätigen, blos ein einziger von mir untersuchter hatte Stachelratten gefressen, in dem Magen aller Übrigen fand ich Haut- und Knochenreste von Schlachtvieh.

Auch ist die Iris nicht „schön feueroth" (Rüpp. Syst. Übers. S. 3), sondern schmutzig-blassgelb mit sigellackrothem Ring am Rande. Heisst auf amharisch „Amora", arab. petr. Büdj (ﺞﺑ).

2. *Neophron* (Savigny) *Percnopterus*, Linn.

Buff. Pl. enl. t. 407 u. 429. — Naumann, Vög. Deutschl. t. 3. — Susemihl, Vög. Europ. t. 4. — Heuglin, Beitr. t. 1 das Ei. — Ist sehr häufig in ganz Nord - Ost-Afrika, aber nicht oder wenigstens sehr selten auf dem weissen Flusse. — Brütete während der Regenzeit — im Juli — 1852 in der Oasis El-Gab, westlich von Dongola auf Sunt-Bäumen und im Februar 1852 erhielt ich seine Eier auch bei Edfu in Ober-Ägypten angeblich von Felsgebirgen. Heisst auf arabisch „Rachem" (رخم راخم oder رخام).

3. *Neophron pileatus*, Burchell.

Cathartes Monachus, Temm. Pl. color. t. 222. — Selten nördlich vom 15° n. B. Gemein in Kordofán, Sennaar und Abyssinien, oft in Gesellschaft mit dem Vorhergehenden. Die nackte Kopfhaut ist bei alten Vögeln glänzend violett. Ein gelblichweisses Gefieder, ähnlich dem des alten *N. Percnopterus*, ist mir nie bei dieser Art vorgekommen.

4. *Gyps* (Savigny) *fulva*, Linn.

Naum. V. D. t. 2. — Naum. Nachtr. t. 338. — Le Vaill, t. 10? — Gemein in Ägypten, Nubien und Abyssinien. Seine Heimath sind hauptsächlich kahle Felsgebirge, von wo aus er sich aber weit in den Ebenen verfliegt. In Simehn traf ich ihn über 11000 Fuss hoch noch an. In Kordofán und am weissen Flusse scheint er durch die folgende Art vertreten zu sein.

Anm. Alle grösseren Geier heissen auf arabisch „Nissr" (نسر).

*5. *Gyps Rüppellii*, Herzog Paul von Würtemberg. (?)

Rüpp. Atl. t. 32 als V. Kolbii. — In ebenen Gegenden und vorzüglich in Wäldern und mit Hochbäumen besetzten Steppen südlich vom 16—17° n. B. — Ich bin leider jetzt nicht im Stande die Unterscheidungskennzeichen beider Arten der *G. fulva* und *G. Rüppellii* genau angeben zu können. Die letztere ist constant grösser, hat immer einen horngelben Schnabel im Alter und ist nie so fahl rostgelb wie *G. fulva*, sondern dunkler und die schuppenförmige Zeichnung auf den Federrändern ist immer vorherrschend und mehr oder weniger deutlich ausgesprochen. Ob der eigentliche *Vultur Kolbii* in Nord-Ost-Afrika vorkommt, kann ich nicht angeben. Ich besitze übrigens einen sehr grossen Geier aus Kordofán, der mit ersterer Art übereinzustimmen scheint.

6. *Gyps bengalensis*, Lath.

V. leuconotos, J. Gray, Ind. Zoólog. t. 14. — V. moschatus, Herz. Paul v. Würtemberg. — Einzeln in Kordofán, am blauen und weissen Fluss, häufig aber in Ost-Sennaar und West-Abyssinien.

7. *Vultur* (Linn.) *occipitalis*, Burchell.

Rüpp. Atl. t. 22. — Nicht selten im Sennaar, Abyssinien und am Bahr el abiad, aber nie in grossen Gesellschaften.

8. *Vultur cinereus*. Linn.

Naum. V. Deutsch. t. 1. — Descr. de l'Egypte Ois. t. 11. — Sehr selten als verirrte Vögel in Ägypten. Mir ist er dort blos einmal, im

October 1851, bei Beni-Suéf auf dem freien Felde sitzend, vorgekommen.

9. *Otogyps* (G. R. Gray) *auricularis*, Daud.

V. aegipius Savigny. — *V. nubicus* Griff. — Le Vaill. Ois. d'Afr. t. 9. — In Ober-Ägypten und Nubien sehr gemein, seltener in Kordofán und Sennaar, im Innern von Abyssinien nicht von mir beobachtet.

Die Hautfalte am Ohr ist bei den meisten Exemplaren ganz unscheinbar, zeigt sich aber bei längerer Gefangenschaft mehr und mehr. Doch sind mir auch freie Vögel vorgekommen, bei welchen diese sehr deutlich ausgesprochen und über 2″ lang war.

B. FALCONIDAE.

10. *Buteo* (Briss.) *vulgaris*, Bechst.

Buff. Pl. enl. t. 419. — Naum. V. D. t. 32 und 33. — Von mir blos einzeln im Winter in Ägypten beobachtet, nach Dr. Rüppell „überall in N. O. Afrika."

*11. *Buteo minor*, Heugl.

F. Tachardus. Shaw (?) — Gleicht dem *F. Buteo* in Färbung vollkommen; ist aber schlanker und wenigstens um ¼ kleiner; das grösste Weibchen meiner Sammlung ist 1′ 5″ lang. — In Nubien, Fazoglo und Abyssinien aber sehr einzeln.

12. *Buteo Augur*, Rüpp.

Rüpp. N. Wirbelth. t. 16 und 17. — Häufig in Abyssinien mit Ausnahme der niederen Districte; auch ist er mir in W.-Abyssinien, d. h. westlich vom Tana-See blos ein einziges Mal vorgekommen. In Simehn geht er bis auf 11000′ Höhe. Variirt zuweilen ganz schwarzbraun.

13. *Buteo rufinus*, Rüpp.

Rüpp. Atl. t. 27. — *Butaëtos leucurus* Gmel. (?) — Einzeln in Ober-Ägypten und Nubien, häufig in Ost-Sennaar.

14. *Aquila* (Briss.) *imperialis*, Bechst.

Descr. de l'Egypt. t. 12. — Naum. V. D. t. 6 u. 7. — Temm. Pl. col. t. 151 und 152. An den Seen Unter-Ägyptens im Winter gemein, einzeln in Ober-Ägypten, namentlich bei Siut, Monfaluth etc., ebenso in Abyssinien.

*15. *Aquila Chrysaëtos*, Linn.

A. fulva, Auct. — Naum. V. D. t. 8 und 9. — Einzeln im Herbste im peträischen Arabien gefunden, vielleicht auch in Abyssinien. (Kommt auch in der Umgebung von Tunis vor.)

*16. *Aquila naevioides*, Cuv.

Cuv. Thierr. v. Voigt. S. 374. Anm. — Selten in Abyssinien und Ost-Sennaar.

17. *Aquila naevia*, Linn.

Descr. de l'Egypt. t. 2, f. 1. — Naum. V. D. t. 10 u. 11. — Naum.
Nachtr. t. 343. — Sehr gemein an den grossen Seen in Unter-Ägypten.
Im März und October in ganz N. O. Afrika auf der Wanderung, oft
sogar in kleinen Gesellschaften bis zu 10 Stücken. Die Varietät *A. clanga*
(Pall. et Naum.) ist so häufig als die wahre *A. naevia*.

Anm. Diese , wie die folgenden Adler-Arten heissen im Sudan
„Saqr-el-arnab„ (صقر الارنب) .

18. *Aquila rapax*, Temm.

Temm. Pl. col. t. 455. — Rüpp. N. Weirbelth. t. 13. — Sehr gemein
südlich vom 15° N.B. Der von Rüppell als *A. albicans* beschriebene
Raubadler ist mir blos auf den Bergen von Simehn in weisslichem Kleide
vorgekommen.

*19. *Aquila substriata*, Heugl.

Nicht sehr selten bei Doka und Galabat (in Ost-Sennaar) im Winter.
Hält sich blos in der Waldregion auf.

*20. *Aquila isabellina*, Heugl.

Sehr einzeln auf den abyssinischen Gebirgen (Woggara).

*21. *Aquila Bonellii*, Temm.

Temm. Pl. color. t. 288. — Naum. V. D. Nachtr. t. 341. — Einzeln
im Winter an den Seen von Unter-Ägypten.

22. *Aquila pennata*, Lath.

Temm. Pl. col. t. 33. (?) — Naum. V. D. Nachtr. t. 343. (?) —
Ich glaube kaum, dass der ägyptische Zwerg-Adler identisch sei, mit
dem europäischen, da die meisten Naturforscher angeben, dass bei
Letzterem die zusammengelegten Flügel die Schwanzspitze erreichen
oder überragen. In Färbung gleichen die nordafrikanischen vollständig
dem europäischen, der von Temm. (Pl. col. t. 33), Brisson (Ornith.
Vol. 6. Append. p. 22, t. 1), Brehm etc. abgebildet ist; auch kommt
er hierin zuweilen mit Brehm's *A. minuta* (kaffebraun, mit weissem
Schulterfleck und sogar auch ohne dem letzteren) überein, immer aber
ist beim nordafrikanischen die Schwanzspitze viel länger (1½ bis 2½'')
als die zusammengelegten Flügel und der Vogel überhaupt kleiner.
Bestätigt sich der letztere als neue Art, so schlage ich für ihn den Namen
A. longicaudata vor und für den jedenfalls von beiden verschiedenen
südafrikanischen Zwerg-Adler, der, wenn ich nicht irre, von Susemihl
als *A. pennata* abgebildet worden ist, *A. gymnopus*. Unsere *A. longicaudata* ist sehr gemein vom März bis October in den Dattelwaldungen
der sogenannten „Scherkieh" und in Unter-Ägypten überhaupt. Auf dem
Striche beobachtete ich ihn längs des Nils bis zum 14° N. B.

23. *Aquila (?) vulturina,* Daud.

Le Vaill. Ois. d'Afr. t. 6. — *A. Verreauxii,* Less. — Paarweise in den höheren Gebirgsgegenden von Abyssinien und Schoa. Am häufigsten traf ich ihn in den Quellenländern des Takasseh. Doch erhielt ich auch ein Exemplar vom Mareb.

24. *Spizaëtos* (Vieill.) *occipitalis,* Daud.

Le Vaill. Ois. d'Afr. t. 2. — Sehr gemein am Bahr el abiad, asrak und in Abyssinien. Er liebt baumreiche Chore, findet sich aber auch zuweilen in den Steppen-Landschaften. Nicht selten habe ich Fische in seinem Magen gefunden.

*25. *Spizaëtos leucostigma,* Heugl.

Heugl. Beitr. t. 2. — Paarweise am Mareb, dem blauen Flusse bis Fazoglo und in den Steppen um Galabat.

*26. *Spizaëtos bellicosus,* A. Smith. (?)

Ein dieser Art jedenfalls sehr nahe stehender Raubvogel, ist — angeblich aus Nubien stammend, — im vice-königlichen Naturalien-Cabinete zu Qassr-el-aïn bei Kairo aufgestellt. Ich vermuthe, dass er durch eine der Expeditionen auf dem weissen Flusse eingesammelt wurde.

27. *Circaëtos* (Vieill.) *brachydactylus,* Wolf.

Naum. V. D. t. 15. — Im Februar, März und October häufig in kleinen Gesellschaften und einzeln auf der Wanderung längs des Nils. Überwintert in der tropischen Waldregion, wo, wie es scheint, auch einzelne zurückbleiben, indem ich z. B. Mitte Mai 1853 in Ost-Sennaar noch einen erlegte. Nach Rüppell's Beobachtungen kommt er auch in Arabien vor.

28. *Circaëtos thoracicus,* Cuv.

C. pectoralis, A. Smith. — Häufig in Abyssinien und den Bergen von Fazoglo, einzeln in Ost-Sennaar, am Bahr el abiad und in Kordofán. Ein Exemplar schoss ich im August 1852 auf der Insel Argo in Dar-Dongola.

29. *Circaëtos fasciatus,* Heugl.

Vom Herbst bis zum Frühjahr von mir im Süden von Kordofán, in den Steppen von Sennaar und längs des Dender und Rahad beobachtet.

30. *Circaëtos cinereus,* Vieill.

C. funereus Rüpp. N. Wirbelth. t. 14. — Nach Rüppell zufällig in Abyssinien. Ich traf diesen Vogel einmal in der Kolla von W.-Abyssinien und am blauen Flusse bei Sennaar an. Beide Individuen weichen von der Rüppell'schen Beschreibung aber darin ab, dass die Schwanzbinden vom reinsten Weiss und nicht „rothgrau" gefärbt sind.

*31. *Circaëtos zonurus*, Herzog Paul v. Würtemberg.

Heugl. Beitr. t. 3. — Vom Herzog P. von Würtemberg, wenn ich nicht irre, ein Exemplar in Kamamil eingesammelt. Ich erhielt von diesem schönen Schlangenadler bis jetzt fünf Individuen vom blauen und weissen Fluss.

32. *Haliaëtos* (Savigny) *Albicilla*, Linn.

An den unterägyptischen Seen wohnt ein weissschwänziger See-Adler, der vielleicht vom nordischen verschieden oder wenigstens constante klimatische Varietät ist. Der alte Vogel ist nämlich ganz aschgrau und die weissen Schwanzfedern, namentlich die äussern, sind auf der Aussenfahne bräunlich bespritzt. Auch dürfte er im Allgemeinen etwas kleinere Proportionen haben. Er heisst bei Damiette „Óqab“ (عقاب) oder „Schometta“ (شمتـه) und brütet dort auf zusammengebrochenen Rohrstengeln in *Arundo Donax* etc. — Sollte er sich als neue Art constatiren, so schlage ich den Namen *Haliaëtos cinereus* für ihn vor.

33. *Haliaëtos vocifer*, Le Vaill.

Le Vaill. Ois. d'Afr. t. 4. — Häufig am weissen und blauen Fluss, am Dender und Rahad und an den abyssinischen Gewässern. Auf arabisch „Abu Tok“ (ابو توك).

34. *Pandion* (Savigny) *Haliaëtos*, Linn.

Buff. Pl. enl. t. 414. — Naum. V. D. t. 16. — Im Winter gemein in Ägypten, am rothen Meer, auf dem Bahr el abiad, dem Atbara etc. Ich kann nicht bestimmt angeben, ob er im Sommer hier bleibt oder wegzieht, in letzterem Falle kommt er aber früh in den Süden und zieht spät im Frühjahre wieder fort. Ob *Pandion albicollis*, Brehm aus N. O. Afrika eine eigene Art oder blos Subspecies ist, kann ich nicht angeben.

35. *Helotarsus* (Smith) *ecaudatus*, Daud.

Le Vaill. Ois. d'Afr. t. 7 oder *H. fasciatus* (?). — Ziemlich gemein in Kordofán, Sennaar und Abyssinien, häufig aber in den Steppen und Gebirgen von O.-Sennaar, z.B. auf Gebel-Atesch. Dort heisst er „Saqrel-arnab“ oder Hasen-Falke, in Kordofán „Saqr-el-hakím“, in Abyssinien der Himmels-Affe: „Hevei Sammai.“ Von den von Le Vaillant beschriebenen sonderbaren Bewegungen im Fluge habe ich viel gehört, aber sie nie selbst beobachten können; wahrscheinlich zeigt er sie blos zur Paarungs-Zeit.

36. *Helotarsus leuconotos*, Herzog Paul v. Würtemberg.

Nach Rüppell in Sennaar. Ich zweifelte lange an der Existenz dieser zweiten *Helotarsus*-Art und hielt sie für Varietät des Vorhergehenden, wogegen die Thatsache spricht, dass ich im November 1853 ein Paar dieser Vögel bei Woad-Schelay am Bahr el abiad beobachten konnte. Die Rückenfarbe ist vom reinsten Weiss, der Grund der Federn aber schön morgenroth. Dieselbe Art kommt auch in der Cap-Landschaft und am Senegal vor.

*37. *Falco Subbuteo,* Linn.

Naum. V. D. t. 26. — Einzeln im Winter in Unter-Ägypten. Ein Exemplar, dessen Identität mit dem echten Baumfalken aber noch nicht erwiesen ist, wurde im August 1852 bei Dongola erlegt.

Anm. Die Falken heissen auf arabisch „Saqr" (صَقْر) und „Bás" (باز), auf amharisch „Géte-Géte".

*38. *Falco Eleonorae,* Géné.

Géné, Memor. della R. Accad. di Torino 1840. T. II. t. 1 et 2. — Susemihl, Naturgesch. der Vögel Europa's t. 9, und t. 53 u. 54. — Ch. Bonap., Icon. della Fauna Ital. I. t. 24. — *F. arcadicus,* Lindermayer (?) — Einzeln in Ober-Ägypten und Nubien, am blauen Fluss, häufiger auf einzelnen Inseln des rothen Meeres.

39. *Falco ruficollis,* Swainson.

F. ruficapillus, Herz. Paul v. Würtemberg, t. 6. — Swainson Birds of Western Afr. t. 2. — Heugl. Beitr. t. 6, f. 1 und 2. Nicht aber *F. Chiquera.* Le Vaill. t. 30 und Gould Birds of Himalaya. — Selten in Abyssinien, einzeln auf dem Bahr el abiad, gemein auf dem blauen Flusse von Woled Medineh südlich bis Fazoglo; vorzüglich auf Doléb-Palmen.

*40. *Falco Horus,* Heugl.

Heugl. Beitr. t. 9. — Sehr selten in Ägypten und Nubien in Sandwüsten und auf kahlen Felsgebirgen.

41. *Falco peregrinus,* Linn.

Buff. Pl. enl. t. 430. — Naum. V. D. t. 24 und 25. — Häufig an den Seen Unter-Ägyptens und längs des Nils bis Nubien. Einzeln in Abyssinien. Unterscheidet sich vom europäischen dadurch, dass die Querbinden, namentlich auf der Befiederung der Tibia, nicht so dicht stehen und nicht so deutlich ausgesprochen sind. Heisst wie die drei nächstfolgenden auf arabisch „Saqr".

42. *Falco peregrinoides,* Temm.

Temm. Pl. color. t. 479. — Seltener in Ägypten, einzeln in Nubien und Sennaar.

*43. *Falco lanarius,* Linn.

Naum. V. D. t. 23. — Einzeln in Unter-Ägypten, häufiger im Winter. Brütete im Mai 1851 auf der Pyramide des Cheops.

44. *Falco cervicalis,* Licht.

Heugl. Beitr. t. 4, f. 1 und 2. — *F. Osiris,* Herz. Paul v. Würtemberg (?) — *F. rubeus,* Alb. Magnus (?) — Lebt vorzüglich in der

Wüste auf kahlen Felsgebirgen, seltener auf Dattelpalmen am Nil. In Ägypten, Nubien, Kordofán und Abyssinien.

*45. *Falco Feldeggii*, Schlegel. (?)

> Heugl. Beitr. t. 4, f. 3. — Einzeln in Ägypten und Nubien.

46. *Falco Aesalon*, Gmel.

> Buff. Pl. enl. t. 447. — Naum. V. D. t. 27. — Im Winter ziemlich gemein in Ägypten. Bleibt oft bis Ende Mai.

*47. *Falco concolor*, Temm.

> Temm. Pl. color. t. 330. — Swainson, Birds of Western Afr. t. 3.- *Falco ardosiacus*, Vieill. — Ziemlich einzeln in Sennaar, Fazoglo und Abyssinien. In Amhara erhielt ich ihn am Tana-See und im Takasseh-Quellen-Land, in Tigréh vom Mareb. Selten längs des weissen Flusses.

48. *Falco rufipes*, Besecke.

> Buff. Pl. enl. t. 431. — Naum. V. Deutschl. t. 28. — Sturm, Fauna Deutschl. t. 1 und 2. — In manchen Jahren im Frühjahr und Herbst in zahlreichen Flügen, sonst einzeln längs des Nils bis Chartum beobachtet. Nach Rüppell einzeln in Arabien.

49. *Falco frontalis*, Daud.

> Le Vaill. Ois. d'Àfr. t. 35 (?) — In der Sammlung Sr. k. Hoheit des Herzogs Paul W. v. Würtemberg befindet sich ein Exemplar aus Sennaar.

50. *Falco (Tinnunculus, Briss.) Tinnuculus*, Linn.

> Buff. Pl. enl. t. 401 und 471. — Naum. V. D. t. 30. — Gemein in ganz N. O. Afrika. Sehr häufig im Winter.

*51. *Falco (Tinnunculus) Alopex*, Heugl.

> Heugl. Beitr. t. 8. — Blos auf Felsgebirgen bei Doka in Ost-Sennaar Wochni in West-Abyssinien beobachtet.

52. *Falco (Tinnunculus) Cenchris*, Naum.

> *F. Tinnunculoides.* Natt. — Naum. V. D. t. 29. — Stor. degli Uccelli. t. 25. — Sehr gemein in grösseren Gesellschaften im Frühjahr um Alexandria, wo er in Mauern brüten soll. Einzeln in ganz N. O. Afrika angetroffen.

53. *Falco (Tinnunculus) rupicola*, Daud.

> Le Vaill. Ois. t. 35. d'Afr. — Häufig in ganz N. O. Afrika. Rüpp.

*54. *Falco castanonotos*, Heugl.

> Heugl. Beitr. t. 7. (Vielleicht *F. semitorquatus*, Andr. Smith, Ill· of South-Afr. t. 1.) Sehr selten am Bahr el abiad zwischen dem 4 und 6°N.B.

55. *Pernis* (Cuv.) *apivorus*, Linn.

> Buff. Pl. enl. t. 420. — Naum. V. D. t. 35 u. 36. — Nach Rüppell „häufig in Ägypten und Arabien". Mir ist er in keinem der beiden Länder, überhaupt nie in N. O. Afrika vorgekommen.

*56. *Chelidopterix Riocourii*, Vieill.

Temm. Pl. col. t. 85. — Ich habe diesen Vogel nie selbst erlegt, aber in den Steppen von Kordofán und Ost-Sennaar öfter beobachtet, so dass ich glaube, ihn ohne Anstand hier aufführen zu dürfen.

57. *Elanus melanopterus*, Daud.

Le Vaill. Ois. d'Afr. t. 36 und 37. — Descr. de l'Egypt. t. 2, f. 2. — Naum. V. D. Nachtr. t. 347. — Gemein in Unter- und Ober-Agypten und Nubien. Sehr einzeln in Kordofán am weissen Fluss und am Tana-See. In Ägypten ist er Standvogel und brütet, wie es scheint, den ganzen Sommer über. (Hat dunkel karminrothe Iris.)

58. *Milvus regalis* Briss.

Buff. Pl. enl. t. 422. — Naum. V. D. t. 31.— Nach Rüppell häufig in Unter-Ägypten.

59. *Milvus ater*, Linn.

Naum. V. D. t. 31. — Sehr gemein in ganz N. O. Afrika, heisst auf arabisch „Hedajeh“, wie auch der folgende.

*60. *Milvus parasiticus*, Daud.

Le Vaill. Ois. d'Afr. t. 22. — Sehr häufig in ganz N. O. Afrika.

61. *Astur palumbarius*, Linn.

Temm. Pl. col. t. 495. — Naum. V. D. t. 17. u. 18. — Nach Dr. Rüppell „einzeln in Ägypten.“

62. *Meliërax* (Gray) *polyzonus*, Rüpp.

Rüpp. N. Wirbelth. t. 15. — Gemein in Nubien, Sennaar und Abyssinien. Vielleicht gehört noch eine der vorhergehenden sehr ähnliche Art vom Bahr el abiad hierher.

63. *Micronisus* (Gray) *Gabar*, Le Vaill.

Le Vaill. Ois. d'Afr. t. 33. — Temm. Pl. col. t. 122 und 140.— Sehr häufig in Nubien, seltener in Kordofán, Sennaar und Abyssinien, auch südwärts längs des Bahr el abiad beobachtet.

64. *Micronisus niger*, Vieill.

Vieill. Gal. t. 22. — Wird von einigen Gelehrten als Varietät des Vorigen betrachtet, woran ich aber sehr zweifle, da ich ihn nie gemeinschaftlich mit *Gabar* angetroffen habe und auch die Farbe der Iris und Füsse (die sehr fahlgelb sind) verschieden ist.

Ich traf ihn vorzüglich in den Waldungen von W.-Abyssinien, sehr einzeln in Sennaar und Kordofán.

65. *Micronisus monogrammicus*, Swainson.

Temm. Pl. col. t. 314. — Swains. Birds of W. Afr. T. I. t. 3. — Selten in der tropischen Waldregion. Ich erhielt 3 Exemplare vom Bahr el abiad, Fazoglo und Galabat an der abyssinischen Grenze.

66. *Micronisus sphenurus,* Rüpp.

M. *brachydactylus* Swains. — M. *polyzonoides* A. Smith. —
Rüpp. Syst. Übers. t. 2. — Smith, Ill. of South-Afr. t. 11.—Dr. Rüppell
sammelte ein Individuum dieses schönen Sperbers auf der Insel Dahlakeia.
— Ich fand ihn — aber ziemlich selten — in der Kolla von W.-Abyssi-
nien, in Galabat und am blauen Fluss. Männchen und Weibchen sind
bezüglich der Färbung nicht verschieden und der Augenstern ist nicht
gelb, wie Dr. Rüppell angibt, sondern lebhaft feuerroth.

* 67. *Hieraspiza* (Kaup) *minulus,* Le Vaill.

Le Vaill. Ois. d'Afr. t. 34. — Ist selten in N. O. Afrika ; ich erhielt
ihn blos einmal bei Chartum, einmal in der Kolla von W.-Abyssinien und
zwei Exemplare vom Mareb.

68. *Hieraspiza exilis,* Temm.

H. *rufiventris,* A. Smith. — H. *perspicillaris,* Rüpp. — Temm.
Pl. col. t. 496. — Smith. Ill. of South-Afr. t. 93. — Rüpp. N.
Wirbelth. t. 18, f. 2. — Einzeln in Abyssinien und am blauen Fluss.

69. *Hieraspiza fringillaria,* Ray.

F. *Nisus,* Auct. — Buff. Pl. enl. t. 467. Naum. V. D. t. 19 und
20. — Häufig im Winter in Ägypten. Von Dr. Rüppell auch in Arabien
und Kordofán beobachtet.

70. *Hieraspiza unduliventer,* Rüpp.

Rüpp. N. Wirbelth. t. 18, f. 1. — Von Dr. Rüppell einzeln in den
Thälern von Simehn in Abyssinien beobachtet.

71. *Polyornis rufipennis,* Strickland.

Circus Müllerii, Heugl. Naumannia III. t. 1. — Heugl.
Beitr. t. 9, f. 1 und 2. — Häufig im Sommer am weissen und blauen
Fluss, geht aber nicht weit südlich.

72. *Circus* (Briss.) *rufus,* Linn.

Buff. Pl. enl. t. 460. Naum. V. D. t. 37 und 38. — Gemein längs
des ganzen Nilgebietes.

73. *Circus umbrinus,* Heugl.

Ein Exemplar am Sobat-Flusse eingesammelt.

74. *Circus Maurus,* Temm.

Temm. Pl. col. t. 461. — C. *Lalandi* Smith, Ill. of South-Afr. t. 58.
(?) — Nach Rüppell einzeln vorkommend in Sennaar und Abyssinien.

75. *Strigiceps* (Bonap.) *cineraceus,* Montag.

Naum. V. D. t. 40. — Am häufigsten von mir in Abyssinien
beobachtet, einzeln auch in Ost-Sennaar und Fazoglo gefunden. In Ägypten kam er mir nie vor.

76. *Strigiceps pallidus,* S y k e s.

> *Circ. Swainsonii,* A. S m i t h, Ill. of South-Afr. t. 43 und 44. — N a u m. Nachtr. t. 348. — Häufig in Ägypten, Kordofán und Ost-Sennaar, seltener in Nubien. Vielleicht auch in Abyssinien.

77. *Strigiceps cyanus,* L i n n.

> B u ff. Pl. enl. t. 459. — N a u m. V. D. t. 38 und 39. — Nach Dr. R ü p p e l l ziemlich häufig in Ägypten, Nubien und Arabien. Von mir blos einzeln in Unter-Ägypten beobachtet.
>
> > A n m. Höchst wahrscheinlich finden sich noch verschiedene andere Wei-
> > hen - Arten, wie *C. ranivorus* etc. in N. O. Afrika und am weissen
> > Fluss, doch kann ich bis jetzt nichts Sicheres hierüber angeben.

78. *Polyboroides typicus* S m i t h.

> *F. gymnogenys,* T e m m. Pl. col. t. 307 — *Gymnogenys mada-gascariensis,* L e s s o n. — A. S m i t h, Ill. of South-Afr. t. 81. — Ist selten und findet sich blos in waldigen Gegenden oder an Flussufern, die hohe Bäume in ihrer Nähe haben. Ich erhielt ihn im Monat Juni und Juli von El-Afun bei Chartum und von der Gegend um Sennaar, Dr. R ü p-p e l l aus Schoa.

79. *Gypogeranus* (I l l i g.) *serpentarius,* L i n n.

> *Serpentarius reptilivorus,* D a u d. — B u ff. Pl. enl. t. 721. — L e V a i l l. Ois. d'Afr. t. 25. — Zur Regenzeit häufig in Abyssinien, einzelner in Sennaar u. Kordofán. Brütete im September 1853 unweit Chartum. Im November 1853 traf ich ihn nicht selten in Kordofán, namentlich bei Gebel Kohn und Gebel Bedji, so dass ich in zwei Tagen sechs Stücke lebend einfangen konnte. Die Jagd auf ihn wird zu Pferde gemacht und der Vogel so lange verfolgt, bis er nicht mehr zu fliegen im Stande ist. Auf dem Scherk-el-akaba (Ost-Kordofán) heisst er Teer-el-nesieb (طبر النصيب), „Schicksals-Vogel.“ — Nicht ganz mit Recht führt er den Namen *reptilivorus,* da er, so viel ich beobachten konnte, mehr von Säugethieren bis zur Grösse von jungen Antilopen und von Schildkröten als anderen Reptilien lebt.
>
> > A n m. Zweifelsohne kommen in N.O. Afrika auch manche Falken-Arten
> > vor, die mir entgangen sind. So viel ich mich noch erinnere, sind
> > z. B. in der Sammlung des Herzogs P. v. W ü r t e m b e r g, als von
> > hier stammend noch folgende Species aufgestellt: *Milvus Isuroides*
> > und *M. aethiopicus,* Herz. P a u l v. W., — *Buteo Tachardus,*
> > S h a w, — *Circus chrysocomus,* Herz. P a u l. v. W.,— *C. ranivorus,*
> > D a u d., — *C. Acoli.* L e V a i l l., — verschiedene Adler etc. etc.
> > die ich leider zu vergleichen nicht Gelegenheit hatte.

C. STRIGIDAE.

Die grossen Eulen heissen auf arabisch „Buma“ (بومة), die kleinen „Om-queq“

(ام قويق).

80. *Athene* (B o j e) *meridionalis,* R i s s o.

> *Strix passerina,* L i n n. — Sehr häufig in ganz N.O. Afrika. Fliegt häufig bei Tage auf Raub aus.

*81. *Athene occipitalis*, Temm.

>　Temm. Pl. col. t. 34. — Einzeln südlich vom 15° N. B.

82. *Athene pusilla*, Lath.

>　Le Vaill. Ois. d'Afr. t. 46. — Naum. V. D. t. 43, f. 1, 2. — Nach Rüppell einzeln in Sennaar und Abyssinien. Vielleicht verwechselt er diese Art mit der vorhergehenden.

83. *Scops* (Savigny) *vulgaris*, Cuv.

>　*Strix Scops*, Linn. — Buff. Pl. enl. t. 436. — Naum. V. D. t. 43, f. 3. — Einzeln und paarweise in ganz N. O. Afrika in waldigen Gegenden und Gärten.

*84. *Bubo maximus*, Sibb.

>　Naum. V. D. t. 44. — Einzeln im Winter in Unter-Ägypten.

85. *Bubo Ascalaphus*, Savigny.

>　Descr. de l'Egypt. t. 3, f. 2. — Temm. Pl. col. t. 57. — Paarweise und in kleinen Gesellschaften in Ober-Ägypten und Nubien. (Ich habe ihn auch von Tripolis erhalten.)

86. *Bubo capensis*, Daud.

>　Smith, Ill. of South-Afr. t. 70. — In Schoa.

87. *Bubo lacteus*. Temm.

>　Temm. Pl. col. t. 4. — Häufig in den tropischen Wald-Regionen, vorzüglich längs des blauen und weissen Flusses. In Abyssinien bis 8000 F. hoch angetroffen. Sieht auch sehr gut bei Tag und lässt sich leicht zähmen.

*88. *Aegolius* (Keys. et Blas.) *Otus*, Linn.

>　Naum. V. D. t. 45, f. 1. — Nicht selten im Winter in Ägypten.

*89. *Aegolius montanus*, Heugl.

>　Nicht selten in Waldpartien und namentlich auf Colqual-Euphorbien auf den Gebirgen von Woggara und Simehn bis zu einer Höhe von 11.000 F.

90. *Aegolius africanus*, Linn.

>　Temm. Pl. col. t. 50. — Nicht eben häufig in Waldpartien, südlich vom 18° N. B.

*91. *Aegolius abyssinicus*, Guérin.

>　Bei Gondar.

92. *Aegolius leucotis*, Temm.

>　Temm. Pl. col. t. 16. — Nicht selten südlich vom 18° N. B.

93. *Aegolius capensis*, A. Smith.

>　Smith, Ill. of South-Afr. t. 67. — In Schoa.

94. *Aegolius brachyotus*, Forst.

Buff. Pl. enl. t. 438. — Naum. V. D. t. 45, f. 2. — Nicht selten einzeln und in grösseren Gesellschaften in Nubien, Ägypten und Abyssinien. Ich habe ihn blos im Winter beobachten können und traf ihn immer nur in Büschen in der Wüste.

95. *Strix flammea*, Linn.

Buff. Pl. enl. t. 440. — Naum. V. D. t. 47. — In allen ihren Varietäten st die Schleiereule nicht selten in ganz N. O. Afrika. In Ägypten bewohnt sie alte Gebäude und in Abyssinien traf ich sie nicht selten in Wäldern und auf Hochbäumen. Im Winter 1853—54 erhielt ich sogar mehrere Exemplare vom Berge Belinia, am Bahr el abiad (5° N. B.).

II. ORDNUNG. *PASSERES* (SPERLINGVÖGEL).

1. Fissirostres.

A. CAPRIMULGIDAE.

96. *Caprimulgus europaeus*, Linn.

Naum. V. D. t. 148. — Im Winter in N. O. Afrika.

97. *Caprimulgus infuscatus*, Rüpp.

Rüpp. Atl. t. 6. — Nicht selten in Nubien und Kordofan.

98. *Caprimulgus tristigma*, Rüpp.

Rüpp. Syst. Übers. t. 3. — Einzeln im südlichen Abyssinien. Rüppell.

99. *Caprimulgus poliocephalus*, Rüpp.

Rüpp. Syst. Übers. t. 4. — Einzeln in den nordöstlichen Thälern von Abyssinien. Rüppell.

100. *Caprimulgus isabellinus*, Temm.

Temm. Pl. col. t. 379. — Heugl. Beitr. t. 40. Das Ei. — Paarweise und zuweilen in grossen Gesellschaften bis zu 40 Stücken in Steppen und Mimosenwäldern. In Ägypten habe ich ihn auf der Wanderung im Monat April und Mai gefunden; in Nubien, vorzüglich auf den Inseln bei Argo, brüteten einige Paare im August und September 1854. Auch soll er in Abyssinien vorkommen.

101. *Caprimulgus eximius*, Rüpp.

Temm. Pl. col. t. 398. — In Sennaar, überall einzeln.

*102· *Caprimulgus ruficollis*, Natterer (?)

Oder wenigstens eine diesem sehr nahe stehende Species. Häufig in Tigréh und am Mareb in Abyssinien.

103. *Scotornis* (Swainson) *climacturus*, Vieill.

Vieill. Gal. t. 122. — Häufig in Sennaar, Kordofan und S.-Nubien.

104. *Macrodipteryx* (Swainson) *longipennis*, Shaw.

Swainson, Birds of Western-Afr. V. II. t. 5. — Nach Rüppell einzeln im östlichen Abyssinien. Im Monat December und Januar sehr gemein in Ost-Sennaar, Galabat und Wochni, wo ich aber schon im April und Mai keinen mehr antraf. Einzeln im südlichen Sennaar bei Rosseres, in Fazoglo am weissen Flusse und in Kordofan. Heisst auf arabisch Abu-gennih-arba (ابو جناح اربعة) „Vater der 4 Flügel." Sein Flug ist wirklich äusserst sonderbar und man glaubt einen grösseren und zwei ihn verfolgende und auf ihn stossende kleinere Vögel zu erblicken. Am häufigsten erlegten wir ihn in der Kolla an unsern Wachfeuern, die oft die ganze Nacht von diesen Thieren umschwärmt waren.

B. HIRUNDINIDAE.

Die Schwalben heissen auf arabisch „Asfûr-el-génah" (عصفور الجنه) und „Chotháf" (خطاف).

105. *Cypselus* (Illig) *Apus*, Linn.

Naum. V. D. t. 147, f. 2 — *C. murinus*, Ehrenb. (?). — Buff. Pl. enl. t. 542. — Gemein in Ägypten und Nubien auf dem Durchzuge.

106. *Cypselus Rüppellii*, Heugl.

C. abyssinicus, Licht. (?) — In Abyssinien und am blauen Flusse in kleinen Gesellschaften.

107. *Cypselus Melba*, Linn.

C. alpinus, Scop. — Naum. V. D. t. 147, f. 1. — An den Felsgebirgen Ägyptens im Frühjahr auf dem Durchzuge.

108. *Cypselus ambrosiacus*, Buff.

Temm. Pl. col. t. 460, f. 2. — In Nubien und Sennaar, nach Rüppell auch in Ägypten.

109. *Cecropis* (Boje) *rustica*, Linn.

Hirundo domestica, Pall. — Im Winter in ganz N. O. Afrika.

*110. *Cecropis alpestris*, Pall.

Hirundo rufula, Temm. — In Nubien und West-Abyssinien.

111. *Cecropis Riocourii*, Savigny.

C. cahiriaca, Licht. — *C. Boissonneauti*, Descr. de l'Egypte t. 4, f. 4. — In Ägypten Standvogel.

112. *Cecropis senegalensis*, Linn.

Swainson, Birds of Western Afr. V. II. t. 6. — Häufig in Kordofan und am Tana-See in Abyssinien.

*113. *Cecropis rufifrons*, Le Vaill.

Standvogel in Sennaar und S. Nubien.

114. *Cecropis melanocrissus*, Rüpp.

Rüpp. Syst. Übers. t. 5. — *H. Gordoni* Jard. (?) In den abyssinischen Gebirgsthälern nicht selten, aber gewöhnlich einzeln oder paarweise beisammen. Geht bis 10—11.000 F. hoch und lässt zuweilen einen von dem aller mir bekannten Schwalben abweichenden Gesang in den Lüften hören.

115. *Cecropis striolata*, Rüpp.

Rüpp. Syst. Übers. t. 6. — *C. abyssinica*, Guerin. — In kleinen Gesellschaften in den abyssinischen Gebirgs- und Hochländern.

116. *Cecropis filicaudata*, Lath.

Lath. Gen. Hist. of Birds t. 113. — Nicht selten in Kordofan, Sennaar und Abyssinien.

117. *Cotyle* (Boje) *torquata*, Linn.

Buff. Pl. enl. t. 723, f. 1. — Von Dr. Rüppell in der abyssinischen Provinz Barakit beobachtet; ich erhielt sie häufig vom Mareb.

118. *Cotyle paludibula*, Le Vaill.

Le Vaill. Ois. d'Afr. t. 246, f. 2. — In Nubien, Sennaar, Abyssinien und auf dem weissen Fluss.

119. *Cotyle riparia*, Linn.

Buff. Pl. enl. t. 543. — Naum. V. D. t. 146, f. 3 und 4. — Im ganzen bekannten Nil-Gebiete.

120. *Cotyle rupestris*, Scop.

Naum. V. D. t. 146, f. 1. — Häufig in Ägypten, Nubien und Abyssinien in Felsgebirgen und Ruinen. Standvogel.

121. *Chelidon (?)* (Boje) *pristoptera*, Rüpp.

Von Dr. Rüppell während der Regenzeit häufig in Simehn beobachtet. Ich traf diese Schwalbe blos einmal, aber in grosser Gesellschaft in den Waldungen der westlichen Kolla-Länder (Provinz Dagossa) und erhielt einige Exemplare aus Tigréh (am Amba - Sea). Wahrscheinlich auch am Mareb.

122. *Chelidon urbica*. Linn.

Im Winter im Nil-Gebiet.

C. CORACIANAE.

123. *Eurystomus* (Vieill.) *orientalis*, Linn.

Coraris afra, Lath. *(?)* — *C. madagascariensis*, Gmel. *(?)* — Le Vaill. Ois. de Parad. I. t. 35. — Einzeln in Abyssinien, Sennaar, Fazoglo und Kordofan.

124. *Coracias garrula*, Linn.

Buff. Pl. enl. t. 486. — Naum. V. D. t. 60. — Im Winter in Ägypten, Nubien und Arabien. Ende April auf dem Wiederstrich in Unter-Ägypten sehr häufig.

125. *Coracias abyssinica*, Gmel.

C. senegalensis? — Buff. Pl. enl. t. 626. — Gemein südlich vom 20° N. B.

126. *Coracias Levaillantii*, Temm.

> Le Vaill. Ois. de Par. I. t. 29. — Nicht selten in Kordofan, Sennaar und Abyssinien von der Kolla abwärts.

D. TROGONIDAE.

127. *Apaloderma* (Swainson) *Narina*, Vieill.

> Le Vaill. Ois. d'Afr. t. 282. — Selten am Mareb, in der Kolla, der Provinz Wochni und in Fazoglo.

E. ALCEDINIDAE.

128. *Halcyon* (Swainson) *semicoerulea*, Forskål.

> Rüpp. N. Wirbelth. t. 21, f. 1. — Häufig in Abyssinien.

129. *Halcyon cancrophaga*, Lath.

> Buff. Pl. enl. t. 334. — Einzeln auf dem blauen und weissen Flusse.

130. *Halcyon chelicuti*, Stanley.

> Rüpp. Atl. t. 28, f. b. — Häufig, aber meist blos einzeln, in Abyssinien und Sennaar auf Buschwerk und Bäumen, oft in Mitte von Waldungen. Nicht auf höheren Gebirgen, wenigstens von mir nicht über 6000 Fuss hoch beobachtet.

131. *Ceryle* (Boje) *rudis*, Linn.

> Buff. Pl. enl. t. 716. — Gemein in ganz N. O. Afrika an fliessenden Gewässern.

132. *Ceryle maxima*, Linn.

> Buff. Pl. enl. t. 679. — Gemein am Dender, Rahad, der Gandoa, dem Takasseh, zuweilen an ganz unbedeutenden Choren und Wassergräben. — Einzeln auch in Fazoglo.

133. *Alcedo Ispida*, Linn.

> Buff. Pl. enl. t. 77. — In Unter-Ägypten und am rothen Meere von mir blos im Winter beobachtet.

134. *Alcedo cyanostigma*, Rüpp.

> Rüpp. N. Wirbelth. t. 24, f. 2. — Häufig an allen Choren und Gewässern südlich vom 14° N. B.

135. *Alcedo coerulea*, Kuhl.

> Buff. Pl. enl. t. 783, f. 1. — Gray, Gen. t. 28. — *A. picta* Kaup. — Nach Rüppell ziemlich häufig in Abyssinien. Mir ist er blos ein Mal, sehr fern von Gewässern, bei Gebel Woad Dambellie in Ost-Sennaar vorgekommen, als er an einem glühend heissen Tage Heuschrecken jagte, mit denen sein Magen angefüllt war. In Süd-Sennaar sammelten ihn meine Jäger auch einige Male ein.

136. *Alcedo semitorquata*, Swainson.

Rüpp. Syst. Übers. t. 7. — Nach Rüppell in Schoa. Ich fand ihn an allen Wildbächen zwischen Simehn und O.-Sennaar ziemlich häufig.

> Anm. Am rothen Meere und in Abyssinien dürften sich noch manche hierher gehörige Arten vorfinden; an den Ufern des ersteren fiel mir ein dem *Alcedo collaris* in Färbung sehr ähnlicher Eisvogel auf, und am Takasseh traf ich eine sehr kleine und eine andere weit grössere Art, deren Hauptfarbe rostroth bis kastanienbraun zu sein schien. *(A. madagascariensis?)* Nach Versicherung des Herrn Dr. Rüppell findet sich auch *A. capensis* in Schoa.

F. MEROPIDAE.

137. *Merops Apiaster*, Linn.

Le Vaill. Prom. t. 1. — Im März und April und im Herbst als Zugvogel in ganz N. O. Afrika; doch habe ich ihn merkwürdiger Weise wie den folgenden auch zuweilen im Sommer in Sennaar angetroffen.

138. *Merops superciliosus*, Lath.

Merops persicus, Savign. — *Merops Savignii*, Swains. Birds of W. Afr. t. 7. — Le Vaill. Prom. t. 6.

*139. *Merops Cuvieri*, Licht.

M. albicollis, Vieill. — Le Vaill. Prom. t. 9. — Das ganze Jahr. aber einzelner, in Kordofan und Sennaar.

140. *Merops viridis*, Lath.

Le Vaill. Prom. t. 10. — *M. viridissimus*, Swains. (?) — Häufig als Standvogel in ganz N. O. Afrika südlich vom 28° N. B.

141. *Merops coeruleocephalus*, Lath.

M. nubicus Gmel. — Buff. Pl. enl. t. 356, f. 2. — Swains. Birds of West. Afr. II. t. 9. — Le Vaill. Prom. t. 3. — Heugl. Beitr. t. 40: das Ei. — In grossen Flügen und als Standvogel am blauen und weissen Flusse und in Ost-Sennaar. Nach Rüppell auch in Abyssinien und Kordofan. — Brütet in grossen Colonien in selbstgegrabenen Löchern auf ebener Erde in den Ländern der Kitsch-Neger im März.

142. *Merops erythropterus*, Gmel.

Merops Lafresnayi, Guérin. (?) — *M. minutus*, Vieill. (?) — Lath. Gen. history of Birds t. 70. — Südlich vom 16° N. B. nicht selten.

143. *Merops variegatus*, Vieill.

Le Vaill. Prom. t. 7. — Im Januar, Februar und März häufig um Gondar angetroffen. Im Sommer am Mareb und in Tigréh.

144. *Merops Bullockii*, Le Vaill.

Le Vaill. Prom. t. 20. — In der Kolla, namentlich am West-Abfall gemein bis nach Galabat. Einzeln in Sennaar und Fazoglo.

2. Tenuirostres.

A. UPUPIDAE.

145. *Upupa Epops*, Linn.

In ganz N. O. Afrika, häufiger im Winter. Arabisch „Hud-Hud“ (هد هد).

146. *Promerops* (Briss.) *erythrorhynchus*, Cuv.

Le Vaill. Prom. t. 1 u. 2. — Häufig südlich vom 15° N. B. Brütet in hohlen Bäumen.

147. *Promerops cyanomelas*, Cuv.

Le Vaill. Prom. t. 5 u. 6. — Wie der Vorhergehende.

148. *Promerops minor*, Rüpp.

Rüpp. Syst. Übers. t. 8. — In Schoa.

*149. *Promerops icterorhynchus*, Heugl.

Pr. pusillus, Swains. (?) — Einzeln im Lande der Bari-Neger zwischen dem 4. und 6° N. B.

　　　Anm. *Prom. senegalensis*, Vieill. — Le Vaill. Prom. t. 4. — soll nach Strickland in Kordofan vorkommen.

B. NECTARINIDAE.

150. *Nectarinia* (Illig.) *famosa*, Vieill.

Vieill. Ois. dor. II. t. 37 u. 38. — In Abyssinien.

151. *Nectarinia pulchella*, Vieill.

Le Vaill. Ois. d'Afr. t. 293. 1. — Gemein in S.-Nubien, Sennaar und Kordofan.

152. *Nectarinia Tacazze*, Stanley.

Rüpp. N. Wirbelth. t. 31, f. 3. — Gemein in Abyssinien. Geht über 10,000′ F. hoch. In der Kolla von West-Abyssinien nicht beobachtet.

153. *Nectarinia metallica*, Licht.

Rüpp. Atl. t. 7. — Gemein südlich vom 24° N. B.

*154. *Nectarinia erythrocerca*, Heugl.

Heugl. Beitr. t. 10, f. 2. — Auf dem Bahr el abiad südlich vom 8° N. B. nicht selten.

*155. *Nectarinia porphyreocephala*, Heugl.

> Heugl. Beitr. t. 10, f. 1. — *N. purpurata*, Ill. (?) — Einzeln im südöstlichen Abyssinien.

156. *Nectarinia affinis*, Rüpp.

> Rüpp. N. Wirbelth. t. 31, f. 1. — Einzeln in Abyssinien, häufig in Kordofan.

157. *Nectarinia gularis*, Rüpp.

> Rüpp. N. Wirbelth. t. 31, f. 2. — Nach Rüppell in Kordofan.

158. *Nectarinia habyssinica*, Ehrenb.

> Ehrenb. Symb. Aves. t. 4. — In Abyssinien.

159. *Nectarinia cruentata*, Rüpp.

> Rüpp. Syst. Übers. t. 9. — Häufig in Abyssinien bis zu 10,000'F. Höhe, einzeln am Bahr el abiad, südlich vom 8° N. B.

C. CERTHINAE.

160. *Tichodroma* (Illig.) *muraria*, Linn.

> Nach Rüppell in Ägypten und Abyssinien. Von mir nie beobachtet.

3. Canori.

A. SYLVIDAE.

1. Malurinae.

161. *Oligura micrura*, Rüpp.

> Rüpp. N. Wirbelth. t. 41,f. 1.—*Oligocercus micrurus*, Cabanis.— In Nubien, Kordofan, Ost-Sennaar und den Kolla-Ländern von W.-Abyssinien, findet sich auch am weissen und zuverlässig längs des ganzen blauen Flusses. Im Benehmen und Lockton hat dieses zierliche Vögelchen viel Ähnlichkeit mit *Sitta europaea*, der es auch bezüglich der Farbenvertheilung nahe kommt.

162. *Cisticola* (Less.) *schönicola*, Bonap.

> *Sylv. cisticola*, Temm. — Häufig in Arabien, Ägypten und Nubien. Standvogel.

*163. *Cisticola ferruginea*, Heugl.

> Heugl. Beitr. t. 12, fig. 2. — Blos in den Quellenländern des Rahad beobachtet.

164. *Cisticola (?) lugubris*, Rüpp.

> Rüpp. Syst. Übers. t. 11. — Einzeln in Abyssinien.

165. *Cisticola (?) erythrogenys*, Rüpp.

> Rüpp. Syst. Übers. t. 12. — Einzeln in Abyssinien.

*166. *Cisticola (?) flaveola*, Heugl.

> Heugl. Beitr. t. 11, f. 1.—Einzeln in Tigréh im östlichen Abyssinien.

167. *Cysticola (?) mystacea*, Rüpp.

> Rüpp. Syst. Übers. t. 10. — Aus der Umgegend von Gondar.

168. *Cysticola (?) rufifrons*, Rüpp.

> Rüpp. N. Wirbelth. t. 41, f. 1. — Häufig an der abyssinischen Küste.

169. *Cysticola (?) ruficeps*, Rüpp.

> Rüpp. Atl. t. 36, f. a.—Häufig in Kordofan, Sennaar und Abyssinien.

*170. *Drymoica* (Swainson) *leucopygia*, Heugl.

> In Ost-Sennaar und Abyssinien.

171. *Drymoica inquieta*, Rüpp.

> Rüpp. Atl. t. 36, f. b. — Häufig in niedrigem Gesträppe bis auf 4000 F. Höhe im peträischen Arabien.

172. *Drymoica robusta*, Rüpp.

> Rüpp. Syst. Übers. t. 13. — Um Gondar und in der Kolla von W.-Abyssinien. Dr. Rüppell hat sie aus Schoa erhalten.

*173. *Drymoica Malzacii*, Heugl.

> Im Gebiete der Kitsch-Neger zwischen dem 7—9° N. B.

*174. *Drymoica cantans*, Heugl.

> Auf den Hochgebirgen von Simehn.

*175. *Drymoica marginalis*, Heugl.

> Am Bahr el abiad zwischen dem 6 — 9° N. B.

176. *Drymoica bizonura*, Heugl.

> Heugl. Beitr. t. 12, f. 1. — Blos in der Provinz Simehn in dichten, wasserreichen Schluchten bis 10,000 F. Höhe angetroffen. (Kommt wahrscheinlich auch bei Gondar vor.)

177. *Drymoica pulchella*, Rüpp.

> Rüpp. Atl. t. 35, f. a. — In Kordofan, Sennaar und Abyssinien.

178. *Drymoica gracilis*, Rüpp.

> Rüpp. Atl. t. 2, f. b. — Häufig in Ägypten und Nubien.

179. *Drymoica clamans*, Rüpp.

> Rüpp. Atl. t. 2, f. a. — Im südlichen Nubien, Kordofan und Sennaar.

2. Sylvinae.

180. *Salicaria* (Selby) *fluviatilis*, Mayer et Wolf.

> Descr. de l'Eg. t.13. — Naum. V. D. t. 83, f.1.— In Unter-Ägypten.

181. *Salicaria arundinacea*, Briss.

> Naum. V. D. t. 81, f. 2. — In Ägypten, Nubien und Arabien.

182. *Salicaria pallida*, Ehrenb.

> Heugl. Beitr. t. 40, das Ei. — In ganz N. O. Afrika, das ganze Jahr hindurch.

183. *Salicaria turdoides*, Mayer.

> Buff. Pl. enl. t. 513. — Naum. V. D. t. 81, f. 1. — In Unter-Ägypten und Arabien im Winter.

184. *Salicaria stentoria*, Cab.

> In Arabien und Ägypten.

185. *Salicaria palustris*, Bechst.

> Naum. V. D. t. 81, f. 3. — Nach Rüppell in Ägypten.

186. *Salicaria phragmitis*, Bechst.

> Naum. V. D. t. 82, f. 1. — Im Winter in Ägypten und Nubien. Ich erhielt sogar Exemplare vom Sobat.

187. *Salicaria aquatica*, Lath.

> Naum. V. D. t. 82, f. 4 und 5. — Im Winter im Delta.

188. *Salicaria (?) cinnamomea*, Rüpp.

> Rüpp. N. W. t. 42, f. 1. — In Abyssinien.

>> Anm. *Salicaria (?) languida*, Ehrenb. aus Ober-Ägypten und Nubien ist mir nicht bekannt. — Ausserdem sollen noch einige hierher gehörige Sänger in N. O. Afrika vorkommen, wie *S. Luscinioides*, Savi. etc.

*189. *Ficedula* (Koch) *Hypolais*, Linn.

> Naum. V. D. t. 80, f. 1. — Im Frühjahr in Ägypten.

190. *Ficedula sibilatrix*, Bechst.

> Naum. V. D. t. 80, f. 2. — Im Winter in Ägypten.

191. *Fricedula Trochilus*, Linn.

> *F. fitis*, Koch. — Naum. V. D. t. 80, f. 3. — In Ägypten und Nubien im Winter.

192. *Ficedula Bonellii*, Vieill.

> *S. Nattereri*, Temm. — In ganz N. O. Afrika.

193. *Ficedula rufa*, Lath.

> Naum. V. D. t. 80, f. 4. — Im Winter in ganz N. O. Afrika.

194. *Ficedula umbrovirens*, Rüpp.

> Rüpp. N. W. S. 112. — In wärmeren Gegenden Abyssiniens. Ich erhielt sie öfters vom Mareb.

*195. *Ficedula elegans*, Heugl.

> Heugl. Beitr. t. 13, fig. 1. — In den Thälern der westlichen Kolla-Länder.

196. *Sincopta* (Cab.) *brevicaudata*, Rüpp.

> Rüpp. Atl. t. 35, f. b. — In Kordofan, Sennaar und Fazoglo.

*197. *Orthotomus* (Horsfield.) *(?) clamans*, Heugl.

Heugl. Beitr. t. 13, fig. 2. — In Abyssinien, Sennaar und Kordofan. — Eine ähnliche, aber von ihr verschiedene Art — wenn ich nicht irre — aus Fazoglo, steht in der Sammlung des Herzogs Paul von Würtemberg.

*198. *Orthotomus Salvadorae*, Herzog Paul v. Würtemberg.

Von Fazoglo. (Gleicht dem Vorhergehenden, hat aber roströthliche Stirne und gelblich fleischfarbenen Schnabel, mit schwärzlicher Firste gegen die Spitze zu).

199. *Zosterops* (Gould) *madagascariensis*, Lath.

Le Vaill. Ois. d'Afr. t. 132. — In Abyssinien nicht selten.

*200. *Zosterops euryophthalmos*, Heugl.

Heugl. Beitr. t. 13, fig. 3. — Blos ein Paar auf den Hochgebirgen von Simehn bei Debr Eski beobachtet.

*201. *Sylvia* (Pennant) *subalpina*, Bonelli.

S. leucopogon, Mayer. — *S. passerina*, Temm. — Im März und April in Unter-Ägypten.

*202. *Sylvia provincialis*, J. F. Gmel.

Wie die Vorige.

203. *Sylvia melanocephala*, Lath.

Im Winter häufig in Arabien, im Frühjahr in Ägypten und Nubien beobachtet.

*204. *Sylvia Orphea*, Temm.

Naum. V. D. t. 76, f. 3 und 4. — Im Herbst in Ägypten beobachtet.

205. *Sylvia Curruca*, Lath.

Naum. V. D. t. 77, f. 1. — Im Herbst und Frühjahr in Ägypten, Arabien und Nubien.

206. *Sylvia atricapilla*, Briss.

Naum. V. D. t. 77, f. 2 und 3. — Im Frühjahr in Ägypten, Nubien und Arabien.

207. *Sylvia nigricapilla*, Cab.

Nach Cabanis in N. O. Afrika.

*208. *Sylvia ruficapilla*, Landbeck (?)

Der vorigen ähnlich, ♂ und ♀ mit rostrothem Scheitel. — In Abyssinien (Simehn und bei Massaua) und in Nubien.

209. *Sylvia Rüppellii*, Temm.

S. capistrata, Rüpp. Atl. t. 19. — Im März und April häufig in Ägypten und Arabien.

210. *Sylvia cinerea*, Briss.

Naum. V. D. t. 78, f. 1 und 2. — Im Winter in ganz N. O. Afrika.

*211. *Sylvia hortensis*, Pennant.

Naum. V. D. t. 78, f. 3. — Im Frühjahr in Ägypten.

*212. *Sylvia Nisoria*, Bechst.

Naum. V. D. t. 76, f. 1 und 2. — Im October und April in Nubien und Sennaar beobachtet.

213. *Sylvia crassirostris*, Rüpp.

Rüpp. Atl. t. 33. — In Sennaar und Kordofan, am weissen Flusse. Überall einzeln. — Ist vielleicht identisch mit *S. olivetorum.*

214. *Sylvia chocolatina*, Rüpp.

Rüpp. Syst. Übers. t. 14. — Abyssinien und Schoa.

215. *Sylvia lugens*, Rüpp.

Rüpp. N. Wirbelth. t. 42, f. 2. — In Abyssinien.

*216. *Lusciola* (Keys. et Blas.) *Philomela*, Bechst.

Naum. V. D. t. 74, f. 1. — Im Frühjahr in Ägypten.

217. *Lusciola Luscinia*, Linn.

Naum. V. D. t. 74, f. 2. — In Ägypten, Nubien und Arabien im März, April und September.

218. *Aedon galactodes*, Temm.

In ganz N. O. Afrika, scheint im Winter südwärts zu wandern.

219. *Aedon minor*, Cab.

Nach Cabanis in Abyssinien.

220. *Aedon leucopterus*, Rüpp.

Rüpp. Syst. Übers. t. 15. — In Schoa.

221. *Aedon abyssinicus*, Rüpp.

Drymophila abyssinica, Rüpp. N. W. t. 40, fig. 2. — In den abyssinischen Gebirgsthälern.

222. *Cyanecula* (Brehm) *suecica*, Linn.

Naum. V. D. t. 75. — Häufig im Winter in Ägypten, Nubien, Arabien und Abyssinien, zuweilen mitten in der Wüste.

223. *Erythacus* (Swainson) *Rubecula*, Linn.

Naum. V. D. t. 75. — Im Februar und März in Unter-Ägypten.

224. *Ruticilla* (Brehm) *Phönicurus*, Linn.

Naum. V. D. t. 79, f. 1 und 2. — In ganz N. O. Afrika, vielleicht den Sommer über in Abyssinien, wo ich ihn im April noch häufig beobachtete.

225. *Ruticilla Tithys*, Scop.

Naum. V. D. t. 79, f. 3 und 4. — Im Frühjahr in N.-Ägypten.

226. *Saxicola* (Bechst.) *leucura*, Gmel.

S. cachinans, Temm. Descr. de l'Egypte. Ois. t. 5, f. 1. — Häufig in Ägypten, Nubien und Arabien. — Gewöhnlich haben die Weibchen weisse Kopfplatten, doch fand ich öfter auch Männchen mit dieser Zeichnung.

227. *Saxicola Monacha*, Rüpp.

Temm. Pl. col. 359. 1. — Nach Rüppell zufällig in Nubien.

*228. *Saxicola syenitica*, Heugl.

Heugl. Beitr. t. 14. — Einzeln in Ober-Ägypten.

229. *Saxicola lugubris*, Rüpp.

Rüpp. N. Wirbelth. t. 28, f. 1. — Häufig in Abyssinien.

230. *Saxicola melaena*, Rüpp.

Rüpp. N. Wirbelth. t. 28, f. 2. — Häufig in Abyssinien, namentlich in den Gebirgen von Woggara und Simehn.

231. *Saxicola albifrons*, Rüpp.

Rüpp. Syst. Übers. t. 17.—*S. frontalis*, Swains. (?) —Häufig im Takasseh-Quellenland.

232. *Saxicola lugens*, Licht.

In Ägypten, Nubien und Arabien.

233. *Saxicola isabellina*, Rüpp.

S. saltatrix, Ménestriés. — Häufig in ganz N. O Afrika.

*234. *Saxicola ferruginea*, Heugl.

In Abyssinien.

235. *Saxicola pallida*, Rüpp.

Rüpp. Atl. t. 34, f. a. — Nach Rüppell häufig in Nubien.

236. *Saxicola Oenanthe*. Bechst.

Buff. Pl. enl. t. 454. — Naum. t. 89, f. 1. — In ganz N. O. Afrika, wie es scheint aber blos im Frühjahr.

237. *Saxicola Stapazina*, Gmel.

Naum. V. D. t. 90, f. 1 und 2. —Häufig in N. O. Afrika, in Ägypten blos im März und April. Ich halte von ihr für verschieden:

238. *Saxicola aurita*, Temm.

Ebendaselbst.

*239. *Saxicola intermedia*, Heugl.

Häufig in Abyssinien.

240. *Saxicola deserti,* Rüpp.

Temm. Pl. col. t. 359, f. 2. — In Ägypten und Nubien nicht selten.

241. *Saxicola sordida,* Rüpp.

Rüpp. N. Wirbelth. t. 26, f. 2. — Häufig in den Gebirgen von Waggara und Simehn in Abyssinien.

242. *Saxicola rufocinerea,* Rüpp.

Rüpp. N. Wirbelth. t. 27, f. 1 und 2. — Nicht selten in den abyssinischen Gebirgsgegenden.

243. *Pratincola* (Koch) *albofasciata,* Rüpp.

Rüpp. Syst. Übers. t. 16. — Einzeln auf den abyssinischen Gebirgen.

***244.** *Pratincola melanoleuca,* Heugl.

In Gebüschen der wärmeren Gegenden von Woggara und Simehn in Abyssinien.

245. *Pratincola melanura,* Rüpp.

Temm. Pl. col. t. 257, f. 2. — In Arabien, vorzüglich in Tamarix-Gebüschen, sehr selten in Nubien.

***246.** *Pratincola Hemprichii,* Ehrenb.

In Abyssinien, Sennaar, und Nubien.

***247.** *Pratincola caffra,* Licht.

In Nubien und Abyssinien.

248. *Pratincola Rubetra,* Linn.

Naum. V. D. t. 89. f. 3 und 4. — In ganz N. O. Afrika und Arabien im Winter und Frühjahr.

***249.** *Pratincola Rubicola,* Linn.

Naum. V. D. t. 90, f. 3 und 4. — In ganz N. O. Afrika. In Abyssinien. eine klimatische Varietät (viel intensiver gefärbt, als die europäische) das ganze Jahr hindurch.

250. *Thamnobia* (?) (Swainson) *albiscapulata,* Rüpp.

Rüpp. N. Wirbelth. t. 26, f. 1. — In Abyssinien nicht selten.

251. *Thamnobia* (?) *semirufa,* Rüpp.

Rüpp. N. Wirbelth. t. 25, f. 1 und 2. — Häufig in Ost- und Central-Abyssinien.

Anm. *Saxicola moesta,* Licht. und *S. gutturalis,* Hempr. und Ehrenb. oder *S. salina,* Eversm. sollen in Ägypten und Nubien vorkommen. Ich kenne diese Arten nicht.

4. Parinae.

252. *Parus* (Linn.) *leucomelas,* Rüpp.

Rüpp. N. Wirbelth. t. 37, f. 2. — Paarweise in Sennaar, Fazoglo und Abyssinien, jedoch nicht in den Gebirgsgegenden.

253. *Parus dorsatus*, Rüpp.

> Rüpp. Syst. Übers. t. 19. — *P. leuconotos*, Guer. (?) — Sehr häufig auf den Gebirgen von Waggara und Simehn, auch in Schoa.

254. *Parisoma* (Swainson) *frontale*, Rüpp.

> Rüpp. Syst. Übers. t. 22. — Einzeln in Ost-Abyssinien und Schoa.

>> Anm. In der Sammlung des Herzogs Paul v. Würtemberg sah ich — wenn ich mich noch recht erinnere — einen als *Parus niger* aufgestellten Vogel aus Sennaar oder Fazoglo. Ich konnte denselben übrigens nicht genau untersuchen, und es ist möglich, dass dieser Vogel identisch ist mit meinem *Melaenornis melas* aus Abyssinien.

5. Motacillinae.

255. *Motacilla alba*, Linn.

> Buff. Pl. enl. t. 652. f. 2. — Naum. V. D. t. 86, f. 2 — Häufig in ganz N. O. Afrika und Arabien, das ganze Jahr über.

256. *Motacilla capensis*, Licht.

> Le Vaill. Ois. d'Afr. t. 178. — In Ober-Ägypten und südwärts längs des Nils; kommt auch in Abyssinien vor.

257. *Motacilla longicaudata*, Rüpp.

> Rüpp. N. Wirb. t. 29, f. 2. — Nicht selten an Gebirgsbächen in Abyssinien.

258. *Budytes* (Cuv.) *flavus*, Linn.

> Buff. Pl. enl. t. 674. — Naum. V. D. t. 88. — Überwintert südlich von Nubien. Im Frühjahr und Herbst auf dem Durchzuge in Ägypten, wo auch einzelne Paare zu bleiben scheinen.

*259. *Budytes boarulus*. Linn.

> Buff. Pl. enl. t. 28, f. 1. — Naum. V. D. t. 87. — Nicht häufig im Herbst und Frühjahr in Ägypten. Überwintert in Abyssinien.

260. *Budytes melanocephalus*, Licht.

> Rüpp. Atl. t. 33, fig. b. — Im Frühjahr und Herbst auf dem Durchzuge in N. O. Afrika. Brütet wahrscheinlich in Ägypten.

261. *Anthus arboreus*, Bechst.

> Buff. Pl. enl. t. 660, f. 1. — Naum. V. D. t. 84, f. 2. — Im Winter in Ägypten.

262. *Anthus pratensis*, Linn.

> Descr. de l'Egypte t. 13, f. 6. — Naum. V. D. t. 84, f. 2. — Wie der vorhergehende.

263. *Anthus cervinus*, Pall.

> *A. Cecilii*, Savigny, Descr. de l'Egyt. t. 5. f. 6. — *A. pratensis*, Naum. V. D. t. 85, f. 1. (?) — Im Frühjahr häufig in Unter-Ägypten.

264. *Anthus campestris*, Bechst.

Naum. V. D. t. 84, f. 1. — Buff. Pl. enl. t. 661, f. 1. — In ganz N. O. Afrika und Arabien. Ob Standvogel?

265. *Anthus aquaticus*, Bechst.

A. spinoletta, Linn. — Naum. V. D. t. 85, f. 2, 3 und 4. — Buff. Pl. enl. t. 661, f. 2. — Im Winter und Frühjahr in ganz N. O. Afrika südwärts bis Abyssinien und dem Bahr el abiad beobachtet. Hält sich auch an den Ufern des rothen Meeres auf.

266. *Anthus sordidus*, Rüpp.

Rüpp. N. Wirb. t. 39, f. 1. — In Abyssinien Standvogel.

267. *Anthus cinnamomeus*, Rüpp.

In Abyssinien.

B. TURDIDAE.

I. Turdinae.

268. *Bessonornis* (Smith.) *semirufa*, Rüpp.

Rüpp. Syst. Übers. t. 21. — Häufig in Abyssinien bis 11,000 F. Höhe.

*269· *Bessonornis Monacha*, Heugl.

Heugl. Beitr. t. 15. — In Rosseres und Fazoglo.

270. *Petrocinla* (Vig.) *saxatilis*, Buff.

Buff. Pl. enl. t. 562. — Naum. V. D. t. 73. — Nicht selten in N. O. Afrika und Arabien, wie es scheint blos vom September bis April.

271. *Petrocossyphus* (Boje) *cyanus*, Buff.

Buff. Pl. enl. t. 562. — Naum. V. D. t. 72. ·Wie die vorhergehende.

272. *Turdus Merula*, Linn.

Naum. V. D. t. 71. — Soll im Winter in Ägypten vorkommen.

273. *Turdus musicus*, Linn.

Buff. Pl. enl. t. 406. — Naum. V. D. t. 66, f. 2. — Im Winter in Ägypten und Arabien.

*274· *Turdus olivaceus*, Linn.

Le Vaill. Ois. d'Afr. t. 98. — In Abyssinien und am weissen Fluss.

*275· *Turdus icterorhynchus*, Herzog Paul v. Würtemberg.

T. libonyana, A. Smith Zool. Ill. t. 38. (?) — In Kordofan, am weissen und blauen Fluss und in Abyssinien.

276. *Turdus viscivorus* Linn.

Buff. Pl. enl. t. 489. — Naum. V. D. t. 66, f. 1. — Nach Dr. Rüppell im Winter in Ägypten.

277. *Turdus pilaris* Linn.

Buff. Pl. enl. t. 490. — Naum. V. D. t. 67, f. 2. — Nach Dr. Rüppell im Winter in Nubien.

278. *Cercotrichas* (Boje) *erythropterus*, Linn.
> Buff. Pl. enl. t. 354. — Gemein südlich vom 19° N. B.

279. *Pycnonotus* (Kuhl) *Arsinoë*, Licht.
> Häufig in N. O. Afrika südlich vom 24° N. B.

280. *Pycnonotus Levaillantii*, Temm.
> Le Vaill. t. 107, f. 1. — Im Fayum, in Mittel-Ägypten, im peträischen Arabien und an dem Bahr el abiad.

2. Timaliaae.

281. *Crateropus* (Swainson) *leucocephalus*, Rüpp.
> Rüpp. Atl. t. 4. — Häufig in kleinen Gesellschaften im Buschwerk südlich vom 16° N. B.

282. *Crateropus leucopygius*, Rüpp.
> Rüpp. N. Wirbelth. t. 30, f. 1. — In Abyssinien.

*283· *Crateropus cinereus*, Heugl.
> An den Ufern des Bahr el abiad südlich vom 6° N. B. (Vielleicht identisch mit dem folgenden, von dem er sich blos durch geringere Grösse, Mangel des schwarzen, kahlen Fleckens hinter den Augen und graue Iris unterscheidet.)

284. *Crateropus plebejus*, Rüpp.
> Rüpp. Atl. t. 23. — In Kordofan.

285. *Crateropus rubiginosus*, Rüpp.
> Rüpp. Syst. Übers. t. 19. — In Schoa.

*286· *Crateropus rufescens*, Heugl.
> In den Äquatorialgegenden am Bahr el abiad.

*287· *Crateropus guttatus*, Heugl.
> Heugl. Beitr. t. 16. — Vom 10° N. B. südwärts, häufig am Ufer des Bahr el abiad.

288. *Crateropus limbatus*, Harris.
> Rüpp. Syst. Übers. S. 48. — Aus Schoa.

289. *Sphenura Acaciae*, Licht.
> Rüpp. Atl. t. 28. — In Ägypten, Nubien und Sennaar.

290. *Sphenura squamiceps*, Rüpp.
> Rüpp. Atl. t. 12. — Im peträischen Arabien.
>
> Anm. Ich glaube, dass Rüppell's *Crateropus rubiginosus* und *C. rufescens*, Mihi eher zu *Sphenura* zu zählen sind; doch gehen beide *Subgenera* so in einander über, dass eine Trennung derselben nicht einmal zweckmässig ist.

3. Oriolinae.

291. *Oriolus Galbula*, Linn.

Buff. Pl. enl. t. 26. — Naum. V. D. t. 61. — Von August bis April in N. O. Afrika, geht wenigstens bis Kordofan und Galabat südwärts. Männchen im Sommerkleide sind mir aber nie vorgekommen, mit Ausnahme eines aus Ben-Ghasi mir zugeschickten Exemplares.

*292. *Oriolus larvatus*, Licht.

Am Ufer des Bahr el abiad südlich vom 10° N. B.

293. *Oriolus Meloxita*, Buff.

Rüpp. N. Wirbelth. t. 12, f. 1. — Häufig in Abyssinien und Ost-Sennaar. Geht nicht über 7000 F. Meereshöhe.

*294. *Oriolus chryseos*, Heugl.

O. aureus, Le Vaill. Ois. d'Afr. t. 260 (?) — *O. auratus*. Vieill. (?) — Swains. Birds of West-Afr. II., t. 1. — Heugl. Beitr. t. 19, fig. 1. — Bei Rosseres am blauen Fluss, in Fazoglo, Galabat und den Kolla-Ländern von West-Abyssinien. Ich glaube ihn auch in eine Sammlung vom Bahr el abiad gesehen zu haben.

C. MUSCICAPIDAE.

1. Muscicapinae.

295. *Muscicapa Grisola*, Linn.

Buff. Pl. enl. t. 565, f. 1. — Naum. V. D. t. 64, f. 1. — Den Winter über in ganz N. O. Afrika.

*296. *Muscicapa minuta*, Heugl.

Heugl. Beitr. t. 17, f. 2. — Einzeln in buschigen Thälern von Abyssinien.

*297. *Muscicapa atricapilla*, Linn.

M. luctuosa, Scopoli. — Naum. V. D. t. 64, f. 2, 3 und 4. — Im März und April in Unter-Ägypten.

298. *Muscicapa albicollis*, Temm.

M. collaris, Bechst. — Naum. V. D. t. 65. — Büff. Pl. enl. t. 565, f. 2. Im März und April häufig in Dattelwaldungen und Buschwerk in Unter-Ägypten und Arabien.

299. *Muscicapa semipartita*, Rüpp.

Rüpp. N. Wirbelth. t. 40. — Einzeln in Abyssinien, sehr häufig an den Ufern des Bahr el abiad, südl. vom 10° N. B. — Nach Rüppell auch in Kordofan.

300. *Muscicapa (?) chocolatina*, Rüpp.

Rüpp. Syst. Übers. t. 20. — Häufig im Buschwerk in Abyssinien. Geht bis über 10,000 F. Höhe.

*301. Muscicapa pallida, Heugl.

Einzeln in der Kolla und in Kordofan.

302. Muscipeta (Cuv.) melanogaster, Swainson.

Häufig in Abyssinien, Sennaar, Kordofan, auf dem Bahr el abiad. Variirt mit weissem oder rostrothem Schwanz, zuweilen sogar ist eine der verlängerten Schwanzfedern von der einen, die anderen von der andern Farbe.

303. Platysteira (Jardine) senegalensis, Linn.

L. Vaill. Ois. d'Afr. t. 161, f. 1 und 2. — Nicht selten in Abyssinien, Sennaar, Kordofan und auf dem weissen Flusse. Die Iris dieses hübschen kleinen Fliegenfängers ist schön schwefelgelb und seine Stimme gleicht dem reinsten Glockentone.

*304. Bradornis (Smith) variegatus, Heugl.

Heugl. Beitr. t. 17, f. 3. — (Vielleicht identisch mit Bradornis mariquensis, Smith, Zool. Ill. Birds t. 113.) — Blos ein Exemplar vom Berge Lokoja am Bahr el abiad.

D. AMPELIDA.

1. Campephaginae.

305. Graucalis (Cuv.) pectoralis, Jardine.

Jardine, Ornith. Illustr. t. 57. — In kleinen Gesellschaften in der Kolla West-Abyssiniens, seltener im Osten dieses Landes.

306. Ceblepyris (Cuv.) Ignatii Heugl.

Heugl. Beitr. t. 18, f. 1. — (Vielleicht das Weibchen vom folgenden?) Selten am Bahr el abiad, zwischen dem 4—5° N. B.

307. Ceblepyris phönicea, Swainson.

Swainson. Birds of Western Afr. I. t. 27 und 28. — Einzeln in Sennaar und Fazoglo, häufiger in Abyssinien, vorzüglich auf Juniperus-Bäumen.

308. Ceblepyris (?) isabellina, Heugl.

Heugl. Beitr. t. 18, f. 2. — Einzeln in Ost-Abyssinien.

2. Dicrurinae.

309. Melaenornis (G. R. Gray) edoloides, Swainson.

Swainson, Birds of Western Afr. I. t. 29. — In Schoa. (Rüpp.)

*310. Melaenornis (?) melas, Heugl.

Beitr. t. 17, f. 1. — In Abyssinien und Fazoglo.

311. Dicrurus (Vieill.) lugubris, Ehrenb.

Edolius divaricatus, Auct. —Ehrenb. Symbol. physic. Aves t. 8. — Gemein südlich vom 15° N. B.

E. LANIDAE.

1. Laniinae.

312. *Lanius excubitor*, Linn.

> Buff. Pl. enl. t. 445. — Naum. V. D. t. 49. — Im Winter in Ägypten, Arabien und Nubien.

*313. *Lanius dealbatus*, Defil.

> Am Bahr el abiad.

*314. *Lanius excubitorius*, Des Mures.

> Lefebvre, Voy. en Abyss. t. 8. — *L. princeps*, Cabanis. — *L. macrocercus*, Defil. — In Schoa und am Bahr el abiad südlich vom 10° N. B.

*315. *Lanius leuconotus*, Heugl.

> An der ägyptischen Küste des rothen Meeres angetroffen.

316. *Lanius minor*, Linn.

> Buff. Pl. enl. t. 32, f. 1. — Naum. V. D. t. 50. — Im Winter in ganz N. O. Afrika, wahrscheinlich auch den Sommer über in Abyssinien.

317. *Enneoctonus* (Boje) *rufus*, Briss.

> Buff. Pl. enl. t. 9, f. 2. — Naum. V. D. t. 51. — Häufig in ganz N. O. Afrika.

318. *Enneoctonus Collurio*, Briss.

> *L. spinitorquus, Auct.* — Buff. Pl. enl. t. 31, f. 2. — Naum. V. D. t. 52. — In ganz N. O. Afrika.

*319. *Enneoctonus frenatus*, Licht.

> In Abyssinien und am Bahr el abiad.

*320. *Enneoctonus ferrugineus*, Heugl.

> Heugl. Beitr. t. 19, f. 2. — *L. ruficaudus*, Brehm (?) — Wie der Vorige.

*321. *Enneoctonus paradoxus*, Brehm.

> Im südlichen Nubien. — Ähnlich dem *L. ruficeps*, aber mit durchgehender weisser Binde an der Schwanzbasis.

322. *Nilaus capensis*, Swainson.

> *L. Brubru*, Lath. — Le Vaill. Ois. l. 71. — Häufig in Abyssinien, Sennaar und am Bahr el abiad.

323. *Telophorus* (Swainson) *aethiopicus*, Vieill.

> Rüpp. Syst. Übers. t. 23. — In Abyssinien, Sennaar, am Bahr el abiad und in Kordofan.

324. *Telophorus erythropterus*, Shaw.

> Buff. Pl. enl. t. 479, f. 1. — Südlich vom 15° N. B. nicht selten.

325. *Telophorus (?) collaris*, L a t h.

>　Jard. Ill. t. 52. — In Abyssinien und am Bahr el abiad.

326. *Prionops* (Vieill.) *cristatus*, R ü p p.

>　R ü p p. N. Wirb. t. 12, f. 1. — *Pr. poliocephalus*, S a l t. Trav. App.
>　p. 50 (?) — Südlich vom 15° N. B. in kleinen Truppen. Ob *Pr. talacema*
>　vorkömmt, kann ich nicht geradezu behaupten, doch habe ich Exem-
>　plare am Bahr el abiad eingesammelt, die auf die S m i t h'sche Abbildung
>　und Beschreibung ziemlich passen.

327. *Eurocephalus* (A. S m i t h) *Rüppellii*, B o n a p.

>　R ü p p. Syst. Übers. t. 27 als *E. anguitimens*, S m i t h. — In Schoa
>　und am Bahr el abiad, südlich vom 8° N. B.

*328. *Corvinella* (L e s s.) *affinis*, H e u g l.

>　H e u g l. Beitr. t. 19, fig. 3. — Häufig am Bahr el abiad südlich vom
>　7° N. B.

2. Thamnophilinae.

329. *Dryoscopus* (B o j e) *cubla*, L a t h.

>　Le V a i l l. Ois. t. 73. — Südlich vom 15° N. B. häufig.

330. *Laniarius* (Vieill.) *cruentatus*, E h r e n b.

>　E h r e n b. Symb. phys. Aves t. 3. — An der abyssinischen Küste und
>　in Fazoglo ziemlich häufig. — Geht nordwärts bis in die Länder der
>　Bokhos und Sauakin.

331. *Laniarius erythrogaster*, R ü p p.

>　R ü p p. Atl. t. 29. — *Malaconotus roseus*, l a r d. und S e l b. —
>　Südlich vom 15° N. B. in den Nil-Ländern. In Ost-Abyssinien nicht
>　von mir beobachtet.

332. *Malaconotus* (S w a i n s o n) *Icterus*, Vieill.

>　*M. olivaceus*, V i e i l l. Gal. t. 129. — *M. poliocephalus*,
>　S w a i n s o n (?). — In Kordofan, am weissen und blauen Fluss, in der Kolla
>　von W.-Abyssinien einzeln auf Hochbäumen.

333. *Malaconotus similis*, S m i t h.

>　*M. chrysogaster*, S w a i n s o n. — Smith, Ill. Zool., Birds t. 46. —
>　R ü p p. Syst. Übers. t. 24. — Einzeln in Fazoglo, selten am Mareb und
>　in Schoa.

*334. *Malaconotus (?) Malzacii*, H e u g l.

>　H e u g l. Beitr. t. 17, f. 4. — Blos ein Exemplar am Bahr el abiad
>　bei den Bohrr-Negern aufgefunden. — (Diese Art gehört vielleicht zum
>　Genus *Trichophorus*.)

4. Conirostres.

A. CORVIDAE.

1. Gallaeatinae.

335. *Ptilostomus* (Swainson) *senegalensis*, Gmel.

Buff. Pl. enl. t. 538. — Einzeln und in kleinen Gesellschaften in Abyssinien, Kordofan und häufig auf dem weissen Fluss.

*336. *Ptilostomus poëcilorhynchus*, Wagl.

Auf dem Bahr el abiad.

2. Corvinae.

Die Raben im Allgemeinen heissen auf arabisch „Ghurab" (غراب).

337. *Pica* (Briss.) *caudata*, Ray.

Corvus Pica, Linn. — Buff. Pl. enl. t. 338. — Naum. V. D. t. 56, f. 2. — Nach Rüppell im Winter in Unter-Ägypten.

338. *Corvus Cornix*, Linn.

Var. Naum. V. Deutschl. t. 54. — Häufig in Unter-Ägypten und Arabien, das ganze Jahr hindurch. Brütet im Frühjahr auf Sykomoren, Palmen und Acacia Lebek. Ob *Corv. Corone* wirklich vorkommt, kann ich nicht angeben.

339. *Corvus Monedula*, Linn.

Buff. Pl. enl. t. 523. — Naum. V. D. t. 56, f. 1. — Nach Dr. Rüppell häufig in Unter-Ägypten. Von mir nie beobachtet.

340. *Corvus frugilegus*, Linn.

Buff. Pl. enl. t. 484. — Naum. V. D. t. 55, f. 1 und 2. — In Unter-Ägypten. Scheint auch den Sommer über zu bleiben.

*341. *Corvus minor*, Heugl.

In der Wüste bei Suez, im peträischen Arabien.

342. *Corvus umbrinus*, Hasselq.

In den Wüsten von ganz N. O. Afrika bis zum 13° N. B. beobachtet. Heisst auf arabisch „Ghuráh nochi" (غراب نوحي).

343. *Corvus affinis*, Rüpp.

Rüpp. N. Wirbelth. t. 10, f. 2. — Sehr gemein in Abyssinien, bis zu 11.000 F. hoch, oft in ungeheuren Gesellschaften. Einzeln in Kordofan.

344. *Corvus capensis*, Le Vaill.

Le Vaill. Ois. d'Afr. t. 52. — Einzelner als der vorhergehende. In Kordofan, Sennaar und Abyssinien, wo ich ihn auf den Gebirgen von Simehn noch antraf.

345. *Corvus scapulatus*, Daud.

C. leuconotos, Swainson, Birds of Western Afr. I. t. 5. — Sehr gemein südlich vom 20° N. B.

346. *Corvultur* (Less.) *crassirostris*, Rüpp.

Rüpp. N. Wirbelth. t. 8. — Gemein in Abyssinien, namentlich in den Gebirgsgegenden, von wo aus er sich aber bis Galabat und Taka verfliegt. Ausser seinem dem des *C. Corax* ähnlichen Ruf, lässt er zuweilen im Fluge ein ganz sonderbares langgezogenes pre-è-è-è-è-è-è hören. Ich fand sein Nest blos ein einziges Mal an einem ganz unzugänglichen Orte über einem hohen Wasserfall auf Lianen im Monate Februar.

3. Fregillnae.

347. *Fregilus* (Cuv.) *graculus*, Linn.

Buff. Pl. enl. t. 255. — Naum. V. D. t. 57, f. 2. — Auf den Hochgebirgen des peträischen Arabien und Abyssiniens; in Simehn bis zu 14.000 F. Höhe. (Nicht von mir selbst beobachtet.)

B. STURNIDAE.

1. Ptilonorhynchinae.

348. *Ptilonorhynchus* (Kuhl) *albirostris*, Rüpp.

Rüpp. N. Wirbelth. t. 9. — Häufig in Ost- und Central-Abyssinien, in grösseren Gesellschaften auf Buschwerk und in alten Gebäuden.

349. *Lamprotornis leucogaster*, Temm.

Buff. Pl. enl. t. 648, 1. — In kleinen Gesellschaften in den wärmeren Gegenden Abyssiniens, vorzüglich längs der Ufer fliessender Gewässer.

350. *Lamprotornis nitens*, Temm.

Buff. Pl. enl. t. 561. — Sehr gemein südlich vom 20° N. B.

351. *Lamprotornis rufiventris*, Rüpp.

Rüpp. N. Wirbelth. t. 11, f. 1. — Überall häufig südlich vom 18° N. B.

352. *Lamprotornis chalybaeus*, Ehrenb.

Ehrenb. Symb. Phys. Aves. I. t. 10. — In Abyssinien.

353. *Lamprotornis superbus*, Rüpp.

Rüpp. Syst. Übers. t. 26. — Am Bahr el abiad gemein, aber nicht nördlicher als 8° N. B. — In Schoa.

354. *Lamprotornis* (*Juida*, Less.) *aeneus*, Linn.

Le Vaill. Ois. d'Afr. t. 87. — In Kordofan, Sennaar und Abyssinien, vorzüglich in der Wald-Region.

*355. *Lamprotornis aeneocephalus*, Heugl.

In Abyssinien, Kordofan, Sennaar und auf dem Bahr el abiad.

356. *Lamprotornis Burchellii*, Smith.

Smith, Ill. Zool. of South Afr. Birds. t. 47. — *Lamprotornis purpuroptera*, Rüpp. Syst. Übers. t. 25. — Einzeln in (Kordofan?) Abyssinien. — In Schoa.

357. *Lamprotornis morio*, Temm.

Le Vaill. Ois. d'Afr. t. 83. — Gemein in Abyssinien, einzeln in Fazoglo und Kordofan. Im Spätherbst 1851 auf Palmen und Tamarix mannifera in Wadi-ferân im peträischen Arabien beobachtet.

358. *Lamprotornis tenuirostris*, Rüpp.

Rüpp. N. Wirbelth. t. 10, f. 1. — In Abyssinien ziemlich häufig.

2. Buphaginae.

359. *Buphaga* (Linn.) *erythrorhyncha*, Stanley.

Tem. Pl. col. t. 465. — *B. abyssinica*, Ehrenb. Symb. t. IX (?) — In Abyssinien, Fazoglo und am weissen Fluss.

*360· *Buphaga africana*, Linn.

Häufig in Galabat, West-Abyssinien, im Marebthal und auf dem Bahr el abiad. — Nie in Gesellschaft mit der vorigen Art.

3. Sturninae.

361. *Dilophus* (Vieill.) *carunculatus*, Linn.

Le Vaill. Ois. d'Afr. t. 93. — In Abyssinien das ganze Jahr hindurch, an dem weissen und blauen Fluss, nach Rüppell auch in Nubien.

362. *Sturnus vulgaris*, Linn.

Buff. Pl. enl. t. 75. — Naum. V. D. t. 62. — Im Winter in ganz Ägypten und im peträischen Arabien. — *St. unicolor*, Temm. ist mir dagegen nie vorgekommen.

C. FRINGILLIDAE.

1. Plocinae.

Alle Finken heissen auf arabisch „Asfur" (عصفور).

363. *Textor Alecto*, Temm.

Temm. Pl. col. t. 446. — In Kordofan, Sennaar, Fazoglo und Abyssinien.

364. *Textor Dinemellii*, Horsfield.

G. R. Gray, Genera of Birds I. t. 87. fig. dext. — Rüpp. Syst. Übers. t. 30. — In Schoa und auf dem Bahr el abiad südlich vom 8° N. B. in grossen Schaaren.

365. *Ploceus* (Cuv.) *flavo-viridis*, Rüpp.

Rüpp. Syst. Übers. t. 29. — Häufig in grossen Flügen. In Abyssinien, Schoa und Fazoglo.

*366· *Ploceus affinis*, Heugl.

Am Bahr el abiad.

367. *Ploceus Galbula*, Rüpp.

Rüpp. N. Wirbelth. t. 32, f. 2. — Häufig an der abyssinischen Ostküste, namentlich im Marebthal.

368. *Ploceus larvatus*, Rüpp.

> Rüpp. N. Wirbelth. t. 32, f. 1. — Häufig in Abyssinien und in den Vorgebirgen der Nil-Quellen-Länder (zwischen dem 4—6° N. B.).

*369· *Ploceus aurantius*, Vieill.

> Nicht selten in Tigréh um Wohnungen, in deren Nähe er sein Nest auf Bäumen aufhängt.

*370· *Ploceus auranticeps*, Heugl.

> Heugl Beitr. t. 20, f. 2, und t. 41, das Ei. — Blos in der Nähe von Chartum in Gärten und am Bahr el abiad beobachtet.

*371· *Ploceus citreonucha*, Heugl.

> Im südlichen Fazoglo.

372. *Ploceus intermedius*, Harris.

> Beschr. in Rüppell's Übers. S. 71. — Heugl. Beitr. t. 20, fig. 1. — In Schoa und bei den Bari-Negern (zwischen dem 4—5° N. B.) am Bahr el abiad.

373. *Ploceus rubiginosus*, Rüpp.

> Rüpp. N. Wirbelth. t. 32, f. 1. — Von Dr. Rüppell in der Provinz Tembehn in Ost-Abyssinien gefunden.

*374· *Ploceus melanocephalus*, Herzog Paul v. Würtemberg.

> Von Herzog Paul v. Würtemberg im südlichen Nubien entdeckt.

*375· *Ploceus erythrophthalmos*, Heugl.

> Einzeln in Ost-Sennaar.

376. *Ploceus erythrocephalus*, Harris.

> Rüpp. Syst. Übers. S. 71. — In Schoa, dem südlichen Sennaar und Fazoglo.

377. *Ploceus aurifrons*, Temm.

> Temm. Pl. col. t. 175. — Nach Dr. Rüppell in Sennaar und Abyssinien.

*378· *Ploceus leucophthalmus*, Heugl.

> Heugl. Beitr. t. 21, fig. 1. — Um Gondar und in der Provinz Simehn in Abyssinien.

*379· *Ploceus personatus*, Herzog Paul v. Würtemberg.

> Von Herzog Paul v. Würtemberg in Kamamil (südöstl. von Fazoglo) eingesammelt.

380. *Euplectes* (Swainson) *xanthomelas*, Rüpp.

> Rüpp. Syst. Übers. t. 28. — In grossen Flügen in den abyssinischen Gebirgs-Ländern östlich vom Tana-See.

381. *Euplectes abyssinicus*, Buff.

> E. Taha, Smith. South Afr. t. 7 (?) — Wie der vorhergehende.

382. *Euplectes ignicolor*, Ehrenb.

> Ehrenb. Symb. Phys. Aves. t. 2. — In Nubien südlich vom 21° N. B., in Sennaar und Abyssinien.

383. *Euplectes craspedopterus*, S c h i f.

Eine dem *E. flammiceps*, S w a i n s. ähnliche Art, die R ü p p e l l früher für identisch mit ihr hielt und aufführte; findet sich in kleinen Flügen in ganz Abyssinien.

*384· *Euplectes pyrrhocephalus*, H e u g l.

H e u g l. Beitr. t. 21, fig. 3, und t. 22, f. 2. — Auf dem Bahr el abiad zwischen dem 4—5° N. B.

*385· *Euplectes strictos*, H e u g l.

Auf den Gebirgen von Simehn in Abyssinien.

*386· *Euplectes (?) griseus*, H e u g l.

H e u g l. Beitr. t. 21, fig. 2. — Am Mareb und im südöstlichen Kordofan.

A n m e r k u n g. Ich glaube auch öfter *E. Oryx* beobachtet zu haben.

2. Coccothraustinae.

*387· *Coccothraustes (?)* (B r i s s.) *sanguinirostris (?)* L i n n.

Euplectes Quelea, B u f f. Pl. enl. t. 223 und 183 (?) — *E. gregarius*, Herz. P a u l von Würtemberg.—In zahlreichen Flügen in Fazoglo, Sennaar und Ost-Abyssinien. Erscheint mit den Sommerregen auf einige Monate in Chartum.

*388· *Coccothraustes (?) scutatus*, H e u g l.

Vielleicht *Fringilla cucullata*, V i e i l l. — H e u g l i n Beitr. t. 23, fig. 3. — Blos ein Exemplar in den Kolla-Ländern von West-Abyssinien beobachtet.

389. *Coccothraustes (?) cantans*, L i n n.

Brown, Illust. t. 27, f. 2. — In Nubien, Kordofan und Sennaar, oft in zahlreichen Flügen.

390. *Vidua* (C u v.) *paradisea*, L i n n.

Häufig südlich vom 15°. N. B.

391. *Vidua erythrorhynchá*, S w a i n s o n.

V i e i l l. t. 36. — Wie die Vorhergehende.

392. *Coliuspasser* (R ü p p.) *macrurus*, L i n n.

B r o w n, Illust. t. 11. — B u f f o n t. 183. — Schaarenweise auf Arundo Donax und Buschwerk in den Umgebungen von Gondar und in Tigréh.

393. *Coliuspasser torquatus*, R ü p p.

R ü p p. N. Wirbelth. t. 36, f. 2. — Im östlichen Abyssinien.

*394· *Coliuspasser phöniceus*, H e u g l.

H e u g l i n Beitr. t. 20, fig. 3 a und b. — Bis jetzt blos am Sobat-Flusse gefunden.

3. Fringillinae.

395. *Fringilla (Estrelda,* Swainson*) coerulescens,* Linn.
Vieill. Ois. chant. t. 12. — Südwärts vom 18° N. B.

396. *Fringilla (Estrelda) bengalus,* Linn.
Vieill. Gal. t. 5. — Südwärts vom 15° N. B.

397. *Fringilla (Estrelda) minima,* Vieill.
Vieill. Taf. 10. — Sehr häufig südlich vom 22° N. B. in Woh-
nungen und in Wäldern.

398. *Fringilla (Estrelda) cinerea,* Vieill.
Vieill. Taf. 6. — Südlich vom 14° N. B.

*399. *Fringilla (Estrelda) flaviventris,* Heugl.
Fr. *melpoda,* Vieill. (?) — Blos im östlichen Abyssinien eingesammelt und bei Gondar bemerkt.

400. *Fringilla (Pytelia,* Swainson*) elegans,* Vieill.
Vieill. T. 25. — In Nubien, Sennaar, Kordofan und Abyssinien.

401. *Fringilla (Pytelia) lineata,* Heugl.
Heugl. Beitr. t. 23, f. 2. — Fr. *phöniceptera,* Swains. Birds of
W. Afr. I. t. 16 (?) — In den Kolla-Ländern von West-Abyssinien.

*402. *Fringilla (Amadina,* Swainson*) squamifrons,* A. Smith.
Smith, Ill. of South Afr. t. 96. — In den Kolla-Ländern von
West-Abyssinien und in Beni-Schangollo.

403. *Fringilla (Amadina) detruncata,* Licht.
Vieill. t. 58. — Amadina *fasciata.* Swainson, Birds of
W. Afr. t. 15. — Südlich vom 14° N. B.

404. *Fringilla (Amadina) nitens,* Vieill.
Vieill. t. 21. — Gemein in Nubien, Kordofan, Sennaar und
Abyssinien.

405. *Fringilla (Amadina) frontalis,* Vieill.
Vieill. t. 16. — Ebendaher.

406. *Fringilla (Amadina) larvata,* Rüpp.
Rüpp. N. Wirbelth. t. 36, f. 1. — Häufig in den Kolla-Ländern
von West-Abyssinien bis Galabat, seltener im Takasseh-Quellenland.

407. *Fringilla (Amadina) polyzona,* Temm.
Temm. Pl. col. t. 221, f. 2 und 3. — In Abyssinien.

*408. *Fringilla (Dryospiza,* Keys. et Blas.*) Serinus,* Linn.
Naum. V. D. t. 123. — Im März nicht selten in Unter-Ägypten.

*409. *Fringilla (Dryospiza) leucopygia,* Heugl.
Heugl. Beitr. t. 24, f. 3 und 4. — In Ost-Sennaar und Galabat,
vielleicht auch in Kordofan.

410. *Fringilla (Dryospiza) xanthopygia,* Rüpp.

Rüpp. N. Wirbelth. t. 35, fig. 1. — In Abyssinien, vorzüglich im Takasseh-Quellenland.

411. *Fringilla (Dryospiza) tristriata,* Rüpp.

Rüpp. N. Wirbelth. t. 35, f. 2. — Häufig in Central- und Ost-Abyssinien. Geht über 10,000 F. hoch

*412. *Fringilla (Dryospiza) aurifrons,* Heugl.

Heugl. Beitr. t. 23, fig. 1. — *Crithagra chrysopyga,* Swains. Birds of West. Afr. t. 17 (?) — In Ost-Sennaar.

413. *Fringilla (Dryospiza) nigriceps,* Rüpp.

Rüpp. N. Wirbelth. t. 34, fig. 2. — In Abyssinien in grossen Flügen. Bis 11,000 F. Meereshöhe beobachtet.

414. *Fringilla (Dryospiza) citrinelloides,* Rüpp.

Rüpp. N. Wirbelth. t. 34, f. 1. — Ebendaher.

415. *Fringilla (Dryospiza) lutea,* Temm.

Temm. Pl. col. t. 365. — Nicht selten in Nubien, Sennaar und Kordofan. In Chartum erscheint sie in grossen Flügen zu Anfang der Sommerregen und zieht im September wieder weg.

416. *Fringilla (Acanthus,* Keys. et Blas.*) Carduelis,* Linn.

Im Winter einzeln in Ägypten.

417. *Fringilla (Acanthus) Linaria,* Linn.

Buff. Pl. enl. t. 51, f. 1. — Nach Rüppell im Winter in Ägypten.

*418. *Fringilla (Acanthus) chrysomelas,* Heugl.

Heugl. Beitr. t. 24, f. 5 und 6. — In Kordofan und Sennaar.

419. *Fringilla (Linota,* Bonap.*) cannabina,* Linn.

Naum. V. D. t. 126. — Im Winter in Ägypten.

*420. *Fringilla (Pyrgita,* Cuv.*) coelebs,* Linn.

Naum. V. D. t. 118. — Im Winter in Ägypten.

*421. *Fringilla (Pyrgita) molybdocephala,* Heugl.

Heugl. Beitr. t. 20, fig. 4. — In Flügen am Bahr el abiad zwischen dem 7 —9° N. B., vorzüglich im Innern des Landes an den Flüssen Faff, Namm und Niebor.

422. *Fringilla (Passer,* Ray*) domestica,* Linn.

423. *Fringilla (Passer) cisalpina,* Temm.

Nach Rüppell häufig in Ägypten und Nubien.

424. *Fringilla (Passer) hispaniolensis,* Temm.

Descr. de l'Egypte. t. 3, fig 7.— Schaarenweise in Unter-Ägypten. (Rüppell.)

*425. *Fringilla (Passer) simplex*, Licht.

>Blos in der Bajuda-Wüste, in Kordofan und Sennaar.

*426. *Fringilla (Passer) motitensis*, A. Smith.

>Smith, Ill. of South Afr. Zool. t. 114.

*427. *Fringilla (Passer) lunata*, Heugl.

>Heugl. Beitr. t. 24, f. 1 und 2. — In Ost-Sennaar.

428. *Fringilla (Passer) Swainsonii*, Rüpp.

>Rüpp. N. Wirbelth. t. 33, f. 2. — Häufig südlich vom 15° N. B.

429. *Fringilla (Passer) montana*, Linn.

>Buff. Pl. enl. t. 267, f. 1. — In Ägypten.
>
>>Anm. Nach Bonaparte kommen folgende eigentliche Sperlinge in N. O. Afrika vor.
>>>*Passer rufipectus*, Bonap. Ägypten.
>>>*Passer arboreus*, Licht. Sennaar.
>>>*Passer Rüppellii*, Bonap. Ost-Afr.

4. Emberizinae.

430. *Emberiza hortulana*, Linn.

>Buff. Pl. enl. t. 247, f. 1. — Naum. V. D. t. 103. — Ich weiss nicht, ob die Fett-Amer sich das ganze Jahr in Abyssinien aufhält oder nicht, glaube aber, dass sie dort Standvogel ist. Vom Jänner bis April traf ich sie überall ungemein häufig, bis über 10,000 F. Meereshöhe. — Im März 1850 traf ich sie öfters auf Brachfeldern und Zedern bei Alexandria gemeinschaftlich mit *E. caesia*, mit der sie auch in Benehmen und Lockton ganz übereinstimmt.

431. *Emberiza caesia*, Rüpp.

>Rüpp. Atl. t. 10, fig. 6. — Häufig in Ägypten, wo sie brütet, im Winter auch in Abyssinien.

432. *Emberiza flavigastra*, Rüpp.

>Rüpp. Atl. t. 25. — In Ost-Sennaar und Kordofan, einzeln auf Bäumen und in Wäldern.

433. *Emberiza miliaria*, Linn.

>Buff. Pl. enl. t. 233. — Naum. V. D. t. 101, f. 1. — Im Winter häufig in Unter-Ägypten.

434. *Emberiza striolata*, Rüpp.

>Rüpp. Atl. t. 10, f. a. — Nach Rüppell in Nubien. Ich fand sie blos in Ost-Sennaar und den Hochländern am Dender und Rahad.

435. *Emberiza septemstriata*, Rüpp.

>Rüpp. Neue Wirbelth. t. 30, f. 2. — Von mir blos bei Gondar in fast trockenen Flussbetten und an deren Ufern beobachtet. Ich fand dort im Jänner öfters ihr Nest.

Anm. Wenn ich nicht irre, habe ich in Ägypten auch *Emberiza Schöniclus* und *citrinella* bemerkt, doch finde ich keine Notizen mehr hierüber. Jedenfalls werden sie blos im Winter dort vorkommen. *E. melanocephala* und *E. pyrrhuloides* habe ich vergebens gesucht.

436. *Plocepasser* (A. Smith) *superciliosus*, Rüpp.

Rüpp. Atl. t. 15. — Häufig in Sennaar und Abyssinien.

437. *Plocepasser Mahali*, A. Smith.

P. melanorhynchus, Rüpp.—Heugl. Beitr. t. 22, f. 1. — Smith, Ill. of South Afr. Zool. Birds. t. 63. — In Schoa und am Bahr el abiad südlich vom 10° N. B.

5. Alaudinae.

438. *Certhialauda* (Swainson) *desertorum*, Stanley.

Rüpp. Atl. t. 5. — In Ägypten, Nubien und Arabien. Standvogel.

439. *Melanocorypha* (Boje) *Calandra*, Linn.

Buff. Pl. enl. t. 363, f. 2. — Naum. V. D. t. 98, f. 1. — Nach Rüppell häufig in Nubien und Ägypten. Ich traf sie einmal im März bei Alexandria und im Winter in kleinen Gesellschaften mit *Alauda ruficeps* am Tana-See.

440. *Melanocorypha brachydactyla*, Leisl.

Leisl. Wetterauer Annalen, VIII, t. 19. — Naum. V. D. t. 98, f. 2. — Im Winter und Frühjahr in Nubien, Ägypten und Arabien.

441. *Melanocorypha isabellina*, Temm.

Temm. Pl. col. t. 244.— In Ägypten, Nubien und Arabien. Zugvogel.

442. *Otocornis* (Boje) *bilopha*, Rüpp.

Temm. Pl. col. t. 244. — Ist wohl nur Varietät von *Alauda alpestris*; ich fand sie blos im peträischen Arabien im Sommer. Im Winter ist sie mir dort nicht vorgekommen.

443. *Galerida* (Boje) *cristata*, Linn.

Buff. Pl. enl. t. 503, f. 1. — Naum. V. D. t. 99, f. 1. — Häufig als Standvogel in ganz N. O. Afrika.

444. *Alauda arvensis*, Linn.

Buff. Pl. enl. t. 363, f. 1. — Naum. V. D. t. 100, f. 1. — Im Winter in Nord-Afrika.

*445. *Alauda arborea*, Linn.

Naum. V. D. t. 100, f. 2. — Von Dr. A. Brehm bei Alexandria im Winter erlegt.

*446. *Alauda praestigiatrix*, Le Vaill.

Le Vaill. Ois. d'Afr. t. 190. — (*A. marginipennis*, P. v. Würtemberg.) — Selten in Sennaar und Kordofan.

447. *Megalophonus* (G. R. Gray) *ruficeps*, Rüpp.

> Rüpp. N. Wirbelth. t. 38, f. 1. — Häufig in Abyssinien und Ost-
> Sennaar. — Geht bis 10,000 F. Meereshöhe.

448. *Macronyx* (Swainson) *flavicollis*, Rüpp.

> Rüpp. N. Wirbelth. t. 38, f. 2. — Nach Rüppell häufig in
> Abyssinien. Ich fand ihn blos auf sumpfigen Wiesen in der Provinz
> Woggara im Februar und März beiläufig auf einer Höhe von 7 — 9000 F.

449. *Pyrrhalauda* (Smith) *crucigera*, Temm.

> Temm. Pl. col. t. 269, f. 1. — In Arabien und Kordofan.

450. *Pyrrhalauda leucotis*, Stanley.

> Temm. Pl. col. t. 269, f. 2. — Sehr häufig in Nubien, Sennaar und
> Kordofan. Wandert im Herbst (September) öfters in Flügen wie die
> Lerchen.
>
> > Anm. Obwohl die beiden oben angeführten Pyrrhalauden im Allgemeinen
> > den Beschreibungen und Abbildungen Temminck's etc. gleichen,
> > so glaube ich doch kaum an die Identität der zwei sudanischen
> > Arten mit der wahren *P. crucigera* und *P. leucotis*. Eine Ver-
> > gleichung mit Gap'schen Original-Exemplaren kann ich nicht
> > anstellen, muss daher die Entscheidung dieser Frage für die
> > Zukunft verschieben.

6. Pyrrhulinae.

451. *Pyrrhula* (Briss.) *(Erythrospiza*, Bon.*) githaginea*, Licht.

> Temm. Pl. col. t. 400. — In Mittel- und Ober-Ägypten und Nubien
> auf Brachfeldern und Felsen. Brütet im April; ob sie Standvogel ist,
> kann ich nicht genau angeben. Ich fand sie im Februar, Mai und Juni,
> nicht aber im October und November, bei Assuan.

452. *Pyrrhula sinoica*, Licht.

> Temm. Pl. col. t. 375. — Zum Subgenus *Carpodacus*, Kaup gehörig.
> — Im peträischen Arabien in kleinen Flügen.

453. *Pyrrhula (?) striolata*, Rüpp.

> Rüpp. N. Wirbelth. t. 37, f. 1. — Zu Serinus (Boje) nach Bona-
> parte gehörig. — In Central- und Ost-Abyssinien; geht über 10,000
> Fuss Höhe.

D. COLIDAE.

454. *Colius senegalensis*, Linn.

> Vieill. Gal. t. 51. — In kleinen Gesellschaften in Nubien, Sennaar,
> Abyssinien und Kordofan.

455. *Colius leucotis*, Rüpp.

> Rüpp. Mus. Senkenb. Vol. III, t. 2, f. 1. — In ganz Abyssinien, im
> südlichen Sennaar und Fazoglo und an den Ufern des weissen Flusses
> vom 10° N. B. südwärts.

E. BUCEROTIDAE.

456. *Tragopan* (Möhring) *abyssinicus*, Gmel.

Buff. Pl. enl. t. 779. — Paarweise in Abyssinien, seltener in Sennaar, Kordofan und längs des Bahr el abiad. Heisst auf arabisch „Abu qarn" (ابو قرن), auf amharisch „Abba-Gamba".

457. *Buceros* (Linn.) *cristatus*, Rüpp.

Rüpp. N. Wirbelth. Vögel. t. 1. — In den abyssinischen Tiefländern, namentlich in Godjam, Damot, am Tana-See, häufiger in Schoa.

458. *Toccus* (Less.) *erythrorhynchus*, Lath.

Buff. Pl. enl. t. 260. — Gemein südlich vom 16° N. B.

*459. *Toccus nasutus*, Lath.

Buff. Pl. enl. t. 890. — Wie der Vorige, doch einzelner.

460. *Toccus limbatus*, Rüpp.

Rüpp. N. Wirbelth. t. 2, f. 2. — In Abyssinien und Kordofan, auch am Bahr el abiad beobachtet.

461. *Toccus flavirostris*, Lath.

Rüpp. N. Wirbelth. t. 2, f. 1. — In Abyssinien.

*462. *Toccus poëcilorhynchus*, Vieill. (?)

Heugl. Beitr. t. 25. — Bei Chartum und längs des ganzen Bahr el abiad.

F. MUSOPHAGIDAE.

463. *Turacus* (Cuv.) *leucotis*, Rüpp.

Corythaix leucotis, Rüpp. N. Wirbelth. t. 3. — Häufig an baumreichen Wildbächen in Abyssinien; geht nicht über 7—8000 Fuss Meereshöhe.

*464. *Turacus leucolophus*, Heugl.

Corythaix leucolopha, Heugl. Beitr. t. 26. — Bis jetzt blos am (Berge) Belinia zwischen dem 4. und 5° N. B. im Gebiete der Bari-Neger beobachtet.

465. *Chizaerhis* (Wagl.) *zonura*, Rüpp.

Rüpp. N. Wirbelth. t. 4. — Häufig in Abyssinien und am Bahr el abiad, seltener am blauen Fluss, auf Hochbäumen.

466. *Chizaerhis personata*, Rüpp.

Zool. Transact. V. 3, t. 16. — In Schoa.

467. *Chizaerhis leucogaster*, Rüpp.

Zool. Transact. V. 3, t. 17. — In Schoa.

III. ORDNUNG. *SCANSORES* (KLETTERVÖGEL).

A. PSITTACIDAE.

Auf arabisch heissen die Papageien „Durra" und „Babagán" (بغان , دره).

468. *Pionus* (Wagl.) *Meyeri*, Rüpp.

Rüpp. Atlas, t. 11. — In Gesellschaften und einzeln, vorzüglich in der Waldregion, nie nördlich vom 14° N. B. beobachtet.

469. *Pionus flavifrons*, Rüpp.

Rüpp. Syst. Übers. t. 31. — In Schoa; wahrscheinlich auch auf dem Bahr el abiad in südlicheren Breiten.

470. *Pionus rufiventris*, Rüpp.

Rüpp. Syst. Übers. t. 32. — In Schoa.

471. *Pionus Levaillantii*, Kuhl (?)

Le Vaill. Ois. t. 130. — Von Dr. Rüppell in den Gebirgen von Simehn beobachtet. — Ich habe mich in Abyssinien oft nach diesem Vogel erkundigt, konnte aber auch nichts Näheres über ihn erfahren, als dass ein Individuum nach Frankreich geschickt worden sei.

472. *Psittacula* (Briss.) *Tarantae*, Stanley.

Lear, Psittac. t. 39. — Häufig in ganz Abyssinien. Ich traf ihn noch bis gegen 9000 Fuss hoch an. Er lebt vorzüglich auf Juniperus-Bäumen.

473. *Palaeornis* (Vigors) *cubicularis*, Hasselq.

Le Vaill. Perr. t. 22. — Häufig und oft in grossen Gesellschaften südlich vom 15° N. B. — Soll zuweilen weit nördlicher ziehen und selbst in Ägypten vorkommen (?) .

B. PICIDAE.

l. Bucconinae.

474. *Laimodon* (G. R. Gray) *melanocephalus*, Rüpp.

Pogonias melanocephalus Rüpp. Atl. t. 28. — In Sennaar und Kordofan (Rüpp.). Ist mir bis jetzt nie vorgekommen.

475. *Laimodon Vieilloti*, Leach.

Leach, Zoolog. Miscell. Vol. II, t. 97. — Überall südlich vom 14° N. B.

476. *Laimodon Brucei*, Rüpp.

Rüpp. N. Wirbelth. t. 20, f. 1. — In Abyssinien, Sennaar und Kordofan.

477. *Laimodon undatus*, Rüpp.

Rüpp. N. Wirbelth. t. 20, f. 2. — In Abyssinien und Sennaar.

*478. *Laimodon leucocephalus*, Heugl.

Heugl. Beitr. t. 27, f. 1. — Am weissen Fluss, südlich vom 8° N. B ziemlich häufig.

*479. *Laimodon diadematus,* Heugl.

Heugl. Beitr. t. 28, f. 1. — Bis jetzt blos im Lande der Kitsch-Neger am Bahr el abiad, zwischen dem 7—8⁰ N. B. gefunden.

480. *Laimodon laevirostris,* Leach.

Leach, Zool. Miscellany V. II, t. 77. — Häufig in Schoa.

481. *Barbatula* (Less.) *chrysocomus,* Temm.

Temm. Pl. col. t. 536. — Einzeln auf Gebüsch und Bäumen längs der Ufer fliessender Bäche in Sennaar und Abyssinien.

*482. *Trachyphonus* (Ranzani) *squamiceps,* Heugl.

Heugl. Beitr. t. 28, f. 2. — Im Lande der Kitsch-Neger am Bahr el abiad.

483. *Trachyphonus margaritatus,* Rüpp.

Rüpp. Atl. t. 20. — Häufig südlich vom 18⁰ N. B.

2. Picinae.

484. *Dendrobates* (Swainson) *Schoënsis,* Rüpp.

Rüpp. Syst. Übers. t. 33. — In Schoa.

485. *Dendrobates poicephalus,* Swainson.

Rüpp. Syst. Übers. t. 34. — In Sennaar, Kordofan und Abyssinien. Das Männchen hat einen schönen carmoisinrothen Scheitel.

486. *Dendrobates Hemprichii,* Ehrenb.

Rüpp. Syst. Übers. t. 35. — In Kordofan, Sennaar, Abyssinien und Fazoglo.

487. *Dendromus* (Swainson) *aethiopicus,* Hemprich.

Häufig südlich vom 20⁰ N. B.

488. *Dendromus (?) abyssinicus,* Stanley.

In Abyssinien. Von mir nicht beobachtet.

3. Yunginae.

489. *Yunx Torquilla,* Linn.

In Ägypten, Nubien, Abyssinien und Arabien. Wahrscheinlich blos im Winter.

490. *Yunx aequatorialis,* Rüpp.

Rüpp. Syst. Übers. t. 37. — In Schoa.

C. CUCULIDAE.

1. Indicaterinae.

491. *Indicator* (Le Vaill.) *archipelagicus,* Temm.

Temm. Pl. col. t. 542. — In Abyssinien, in Galabat und auf dem Bahr el abiad zwischen dem 4—5⁰ N. B.

*492. *Indicator albirostris,* Le Vaill. (?)

Vom Bahr el abiad, aus dem Lande der Bari-Neger. (5⁰ N. B.)

*493· *Indicator Barianus*, H e u g l.

> Vom Lande der Bari-Neger am Bahr el abiad (5º N. B.).

494. *Indicator minor*, L e V a i l l.

> Le Vaill. Ois. d'Afr. t. 242. — In Abyssinien und Galabat.

2. Coccysinae.

495. *Centropus* (Illig.) *senegalensis*, B r i s s.

> Descript. de l'Egypte t. 4, f. 1. — In Unter-Ägypten in kleinea Gesellschaften.

496. *Centropus Monachus*, R ü p p.

> R ü p p. N. Wirbelth. t. 21, f. 2. — In S.-Nubien. am weissen und blauen Fluss, am Atbara und in Abyssinien.

497. *Centropus superciliosus*, R ü p p.

> Rüpp. N. Wirbelth. t. 21, f. 1. — Südlich vom 18º N. B.

498. *Coccystes* (Glog.) *glandarius*, L i n n.

> Descr. de l'Egypte t. 4, f. 2. — In Ägypten, Nubien und Arabien, aber überall einzeln. Am häufigsten traf ich ihn bei Cairo, Siut und Dongola.

3. Cuculinae.

499. *Oxylophus* (S w a i n s o n) *afer*, L e a c h.

> Le Vaill. Ois. d'Afr. t. 209. — Am Bahr el abiad, in Fazoglo und Abyssinien.

500. *Oxylophus serratus* D a u d.

> Le Vaill. Ois. d'Afr. t. 208 — Wie der Vorige und einzeln bei Chartum.

*501· *Cuculus* (Linn.) *ruficollis*, H e u g l.

> *Cuculus lineatus*, S w a i n s o n (?) — *C. solitarius*, Le Vaill. Ois. d'Afr. t. 206 (?) — Einzeln im ganzen Gebiete des Bahr el abiad.

502. *Cuculus canorus*, L i n n.

> B u f f. Pl. enl. t. 811. — In Arabien, Ägypten und Nubien im Herbst und Frühjahr; einzelne verirrte Vögel bleiben bis Mai in Ägypten, und im Monate August habe ich in Nubien, und bei Chartum im September schon wieder junge Vögel auf dem Rückzuge ins Innere Afrika's angetroffen.

503. *Chrysococcyx* (B o j e) *Clasii*, L e V a i l l.

> Le Vaill. Ois. d'Afr. t. 212. — Auf dem Bahr el abiad, am blauen Fluss, in Galabat und Abyssinien; nördlich bis ins Mareb-Thal.

504. *Chrysococcyx cupreus*, L a t h.

> Vieill. Gal. t. 42. — Im Marebthale und den übrigen abyssinischen Tiefländern und südlich von Fazoglo.

505. *Chrysococcyx auratus*, L e V a i l l.

> Le Vaill. Ois. d'Afr. t. 210. — In Abyssinien, Sennaar und am Bahr el abiad.

IV. ORDNUNG. *COLUMBAE* (TAUBENVÖGEL).

Die Tauben heissen auf arabisch „Hamám", die Haustauben „Hamam beti" (حمام بيتى),
die Turteltauben „Gimmrie" (قمرى).

1. Columbinae.

506. *Palumbus* (Kaup) *Livia*, Linn.

Descr. de l'Egyte t. 13, f. 7. — Sturm, Fauna Deutschl. Vög.
t. 12. — Temm. Pig. t. 12. — Längs dem Nil bis ins südliche Nubien
paarweise und in grossen Flügen. Nistet vorzüglich in Felsen.

507. *Palumbus arquatrix*, Temm.

Le Vaill. Ois. d'Afr. t. 264. — Temm. Pig. t. 5. — In Flügen in
den abyssinischen Wald-Regionen.

508. *Palumbus guineus*, Linn.

Temm. Pig. t. 16. — In Abyssinien, Kordofan, Sennaar, Fazoglo
etc. Sowohl auf Bäumen als Felsen und Häusern. In Simehn bis auf
10,000 F. hoch.

509. *Palumbus albitorques*, Rüpp.

Rüpp. N. Wirbelth. t. 22, f. 1. — Auf Bäumen und Feldern in
ganz Abyssinien. Im März 1853 beobachtete ich ungeheure Flüge
dieser Taube auf den Hochebenen der Provinz Woggara.

2. Peristerinae.

510. *Geopelia* (Swainson) *humeralis*, Wagl.

C. abyssinica, Lath. — *C. Waalia*, Bruce. — Le Vaill.Ois. d'Afr.
t. 276. — Temm. Pl. col. t. 191. — In Abyssinien, Sennaar, Fazoglo,
Kordofan und am weissen Fluss in grossen Flügen auf Hochbäumen.

511. *Peristera* (Swainson) *chalcospilos*, Wagl.

Rüpp. Syst. Übers. t. 38. — In Sennaar, Abyssinien, Fazoglo
und Kordofan. In ungemein grosser Anzahl in der Provinz Galabat.

512. *Turtur auritus*, Ray.

Col. turtur, Linn. — Temm. Pig. t. 42. — In kleinen Gesellschaften und grösseren Flügen im Frühjahr und Herbst in ganz
N. O. Afrika.

513. *Turtur risorius*, Linn.

Le Vaill. Ois. d'Afr. t. 268. — Temm. Pig. t. 44. — Einzeln in
Ägypten und südwärts bis Abyssinien.

514. *Turtur aegyptiacus*, Temm.

Descr. de l'Egypte Ois. t. 9, f. 3. -- Sehr häufig in ganz
N. O. Afrika.

515. *Turtur senegalensis,* Linn.

Südwärts vom 21° N. B.

516. *Turtur lugens,* Rüpp.

Rüpp. N. Wirbelth. t. 22, f. 2. — Häufig in den abyssinischen Hochländern.

517. *Turtur semitorquatus,* Rüpp.

Rüpp. N. Wirbelth. t. 23, f. 2. — Nicht selten in ganz Abyssinien, mit Ausnahme der höchsten Gebirge.

518. *Turtur bronzinus,* Rüpp.

Rüpp. N. Wirbelth. t. 23, f. 1. — Von Dr. Rüppell in den Thälern von Simehn beobachtet.

519. *Ectopistes* (Swainson) *capensis,* Lath.

Le Vaill. Ois. d'Afr. t. 273. — Vom 20° N. B. an südlich überall mit Ausnahme der Gebirgsgegenden. Bei Abu-Harahs am blauen Flusse traf ich sie im December 1853 zu vielen Tausenden.

V. ORDNUNG. *GALLINAE* (HÜHNERVÖGEL).

1. Meleagrinae.

520. *Numida* (Linn.) *ptilorhyncha,* Licht.

Rüpp. Syst. Übers. t. 39. — Nicht nördlich vom 16° N. B. — Überall in Steppen, Buschwerk und Wäldern in Ketten oft bis zu Tausenden beisammen. Von mir in Abyssinien nicht höher als etwa 8000 F. beobachtet. Heisst auf arabisch „Didjadj el Wadi" (دجاج الوادي).

2. Perdricinae.

521. *Ptilopachus* (?) (Swainson) *ventralis,* Valenciennes.

Perdix fusca, Vieill. Gal. t. 212. — In bergigen und felsigen Gegenden in Kordofan, Fazoglo und namentlich häufig in der Kolla von W.-Abyssinien. In Ketten bis zu 12 und 15 Stück.

522. *Ptilopachus Heyi,* Temm.

Temm. Pl. col. t. 328. — In zahlreichen Ketten in den Bergen und Vorbergen der sinaitischen Halbinsel, und im nördlichen Theile des eigentlichen Arabien. Heisst in Arabien „Hadjel" (هدجل).

523. *Chacura* (Hodgson) *Chukar,* Gray.

Gray, Ind. Zool. Vol. I, t. 54. — (*Chacura graeca,* Briss.?) — Paarweise und in grossen Ketten in den Gebirgen der sinaitischen Halbinsel. Heisst dort „Senna".

524. *Chacura melanocephala,* Rüpp.

Rüpp. N. Wirbelth. t. 5. — In Ketten in den Felsgebirgen längs der arabischen Küste.

*525. *Francolinus* (**Briss.**) *Francolinus*, **Linn.**

Nach Dr. **Rüppell** (**N. Wirbelth. S. 11**) im Winter einigemal im Delta beobachtet.

526. *Francolinus Erkelii*, **Rüpp.**

Rüpp. N. Wirbelth. t. 6. — Nicht selten in den abyssinischen Gebirgen östlich vom Tana-See paarweise und in kleinen Ketten.

527. *Francolinus Rüppellii*, **G. R. Gray.**

Perdix Clappertonii, **Rüpp. Atl. t. 9.** — Arabisch „Didjadj el gesch" (دجاج القش).— Häufig in grossen Ketten in Kordofan, Sennaar, Fazoglo und Abyssinien.

*528. *Francolinus icteropus*, **Heugl.**

Heugl. Beitr. t. 29. — Paarweise auf den Gebirgen von Simehn in Abyssinien gefunden.

529. *Francolinus gutturalis*, **Rüpp.**

Rüpp. Syst. Übers. t. 40. — Paarweise in den abyssinischen Gebirgen.

530. *Francolinus pileatus*, **A. Smith.**

Smith, Ill. of Sauth-Afr. t. 14. — In Schoa.

531. *Francolinus rubricollis*, **Rüpp.**

Rüpp. Atl. t. 30. — In Ketten und paarweise an den Abfällen von Ost-Abyssinien.

532. *Coturnix communis*, **Bonnat.**

Buff. Pl. enl. t. 170.—Arabisch „Es-seman"(السّمان). — Sehr häufig im Herbst an der ägyptischen Küste, zieht aber über den Winter südlich; in Abyssinien um den Tana-See traf ich sie häufig im Januar und März, ebenso im November in Kordofan; im Frühjahre bis Mai in Ägypten und Arabien.

*533. *Coturnix crucigera*, **Heugl.**

Heugl. Beit. t. 30. — Blos ein Individuum am Bahr el abiad bei den Bari-Negern zwischen dem 4—5° N. B. gefunden.

*534. *Coturnix strictus*, **Cuv.** (?)

Temm. Pl. col. t. 82. — Bei Ben-Ghasi eingesammelt.

3. Pteroclinae.

Alle Sandhühner heissen auf arabisch „Gátta" (قطا), daher auch der spanisch-maurische Name „Al-cháta".

535. *Pterocles* (**Tem.**) *Alchata*, **Linn.**

Buff. Pl. enl. t. 105 und 106. — In der lybischen Wüste bei Ben-Ghasi, Tunis etc. etc.

536. *Pterocles* (Temm.) *senegalensis*, Lath.

Pt. guttatus, Licht. — Buff. Pl. enl. t. 130. — Temm. Pl. col. t. 345. — In Wüsten und Steppen von Unter-Ägypten an südlich überall gemein, oft in ungeheuren Flügen.

537. *Pterocles exustus*, Temm.

Pl. col. t. 354 und 360. — In ganz N. O. Afrika und Arabien.

538. *Pterocles coronatus*, Licht.

Temm. Pl. col. t. 339 und 340. — In Nubien und Kordofan in grossen Flügen.

539. *Pterocles Lichtensteinii*, Temm.

Temm. Pl. col. t. 355 und 361. — Wie der Vorhergehende.

*540. *Pterocles quadricinctus*, Temm.

Vieill. Gal. pl. 220. — *Pt. fasciatus*, Licht. (?) — Blos einzeln oder in Gesellschaften von 3—6 Stücken in den Wald-Regionen von Sennaar und Abyssinien.

541. *Pterocles gutturalis*, A. Smith.

Smith, Ill. of South-Afr. t. 3 und 31. — Am Mareb, in der Umgegend von Adoa und Axum, und in Schoa.

4. Hemipodinae.

*542. *Ortyxelos* (Vieill.) *isabellinus*, Heugl.

Heugl. Beitr. t. 31. — *Hemipodius nivosus*, Swains. (?) — *H. Meiffrenii*. Temm. Pl. col. t. 60, f. 1 (?) — Einzeln und paarweise in den Steppen von Kordofan.

*543. *Turnix* (Bonnat.) *andalusicus*, Gmel.

Hemipod. tachydromus, Temm. — In der Provinz Scherkie in Unter-Ägypten auf Klee-Wiesen beobachtet, ohne eingesammelt werden zu können; in der Gegend von Benghasi und Tripolis häufig eingesammelt.

VI. ORDNUNG. *CURSORES* (LAUFVÖGEL).

1. Struthioninae.

544. *Struthio Camelus*, Linn.

Arabisch „Náameh" (نَعَامَة).

Paarweise in grossen Gesellschaften in Ägypten, Nubien, Kordofan, der abyssinischen Küste und längs des blauen und weissen Flusses. Am häufigsten traf ich ihn in Ost-Sennaar und einzelnen Theilen Kordofans, namentlich bei den Kababisch und Dar-Hammr. — Merkwürdig ist das Baden der Strausse im Meere; an heissen Tagen nämlich sieht man oft grosse Truppen an Sandbänken und flachen Ufern weit vom Lande entfernt, bis um den Oberhals im Wasser stehend, stundenlang an den abyssinischen Küstenländern. In gebirgigen Gegenden kommt der Strauss nie vor, auch zieht er Steppenlandschaft der freien Wüste vor;

er ist, wie überall, äusserst scheu und furchtsam und blos bei Stürmen und Gewitterregen lässt er sich leicht erschleichen.

Die Kraft des Thieres ist ausserordentlich und es setzt sich — in die Enge getrieben — mit seinen Füssen fürchterlich zur Wehre. In der lybischen Wüste und in Mittel-Ägypten nordwärts bis Cairo habe ich nie selbst Strausse beobachtet, doch versicherte mich unter andern ein sehr zuverlässiger Jäger, der Prinz Halim Pascha, dass er, einige Tagreisen von Cairo entfernt, sogar frisch zerstörte Brutplätze derselben gefunden.

2. Otidinae.

545. *Houbara* (Bonap.) *undulata*, Jacq.

Otis *Houbara*, Linn. — Vieill. Gal. t. 227. — Naum. V. D. t. 170. — Arabisch „Hubara" (حُبَارَى), wie alle übrigen Trappen im Süden. — Nach Rüppell einzeln in N. O. Afrika. In der lybischen Wüste ist sie nicht selten, in Ägypten selbst habe ich sie dagegen nie gesehen und ich fand nur einmal in der Nähe des Djebel Atága am rothen Meere frische Fährten, die möglicher Weise diesem Vogel angehörten.

546. *Houbara Nuba*, Rüpp.

Otis *Nuba*, Rüpp. Atl. t. 1. — In den Steppen des südlichen Nubien und in N.-Kordofan ziemlich häufig.

547. *Lissotis* (Reichenb.) *melanogaster*, Rüpp.

Rüpp. N. Wirbelth. t. 7. — Rüpp. Syst. Übers. t. 41. — Sehr häufig am Tana-See in Abyssinien, in den Steppen von Ost-Sennaar (bei Djebel Atesch, Kedaref, in Taka etc.), am Bahr el abiad und einzeln in den Kolla-Ländern von W. und N.-Abyssinien.

548. *Lissotis senegalensis*, Vieill.

Otis *Rhaad*, Lath., — O. *Barrowii*, Gray. — Rüpp. Mus. Senkenb. Vol. II, t. 15. — Häufig in Schoa.

*549. *Lissotis semitorquata*, Heugl.

Heugl. Beitr. t. 32. — Einzeln in den Steppenländern der Schilluk-Neger am Bahr el abiad.

*550. *Lissotis afra*, Lath.

L. *afroides*, A. Smith, Birds of South-Afr. t. 19. — In Fazoglo und Beni Schangollo, wahrscheinlich auch in den Steppen von Ost-Sennaar.

551. *Eupodotis* (Less.) *Arabs*, Linn.

Rüpp. Atl. t. 16. — Häufig in Sennaar, Kordofan, Süd-Nubien und um den weissen Fluss und Sobat. Soll einzeln in Ägypten vorkommen.

Anm. Wenn ich nicht irre, hat Seine Hoheit der Herzog Paul von Würtemberg auch Otis *Caffra* oder Otis *Ludwigii* Rüpp. in Sennaar oder in Kordofan gefunden.

*552. *Otis Tetrax*, Linn.

Naum. V. D. t. 169. — Einzeln im Winter an der ägyptischen Küste, vorzüglich bei Pelusium, el-Arisch etc. Häufiger erhielt ich ihn um die Syrten und im Innern des Cyrenaica.

VII. ORDNUNG. *GRALLATORES* (WADVÖGEL).

A. CHARADRIDAE.

1. Oedicneminae.

553. *Oedicnemus* (Temm.) *crepitans*, Linn.

Buff. Pl. enl. t. 919. — Naum. V. D. t. 172. — Arabisch „Karawán chéti" (كروان حطى). — Sehr gemein in ganz N. O. Afrika.

554. *Oedicnemus affinis*, Rüpp.

Rüpp. Syst. Übers. t. 42. — An der abyssinischen Küste und an den Ufern des Bahr el abiad, südlich vom 6° N. O.

2. Cursorinae.

*555. *Cursorius* (Lath.) *cinctus*, Heugl.

Heugl. Beitr. t. 33. — Am Bahr el abiad, unterm 4° N. B. aufgefunden.

556. *Cursorius europaeus*, Lath.

C. isabellinus, Auct. — Buff. Pl. enl. t. 795. — Naum. V. D. t. 171. — Arabisch „Karawán gebelli" (كروان جلى). Familienweise in ganz N. O. Afrika mit Ausnahme der Gebirgsgegenden; in Steppenlandschaft und Wüsten.

557. *Cursorius chalcopterus*, Temm.

Temm. Pl. col. t. 298. — In kleinen Familien am blauen Fluss und in Ost-Sennaar.

558. *Cursorius senegalensis*, Licht.

C. Temminckii Swains. Birds of West. Afr. II. t. 24. — In Flügen am Tana-See in Abyssinien.
Ost-Sennaar und am Tana-See.

559. *Pluvianus* (Vieill.) *aegyptiacus*, Linn.

Descr. de l'Egypte t. 6, f. 4. — Arabisch „teer el temsach" (طير التماح). Sehr häufig längs des Nil bis zum 12° N. B.

3. Charadrinae.

560. *Glareola* (Briss.) *Pratincola*, Linn.

G. torquata, Buff. Pl. enl. t. 882. — Häufig in ganz N. O. Afrika und im peträischen Arabien; am zahlreichsten auf dem weissen Fluss und in Kordofan im Frühjahr bis zum Anfang der Nil-Überschwemmung.

561. *Glareola limbata*, Rüpp.

Rüpp. Syst. Übers. t. 43. — In Abyssinien und an der arabischen Küste; ein Exemplar meiner Sammlung ist auch in Nubien bei Dongola eingesammelt worden.

*562. *Glareola melanoptera*, Nordmann.

G. Nordmanni, Fischer. — *G. brachydactyla* (?) — In kleinen Familien auf Feldern und Wiesen in Ägypten und Nubien. Am häufigsten traf ich sie im October 1851 im Fajum in Mittel-Ägypten.

563. *Vanellus* (Briss.) *cristatus*, Mayer et Wolf.

Buff. Pl. enl. t. 242. — Naum. V. D. t. 179. — Im Winter und Frühjahr in grossen Flügen und einzeln in Ägypten und Arabien.

564. *Vanellus coronatus*, Linn.

Buff. Pl. enl. t. 800. — Nach Rüppell ziemlich häufig in Nubien.

565. *Vanellus Villotaei*, Savigny.

V. leucurus, Licht. — Descr. de l'Egypte t. 6, f. 2. — In Nubien, Sennaar, Kordofan, seltener in Ägypten, wo ich ihn blos im Fajum antraf.

*566. *Vanellus pallidus*, Heugl.

Heugl. Beitr. t. 34, f. 2. — *Vanellus gregarius*, Pallas (?) — In grösseren Flügen in den Steppen von Ost-Sennaar und Taka.

*567. *Vanellus macrocercus*, Heugl.

V. gregarius Pallas (?) — Heugl. Beitr. t. 34, f. 1. — An den Ufern und in den Steppen um den Bahr el abiad südlich vom 10° N. B.

568. *Lobivanellus* (Strickland) *melanocephalus*, Rüpp.

Rüpp. Syst. Übers. t. 44. — In kleinen Gesellschaften in den abyssinischen Gebirgslandschaften.

569. *Lobivanellus senegalensis*, Linn.

Vanellus lateralis, A. Smith. Ill. of South-Afr. t. 23. — In Abyssinien und am Bahr el abiad.

*570. *Squatarola* (Cuv.) *helvetica*, Briss.

Naum. V. D. t. 178. — *Vanellus varius*, Briss. — *V. melanogaster*, Bechst. — Im Winter einzeln in Unter-Ägypten.

571. *Hoplopterus* (Bonap.) *spinosus*, Hasselq.

Descr. de l'Egypte t. 6, f. 3. — Heisst auf arabisch „Siqsaq" (سقـاق). — Gemein in ganz N. O. Afrika.

572. *Sarkiophorus* (Strickland) *pileatus*, Linn.

Buff. Pl. enl. t. 834. — In kleinen Gesellschaften in den Steppen von Nubien, Kordofan und Sennaar.

*573. *Charadrius pluvialis,* Linn.

  Ch. auratus, Sukow. — Naum. V. D. t. 173. — Im Winter in Gesellschaften an der ägyptischen Küste.

574. *Charadrius melanopterus,* Rüpp.

  Rüpp. Atl. t. 31. — Häufig in Abyssinien, nach Dr. Rüppell auch in Nubien.

575. *Aegialites* (Boje) *cantianus,* Lath.

  Naum. V. D. t. 176. — Im Winter in Ägypten und Nubien.

576. *Aegialites hiaticula,* Linn.

  Naum. V. D. t. 175. — Descr. de l'Egypte t. 14, f. 1. — Im Winter in Unter-Ägypten.

*577. *Aegialites hiaticuloides,* Heugl.

  Heugl. Beitr. t. 35, f. 2. — Einzeln in Abyssinien und Galabat.

*578. *Aegialites auritus,* Heugl.

  Am Bahr el abiad, zwischen dem 4 — 6° N. B.

579. *Aegialites minor,* Mayer et Wolf.

  Naum. V. D. t. 177. — Buff. Pl. enl. t. 921. — Nicht selten in Ägypten, Nubien und am rothen Meer.

*580. *Aegialites albifrons,* Cuv. (?)

  Von Herzog Paul von Würtemberg am blauen Fluss eingesammelt.

*581. *Aegialites cinereocollis,* Heugl.

  Heugl. Beitr. t. 35, f. 1. — *Aeg. bitorquatus,* Licht. (?) — Einzeln an den abyssinischen Gebirgswässern.

582. *Aegialites indicus,* Lath.

  Nach Rüppell ziemlich häufig am rothen Meer.

583. *Aegialites Geoffroyi,* Wagl.

  Wagl. Syst. Avium. Sp. 19. — Wie der Vorhergehende.

*584. *Aegialites longipes,* Heugl.

  Heugl. Beitr. t. 35, f. 3. (Vielleicht identisch mit dem Folgenden.) — Nicht selten in Nubien und am Bahr el abiad.

585. *Aegialites pecuarius,* Temm.

  Temm. Pl. col. t. 183. — Nach Rüppell in Ägypten.

*586. *Aegialites ruficollis,* Heugl.

  Heugl. Beitr. t. 35, f. 4 und 5. — Am Bahr el asrak und in Kordofan.

        4. Claclinae.

587. *Eudromias* (Boje) *Morinellus,* Linn.

  Strepsilas interpres, Ill. — Buff. Pl. enl. t. 856. — Naum. V. D. t. 176. — Im Winter in Ägypten und am rothen Meer. Im December 1851 beobachtete ich grosse Flüge dieser Art zwischen Sakkara und dem Fajum in der Wüste.

*588· *Eudromias asiaticus*, Pall.

> *Charadr. jugularis*, Wagl. — Im Winter an den Küsten des rothen und mittelländischen Meeres.

*589· *Strepsilas* (Illig.) *interpres*, Linn.

> *Morinella collaris*, Mayer. — Naum. V. D. t. 180. — Im Winter bis Monat Mai in kleinen Flügen am mittelländischen Meer. Verlässt Ägypten im vollständigen Hochzeitskleid.

5. Haematopodinae.

590. *Haematopus Ostralegus*, Linn.

> Buff. Pl. enl. t. 929. — Naum. V. D. t. 181. — Einzeln im Winter an der ägyptischen Küste. Das ganze Jahr über gemein am rothen Meer.

591. *Haematopus niger*, Cuv.

> Nach Dr. Rüppell einmal auf der Insel Dahlak im Archipel von Massaua erlegt.

B. ARDEIDAE.

1. Gruinae.

592. *Grus* (Pall.) *cinerea*, Bechst.

> Naum. V. D. t. 231. — Buff. Pl. enl. t. 769. — Überwintert in ungeheuren Schaaren am weissen und blauen Fluss und in Kordofan; im Frühjahr und Herbst auf dem Durchzuge in Nubien und Ägypten.

593. *Grus carunculata*, Lath.

> Nach Dr. Rüppell einzeln in Schoa.

594. *Anthropoides* (Vieill.) *Virgo*, Linn.

> Buff. Pl. enl. t. 241. — Naum. V. D. t. 232. — Arabisch „Raho"
> (رهو). — Im Winter in unzähligen Schaaren am weissen und blauen Fluss und in Kordofan, wo er vorzüglich von Durrah und Dochen lebt.

595. *Balearica* (Briss.) *pavonina*, Linn.

> Buff. Pl. enl. t. 265 (?) — Arabisch „Gharnúb" (غرنوب). — Ich kann nicht bestimmen, ob diese Art wirklich verschieden von *B. regulorum*, vom Caplande ist.
>
> Der Kronenkranich lebt in grossen Schaaren am Tana-See in Abyssinien, am ganzen weissen und blauen Fluss und in Kordofan. Im Sommer scheint er sich mehr nach Süden zu ziehen, doch fand ich einzelne brütende Paare schon in der Nähe der Schilluk-Inseln zwischen dem 12 u. 13° N. B. im November. Weiter im Süden scheint er noch später zu brüten, da ich junge Vögel im März vom Sobat erhielt, die kaum zwei Monate alt sein konnten.

2. Ardeinae.

Die grossen Reiher heissen auf arabisch „Balaschán" (بلشان).

596. *Ardea cinerea,* Linn.

Buff. Pl. enl. t. 755. — Naum. V. D. t. 220. — Nicht selten in ganz N. O. Afrika.

597. *Ardea purpurea,* Linn.

Buff. Pl. enl. t. 788. — Naum. V. D. t. 221. — In ganz N. O. Afrika einzeln, scheint auch hier zu brüten. Im Herbst 1853 beobachtete ich einen grossen Flug dieser Vögel bei den Ruinen von Sobah am blauen Fluss.

598. *Ardea Goliath,* Rüpp.

Rüpp. Atl. t. 26. — Einzeln am Tana-See, und am weissen und blauen Fluss. (Kommt auch in Süd-Afrika am Port Natal vor.)

599. *Ardea atricollis,* Vieill.

A. *nigricollis,* Auct. — A. Smith. Ill. of South- Afr. t. 86. — Wagl. Syst. Avium Sp. 1. — Nicht selten in Abyssinien und Ost-Sennaar. Hält sich meist auf freiem Felde und nicht am Wasser auf.

600. *Egretta* (Briss.) *alba,* Linn.

Nach Dr. Rüppell in Unter-Ägypten.

601. *Egretta orientalis,* Gray.

Gray, Ind. Zool. Vol. 1, t. 65. — Nach Dr. Rüppell häufig in N. O. Afrika. Ich kenne den Unterschied dieser von der vorhergehenden Art nicht, und alle von mir in Ägypten, Nubien, Abyssinien und am Bahr el abiad erlegten grossen Silberreiher scheinen mir einer und derselben Species anzugehören.

602. *Egretta Garzetta,* Linn.

Naum. V. D. t. 223. — Häufig in ganz N. O. Afrika, vielleicht in zwei Arten, indem ich in Ägypten öfter kleine Silberreiher im schönsten Schmuckkleide erlegte, welche rein weisse Iris hatten, und bei denen die Zehen und fast ¼ des Tarsus gelb gefärbt waren. Die kahle Stelle am Auge ist violett.

*603. *Egretta schistacea,* Ehrenb.

Ehrenb. Symb. t. 6 — A. *albicollis,* Vieill. Gal. t. 253 (?) — An den Ufern des rothen Meeres.

604. *Egretta flavirostris,* Temm.

Wagl. Syst. Avium. Sp. 9. — In Kordofan.

*605. *Egretta concolor,* Heugl.

Heugl. Beitr. t. 39. — Blos ein Exemplar am Sobat-Flusse eingesammelt.

606. *Egretta ardesiaca*, Wagl.

Wagl. Syst. Avium Sp. 20. — Am Bahr el abiad.

607. *Buphus* (Boje) *russatus*, Wagl.

Wagl. Syst. Avium Sp. 12. — *B. bubulcus*, Savigny, Descr. de l'Egypte t. 8, f. 1. — Arabisch „Abu Gördán" (ابو قردان).

608. *Buphus coromandelicus*, Licht.

Diese beiden Reiher hält Dr. Rüppell für unbezweifelt verschiedene Arten, was ich nicht widersprechen kann, da ich keinen ägyptischen zum Vergleiche bei Handen habe. Ich fand sie sehr häufig in Ägypten, Nubien, Abyssinien und auf dem weissen Fluss. *B. bubulcus* brütet in Unter-Ägypten in grossen Gesellschaften in Mimosen-Wäldern im Monate August.

609. *Buphus ralloides*, Scop.

Ard. comata, Pallas. — Buff. Pl. enl. t. 348. — Naum. V. D. t. 224. — Einzeln in ganz N. O. Afrika. Am häufigsten traf ich ihn in den Monaten Juni und Juli zwischen Assuan und Dongola am Nil.

*610. *Buphus leuconotos*, Wagl.

Wagl. Syst. Avium. Sp. 33. — Sehr einzeln am blauen Fluss.

*611. *Buphus griseus*, Buff.

Buff. Pl. enl. t. 908. — *A. scapularis*, Illig. — Nicht selten in Nubien und am blauen und weissen Fluss. Ich glaube ihn auch in Abyssinien beobachtet zu haben.

*612. *Ardeola* (Bonap.) *minuta*, Linn.

Buff. Pl. enl. t. 323. — Naum. V. D. t. 227. — Einzeln im Herbst in Nubien, nach Dr. Rüppell auch in Abyssinien, wahrscheinlich auch in Ägypten.

*613. *Ardeola pussilla*, Heugl.

A. cancrophaga, Smith, Ill. of South-Afr. t. 91 (?) — Einzeln am Ufer der Schilluk-Inseln.

614. *Botaurus* (Briss.) *stellaris*, Linn.

Buff. Pl. enl. t. 789. — Naum. V. D. t. 226. — Im Winter und Frühjahr in Ägypten, am rothen Meer und in Abyssinien; hier vielleicht Standvogel.

615. *Scotaeus* (Keys. et Blas.) *Nycticorax*, Linn.

Buff. Pl. enl. t. 758. — Naum. V. D. t. 225. — In ganz N. O. Afrika. Im Süden wohl blos im Winter. Im März und April 1853 begegnete ich grossen, offenbar im Wandern begriffenen Flügen am Tana-See in Abyssinien.

*616. *Scotaeus guttatus*, Heugl.

Am Sobat-Fluss unterm 9° N. B.

*617. *Scotaeus* (?) . . . . (?).

In kleinen Flügen am Tana-See in Abyssinien. Kleiner als *Sc. Nycti-corax*, dunkel schiefergrau, mit orangegelben Weichtheilen. Konnte leider nicht erlegt werden.

618. *Scopus* (Briss.) *Umbretta*, Linn.

Paarweise in Sennaar, am weissen Fluss und in Abyssinien. Ziemlich häufig.

619. *Platalea leucorodia*, Linn.

Buff. Pl. enl. t. 405. — Naum. V. D. t. 231. — Arabisch „Abu Málaga" (ابو ملاعه). — Längs des ganzen Nil; im Winter sehr häufig in Unter-Ägypten. — Vielleicht zwei Arten.

620. *Platalea tenuirostris*, Temm.

Häufig am blauen und weissen Fluss und in den Sümpfen von Kordofan.

*621. *Platalea* . . . . (?).

In Gesellschaften im südlichen Nubien und längs des Bahr el abiad.

3. Ciconinae.

622. *Anastomus* (Bonnat.) *lamelligerus*, Illig.

Temm. Pl. col. t. 236. — Häufig am Tana-See, dem blauen und weissen Fluss und in grossen Schaaren in den Fulen von Kordofan.

*623. *Balaeniceps rex*, Gould.

Heugl. Beitr. t. 40. — Selten, namentlich während der Regenzeit, am weissen Fluss im Lande der Nuer- und Kitsch-Neger, häufiger an den Flüssen Faf, Nam und Niebohr westlich vom Bahr el abiad; in grossen Schaaren im Schilf und Ambatsch-Gebüsch, auf dem er nistet.

624. *Dromas Ardeola*, Paykul.

Temm. Pl. col. t. 362. — In kleinen Gesellschaften am Ufer des rothen Meeres.

625. *Ciconia alba*, Linn.

Naum. V. D. t. 228. — Arabisch „Badjáh" (بداح). — In N. O. Afrika als Zugvogel. Überwintert in Durrah-Feldern in Ost-Sennaar in grossen Schaaren.

626. *Ciconia nigra*, Linn.

Buff. Pl. enl. t. 399. — Naum. V. D. t. 229. — In ganz N. O. Afrika einzeln und in kleinen Gesellschaften.

627. *Ciconica leucocephala*, Linn.

Buff. Pl. enl. t. 906. — In Abyssinien und am Bahr el asrak und abiad paarweise.

628. *Sphenorhynchus* (Hempr.) *Abdimii*, Licht.

Rüpp. Atl. t. 8. — Arabisch „Sinbila" (سنبلة). — Überwintert in Abyssinien; in Sennaar, Nubien und Kordofan erscheint er als Verkünder der Regenzeit im Mai und Juni, und verschwindet, nachdem die Jungen flügg geworden sind, im November gänzlich.

629. *Mycteria* (Linn.) *ephippiorhyncha*, Temm.

Rüpp. Atl. t. 4. — Einzeln in Abyssinien und Galabat, häufiger auf dem blauen und weissen Fluss und in den Fulen von Kordofan.

*630. *Mycteria senegalensis*, Shaw.

Am Bahr el abiad und in Ost-Sennaar.

631. *Leptoptilos* (Less.) *Argala*, Linn.

Temm. Pl. col. t. 301. — Arabisch „Abu-Sen" (ابو سن). — Nicht selten südlich vom 18° N. B. In grossen Flügen zu vielen Hunderten fand ich ihn im April 1853 in den Quellenländern des Rahadflusses.

4. **Tantalinae.**

632. *Tantalus Ibis*, Linn.

Buff. Pl. enl. t. 389. — Das ganze Jahr über in Sennaar und am weissen Fluss. Während der Regenzeit nördlich bis Ober-Ägypten.

633. *Ibis* (Briss.) *aethiopica*, Latb.

I. religiosa, Cuv. — Arabisch „Naädje" (نعيمة). — Im Winter ungemein häufig am Tana-See in Abyssinien; am blauen und weissen Fluss, in Nubien und Kordofan. Brütet nordwärts bis gegen Wadi Halfa, im Juli, — sehr häufig aber bei den Schilluk-Inseln auf dem weissen Fluss im September und October.

634. *Harpiprion* (Wagl.) *carunculatus*, Rüpp.

Rüpp. N. Wirbelth. t. 19. — In grossen Schaaren im Frühjahr auf Wiesen und Feldern in Abyssinien; geht bis 10.000 Fuss hoch. Nach Rüppell während der Winterregen an der abyssinischen Küste.

635. *Harpiprion Hagedash*, Sparrmann.

Vieill. Gal. t. 246. — Nicht selten am blauen und weissen Fluss in Steppenlandschaften.

636. *Geronticus* (Wagl.) *comatus*, Ehrenb.

Rüpp. Syst. Übers. t. 45. — Im Winter an der abyssinischen Küste; im Februar 1853 fand ich ihn auf der Hochebene von Woggara in grossen Flügen, gemeinschaftlich mit *H. carunculata*. Er scheint in Abyssinien zu brüten; der junge Vogel hat ein schmutzigweisses ganz befiedertes Gesicht, und erst am Halse geht diese Farbe nach und nach in die schiefergraue Farbe der Halsbasis über.

637. *Falcinellus* (Ray) *igneus*, Gmel.

    Ibis Falcinellus, Vieill. Gal. t. 301. — In ganz N. O. Afrika — vielleicht in zwei sich sehr ähnlichen Arten. — Meine Exemplare von Abyssinien und vom Bahr el abiad sind um $\frac{1}{4}$—$\frac{1}{3}$ kleiner als die europäischen.

C. SCOLOPACIDAE.

638. *Numenius* (Ray) *Arquata*, Lath.

    Buff. Pl. enl. t. 818. — Nach Rüppell häufig in Unter-Ägypten und an der abyssinischen Küste im Winter.

639. *Numenius tenuirostris*, Vieill.

    Savi, Orn. tosc. II. p. 324. — Im Herbst und Frühjahr im Durchzuge längs des Nil. In Chartum erscheint er schon Ende August und Anfangs September, und im April auf der Wanderung. Bei Alexandria im April in der Wüste in grossen Schaaren beobachtet.

640. *Numenius phaeopus*, Lath.

    Buff. Pl. enl. t. 842. — Im Winter in kleinen Gesellschaften längs des Nilstromes.

641. *Numenius syngenicos*, v. d. Mühle (?)

    Ein Exemplar vom Cap Rasat.

642. *Glottis chloropus*, Nilson.

    Totanus glottis, Auct. — Im Winter häufig, im Sommer einzelner in ganz N. O. Afrika.

643. *Totanus* (Ray) *stagnatilis*, Bechst.

    Buff. Pl. enl. t. 876. — Einzeln in ganz N. O. Afrika bis Kordofan und Abyssinien. Ob er im Sommer bleibt, kann ich nicht bestimmt versichern, doch erlegte ich ihn Ende April in Galabat im vollständigen Sommerkleid.

644. *Totanus Calidris*, Bechst.

    Descr. de l'Egypte t. 6, f. 1. — In grossen Flügen in ganz N. O. Afrika vom Herbst bis Ende Mai.

645. *Totanus Glareola*, Linn.

    Descr. de l'Egypte t. 14, f. 2. — Wie der Vorhergehende, einzeln auch den ganzen Sommer über.

646. *Totanus ochropus*, Linn.

    Buff. Pl. enl. t. 843. — Wie die Vorhergehenden, aber einzelner.

647. *Actitis* (Boje) *hypoleucos*, Linn.

    Buff. Pl. enl. t. 850. — Der gemeinste Strandläufer in ganz N. O. Afrika, doch ist er wie alle übrigen im Sommer seltener als zur Zugzeit.

648. *Limosa* (Briss.) *aegocephala*, Linn.

> *L. melanura*, Leisl. — Buff. Pl. enl. t. 874. — Vom Herbst bis Ende Frühlings in ungeheuren Flügen längs des Nilgebietes, vorzüglich aber in den Kordofanischen Sümpfen. Verlässt Ägypten im April und Mai im vollkommenen Sommerkleid.

649. *Machetes* (Cuv.) *pugnax*, Linn.

> Buff. Pl. enl. t. 305. — Sehr häufig in ganz N. O. Afrika vom August bis Mai. Im August 1852 traf ich bei Dongola viele männliche Vögel im Prachtkleid.

650. *Calidris* (Illig.) *arenaria*, Linn.

> Naum. V. D. t. 182. — Im Winter in kleinen Gesellschaften in Unter-Ägypten.

651. *Tringa* (Linn.) *subarquata*, Güldenst.

> Buff. Pl. enl. t. 851. — Im Winter in Ägypten und am rothen Meer.

652. *Tringa Cinclus*, Linn.

> *Tr. alpina*, Linn. — *Tr.Schinsii*, Brehm. — Buff.Pl. enl. t. 852. — In Ägypten und am rothen Meer vom October bis Ende Mai. Verlässt die Nordküste von Unter-Ägypten im vollkommenen Sommerkleid.

653. *Tringa Temminckii*, Leisl.

> *Tr. pusilla*, Bechst. — Temm. Pl. col. t. 41. — In ganz N. O. Afrika südlich bis zum 10° N. B. beobachtet. Bleibt wahrscheinlich theilweise den Sommer über hier zurück.

654. *Tringa minuta*, Leisl.

> Im Winter selten in Ägypten und am rothen Meer.

655. *Recurvirostra Avocetta*, Linn.

> Buff. Pl. enl. t. 353. — Vom Herbst bis Frühjahr in N. O. Afrika. Sehr häufig zuweilen in Kordofan und am rothen Meer.

656. *Himantopus* (Briss.) *vulgaris*, Bechst.

> Buff. Pl. enl. t. 878. — Das ganze Jahr über in N. O. Afrika, südlich bis Kordofan.

657. *Rhynchaea* (Cuv.) *variegata*, Vieill.

> Descr. de l'Egypte t. 14. — *R. bengalensis*, Linn. — Das ganze Jahr über in Ägypten, wo sie im Mai brütet. Im April 1853 schoss ich ein Exemplar in der Kolla West-Abyssiniens.

658. *Ascalopax* (Keys. et Blas.) *Gallinula*, Linn.

> Vom Herbst bis Mai nicht selten in Unter-Ägypten. Sie scheint auch dort zu brüten.

659. *Ascalopax Gallinago*, Linn.

> Buff. Pl. enl. t. 883. — Im Herbst und Frühjahr in ganz N. O. Afrika.

660. *Ascalopax aequatorialis*, Rüpp.

In Abyssinien. Ich fand sie häufig im Winter auf den Gebirgen von Simehn an Bächen.

*661· *Ascalopax major*, Gmelin.

Im Winter einzeln in Unter-Ägypten.

662. *Scolopax rusticola*, Linn.

Buff. Pl. enl. t. 885. — Im März einzeln in Gärten und Buschwerk bei Alexandria und Rosette.

D. PALAMEDEIDAE.

663. *Parra africana*, Linn.

Swains. Zool. Illustr. Ser. II, t. 6. — Gemein am Tana-See in Abyssinien, auf dem Bahr el abiad zwischen dem 7—9° N. B., seltener in Fazoglo.

E. RALLIDAE.

664. *Crex pratensis*, Bechst.

Rallus Crex, Linn. — Buff. Pl. enl. t. 750. — Im Winter einzeln in Ägypten und Arabien.

665. *Ortygometra* (Leach.) *Porzana*, Linn.

Einzeln in Ägypten, Abyssinien und Sudan. Ob Standvogel, kann ich nicht angeben.

666. *Ortygometra pygmaea*, Naum.

Gallin. Bailloni, Vieill. — Jardine et Selby, Illustr. t. 15. — Nach Rüppell in Ägypten und Arabien.

*667· *Ortygometra fasciata*, Heugl.

Heugl. Beitr. t. 37. — Am weissen Fluss 45° N. B.

*668· *Ortygometra erythropus*, Heugl.

Heugl. Beitr. t. 36. — Am Tana-See in Abyssinien und auf dem Bahr el abiad.

669. *Rallus aquaticus*, Linn.

Im Winter einzeln in Unter-Ägypten.

670. *Rallus (?) abyssinicus*, Rüpp.

Rüpp. Syst. Übers. t. 46. — Gemein in Abyssinien. Ein Exemplar erhielt ich auch vom Bahr el abiad.

671. *Gallinula* (Ray) *chloropus*, Linn.

Buff. Pl. enl. t. 877. — Im Winter in Ägypten und Arabien.

672. *Porphyrio* (Briss.) *aegyptiacus*, Heugl.

P. *hyacinthinus*, Temm. (?) — Gemein den Sommer über in Unter-Ägypten, vorzüglich in den Seen von Etku, Damiette und in Reisfeldern. Wenn ich mich recht erinnere, fehlt er aber dort im Winter. Mir scheint der ägyptische *Porphyrio* von der südeuropäischen und der in Algerien vorkommenden Art verschieden, da keine Beschreibung ordentlich auf ersteren passt, doch mangeln mir Exemplare des wahren P. *hyacinthinus*, um genaue Vergleichung anstellen zu können; der meinige ist nie blau-rückig, sondern der Hinterkopf und Rücken sind mehr pistaziengrün gefärbt; ich habe diese Art hier unter dem Namen P. *aegyptiacus* aufgestellt.

673. *Fulica atra*, Linn.

Buff. Pl. enl. t. 179. — Im Winter in grossen Schaaren auf den Seen Unter-Ägyptens.

674. *Fulica cristata*, Linn.

Buff. Pl. enl. t. 797. Häufig auf dem Tana-See in Abyssinien.

VIII. ORDNUNG. *NATATORES* (SCHWIMMVÖGEL).

A. ANATIDAE.

1. Phönicopterinae.

675. *Phönicopterus* (Linn.) *roseus*, Pall.

Ph. *antiquorum*, Temm. — Buff. Pl. enl. t. 63. — In grossen Flügen am Mittelmeer und seinen Brackwassern, einzeln auf der Nord-hälfte des rothen Meeres und am Nil bis Ober-Ägypten.

676. *Phönicopterus minor*, Vieill.

Vieill. Gal. t. 273. — In zahlreichen Schaaren auf den südlichen Theilen des rothen Meeres, einzeln am Bahr el abiad und am blauen Fluss.

*677. *Phönicopterus erythraeus*, Bonap. (?)

Häufig in den Syrten und ostwärts bis zum Cap Rasat.

2. Cygninae.

*678. *Cygnus* (Briss.) *Olor*, Linn.

Im Winter einzeln und in kleinen Flügen in Unter-Ägypten, vor-züglich bei Damiette.

*679. *Cygnus musicus*, Linn.

Wie der Vorhergehende.

3. Plectropterinae.

Alle Gänse heissen auf arabisch „Wuss" (وز).

680. *Plectropterus* (Leach) *gambensis*, Lath.
> Mus. Senkenb. Vol. 3, t. 1. — Häufig am Tana-See, am blauen und weissen Fluss.

681. *Sarkidiornis* (Eyton) *melanonotos*, Pennant.
> Vieill. Gal. t. 285. — Paarweise und in grösseren Gesellschaften in Schoa, am ganzen blauen und weissen Fluss und den Sümpfen Kordofans.

682. *Chenalopex* (Stephens) *aegyptiaca*, Linn.
> Buff. Pl. enl. t. 379. — Naum. V. D. t. 294. — In ganz N. O. Afrika. Häufiger am Nil als in Abyssinien, nicht am Meer.

4. Anserinae.

*683. *Anser* (Briss.) *albifrons*, Pennant.
> *Anas erythropus*, Linn. — *Anser intermedius*, Naum. V. D. t. 288. — Im Winter zahlreich an den unterägyptischen Seen.

*684. *Bernicla* (Briss.) *Brenta*, Pall.
> *Anas torquata*, Belon. — Naum. V. D. t. 292. — Im Winter in kleinen Gesellschaften in Unter-Ägypten.

685. *Bernicla cyanoptera*, Rüpp.
> Rüpp. Syst. Übers. t. 47. — In Schoa. Im Februar und März traf ich sie nicht selten paarweise auf den Hochebenen von Woggara in Abyssinien an Mooren und Wildbächen, und meist in Gesellschaft von *Harpiprion carunculata* und *Anas leucostigma*.

5. Anatinae.

Die Enten heissen auf arabisch „Bat" (بط).

686. *Dendrocygna* (Swainson) *viduata*, Linn.
> Buff. Pl. enl. t. 808. — In grossen Flügen am Bahr el abiad und Bahr el asrak, am Tana-See und den Sümpfen Kordofans.

*687. *Dendrocygna arcuata* Cuv.
> Häufig mit der Vorhergehenden in Kordofan.

*688. *Vulpanser* (Keys. et Blas.) *Tadorna*, Linn.
> Naum. V. D. t. 298. — Gemein im Winter in Unter-Ägypten, im März an den Seen der Provinz Fajum, wo er wahrscheinlich brütet.

689. *Casarca* (Bonap.) *rutila*, Pall.
> Descr. de l'Egpte t. 10, f. 1. — Naum. V. D. t. 299. — In kleinen Flügen in Unter- und Mittel-Ägypten bis zum Monat Mai. Heisst dort „*Wuss el faraun*".

690. *Poëcilonitta* (Eyton) *erythrorhyncha*, Linn.

Smith, Ill. of South-Afr. t. 104. — Nach Rüppell häufig in Sennaar und Abyssinien.

691. *Mareca* (Steph.) *Penelope*, Linn.

Buff. Pl. enl. t. 825. — Naum. V. D. t. 305. — Im Winter in Ägypten häufig; nach Rüppell auch in Abyssinien.

692. *Cyanopterus* (Eyton) *Querquedula*, Linn.

Buff. Pl. enl. t. 946. — Naum. V. D. t. 303. — Häufig in N. O. Afrika und Arabien.

*693. *Chauliodus* (Swainson) *streperus*, Linn.

Naum. V. D. t. 302. — Im Winter ziemlich häufig an den Nil-mündungen und den benachbarten Seen.

694. *Dafila* (Leach) *acuta*, Linn.

Naum. V. D. t. 301. — In ganz N. O. Afrika südlich bis Kor-dofan und an dem weissen Fluss. Scheint fast hier zu brüten.

695. *Anas Boschas*, Linn.

Buff. Pl. enl. t. 776. — Naum. V. D. t. 300. — Im Winter in Unter-Ägypten, von Dr. Rüppell auch in Abyssinien beobachtet.

696. *Anas leucostigma*, Rüpp.

Anas sparsa, A. Smith, Ill. of South-Afr. t. 97. — Rüpp. Syst. Übers. t. 48. — Sehr gemein in Abyssinien; nicht westlich vom Tana-See.

*697. *Anas flavirostris*, Smith.

Smith, Ill. of South-Afr. t. 96. – In Abyssinien mit der Vorher-gehenden.

698. *Anas Crecca*, Linn.

Buff. Pl. enl. t. 947. — Naum. V. D. t. 304. — Häufig am Nil und rothen Meer, auch am Tana-See in Abyssinien und den Sümpfen Kordofans beobachtet.

699. *Rhynchaspis* (Leach) *clypeata*, Linn.

Anas clypeata, Linn. — Buff. Pl. enl. t. 971. — Naum. V. D. t. 306. — Häufig in ganz N. O. Afrika; brütet wahrscheinlich hier.

700. *Oidemia* (Flemming) *fusca*, Linn.

Buff. Pl. enl. t. 758. — Naum. V. D. t. 313. — Im Winter einzeln in Unter-Ägypten.

701. *Undina* (Keys. et Blas.) *Mersa*, Pall.

Descr. de l' Egypte t. 10, f. 2. — Naum. V. D. t. 315. — Im Winter in den Lagunen von Unter-Ägypten.

*702. *Fuligula* (Ray) *Marila*, Linn.

Naum. V. D. t. 311. — Im Winter bis Mai in Unter-Ägypten u. Arabien.

703. *Fuligula cristata*, Ray.

    Anas fuligula, Linn. — Naum. V. D. t. 310. — Nach Dr. Rüppell im Winter häufig in Abyssinien. Von mir blos in Unter-Ägypten eingesammelt, wo sie den Winter über gemein ist.

*704. *Fuligula Nyroca*, Güldenst.

    Naum. V. D. t. 309. — *Anas leucophthalmos*, Bechst. — Nicht häufig im Winter in Unter-Ägypten.

*705. *Fuligula ferina*, Linn.

    Naum. V. D. t. 308. — Im Winter in Unter-Ägypten.

B. COLYMBIDAE.

*706. *Podiceps* (Lath.) *cristatus*, Linn.

    Naum. V. D. t. 242. — Im Winter einzeln in Unter-Ägypten und um Tunis.

*707. *Podiceps subcristatus*, Jacq.

    Naum. V. D. t. 243. — Im Winter einzeln in Unter-Ägypten; auch in den Syrten angetroffen.

708. *Podiceps auritus*, Briss.

    Naum. V. D. t. 246. — Im Winter in Unter-Ägypten und am Meerbusen von Suez.

709. *Podiceps minor*, Lath.

    Buff. Pl. enl. t. 905. — Naum. V. D. t. 247. — Einzeln an der abyssinischen Küste (Rüpp.). Im Winter 1852—1853 traf ich einzelne Paare am Gebel Atesch in den Steppen von O.-Sennaar an, und erhielt ihn auch von Ägypten und aus dem Golf von Suez.

*710. *Colymbus septentrionalis*, Linn.

    Naum. V. D. t. 329. — Einmal in Unter-Ägypten im Winter beobachtet, ohne dass ich ihn erlegen konnte.

C. PROCELLARIDAE.

*711. *Nectris* (Forster) *macrorhyncha*, Heugl.

    Heugl. Beitr. t. 41. — Nicht selten an der ägyptischen Küste des Mittelmeeres, wo auch wahrscheinlich *N. cinerea*, Gmel. und *N. puffinus*, Brünnich, vorkommt.

*712. *Nectris obscura*. Gmel.

    Selten an der ägyptischen Nordküste, wo ich ein gestrandetes Exemplar fand.

D. LARIDAE.

1. Larinae.

Die Möven heissen auf arabisch „Nurseh" (نورس).

713. *Larus* (Linn.) *marinus*, Gm.

Buff. Pl. enl. t. 266. — Naum. V. D. t. 268. — Einzeln an der Küste des mittelländischen Meeres das ganze Jahr hindurch.

714. *Larus fuscus*, Linn.

Naum. V. D. t. 287. — *L. flavipes*, Mayer et Wolf. — Häufig in Ägypten, sowohl am mittelländischen Meer als am Nil; kommt auch auf seinen Wanderungen bis auf den weissen und blauen Fluss.

715. *Larus cachinnans*, Pall.

Am rothen Meer und bei Damiette.

716. *Larus argentatus*, Brünnich.

Buff. Pl. enl. t. 253. — Naum. V. D. t. 266. — Sehr häufig am mittelländischen Meer, einzeln längs des Nils bis Chartum.

*717. *Larus canus*, Linn.

Naum. V. D. t. 261. — Im Winter einzeln an den Küsten des Mittelmeeres.

718. *Larus Ichthyaëtos*, Pall.

Rüpp. Atl. t. 17. — Am rothen Meer, auf dem weissen Fluss und nach Dr. Rüppell bei heftigem S. O. Wind im Frühjahr bei Cairo. Wahrscheinlich auch an den Küsten des Mittelmeeres.

719. *Larus capistratus*, Temm.

Larus ridibundus, Linn. (?) — Buff. Pl. enl. t. 970. — Das ganze Jahr hindurch in Unter-Ägypten.

720. *Larus leucophthalmos*, Licht.

Temm. Pl. col. t. 366. — Am mittelländischen und rothen Meer.

721. *Larus gelastes*, Licht.

L. leucocephalus, Boisson. — Im Frühjahr in Unter-Ägypten.

*722. *Larus subroseus*, Heugl.

Heugl. Beitr. t. 42, f. 1. — An den Küsten des rothen Meeres.

*723. *Larus Brehmii*, Heugl.

Heugl. Beitr. t. 42, f. 2. — Am rothen Meer.

*724. *Larus affinis*, Heugl.

Heugl. Beitr. t. 42, f. 3. — Im Frühjahr in Ober-Ägypten beobachtet.

*725. *Larus melanocephalus*, Temm.

Naum. V. D. t. 259. — Im Winter und Frühjahr häufig bei Alexandria.

*726· *Larus minutus,* Pall.

> Naum. V. D. t. 258. — Im Winter und Frühjahr eben nicht selten
> an der Küste des Mittelmeeres. Im Mai traf ich ihn öfters noch an, und
> zwar im schönsten Frühlingskleid, woraus ich schliesse, dass einzelne im
> Sommer gar nicht wegziehen.

2. Rhynchopinae.

727. *Rhynchops* (Linn.) *flavirostris,* Vieill.

> *R. orientalis.* Rüpp. Atl. t. 24. — In Familien und grossen
> Flügen längs des ganzen Nils und auf dem blauen Fluss. Scheint sogar
> in Ägypten zu brüten. Im Spätherbst beginnt er zu wandern und sammelt
> sich dann zu ungeheuren Schaaren.

3. Sterninae.

728. *Sterna* (Linn.) *Caspia,* Pall.

> Descr. de l'Egypte t. 9, f. 1. — Naum. V. D. t. 248. — Häufig in
> Ägypten und Nubien.

729. *Sterna Hirundo,* Linn.

> Naum. V. D. t. 252. — Paarweise an der ägyptischen Nordküste
> im Winter und Frühjahr.

*730· *Sterna macroura,* Naum.

> *St. arctica,* Temm. — Naum. V. D. t. 253. — Im Winter einzeln
> an der ägyptischen Küste.

731. *Sterna minuta,* Linn.

> Naum. V. D. t. 251. — Im Winter und Frühjahr in Ägypten, sowohl
> am Meer als längs des Nils und seiner Canäle.

*732· *Sterna cantiaca,* Gm.

> Naum. V. D. t. 250. — Einzeln bei Damiette, Alexandrien und in
> den Syrten.

733. *Sterna anglica,* Montag.

> Descr. de l'Egypte t. 9, f. 2. — Naum. V. D. t. 249. — Häufig
> am Meer und längs des Nils und des weissen und blauen Flusses.

734. *Sterna hybrida,* Pall.

> *St. leucopareia,* Natterer. — Naum. V. D. t. 255. — Das ganze
> Jahr hindurch in Ägypten und Nubien. Im Juli schoss ich öfter junge
> Vögel, die offenbar hier ausgebrütet worden waren.

*735· *Sterna leucoptera,* Savi.

> Naum. V. D. t. 257. — Wie der Vorige.

736. *Sterna nilotica*, Hasselqu.

Häufig in Ägypten und Nubien auf dem Nilstrom (Rüpp.).

*737. *Sterna naevia*, Linn.

Buff. Pl. enl. t. 924. — Längs dem Nil. (Mus. francof.)

738. *Sterna nigra*, Linn.

Naum. V. D. t. 256. — Nicht selten im Winter und Frühjahr an den Küsten des mittelländischen und arabischen Meeres.

739. *Sterna velox*, Rüpp.

Rüpp. Atl. t. 13. — Häufig auf dem rothen Meer, oft in grossen Flügen.

740. *Sterna affinis*, Rüpp.

Rüpp. Atl. t. 14. — Wie die Vorhergehende.

741. *Sterna (Thalassipora*, Boje*) infuscata*, Licht.

Nicht selten am rothen Meer.

742. *Anous* (Leach) *tenuirostris*, Temm.

Temm. Pl. col. t. 202. — An den Küsten und Inseln des rothen Meeres.

E. PELECANIDAE.

743. *Plotus* (Linn.) *Levaillantii*, Temm.

Temm. Pl. col. t. 380. — Einzeln auf dem Tana-See und dem Bahr el asrak und abiad.

744. *Phaëton* (Linn.) *phönicurus*, Gmel.

Buff. Pl. enl. t. 979. — Auf den wärmeren Theilen des rothen Meeres.

745. *Dysporus* (Illig.) *brasiliensis*, Spix (?)

Buff. Pl. enl. t. 973. — (Wohl eine noch unbeschriebene Species.) Häufig auf dem rothen Meer.

746. *Pelecanus Onocrotalus*, Linn.

Naum. V. D. t. 282. — In Ägypten.

747. *Pelcanus crispus*, Bruch.

Anm. Die Pelikane heissen auf arabisch „Gémel el Bahr" (جمل البحر) oder „Abu Schilba" (ابو شلب).

Brandt, Icon. animal. rossic. Aves t. 6. — Häufig in Ägypten und Nubien, ist aber wohl verschieden vom europäischen *crispus*.

748. *Pelecanus rufescens*, Lath.

Rüpp. Atl. t. 21. — Häufig in Nubien, Sennaar und am weissen Fluss, wie auch auf der Südhälfte des rothen Meeres.

749. *Pelecanus minor*, Rüpp.
>   Rüpp. Syst. Übers. t. 49. — Häufig in Unter-Ägypten (Rüpp.).

*750. *Pelecanus megalophus*, Heugl.
>   *P. mitratus*, Licht. Abh. der Berliner Akademie, Jahrg. 1838, t. 3, f. 2 (?) — Auf dem Bahr el abiad, südlich vom 8° N. B., einzeln und in kleinen Gesellschaften.

751. *Phalacrocorax* (Briss.) *africanus*, Gmel.
>   Descr. de l'Egyte. t. 8, f. 2. — Häufig am Nil, am weissen und blauen Fluss und in Abyssinien. Geht nördlich bis zur Meeresküste.

752. *Phalacrocorax pygmaeus*, Pall.
>   Naum. V. D. t. 281. — Von mir blos in Unter-Ägypten im Winter und Frühjahr angetroffen; nach Rüppell auch in Abyssinien.

753. *Phalacrocorax Carbo*, Linn.
>   Buff. Pl. enl. t. 927. — Naum. V. D. t. 279. — Häufig im Winter und Frühjahr im Delta und in Ober-Ägypten (Gebel Teer), auch an der arabischen Küste des rothen Meeres.

754. *Phalacrocorax lugubris*, Rüpp.
>   Rüpp. Syst. Übers. t. 50. — Nach Rüppell häufig in Abyssinien. Ist — wie es scheint — von mir dort übersehen worden.

Vortrag.

Analyse der Anthrazit-Kohle aus der Nähe von Rudolfstadt bei Budweis in Böhmen.

Von Ferdinand Strasky.

Geologischer Theil[1]).

Im Jahre 1852 dehnte die k. k. geologische Reichsanstalt unter Leitung des Chef-Geologen Herrn Bergrath Joh. Cžjžek und den Hilfsgeologen Herrn Dr. Ferd. Hochstetter, v. Lidl, Joh. Jokély und Vict. v. Zepharovich ihre Untersuchungen über die südliche Hälfte des Budweiser Kreises aus. Die geologische Aufnahme erstreckte sich über den ganzen südlichen Theil Böhmens bis zum Parallelkreise von Pisek (eigentlich bis zum 49° 40′ n. Br.) oder über eine Fläche von 161 Quadratmeilen, worin ein ansehnlicher Theil des Pilsner Kreises einbegriffen ist.

Für diese geologischen Aufnahmen gewährten die umfassenden früheren Untersuchungen des Herrn Prof. Dr. Zippe eine wesentliche Erleichterung, die zum Theil in Sommer's Topographie von Böhmen veröffentlicht sind, ferner die von ihm geologisch kolorirten Kreibich'schen Kreiskarten.

Das ganze Terrain besteht aus dem Grundgebirge von krystallinischem Gestein, worunter die geschichteten (Gneiss und Glimmerschiefer) die grösste Fläche einnehmen; vorzüglich ist es Gneiss, der in den mannigfachsten Varietäten rasch wechselnd auftritt, das Grundgebirge des ganzen Terrains bildet, und sich ohne irgend eine bedeutende Unterbrechung bis an die meist granitischen Grenzgebirge erstreckt, nur zwischen Kamenitz, Serowitz, Neuhaus und Platz, dann bei Gratzen und Beneschau sind Gneisspartien von Granit eingeschlossen.

---

[1]) Der geologische Theil ist zum Theil dem Jahresbericht der Handels- und Gewerbekammer zu Budweis entnommen.

In dem grossen Gneiss-Terrain bilden die übrigen krystallinischen
Gesteine, ungeachtet ihrer, zum Theil nicht unbedeutenden Ausbreitung nur untergeordnete Lagerstätten. Man kann wohl annehmen, dass
gegen ³/₄ des ganzen Budweiser Kreises von der Gneissformation
eingenommen werden.

Ziemlich stark vertreten sind in diesem Kreise nachfolgende
Mineralien:

Granulit oder Weissstein, bildet die ausgebreiteten Berg-
partien des Plansker Berges oder Schöninger, des Kluckzuges
und Buglataberges, nördlich von Krumau.

Drei Arten Serpentin, bei Goldenkron, Adolfsthal, Sahorž und
Krems.

Hornblendeschiefer, grösstentheils an den Grenzen des Granu-
lits angehäuft; nördlich und westlich von Krumau.

Kalkstein (Urkalk) findet sich durch das ganze Gebiet an einzelnen Punkten zerstreut. Am stärksten ist die Ausbeute bei
Krumau, Daubrawitz, in der Nähe von Budweis, bei Goldenkron, Schwarzbach, ferner in der Nähe von Oberplan und bei
Cheynow, östlich von Tabor.

Die bedeutenden Graphitlager bei Schwarzbach sind theils durch
ihre Mächtigkeit, theils durch die Reinheit ihres Productes
wichtig.

Die Granite mit schwarzem Turmalin sind sehr häufig und durch-
gehends Ganggranite, sie gehen in Quarzgänge über. Auch
sind Gänge von ganz reinem Quarz nicht selten, und werden an mehreren Orten für die Glasfabriken abgebaut.

Von ganz besonderem Interesse ist das Vorhandensein einer
Steinkohlen- oder vielmehr Anthrazitformation in geringer
Entfernung nordöstlich von Budweis. Sie bildet hier eine Mulde in
sanft ansteigendem Lande und lässt sich auf eine Länge von 4000
Klafter verfolgen. Bei einer fast ovalen Begrenzung beträgt die
grösste Breite des Beckens näher dem Nordrande kaum 1700 Klafter.
Es liegt in einer Vertiefung des Gneisses und wird an seinem äusser-
sten Nordrande von dem Tertiärsande des Wittingauer Beckens, an
der viel tiefer liegenden Südspitze aber von den Thonen des Budweiser
Tertiärbeckens überlagert.

Die Stellung der Schichten lässt nicht nur die mulden- oder
beckenförmige Ablagerung deutlich erkennen, sondern sie zeigt auch

sowohl an der Nord- als an der Südspitze durch die synkline Wendung ihrer Schichten, dass nur ein kleiner Theil vom Tertiären überlagert sei; zudem ragt südlich von Woselno, etwa ¼ Stunde nördlich von Budweis, zwischen dem Tertiären und der Kohlenmulde, ein Gneisshügel hervor, der die Formation an diesem Punkte abzuschliessen scheint. Das ganze Terrain ist von einigen Bächen durchschnitten und an seinem Südrande mehr zerstreut, wodurch die tieferen Schichten zum Vorschein kommen.

Die gesammten Schichten dieser Kohlenmulde lassen sich in folgende drei Abtheilungen bringen:

1. Die unterste, gegen 60 Klafter mächtige Abtheilung besteht aus lichtgrauem festen Sandstein mit Feldspathkörnern, die in kaum 1 Fuss mächtigen Bänken mit grünlichen, oft gefleckten, thonigen Schiefern wechsellagern.

2. Die mittlere Abtheilung, 40 bis 50 Klafter mächtig, führt graue und schwarze, zum Theil sandige Schieferthone, worin einige schwache Einlagerungen des oberwähnten lichtgrauen Sandsteines und graue oder bläuliche Thonlagen vorkommen.

3. Die oberste und mächtigste Abtheilung bilden rothbraune sandigthonige Schiefer mit stellenweise grünlicher Färbung und schmalen Einlagerungen von plastischem meist rothem Thone. Westlich von Liebnitsch finden sich darin auch knollenförmige absetzende schwache Schichten eines thonigen dunkelgrauen oder röthlichen Kalksteins. Die Mächtigkeit dieser obersten Abtheilung ist sehr bedeutend, sie dürfte 100 Klafter übersteigen.

Im Jahre 1836 hat das Montan-Ärar zwei Bohrungen, die eine von 429½ und die andere von 141¾ Fuss Tiefe in diesem Terrain abteufen lassen, welche die Details über die Schichtenfolge geben.

Die drei Abtheilungen sind nicht in gleichförmiger Muldenform abgelagert. Die unterste Abtheilung steht nur an wenigen Stellen zu Tage; die mittlere Abtheilung geht im südlichen Theil nur an der Ostseite, im nördlichen nur an der Westseite zu Tage, sie nimmt also eine windschiefe Richtung ein; die oberste Abtheilung bedeckt den grössten Theil der Mulde und erstreckt sich meist bis an die Ränder.

In den tieferen Schichten der mittleren Abtheilung sind bisher nur zwei Flötze von Anthrazit (Glanzkohle, harzlose Steinkohle) bekannt geworden, von denen das eine zuerst im Jahre 1560 aufgeschlossen wurde. Erst in neuerer Zeit kam das Flötz selbst mehrmals zur Untersuchung, die man jedoch wegen dessen geringer Mächtigkeit von kaum 1 Fuss nebst Verdrückungen stets bald wieder aufgab. Später wurde etwas nördlicher, dann bei Lhotitz (am Nordrande des Beckens) das Kohlenflötz aufgeschlossen, aber auch hier musste der Bau wegen Geringfügigkeit des Flötzes sistirt werden.

Zu Anfang des Jahres 1853 hat nun eine wirkliche Production von Anthrazit begonnen, nachdem eine Budweiser Gewerkschaft in der Nähe von Rudolfstadt, nördlich von Brod bei Budweis, ganz nahe an der Südspitze der Mulde, abermals einen Versuch wagte, und die Kohle in der neunten Klafter des Schachtes mit einer Mächtigkeit von zwei bis vier Fuss aufzuschliessen begonnen hat, und im Laufe des Jahres wurden mehrere hundert Centner erbeutet. Der gewonnene Anthrazit wird an der Grube mit 10 und 20 kr. C. M. per Centner verkauft, für die Schmiede ist er sehr gut verwendbar, weil ihn das Gebläse leicht in der Gluth erhält, selbst zu den gewöhnlichen Ofenfeuerungen hat er sich als vollkommen brauchbar erwiesen, obgleich er einen etwas stärkeren Zug verlangt, um ihn brennend zu erhalten.

Alle bis jetzt gemachten Untersuchungen des Budweiser Terrains führten zu dem traurigen Resultat, dass die Kohlenformation nicht ausgiebig genug sei. Die Erfahrung aber zeigt mit jedem Tag deutlicher, dass, sobald die gehörige Tiefe erreicht ist, auch die Mächtigkeit dieser Kohle bedeutend zunehmen wird, besonders da die zweite Schürfe noch viel mehr verspricht; obgleich man noch nicht so tief ist wie in der ersten Grube. Auch ist es schon sehr wahrscheinlich, dass die Kohlenflötze in der Richtung gegen Budweis die Tertiärbildung unterlaufen, was man bei den bis jetzt gemachten Untersuchungen nicht annehmen wollte. Selbst die gefundenen Pflanzenabdrücke führen zu befriedigenden Hoffnungen, als:

Pecopteris gigantea,　　　　　*Calamites pachiderma,*
Odondopteris Brandii,　　　　　*Asterophylliten,*
Lepidodendron crenatum,　　　*Odondopteris minor.*
Sigilarien,

Mineralogische Beschreibung.

Diese Kohle gehört zur harzlosen Steinkohle (Anthrazite), zeigt nicht vollkommenen muschligen Bruch, ist glänzend von unvollkommenem Metallglanz, eisenschwarzer Farbe, gleichen Strich, ist spröde und die Härte = 2·5, das specifische Gewicht = 1·43.

Chemischer Theil.

Nach der gewöhnlichen praktischen Eintheilung der Steinkohlen ist die vorliegende Kohle in Folge ihrer chemischen Constitution eine Sandkohle, nach ihrer Structur eine Schieferkohle zu nennen.

Ich habe von der oben genannten Grube Kohlen erhalten, welche von zwei über einander liegenden Kohlenflötzen genommen waren, die aber in ihrem chemischen Verhalten beinahe vollkommen mit einander übereinstimmten, so dass ich diese obwohl getrennt geführten Analysen hier unter Einem abhandeln kann.

Alle Versuche, welche ich mit der Kohle vorgenommen, habe ich zur Controle vier- bis fünfmal mit verschiedenen Gewichtsmengen wiederholt, um genaue Resultate zu erzielen.

1. Die Bestimmung des hygroskopischen Wassers geschah auf die gewöhnliche bekannte Art bei 100° C. und die Resultate waren in Procenten ausgedrückt folgende: 1·2, 1·3, 1·2 und 1·2, mithin ist das hygroskopische Wasser . . . = 1·2 %.

2. Der Aschengehalt wurde ebenfalls auf gewöhnliche Weise bestimmt. Die Asche blieb als ein schwach gelbgefärbtes Pulver zurück. Die Resultate waren in Procenten: 15·0, 14·9, 15·1 und 14·9, mithin ist der Aschengehalt . . . . = 14·9 %.

Die Analyse der Asche, welche ich ebenfalls doppelt vorgenommen, gab folgende Resultate nach dem gewöhnlichen Verfahren:

In Chlorwasserstoffsäure gelöst und gekocht blieb ein Rückstand von Kieselsäure = 0·056 in ein Gramm Kohle, das ist = 5·6 %.

Die abfiltrirte Flüssigkeit mit Ammoniak versetzt, gab einen reichlichen Niederschlag von Eisenoxyd und Thonerde. Dieser Niederschlag gesammelt, getrocknet und gewogen gab in 1 Gramm Kohle 0·032 Eisenoxyd und Thonerde, das ist . . = 3·2 %.

Die Thonerde war nur in so kleiner Quantität vorhanden, dass selbe für sich nicht bestimmt werden konnte.

In der nun abfiltrirten ammoniakalischen Flüssigkeit wurde mit Oxalsäure der Kalk bestimmt. In ein Gramm Kohle waren 0·055 Kalk, das ist . . . . = 5·5%.

Da nun aus qualitativen Versuchen bekannt war, dass die Asche höchstens Spuren von Alkalien enthält, so habe ich in der erhaltenen abfiltrirten Flüssigkeit mit phosphorsaurem Natron sogleich die Magnesia bestimmt. Ein Gramm Kohle enthält 0·006 Magnesia, das ist . . . . = 0·6%.

Die Schwefelsäure in der Asche wurde aus einer besondern Quantität bestimmt und betrug nur . . . . . = 0·8%.

Ein Beweis, dass Kalk und Magnesia an Kohlensäure gebunden vorhanden sind.

Zusammenstellung der Aschen-Analyse.

Kieselsäure	= 5·6%
Eisenoxyd und Thonerde . . .	= 3·2 „
Kalkerde	= 5·5 „
Magnesia	= 0·6 „
	Asche = 14·9%

Die gesammte Menge des Schwefels wurde durch Verbrennen der Kohle mit vollkommen schwefelsäurefreiem Ätzkali und Salpeter bestimmt und gab folgende Resultate in Procenten: 2·0, 1·9, 2·0. Mithin ist der Gesammtschwefel . . . . . = 2·0%.

Organischer Theil der Kohle.

Die fünf Verbrennungen, welche ich in einem Sauerstoffstrom mit bei 100° C. getrockneter Kohle vorgenommen habe, lieferten folgendes Resultat im Mittel:

Kohlenstoff	= 77·6%
Wasserstoff	= 3·2 „
Sauerstoff	= 1·1 „
Asche	= 14·9 „
Schwefel	= 2·0 „
Hygroskopisches Wasser . .	= 1·2 „
	100·0%

Es sind also enthalten:

In 100 Theilen Kohle:

Brennbare Bestandtheile . . .	= 83·9%
Asche	= 14·9 „
Hygroskopisches Wasser . . .	= 1·2 „
	100·0%

In 100 Theilen bei 100° C. getrockneter Kohle:

Brennbare Bestandtheile . . . = 84·92 %
Asche . . . . = 15·08 „
$$\overline{100·00 \,\%}$$

In 100 Theilen brennbarer Bestandtheile:

Kohlenstoff . . . . = 92·49 %
Wasserstoff . . . . = 3·81 „
Sauerstoff und Stickstoff . . = 1·31 „
Schwefel . . . . = 2·39 „
$$\overline{100·00 \,\%}$$

In 100 Theilen brennbarer Bestandtheile ohne Schwefel:

Kohlenstoff . . . . = 94·75 %
Wasserstoff . . . . = 3·91 „
Sauerstoff und Stickstoff . . = 1·34 „
$$\overline{100·00 \,\%}$$

Und wenn man annimmt, dass der ganze Sauerstoffgehalt der Kohle als mit einer entsprechenden Menge Wasserstoff zu Wasser verbunden betrachtet werden kann, so wird diese Zusammensetzung verändert zu:

Kohlenstoff . . . . = 94·75 %
Wasserstoff . . . . = 3·74 „
Wasser chemisch gebunden . = 1·51 „
$$\overline{100·00 \,\%}$$

Wärme-Effect.

Die Versuche zur Bestimmung des absoluten Wärme-Effectes, welche ich nach Berthier's Methode vorgenommen habe, gaben folgende Resultate:

	Blei, Regulus:	Absoluter Wärme-Effect:	Absoluter Wärme-Effect in Wärme-Einheiten:
I.	27·07	0·796	6254
II.	27·37	0·805	6296
III.	26·84	0·789	6200

Die mittlere Zahl für den absoluten Wärme-Effect wäre daher . . . . = 0·79 %

Wenn man den absoluten Wärme-Effect mit dem specifischen Gewicht der Kohle 1·43 multiplicirt, so ist der specifische Wärme-Effect . . . . : = 1·12 %

Da nun nach Versuchen von Regnault und A. die specifischen Wärme-Effecte von:

$$\text{Muschliger Braunkohle} \ . \ . \ = 0\cdot 84$$
$$\text{Weissbuchenholz} \ . \ . \ . \ = 0\cdot 31$$
$$\text{und Tannenholz} \ . \ . \ . \ . \ = 0\cdot 19$$

ist, so wäre diese Kohle in Bezug auf ihren specifischen Wärme-Effect allerdings als werthvoller zu betrachten, wenn nicht andere Nachtheile: der geringe Wasserstoffgehalt und grosse Aschengehalt hindernd auftreten würden.

Der **pyrometrische Wärme-Effect** dieser Kohle wird nach obiger chemischer Zusammensetzung nahe zu 2170° C. betragen.

Im Allgemeinen gehört diese Kohle nicht zu einer schlechten Sorte, da ihre Wärme-Effecte, welche in der industriellen Welt die wichtigsten Fragen sind, ziemlich hoch stehen, der Aschengehalt nicht allzugross ist, und weil sie nur sehr wenig hygroskopisches Wasser enthält. Als Nachtheil für selbe wäre nur zu erwähnen, dass sie wie alle aschenreichen Sandkohlen und die meisten Anthrazite, bei einem stärkeren Luftstrom, und wenn grosse Quantitäten der Kohle entzündet werden, zum wirklichen Entflammen gebracht wird.

Diese Kohle neigt sich in ihren Eigenschaften und dem chemischen Verhalten theils zu der Art der Sandkohlen, theils aber zu den Anthraziten und dürfte, da ihr Schwefelgehalt nicht gross ist, zu chemisch-metallurgischen Processen besonders geeignet sein.

Recapitulation der Analyse.

In 100 Theilen lufttrockener Kohle sind enthalten:

Kohlenstoff	= 77·6	⎫
Wasserstoff	= 3·2	⎬ Brennbare Bestandtheile = 83·9%.
Sauerstoff	= 1·1	⎪
Schwefel	= 2·0	⎭
Kieselsäure	= 5·6	⎫
Eisenoxyd und Thonerde . .	= 3·2	⎬ Asche . . . . . . = 14·9%.
Kalkerde	= 5·5	⎪
Magnesia	= 0·6	⎭
Alkalien	= Spuren	
Hygroskopisches Wasser . .	= 1·2	hygroskopisches Wasser = 1·2%.
	100·0	100·0%.
Specifisches Gewicht . .	= 1·43	
Absoluter Wärme-Effect . .	= 0·70	
Specifischer „ . .	= 1·12	
Pyrometrischer „ . .	= 2170° C.	

Die Analyse wurde im chemischen Laboratorium des Herrn Professors Dr. Redtenbacher ausgeführt.

SITZUNG VOM 21. FEBRUAR 1856.

Über die Foraminiferen aus der Ordnung der Stichostegier von Ober-Lapugy.

Von Joh. Lud. Neugeboren,

Custos des B. v. Bruckenthal'schen Museums in Hermannstadt.

(Auszug aus einer für die Denkschriften bestimmten Abhandlung.)

(Vorgelegt in der Sitzung vom 3. Jänner 1856.)

Wenn schon die ersten Notizen, welche die Berichte über die Mittheilungen der Freunde der Naturwissenschaften in Wien (Bd. I, S. 163 und später Bd. III, S. 256) über das Vorkommen von Foraminiferenschalen im Tegel von Ober-Lapugy unweit der Banater Grenze brachten, hinreichen konnten, die Aufmerksamkeit der Paläontologen in der bezeichneten Richtung der genannten Örtlichkeit zuzuwenden: so liess sich erwarten, dass weitere Nachforschungen und die Untersuchung von grösseren Tegelmengen von noch weit erfreulicheren Resultaten begleitet sein würden, da die Quantität des Tegels, in welchem jene Foraminiferen-Arten aufgefunden wurden, eine höchst geringe war. Die Vermuthung hat sich vollkommen bestätigt. Durch mehrjähriges Sammeln sah ich mich im Besitze eines beträchtlichen Materials von Foraminiferen; was aber meine Freude vermehrte und erhöhte, war, dass ich unter dem angesammelten Material viele Formen auffand, die ich den in dem Wiener Tertiärbecken durch die Bemühungen des Herrn geh. Rathes Joseph Ritter v. Hauer aufgefundenen Arten nicht subsummiren konnte. Ich fühlte mich nun um so mehr veranlasst, mein Material zu sichten und fing natürlich mit der ersten Ordnung d'Orbigny's an, da mir dessen Werk über die

22*

Foraminiferen des Tertiär-Beckens von Wien die Anhaltspunkte zu meinen Forschungen darbot. In Folge dessen erschienen von mir einige kleinere Aufsätze über Foraminiferen aus der Ordnung der Stichostegier in den Verhandlungen und Mittheilungen des siebenbürgischen Vereines für Naturwissenschaften (Bd. I, Nr. 3 und 4, ferner Nr. 8; Bd. II, Nr. 7, 8 und 9; Bd. III, Nr. 3 und 4), die aber den Gegenstand noch nicht erschöpft hatten, indem später fortwährend theils bereits aus dem Wiener Tertiär-Becken bekannte, theils neue Formen noch aufgefunden wurden; erst nach einem siebenjährigen Sammeln und Sichten glaubte ich mit einem die Sache so ziemlich erschöpfenden Aufsatze vor das grössere wissenschaftliche Publicum treten zu dürfen. Gleichzeitig unterwarf ich meine früheren Publicationen einer Revision und zog diejenigen von meinen in jenen Aufsätzen aufgestellten neuen Arten ein, welche ich auf meinem jetzigen ungleich erweiterteren und freieren Standpunkte für unhaltbar ansehen musste.

Ober-Lapugy, durch die Mannigfaltigkeit seiner vorweltlichen Einschlüsse höchst wichtig, liegt am linken Marosch-Ufer, 1 1/2 Stunde etwa von dem Flusse und 2 1/2 Stunden von der Poststation Dobra entfernt, in einem Seitenthale und die hier anstehende Tegelformation ist sehr gut aufgeschlossen. Der Sammler findet daher seine Mühe stets reichlich belohnt. Die Mächtigkeit der Ablagerung mag 300 Wiener Fuss von der Thalsohle gerechnet, betragen. Das Gebilde ist ziemlich homogen, meistens dichter, nach dem Trocknen im Wasser jedoch leicht zerfallender grauer Tegel; nur wenige sandige Adern oder Leisten kommen darin vor; die Foraminiferen sind gemeinschaftlich mit Molluskenschalen und Polipengehäuse durch das ganze Gebilde vertheilt sehr gut erhalten, und können bei der leichten Löslichkeit des Tegels aus demselben schon durch Aufguss von Wasser unversehrt erhalten werden.

Ein besonderes Interesse gibt der Örtlichkeit Ober-Lapugy's der Umstand, dass ihre Straten miocene und pliocene Fossilreste zugleich und durch einander gemengt umschliessen, während die Straten selbst durchaus nur einer und zwar ganz ruhigen, ununterbrochen fortgeschrittenen Bildungs-Epoche angehören.

Durch specielle Prüfung des Tegels auf Foraminiferenschalen versuchte ich schon im Jahre 1850 ein annäherndes Resultat über die Verbreitung der einzelnen Geschlechter durch das Tegelgebilde zu erzielen. Ich fand damals in Folge dieser Prüfung

1. durch das ganze Gebilde vertheilt die Geschlechter: *Orbulina*, *Nodosaria*, *Dentalina*, *Marginulina*, *Cristellaria*, *Robulina*, *Polystomella*, *Rotalina*, *Globigerina*, *Bulimina*, *Uvigerina*, *Heterostegina*, *Textularia*, *Triloculina*, *Quinqueloculina* und *Adelosina*;

2. nur in der untern Partie oder Region des Gebildes: *Dendritina* und *Orbiculina*;

3. in der untern und mittlern Partie desselben: *Alveolina* und *Amphistegina*;

4. in der untern und obern: *Glandulina* und *Guttulina*;

5. ausschliesslich in der mittleren: *Amphimorphina*, *Anomalina*, *Rosalina* und *Polymorphina*;

6. in der mittlern und obern: *Frondicularia*, *Nonionina*, *Operculina*, *Biloculina* und *Spiroloculina*;

7. ausschliesslich in der obern Partie: *Vaginulina* und *Globulina*.

Aus der Ordnung der Stichostegier wurden im Tegel von Ober-Lapugy bis jetzt aufgefunden, dabei zum Theil als neu erkannt und benannt und in diesem letzteren Falle auch beschrieben:

1. von *Glandulina*   11 Arten — darunter 9 Arten neu.
2. „ *Nodosaria*   37 „ — „ 28 „ „
3. „ *Dentalina*   39 „ — „ 27 „ „
4. „ *Frondicularia*   13 „ — „ 11 „ „
5. „ *Amphimorphina*   1 Art und dieselbe auch neu.
6. „ *Lingulina*   3 Arten — darunter 1 Art neu.
7. „ *Vaginulina*   3 „ — „ 2 Arten neu.
8. „ *Psecadium*   2 „ — beide neu.
9. „ *Marginulina* 25 „ — darunter 22 Arten neu.

Der gute Zustand der Foraminiferenschalen in dem Tegel von Ober-Lapugy macht dieselben ganz besonders gut geeignet zu gründlichen Forschungen; selbst die zarteren und schlankeren und daher höchst zerbrechlichen Formen, welche gerade in die Ordnung der Stichostegier fallen, fand ich in den meisten Fällen gut conservirt und dieselben boten mir daher Anhaltpunkte dar, von denen geleitet ich ziemlich sicher gehen konnte.

Vorträge.

Über Herrn v. Dechen's neue geologische Karte von Rheinland - Westphalen.

Von dem w. M. W. Haidinger.

Einem Wunsche meines hochverehrten Freundes, des königlich preussischen Herrn Berghauptmannes v. Dechen, entsprechend, habe ich die Ehre, der hochverehrten mathematisch-naturwissenschaftlichen Classe die zwei ersten Blätter einer neuen geologischen Karte in Farbendruck zur Ansicht vorzulegen, welche ich ihm als ein höchst werthvolles Geschenk verdanke.

Ich freue mich, Herrn v. Dechen hier öffentlich meinen innigsten Dank für die werthvolle Gabe auszudrücken, aber nicht nur persönlich, sondern auch im Namen der Wissenschaft und ihres Einflusses im Leben, wie dies die folgende Darstellung beweisen soll.

Die Karte wird auf Staatskosten in dem königlichen lithographischen Institute in Berlin ausgeführt und ist von der Kartenhandlung Simon Schropp zu beziehen. Als geographische Grundlage gilt für das in Angriff genommene Rheinland-Westphalen die topographische königlich preussische Generalstabskarte in dem Maasse von 1:80,000 oder 1111 Klaftern auf den Zoll. Es ist dies auch der Maassstab der schönen französischen Generalstabskarte. Die Anzahl der Blätter für Rheinland-Westphalen beträgt 70. Um aber schon in den einzelnen Blättern eine bessere geologische Übersicht zu gewinnen, wurden die geographischen Motive auf grössere Blätter neu gravirt, so dass auf je neun Originalsectionen in der neuen Karte nur vier Sectionen kommen und also der Flächeninhalt der letztern $2^1/_4$mal so gross ist als der der erstern; die Seiten sind $1^1/_2$mal so gross. Auch das Terrain ist eigens behandelt, nämlich viel heller gehalten, wodurch für die geologische Farbengebung ein sehr grosser Vortheil erwächst. Die Grösse der Blätter ist in unserm Wiener

Maassstabe ausgedrückt, 25 Zoll Breite gegen 19³/₄ Zoll Höhe. Die ganze Karte wird aus einigen und dreissig Sectionen bestehen und in ununterbrochener Folge erscheinen. Die Farbenerklärung auf dem dritten Blatte enthält 71 Abtheilungen, theils durch Farbe, theils durch Schraffirung, theils durch Combination von Zeichnung und Farbe unterschieden, und zwar 4 im Alluvium, 2 im Diluvium, 6 im Miocen der Tertiärgruppe, 9 in der Kreide-, 7 in der Jura-, 6 in der Trias-, 3 in der permischen, 5 in der Kohlen-, 10 in der Devon-Gruppe, 12 in den vulcanischen und 7 in den plutonischen Gebirgsarten.

Es würde zu weit führen, die einzelnen Bezeichnungen hier namentlich aufzuzählen, aber schon die Zahl genügt, um begreiflich zu machen, wie sehr das Studium der Aufnahmen in das Einzelne verfolgt werden konnte, was auch bei dem grossen Maassstabe der Karte durchzuführen möglich war.

Wenn ich aber diese wissenschaftliche Auseinandersetzung hier nicht weiter verfolge, so liegt mir andererseits gewiss die Pflicht ob, auf der vortrefflichen Ausführung der Karte einen Augenblick zu verweilen, den schönen klaren Farbentönen, der höchst verständigen leichten Behandlung der Bergzeichnung, der sorgsamen Ausführung in allen Richtungen überhaupt. Und dazu noch, um die Karte jedem Freunde der Landeskenntniss zugänglich zu machen, der höchst mässige Preis von Einem Thaler preuss. Cour. für das Blatt. Da nun die Oberfläche jedes Blattes 494 Quadratzoll enthält, so kostet jeder Quadratfuss (144 Quadratzoll) Karte nur 26 Kreuzer Conventions-Münze.

Man müsste es als eine Lücke in meinem Berichte tadeln, wollte ich hier schliessen, ohne auch der von unserer k. k. geologischen Reichs-Anstalt geologisch colorirten Karten zu gedenken, welche sich so ungezwungen zur Vergleichung darbieten. Aber wie sehr sind wir dabei nicht im Nachtheile. Sie besitzen einmal das viel weniger zweckmässige Grössenverhältniss von 1 : 144,000 der Natur oder von 2000 Klaftern auf den Zoll. Dann kosten die von uns bisher ausgeführten vollständig mit Terrain bedeckten Sectionen mindestens 3 fl. 10 kr. und bis zu 7 fl. 40 kr. oder 3 fl. 19 kr. und bis zu 8 fl. 3 kr. der Quadratfuss Karte, also nahe das respective 7¹/₂ bis 18¹/₂fache der hier vorliegenden Karten. Die Ursache dieser hohen Preise ist leicht erklärlich. Die letztern bestehen nämlich einfach aus den

Preisen 1 fl. 40 kr. für die Section (1 fl. 45 kr. für den Quadratfuss)
der schwarzen Blätter, die wir nur gegen einen Preisnachlass von
16½ pCt. bar von dem k. k. militärisch-geographischen Institute anzu-
kaufen haben, selbst in jenen Blättern, welche zu unsern eigenen
Arbeiten dienen, und aus dem Preise, den wir für das Illuminiren der
Blätter zahlen, und zwar haben wir dabei nicht einmal wie das
englische *Government Geological Survey* die Erleichterung, dass
die Gesteingrenzen schon in den schwarzen Blättern mitgedruckt
sind, sondern es muss alles auf das Schwierigste auch hier mit der
Hand eingetragen werden.   Wir haben es uns angelegen sein lassen,
diese Verhältnisse öffentlich und privatim vielfältig aus einander zu
setzen, aber es ist doch lange nicht allgemein genug bekannt. Gerne
möchte ich freilich die schönen Ergebnisse der Anstrengungen und
Kenntnisse unserer Geologen auch vermittelst der Wohlfeilheit der
Producte recht verbreitet sehen, aber leider muss ich diesen Wunsch
in den gegenwärtigen Verhältnissen als einen gänzlich hoffnungs-
losen bezeichnen.   Darum aber um so mehr Dank und Anerkennung
dem hochverehrten Freunde, unter dessen einsichts- und kraftvoller
Leitung ein Werk zu Stande gekommen ist, welches beweist, wie
schön die Erfolge sind, wenn man nach dem Sinne des hohen Wahl-
spruches „Viribus unitis" zu handeln versteht.

Die Halbinsel Tihany im Plattensee und die nächste Umgebung von Füred.

Ein Beitrag zur geologischen Kenntniss von Ungarn.

Von V. Ritter v. Zepharovich.

(Mit 2 Tafeln.)

Das nördliche Ufer des Plattensees, dem Szalader Comitate angehörig, eine Landschaft voll eigenthümlichen Reizes und raschen Wechsels, mit seinen vielen herrlichen in Ungarns Heldengeschichte denkwürdigen Punkten, bietet auch dem Geologen durch die mannigfaltigen dort auftretenden Formationen, insbesondere durch das Vorkommen der Basalte, ein lehrreiches interessantes Feld.

Die geologische Kenntniss jener Gegenden, sowie des ganzen Ungarn im Allgemeinen, verdanken wir besonders Beudant, der sich in seinem umfangreichen Werke: *„Voyage minéralogique et géologique en Hongrie 1818"* mit einem Atlas geologischer Karten und Profile, ein ehrendes Denkmal als gewiegter und rascher Beobachter gesetzt und um die Kenntniss unseres Vaterlandes grosses Verdienst erworben. In neuerer Zeit sind wohl von einzelnen Forschern manche werthvolle Beiträge zur Kenntniss des ungarischen Bodens geliefert worden, aber mit den Fragen über viele Gegenden waren wir immer noch an Beudant's Arbeiten gewiesen.

Erst seit der Gründung der k. k. geologischen Reichsanstalt können wir seiner Zeit ein zusammenhängendes und bei dem grossen Maassstabe, in welchem die Aufnahmen vorgenommen werden, auch ein getreues Bild von Ungarns Boden erwarten — eine geologische Karte, die gewiss in ihren das nördliche Ufer vom Plattensee darstellenden Sectionen ein besonderes Interesse bieten wird.

In gerechter Würdigung dieser Verhältnisse hat auch Beudant seinem genannten Werke, für jene Gegenden eine eigene Karte (*Charte géologique des bords du lac Balaton* in dem Maasse von 1 Zoll = 1500 Klafter) mit einem Blatte Durchschnitte (Tafel VII) beigegeben.

Auf jene Karte fällt auch die Halbinsel Tihany, deren specielle Untersuchung ich mir im Frühsommer 1855, während eines kurzen

Aufenthaltes in dem am Plattensee überaus reizend gelegenen Kur-
orte Füred, zur Aufgabe machte.

Als topographische Grundlage der Aufnahme diente mir die Copie
einer, im Archive der Benedictiner-Abtei Tihany vorfindlichen Karte
der Halbinsel, vom Jahre 1828, in dem Maasse von 100°=1". Das
geognostische Detail wurde auf das angeschlossene Kärtchen, Tafel I,
in dem Maasse von 400°=1" übertragen.

Die Halbinsel Tihany, von den Dichtern oft der ungarische Cher-
sonesus genannt, mit einem Flächeninhalte von (2734 ungarischen
Joch=3,080.800 Quadrat-Klafter=0·19255 Quadrat-Meile) nahezu
⅕ Quadrat-Meile, erstreckt sich vom Ufer des Szalader Comitates bei
Aszofő nach Südost in den Plattensee, von dessen nordöstlichem Ende
bei Kenese in beiläufig dem dritten Theile seiner Länge. Ihr Umfang
beträgt, die kleineren Krümmungen abgerechnet, über 1½ Meile
(6500 Klafter); ihre grösste Längserstreckung vom Anfange der
Landenge bei Aszofő bis in die Spitze, bei der Überfuhr gegenüber
von Szántot, 2750 Klafter, ihre grösste Breite zwischen den alten
Eremitagen am Ost- und dem Spitzberge am Westufer 1770 Klafter;
die mittlere Breite ist 1270 Klafter.

Der ganze See[1] wird somit durch die Halbinsel in ein kleineres
weiteres Becken, jenes von Kenese, welches man von Tihany aus
trefflich übersieht, und in ein engeres aber länger bis nach Keszthely
erstrecktes, getheilt. Beide Becken hängen durch die nur 560 Klafter
breite See-Enge zwischen dem südöstlichen Endpunkte von Tihany
und dem Ufer des Somogyer Comitates bei Szántot zusammen.

In ihrer Oberflächen-Gestaltung stellt die Halbinsel einen
nach Südost gestreckten Kessel dar, von einem an der West- und
Ostseite, besonders an letzterer mit steilen Wänden zum See abfallen-
den Gebirgswalle umgeben, der nur an der 900 Klafter breiten und
350 Klafter langen Verbindungsstelle mit dem Hauptufer bei Aszofő
weiter unterbrochen ist.

Durch diese natürliche weitere Öffnung führt die Fahrstrasse
nach dem einzigen Orte der Halbinsel, dem gleichnamigen ärmlichen

---

[1] Seine Länge beträgt nach den vorliegenden Angaben 8 deutsche Meilen, seine Breite
wechselt zwischen ⅛ (bei Szántot) und 1½ Meile (zwischen Also-Örs und Sió-
Fok), der Flächeninhalt wird mit 16—17 Quadrat-Meilen ohne Sümpfe, diese ein-
gerechnet mit 21—22 Quadrat-Meilen angegeben, die grösste Tiefe soll 40—60 Fuss
betragen. Der Seespiegel liegt 330 Fuss über der Meeresfläche.

Marktflecken, terrassenförmig auf dem innern Gehänge des Ost-
walles angelegt, beherrscht von der Kirche und der daranstossenden
Abtei. Aber noch ehe man Tihany erreicht, steigt die Strasse an, um
einen seitlich im Kessel sich erhebenden felsenreichen Rücken,
den Kis-Erdő, dort, wo er sich an den östlichen Hauptwall anlehnt,
zu überschreiten. Jenseits zieht sich dieser Rücken, — quer in den
Kessel, wo er am breitesten ist, gestellt und denselben ungleich
abtheilend — zwischen zwei Sümpfen, dem Kis-Balaton und dem
Büdős-Tó sanft abfallend, gegen den Westwall hin.

Noch an zwei Orten ist der Gebirgskranz durch tiefere Sättel
geöffnet, zunächst bei Tihany, zwischen den Kuppen des Nyársos hegy
(Spiessberg) und des Akasztó domb und am jenseitigen Ufer zwischen
dem Csúts hegy (Spitzberg) dem höchsten Punkte der Halbinsel [1])
und dem Hosszú hegy tető.

Die südöstliche Spitze der Halbinsel wird von einem Weingebirge mit ausgedehnteren, zugerundeten, in einander verfliessenden
Kuppen, sanft abfallend gegen das See-Ufer, theilweise am Fusse von
einer Sumpfwiese (Bozot) begrenzt, eingenommen. Schon die äussere
Configuration dieses Theiles deutet auf ein, von den übrigen verschie-
denes Gestein, wo markirtere Bergformen stellenweise felsige kegelförmige Kuppen auftreten.

Letztere erheben sich neun an der Zahl isolirt und steil, öfter
wie aufgethürmtes Blockwerk, dicht gedrängt auf dem ansteigenden
Terrain zwischen dem zuletzt erwähnten Weingebirge und dem
Kis-Balaton; darunter sind die, auf der Karte mit Külső und Belső
hármas hegy und Kerek domb bezeichneten Kuppen. Ein ähnlicher
spitziger Kegel steigt rasch von der zugerundeten Kuppe des darnach
genannten Spitzberges (Csúts hegy) auf und bildet dessen höchsten
Punkt, von welchem man einen herrlichen Überblick der Halbinsel
und einer imposanten Wasserfläche gewinnt. Minder steil sind die
beiden schon genannten durch einen tiefern Sattel nächst Tihany
getrennten Kuppen.

---

[1]) Schätzungsweise erhebt sich derselbe 200 Fuss über den Seespiegel, die Höbe der
östlichen Uferwand mag bei 130 Fuss, jene des Kesselgrundes 90 Fuss betragen. Ge-
nauere Daten über die Höhenverhältnisse der Halbinsel sind mir in Aussicht gestellt.
(Der Spiessberg erhielt seinen Namen, da hier einst die Türken, welche von der Somogyer Seite um Weiber zu rauben gekommen waren, von den Tihanyern gespiesst
wurden; der Spitzberg von der spitzen Kegelform seiner Kuppe.)

Im übrigen Gebirgskranze ist die Form breiter Rücken mit wenig darüber aufragenden sanften Kuppen vorherrschend. — Die tiefsten Theile im Kessel nahmen einst zwei ziemlich ausgedehnte Sümpfe ein, von welchen der eine (Büdös-Tó) nun trocken gelegt ist. Der andere nächst dem Orte, aus zwei, durch eine kleine Landzunge getrennten Wasserflächen bestehend und nach dieser Ähnlichkeit mit dem Plattensee, Kis-Balaton genannt, wird noch heute von Manchen als eine mit Wasser erfüllte Krateröffnung angesehen. In der That liegt in der Configuration der ganzen, plötzlich aus dem See sich erhebenden Halbinsel manche Ähnlichkeit mit einem grossen Krater; der Wall ringsum und inmitten des Kessels die Sümpfe, überdies noch zwischen ihnen eine ziemlich isolirte Kuppe, Anderen die Deutung als Eruptionskegel gestattend. Doch genügt ein einziger Blick zu Boden, wo immer, um unzweifelhaft dessen sedimentäre Bildung erkennen zu lassen.

Wie die Spitze der Halbinsel als eine ebene Sumpffläche gestaltet ist, wenig über dem Wasserspiegel gelegen, so auch die Stelle, wo sie mit dem Festlande zusammenhängt.

Beiderseits greift der See, wo der hier armförmig zusammentretende Gebirgswall sich senkt, als tiefere Bucht in das kleinere Stück Land, welches Tihany mit dem Hauptufer bei Aszofő verbindet und schiebt beiderseits sein Gebiet in Sümpfen noch weiter vor. Dort wo die Strasse jetzt führt, findet man ältere See-Anschwemmungen von jener Zeit herstammend, als Tihany noch Insel war. Später während des Türkenkrieges wurde sie künstlich zur Insel gemacht durch Anlage eines Grabens, den bald der See erfüllte, wenn man dessen Wasser durch eine Schleusse bei Sió-Fok staute. Letztere wurde im Jahre 1700 zerstört. Die Reste des Wassergrabens von Tihany sind noch jetzt zu sehen; derselbe war durch starke Mauern vertheidigt, eine befestigte Zugbrücke diente zur Verbindung mit Aszofő. Bei Herstellung der dortigen Wiesen fand man 1847 die Fundamente der erwähnten Fortificationen [1]).

[1]) Über die Geschichte von Füred und Tihany s. Dr. C. L. Sigmund „Füred's Mineralquellen und der Plattensee 1837"; im Panorama der österreichischen Monarchie 3. Bd., 1840 „die Abtei Tihany und der Curort Füred am Plattensee, von Joseph v. Dorner"; auch Dr. J. V. Melion's „Geschichte der Mineralquellen des österr. Kaiserthumes 1847". — Dr. Sigmund gibt a. a. O. pag. IX die Literatur über Füred und Plattensee.

Im Innern von Tihany findet man keine Quelle, kein fliessendes Gewässer. Auch ist im ganzen Orte kein Brunnen, die Bewohner tragen sich mühevoll das Wasser vom See herauf, für den Klosterbedarf wird es von Aszofő herüber gebracht.

Der Vollständigkeit wegen soll hier noch das bemerkenswerthe Echo erwähnt werden, welches 15 Sylben wieder gibt [1]). Der Standpunkt ist bei 400 Schritte von der reflectirenden Nordwand der Kirche, am Fusse des Dobos hegy. Sehenswerth sind ferner die in Fels gehauenen Eremiten-Wohnungen (Remete lakás) an der gegen Füred gerichteten steilen Uferwand.

Von Füred aus gesehen zeigt sich Tihany, „ein stilles feierliches Bild", als ein in den See hineingeschobenes Gebirge (selbstständig sich erhebend als Insel, wenn der See bewegter durch seine Wellen die Verbindungsstelle dem Auge entzieht), zur Rechten der Csúts hegy (Spitzberg), der vom jenseitigen, westlichen Gebirgswalle sichtbar wird, dann nach einer weitern Einsenkung der diesseitige, östliche Wall von der Kuppe des Diós hegy bis zum Dobos hegy, eine felsige, spärlich bewachsene Gebirgswand in ziemlich gleicher Höhe fortsetzend, bis an einen unweit der Abtei Tihany sich einsenkenden Sattel, jenseits dessen sie, mit dem Akasztó domb, bald abfällt zum See, wie es im beigegebenen Profile auf Taf. II dargestellt ist.

Dreierlei Gebirgsarten setzen die Halbinsel zusammen in der Reihenfolge, wie es das Profil zeigt, tertiärer Sand und Sandstein als unterstes Glied, dann Basalttuff und über den beiden ersteren Süsswasser-Bildungen, als kieselreiche Kalksteine und reine Kieselmassen. Wir wollen sie in dieser Ordnung einer nähern Betrachtung unterziehen.

Tertiärer Sand und Sandstein.

Ungefähr von der Verbindungslinie der Uferpunkte nächst den Kuppen Akasztó domb und Felső Szarkad breitet sich gegen Südost zusammenhängend das Gebiet des Sandsteines in der Spitze der Halbinsel aus, ein Weingebirge mit breiten sanft gewölbten Kuppen

---

[1]) Die den Fremden auf Tihany empfangenden Kinder aus dem Orte rufen unter andern am Echo den bekannten Vers: „Quae maribus solum tribuntur, mascula sunto".

bildend. An obiger Verbindungslinie ist der Sandstein von den jüngeren Bildungen bedeckt; auf der Karte erscheint derselbe aber am östlichen Ufer von der erstgenannten Kuppe noch fortgesetzt in einem schmalen Streifen an der Grenze des Basalttuffes, da er hier am Fusse der Tuffwand, noch bevor er unter den Wasserspiegel verschwindet, eine wenige Klafter gegen den See vorspringende Terrasse mit wellig hügeliger Oberfläche bildet, die am deutlichsten unterhalb der Abtei, wo steil ein Fusssteig vom See aus hinaufführt, zu sehen ist; an anderen Orten fehlt wohl dieses Vorspringen, doch steht der Sandstein überall an der bezeichneten Uferlinie unter den Tuffschichten an.

An den steilen Wänden, mit welchen Tihany am Ost- und Westufer zum See abfällt, beobachtet man mächtige Schichten des glimmerreichen zu losem Sand zerfallenden Sandsteines, welche von der Uferwand in ihrer Streichungsrichtung geschnitten, sich daselbst mit fast horizontalen, wenig gegen Südost geneigten Linien zeichnen. An keiner Stelle waren die Schichten, wo sie zugänglich sind, genug entblösst, um ihr Streichen und Verflächen mit Sicherheit abnehmen zu können; an den sie bedeckenden Tuffschichten aber an der Ostwand, wo dieselben mit den unterliegenden parallele Durchschnitte erzeugen, beobachtet man vorherrschend ein Streichen nach Stunde 11—12 mit westlichem Einfallen.

Im Sand und Sandstein kommen dünne Zwischenlagen von grauem Thon oder Mergel vor, in Letzterem finden sich zuweilen kugelige und sphäroidische Concretionen.

Bei Untersuchung der östlichen Uferwände trifft man einzelne Stellen reich an Versteinerungen. Vor Allem verdient erwähnt zu werden, dass es mir gelang, die Lagerstätte der *Congeria triangularis* Partsch aufzufinden.

Dieselbe ist unweit von der Stelle, wo die den Sandstein bedeckenden Tuffschichten unter den Kieselkalken verschwinden und ersterer die ganze Höhe der Uferwand einnimmt, unterhalb der Kuppe des Akasztó domb. Hier steckt die *Congeria* in bis $2\frac{1}{2}$ Zoll langen, meist aber kleineren Exemplaren, ziemlich häufig in sehr lockerem Sandstein oder Sand in Gesellschaft mit *Cardium plicatum* Eichw., *Paludina Sadleri* Partsch und *Melanopsis Dufourii* Fér., nach der Bestimmung von Dr. M. Hörnes, und unzähligen Bruchstücken derselben. Es gelingt schwer von den äusserst gebrechlichen Schalen vollständige Exemplare zu erhalten.

Eine zweite aber minder ergiebige Localität ist an dem terrassenartigen Vorsprung, welchen der Sandstein am Fusse der Tuffwand unter der Abtei bildet. Von der *Congeria balatonica* und einer kleinen Planorbis, welche P. Partsch, ebenfalls vom Plattensee bei einer frühern Gelegenheit bestimmte und abbildete [1]), fanden sich unter meiner Ausbeute keine Exemplare.

Vergleichen wir diese Schichten des ungarischen Tertiär-(Neogen-) Beckens mit jenen im Wiener Becken, so finden wir dort die entsprechenden Versteinerungen wieder in den, nach dem häufigen Vorkommen der Congerien genannten Congerien-Schichten von Brunn am Gebirge u. a. O. Es sind die Schichten des obern brakischen Tegels über den Cerithien-Schichten.

Bekanntlich gebührt P. Partsch das Verdienst, der erste, den oft besprochenen, sogenannten versteinerten Ziegenklauen, denen man die verschiedensten Deutungen unterlegte, indem man sie als zum Geschlecht der Ostrea gehörig bezeichnete, oder sie in früherer Zeit für Chamiten oder gar für Fischzähne hielt, die richtige Stellung gegeben zu haben, indem er sie für die durch den See abgerollten und ausgeworfenen Spitzen von grossen Exemplaren der von ihm beschriebenen *Congeria triangularis* erklärte. — Auch Beudant[2]) erkannte in den Ziegenklauen Seegerölle, deutete sie aber als die Spitzen einer grossen Art jurassischer Austern. Beudant gibt als Fundort der Ziegenklauen das westliche Ufer von Tihany an, wo sie an mehreren Orten in grosser Menge vorkommen sollen, am Fusse eines Berges aus einem Kalkstein, ähnlich jenem, in den Bergen zwischen Füred und Arács, bestehend. Es sollen sich dort, bei Arács, oberflächlich häufig Austern finden, welche einer grossen im Jura vorkommenden Art angehören. Die gleichen Austern, meint Beudant, dürften wahrscheinlich auch auf der Oberfläche der Tihanyer Kalkberge vorkommen und rechtfertiget hiermit seine Ansicht über die

---

[1]) Über die sogenannten versteinerten Ziegenklauen aus dem Plattensee in Ungarn und ein neues, urweltliches Geschlecht zweischaliger Conchylien. In den Annalen des Wiener Museums der Naturgeschichte. 1. Bd., 1836.

[2]) Ich beziehe mich hier immer auf das Eingangs benannte Werk F. S. Beudant's „Voyage minéralogique et géologique en Hongrie."

Ziegenklauen [1]). Das Hypothetische des Jura-Kalkes, den Beudant der Ziegenklauen wegen auf der Westseite von Tihany angegeben, liess ein Blick auf seine geologische Karte mit ziemlicher Wahrscheinlichkeit im Voraus erkennen, und in der That konnte ich dort, wie überhaupt auf der ganzen Halbinsel, nicht die geringste Partie eines anstehenden älteren Kalksteines auffinden.

Für Tihany wäre das Vorkommen von Kalkstein daselbst von Wichtigkeit und man hat auch darnach eifrig geforscht, aber ohne Erfolg; derselbe wird zum Baubedarfe von der Füreder Seite zugeführt. Man sieht noch die Reste eines Kalkofens beim Orte und hin und wieder finden sich auch verstreute Kalksteinstücke, die einen flüchtigen Besucher wohl irre führen könnten.

Was nun den Fundort der versteinerten Ziegenklauen betrifft, so liegt derselbe, nicht wie Beudant angibt, am Westufer, sondern gegenüber am östlichen unter dem Sargo domb, unweit von der Stelle, wo sich der Sandstein unter dem Seespiegel birgt, an dem Vorsprunge des Ufers, welches hier von Südost nach Nordwest umbiegt. Dort liegen am Strande in feinem Sand mit Geschieben von tertiären Sandstein, Basalttuff u. a. die Ziegenklauen, oft schon so abgerollt, dass keine Spur der ursprünglichen Form vorhanden ist, in grosser Menge in Exemplaren gewöhnlich von 1 und 1 ½", seltener von 2" Länge und darüber umher. Schliesst man nach dem Verhältnisse der Dimensionen des Schlosses und der Schale wie es bei der *Congeria triangularis* stattfindet, auf die Grösse jener Exemplare, von welcher die grösseren Ziegenklauen stammen, so ergibt sich für diese eine Länge von 6—7 Zoll. Solch' grosse Congerien müssen, wie dies schon Partsch geschlossen, in reichlicher Zahl in den tieferen Sandschichten unter dem Seespiegel eingeschlossen sein, während die grösste Schale, welche ich aus den oberen Schichten erhielt, in der Länge nur 2 ½" misst. Mit den Ziegenklauen findet man auch mehr weniger abgerollte Bruchstücke von Congerien-Schalen und ziemlich häufig weniger abgerollte bis 1" hohe Exemplare der *Paludina Sadleri*.

An keiner andern Stelle des Strandes habe ich die Ziegenklauen aufgefunden noch über ein solches anderortiges Vorkommen Bericht erhalten.

---

[1]) A. a. O. Band II, S. 497 u. f.

2. Basalttuff.

Über dem tertiären Sandstein liegt Basalttuff, welcher, wie dies die geologische Karte zeigt, unter den auf Tihany auftretenden Gebirgsarten die grösste Fläche einnimmt.

Allerorts, wo ihn nicht die Producte der einwirkenden Atmosphärilien, ein grober Sand, oder endlich eine rothe thonige Dammerde der Beobachtung entziehen, sieht man ihn in deutlichen Schichten von der Mächtigkeit einiger Zolle bis zu mehreren Fuss anstehen; schon von Füred aus, vom jenseitigen Ufer, erkennt man an der östlichen Ufer-Felswand die einzelnen mächtigen Sediment-Lagen des Tuffes, die sich durch ihre dunklere Färbung von jenen des Sandsteines an der Halbinselspitze deutlich unterscheiden.

An jener Seite, welche unser Profil, Taf. II, darstellt, streichen die Schichten nahezu parallel mit der Uferlinie, ebenso an der Westseite, dabei ist das Fallen derselben nach einwärts gerichtet, — das letztere findet überhaupt allgemein Statt — so dass demnach für die Tuffschichten auf Tihany ein muldenförmiger (sinklinischer) Bau anzunehmen ist.

Ich entnehme in Folgendem meinem Tagebuche einige Schichtungs-Beobachtungen:

Am Rande des Kessels:
nächst dem Akasztó domb, Streichen nach Stunde 11   Fallen SW.
unterhalb der Abtei   „   „   „ 10—12   „   SW.
bei den Eremitagen   „   „   „ 10   „   SW.
nächst dem Diös hegy   „   „   „ 11—12   „   SW.
zwischen dem Csúts hegy und
    dem Felsö Szarkad   „   „   „ 10   „   NO.
an einer zweiten Stelle e. d.   „   „   „ 9   „   NO.

Im Innern des Kessels:
Kuppe des Kis-Erdö   Streichen nach Stunde 2—4   „   SO.
an dessen Fusse an der
    Strasse nach Aszofü   „   „   „ 5   „   SO.
an derselben Strasse nächst
    dem Friedhofe   „   „   „ 3—4   „   SO.

Der Fallwinkel ist durchaus ein geringer und übersteigt nicht 30 Grad.

Der Basalttuff besteht vorherrschend aus wohl abgerundeten
Stückchen von Basalt, verbunden durch ein bald mehr kalkiges,
bald mehr thoniges Cement. In den gröberen Tuffen, die eine nähere
Untersuchung der Bestandtheile ermöglichen, ist das Bindemittel der
Geschiebe weisser oder gelblicher Aragonit, welcher in dünnen feinfaserigen Rinden die Basalt-Geschiebe und Körnchen umgibt, sich zwischen ihnen auch mehr ausbreitet, einzelne Nester
bildet und wo der Raum vorhanden war, mit klein nierförmiger oder
warziger, äusserst feindrusiger Oberfläche erscheint, oder stellenweise auch in Adern von sehr zartfaseriger Zusammensetzung
auftritt.

Ausser Basalt, dessen Geschiebe in einzelnen conglomeratartigen
Schichten die Grösse von Erbsen bis 1 Zoll und darüber erreichen,
und worin hin und wieder Iserin und Olivin fein eingesprengt ist,
findet man noch vorherrschend wohl abgerollte Stücke, von gleicher
Grösse, eines sehr feinkörnigen oder dichten, weiss- oder gelblich-
grauen Kalksteines, im Innern zuweilen mit kleinen Drusenräumen.
In dem dichten Kalksteine lässt sich ein nicht unbedeutender Kiesel-
gehalt nachweisen.

Ausserdem enthalten die Basalt-Conglomerate noch flache Gerölle
von dunkelrothem und grauem, auf den Spaltflächen wenig glän-
zendem Thonschiefer. Von Letzterem fand ich unter umher-
liegenden Stücken eines mit 4 Zoll Länge. Einschlüsse von Thonschiefer, ähnlich jenen, welche der Grauwackenformation angehören,
in den Tuffschichten sind, wie auch dies Beudant bemerkte,
auffallend, da in der Umgebung solche Gesteine nirgend anstehen; sie dienen zum Beweise, dass jene Wässer, in welchen
sich die Tuffe ablagerten, weithin ihre Ufer erstreckten, einer von
Stürmen bewegten See angehörten, wo grosse Geschiebe auf
weite Entfernungen hin geführt werden konnten; und in der That
reichte das tertiäre Meer, welches einst das Becken von Ungarn
und Siebenbürgen erfüllte, bis an das nördliche Ufer des heutigen Plattensees, der, sowie er sich jetzt darstellt, als Überrest
jener grossen Wassermasse, ein seichter Tümpel zu betrachten ist.
Eine andere Erklärung könnte die Thonschiefer-Einschlüsse schon
im Basalt, der sie aus der Tiefe mit heraufgebracht, voraussetzen;
dann würden sich dieselben aber gewiss nicht mit so fast unver-
ändertem Äusseren in den Tuffen wieder finden.

Basalt- und Kalkstein-Gerölle halten sich der Menge nach in den Conglomerat ähnlichen Bänken ziemlich das Gleichgewicht; sie liegen wie porphyrartig in einer Grundmasse, welche aus kleinen, bis sehr kleinen, runden und eckigen durch Aragonit verbundenen Geschieben von Basalt besteht. Wo die grösseren Gerölle fehlen, tritt auch das Aragonit-Cement zurück, und das Gestein nimmt dann mit dem Sandstein-Typus die dunkle Färbung des vorwaltenden Basaltes an.

In anderen Straten ist das Bindemittel ein thonig-kalkiges mit vorwaltendem Thongehalt von dunkel röthlich-grauer Farbe, und unkrystallinischer Beschaffenheit; es erfüllet als dichte Masse vollkommen die Zwischenräume der einzelnen häufigen Geschiebe von höchstens Haselnussgrösse.

Solche Lagen feinern Conglomerates wechseln nun mit anderen wahren Tuffen, thonigen Schichten von dem feinsten Detritus, von dichter, röthlich-brauner, oder lockerer, erdiger, lichtgrauer Masse, oft ziemlich rasch, so dass die wohlgeschichteten einzelnen Bänke selten eine Mächtigkeit über 3 Fuss erreichen dürften. Dass mancherlei Übergänge zwischen den unterschiedenen Hauptarten des Tuffes sich finden, ist in der Natur der Sache begründet.

In den Tuffen, und zwar in jenen von feinerem Korne sind neben Basalt und Thonschiefer stellenweise auch Körnchen von schwarzem Augit, Olivin, gelblich-grauem Feldspath und von graulich-weissem Quarz eingeschlossen; in jenen, vom feinsten bis dichten Korne sind einzelne Schüppchen von silberweissem Glimmer eine häufige Erscheinung.

Beudant gibt als Einschluss ferner Iserin *(fer oxydulé titanifère)* an. Unter den von aussen wirkenden zerstörenden Agentien werde der Tuff zu Sand, dieser durch den See einem natürlichen Schlemmprocesse unterworfen, und ein Iserinsand am Ufer deponirt. Solche ansehnliche Ablagerungen sollen sich an dem östlichen Ufer finden, in denen der Iserinsand gewonnen, und als Streusand unter dem Namen „Sand vom Plattensee oder von Füred" in Handel gebracht wird [1]).

Diese Angabe Beudant's bedarf ebenfalls einer Berichtigung. Nach Mittheilung von sehr authentischer Seite [2]) und meinen eigenen

---

[1]) A. a. O., Band II, Seite 500.

[2]) Diese, sowie mannigfaltige andere Nachrichten verdanke ich dem Administrator der Tihanyer Güter, dem hochw. Hrn. Pius Krisztiány und dem Füreder Bade-Physicus,

Erfahrungen findet man den Iserinsand auf Tihany nur am westlichen Ufer am Fusse des Spitzberges, sonst an keiner andern Stelle, und daselbst nur in geringer, dessen Gewinnung keineswegs lohnender Menge [1]). Der in Ungarn als Streusand wohl bekannte Füreder Sand stammt vom jenseitigen Ufer des Somogyer Comitates, wo er zu Sió-Fok in eigenen Gräbereien hart am See gewonnen wird. Da mir eine grössere Menge dieses Sandes in crudo zu Gebote stand, so soll hier eine Angabe seiner Bestandtheile eingeschaltet werden.

Der Iserinsand von Sió-Fok gehört zu den feinsten Sanden, seine Bestandtheile erreichen oder überschreiten in der Regel nicht die Grösse von Hirsekörnern, seltener jene von Hanfsamen; grössere rundliche Geschiebe von Erbsengrösse oder längliche mit 6 Linien Seite, oder darüber sind sehr selten. Der Menge nach, sind unter den Bestandtheilen zuerst Quarz und Kalkstein zu nennen; sie bedingen auch die gelbliche Hauptfarbe des Sandes. Der Quarz ist entweder wasserhell, oder weisslich-grau oder gelb gefärbt, dabei durchscheinend in verschiedenen Graden bis undurchsichtig. Auch fand ich grauliche, durchsichtige, mikroskopische Kryställchen der gewöhnlichen Form $P. \infty P.$, an beiden Enden vollkommen ausgebildet. Die anderen häufigsten Körnchen und die selteneren rundlichen, bis erbsengrossen, matten Geschiebe bildet ein vollkommen dichter dolomitischer Kalkstein von gelblich-brauner Farbe; seltener ist es ein reiner lichtgrauer Kalkstein.

Nach diesen beiden folgt der Menge nach Iserin; vielleicht wäre er noch früher anzuführen, doch lässt sich dies schwer bestimmen, da er seiner Schwere wegen, im Sande nicht gleichmässig vertheilt ist. Er findet sich in den feinsten, eisenschwarzen, oberflächlich glänzenden oder matten Körnchen, und lässt sich sehr leicht durch den Magnetstab ausziehen.

Ich habe eine grössere Partie desselben unter dem Mikroskope untersucht, und unter den unbestimmt eckigen, oft kugeligen, stets wohl abgerundeten Körnchen einzelne unzweifelhafte tessulare Krystalle, Oktaeder und Combinationen des Hexaeders mit dem

---

Herrn Dr. Karl Orzovenszky, welche meinen Untersuchungen den freundlichsten Vorschub angedeihen liessen.

[1]) Es scheint fast, als hätte Beudant die ihm gewiss nur mitgetheilten Localitäten der versteinerten Ziegenklauen und des Iserinsandes verwechselt.

Oktaeder beobachtet. Es gehört demnach dieser Eisensand zum Iserin *Werner*, zum hexaedrischen Eisenerz *Mohs* [1]). Sein specifisches Gewicht = 4·817. Vor dem Löthrohre gibt er in der Reductionsflamme mit Phosphorsalz ein dunkelrothes Glas von gleicher Tiefe, wie jener von der Iserwiese im Isergebirge Böhmens.

Eine chemische Untersuchung des bestimmt als tessular erkannten Titaneisens schien sehr wünschenswerth; mein geehrter Freund, Herr Karl Ritter v. Hauer, hat dieselbe im Laboratorium der k. k. geologischen Reichsanstalt mit gewohnter Bereitwilligkeit vorgenommen und theilte mir folgende Resultate mit:

„Die Zerlegung geschah nach dem von Mosander angegebenen Verfahren. 1·159 Gramm des möglichst fein gepulverten Minerales wurden auf einem Porzellanschiffchen in einem Strome getrockneten Wasserstoffgases geglüht. Da die Masse hierbei etwas zusammenbackt, so wurde dieselbe nach dem Erkalten mittelst eines Glasstabes zerdrückt und neuerdings im Wasserstoffgase geglüht. Dieses wurde so lange wiederhólt, bis kein weiterer Gewichtsverlust mehr stattfand. Die obige Menge verlor hierbei 0·217 Gramm an Gewicht = 18·72 Procent Sauerstoff des Eisens. Die geglühte Masse wurde mit verdünnter Chlorwasserstoffsäure in der Wärme behandelt. Es blieben hierbei 0·356 Gramm = 30·71 Procent Titansäure ungelöst zurück. Das Filtrat, nach Zusatz von Salpetersäure gekocht und mit Ammoniak gefüllt, gab 0·822 Gramm = 70·92 Procent Eisenoxyd = 49·64 Procent Eisen."`

„Daher wurden gefunden:

18·72 Sauerstoff,
49·64 Eisen,
30·71 Titansäure.

„Die nach Fällung des Eisens zur Trockne verdampfte Flüssigkeit hinterliess einen Rückstand der 0·044 Gramm wog = 3·79 Procent, bestehend aus Kalkerde, Spuren von Talkerde und Manganoxydul. Die Analyse ergab im Ganzen daher:

18·72 Sauerstoff,
49·64 Eisen,
30·71 Titansäure,
3·79 Kalkerde, Talkerde, Manganoxydul,
102·86."

---

[1]) Das Mohs'sche Mineralsystem bearbeitet von Dr. A. Kenngott 1853. Seite 97, XI. 6.

Der bei der Analyse sich ergebende Überschuss von 2·86 Procent, kann nur von der Titansäure stammen, indem das Sauerstoff-Titan nicht als Säure, sondern als Oxyd in dem Minerale vorhanden ist, wie dies schon aus den tessularen Formen desselben, aus der Isomorphie mit Magnetit, geschlossen werden konnte. Mit dieser Annahme berechnen sich folgende Zahlen der Äquivalente:

2·340 Sauerstoff,

1·773 Eisen,

0·375 Titanoxyd,

0·135 Kalkerde.

Bei der Voraussetzung, dass die Kalkerde an Eisenoxyd gebunden war, verbleiben von obigen Werthen nach Abzug von 0·135 $CaO.Fe_2O_3$ noch

1·935 Sauerstoff,

1·503 Eisen,

0·375 Titanoxyd,

und von diesen nach Abzug von 0·375 $FeO.Ti_2O_3$, noch

1·560 Sauerstoff,

1·128 Eisen,

welche Werthe 0·376 $FeO.Fe_2O_3$, mit dem höchst geringen Überschusse von 0·056 Sauerstoff ergeben.

Es sind demnach in dem Iserin enthalten:

27·04 Eisenoxydul,

40·88 Eisenoxyd,

27·75 Titanoxyd, ·

3·78 Kalkerde,
————
99·45

entsprechend der Formel

$$FeO.Fe_2, Ti_2O_3$$

oder mit Aufnahme der Kalkerde in dieselbe, der Formel

$$Fe, CaO. Fe_2, Ti_2O_3.$$

Die gegenseitigen Mengenverhältnisse würden die besondere Formel

$$CaO.Fe_2O_3 + 3(FeO.Fe_2O_3) + 3(FeO.Ti_2O_3)$$

ergeben.

Ferner enthält der Sand äusserst kleine Körnchen von Zirkon und Granat. An ersteren, von hyacinthrother Farbe, lassen sich zuweilen noch einzelne Krystallflächen der Combination $\infty P \infty . P$ erkennen, auch sind die Körnchen häufig länglich, entsprechend dem säulenförmigen Habitus der Krystalle; jene des Granates sind viel lichter roth, in höherem Grade durchsichtig und zugerundet, auch kuglig, zuweilen findet man deutliche Krystalle in der Leuzit-Form. Auch Beudant hat kleine rothe Körner im Sande bemerkt, welche er für Granat oder Zirkon hielt, die aber ihrer Unschmelzbarkeit wegen, wahrscheinlicher als Zirkon zu bestimmen seien [1]).

Auch Schüppchen von silberweissem Glimmer fehlen nicht.

Endlich findet man ziemlich oft kleine abgerollte Fragmente recenter Conchylien und Pflanzentheile, meist von Binsen stammend. Foraminiferen enthält der Sand nicht. —

Der Basalttuff ist sehr der Zerstörung durch die Atmosphärilien unterworfen, sie beginnt damit, dass in den grobsteinigen Abänderungen von der Oberfläche der Gesteine das kalkige Cement der einzelnen Geschiebe hinweggeführt wird, wodurch diese erhaben hervortreten, endlich ganz aus dem ursprünglichen Verbande gebracht, Grusmassen bilden, welche überall als Decke, wo Basalttuff ansteht, zu finden sind; an geeigneten Stellen noch weiter zersetzt, gibt er durch Umwandlung des in dessen Bestandtheilen, vorzüglich im Augit, Olivin und Iserin [2]) enthaltenen Eisenoxyduls in Eisenoxydhydrat, einen dunkel gefärbten, thonigen Boden.

Auf Anhöhen zeigt er sich an mehreren Orten in schönen plattenförmigen Felspartien, durch hervorragende Schichtenköpfe gebildet, namentlich auf der Kuppe des Kis-Erdő, rechts von der Fahrstrasse, kurz bevor man den Ort Tihany erreicht, und auf dem Sattel zwischen dem Csúts hegy und dem Nagy nyereg Berge.

Bei Nennung des Kis-Erdő kann ich nicht umhin, der in der medicinischen Welt bekannten Schrift „Füred's Mineralquellen

---

[1]) A. a. O., Band II, S. 500.

[2]) W. Sartorius von Waltershausen, „Über die vulcanischen Gesteine in Sicilien und Island, und ihre submarine Umbildung", 1853, pag. 124: Das Titaneisen widersteht zwar der vollkommenen Oxydation durch atmosphärische Einflüsse für geraume Zeit, es wird aber dennoch zuletzt in braunes Eisenoxyd und in Verbindung mit Wasser in gelbbraunes Eisenoxydhydrat verwandelt. Man kann sich davon am besten überzeugen, wenn man das Magneteisenerz in einigen vulcanischen Aschen betrachtet. Die Körner desselben sind von Aussen gelblichbraun und verhalten sich wie Eisenoxydhydrat, indem ihr Wasser bei höherer Temperatur entweicht, der innere Kern dagegen ist schwarz und folgt zugleich mit der äussern Hülle dem Magnete. Weniger leicht als in den losen Aschen, ist der Magneteisenstein in den Laven und in den älteren krystallinischen Schichten des Ätna der höheren Oxydation ausgesetzt. Aber auch hier macht eine Reihe von Jahrtausenden das möglich, was in kurzer Zeit nicht geschehen kann u. s. w.

und der Plattensee" von Dr. Karl Ludwig Sigmund, Pesth 1837, zu gedenken, welche früher als zur geologischen Literatur über Füred gehörig, anzuführen, ich mit Recht entbunden zu sein glaubte, da bei den darin enthaltenen „Geognostischen und oryktognostischen Notizen" in erster Linie bemerkt war, dass hiebei vorzugsweise Beudant's treffliche Angaben [1]) zu Rathe gezogen wurden — des Nachsatzes wegen „ohne jedoch der eigenen Ansicht ganz Abbruch zu thun," welcher sich vorzüglich auf den genannten Kis-Erdő Berg bezieht.

Auf Seite 41 sagt der Verfasser unter der Rubrik „abnorme Felsarten" von den Basalttuffen Folgendes: „Beudant will „sie auch ausser allen Zusammenhang mit Basalt, aus dem „sie entstanden, an zwei Orten [2]) wahrgenommen haben. Die dieser „Behauptung entgegen stehende Unwahrscheinlichkeit „kann aber als beseitigt angesehen werden, wenn die Unterlage „derselben durch sichere Beobachtung als bekannt betrachtet „werden darf. An einem Orte — beim Graben des Kellers in „Kis-Erdő 1821 — hat dies auch stattgefunden, jedoch gegen „Beudant's erwähnte Behauptung gesprochen; das dabei entblösste „Profil setzt die Verbindung der nächst Tihany erschei- „nenden Basalttuffe und Conglomerate mit einem unter „denselben befindlichen nicht zu Tage ausgehenden „Basaltgange ausser Zweifel, u. s. w."

In eine nähere Besprechung des obigen Citates einzugehen, dürfte wohl an diesem Orte überflüssig sein, da es eine allgemein bekannte Thatsache ist, dass Basalttuffe, welche wie die hier beobachteten, sich unzweifelhaft als Sedimente unter Wasser gebildet, darstellen, sowohl unmittelbar an ihr Muttergestein den festen Basalt anlagern, als auch in weiterer Distanz von demselben vorkommen können. Die Localität, wo die oben erwähnte Kellergrabung stattgefunden, ist aus dem Citate nicht mit Sicherheit zu entnehmen; der Kis-Erdő trägt auf seinem südöstlichen Abhange Weinpflanzungen, und an mehreren Orten finden sich hier Keller, doch dürfte sich die angezogene Stelle an dem bezeichneten Abhange und zwar näher dessen Fusse

---

[1]) A. a. O., II, 455.
[2]) Auf Tihany und bei Szigliget.

zu, befinden. Die im Citate weiter auf Seite 42 erwähnten Kalksteine
gehören dem jüngsten Gebirgsgliede auf Tihany, den Süsswasser-
Kieselkalken an, welche in mancherlei Varietäten auftreten; ich fand
sie auf der Kuppe des Kis-Erdő nächst dem Tuff-Felsen in geringer
Ausdehnung anstehend, und auf dem Gehänge von dort abgestürzte
Blöcke.

Es wäre möglich, dass dieselben auch unten am Fusse anstehen,
nächst dem nördlichen Ufer des Sumpfes (Kis Balaton) herüber-
reichend von dessen südlichem Ufer, woselbst sie auf meiner Karte
begrenzt wurden. Aber wie es dem Verfasser möglich war, aus dem
von ihm mitgetheilten Profile einen unter den Tuffen befindlichen
Basaltgang zu erkennen, ist nicht einleuchtend, und es wäre eine
umständlichere Darlegung der Verhältnisse zu erwarten gewesen,
wenn Beudant's Angabe mit Recht der Unwahrscheinlichkeit
beschuldigt werden sollte. —

Beudant hat auf seiner geologischen Karte der Ufer des Plattensees ausser auf Tihany noch an drei anderen Orten Basalttuff angegeben, und auf deren wechselseitige Ähnlichkeit hingewiesen [1]). Die
Localitäten sind Kapolcs, westlich von Füred, dann südwestlich am
Seeufer Badacson, Tomay und Szigliget; an beiden ersteren
treten in unmittelbarer Nachbarschaft Basalte auf.

Bei Kapolcs scheinen die Tuffschichten auf dem Basalte zu lagern,
sie enthalten Gerölle von Quarz, Dolomit und Iserin in grosser
Menge; bei Badacson umgibt der Tuff den Fuss des unmittelbar am
See sich erhebenden Basaltberges, sein Gehalt an Iserin findet sich
im Ufersande wieder.

Noch grösser ist die Übereinstimmung des Tuffes von Tihany
mit jenen von Szigliget, auch hier fehlt der anstehende Basalt in
unmittelbarer Nachbarschaft; selbstständig bilden die Tuffschichten
drei am See aufsteigende Kuppen, deren eine die bekannten pittores-
ken Ruinen des gleichnamigen Schlosses trägt. Wie auf Tihany finden
sich hier im Tuffe mit zum Theil kalkigem Bindemittel Bruchstücke
von schwarzem Thonschiefer, ähnlich Grauwackenschiefern, welche
weithin im Umkreise nicht anstehend beobachtet wurden.

---

[1]) A. a. O., II, 478. 487, 499. 509.

3. Süsswasser-Bildungen.

Die jüngsten Schichten auf Tihany, über einen geringeren Flächenraum als die vorbetrachteten ausgebreitet, geben sich durch die eingeschlossenen organischen Reste als Süsswasser-Bildungen zu erkennen. Es sind theils r e i n e, theils mehr weniger k i e s e l i g e K a l k s t e i n e, letztere häufige Ausscheidungen von reinem Quarze enthaltend, endlich q u a r z i g e M a s s e n mit einem nur geringen Gehalte von kohlensaurer Kalkerde.

Auf der geologischen Karte nehmen die Süsswasserbildungen, gegen die Spitze der Halbinsel zu, eine grössere zusammenhängende Fläche am südlichen Ufer des Kis-Balaton ein. Dort erhebt sich allmählich der Boden zu den breiten Kuppen des Sandstein-Gebirges. Dessen ganzer (nördlicher) Abhang, bis in den Grund des Kessels wird von Kieselkalken und Quarzmassen eingenommen, welche sich durch die auffallende Gestalt von gruppenweise versammelten, kahlen, mit Blöcken bedeckten Kegeln (Külső und Belső hármas hegy und Kerek domb) bemerkbar machen. Von den beiden Kuppen (Akasztó domb) welche weiter von der Hauptgruppe entfernt, der östlichen Uferfelswand aufgesetzt erscheinen, ziehen sich diese Gebilde immer oben auf und am Rande des Kesselwalles, in einen sich verschmälernden Streifen, zuerst über den Spiessberg (Nyarsos hegy) zur Abtei, und von hier gegen Westen umbiegend zum Kirchhofe am Fusse des Dobos hegy, wo sie im Gebiete des Basalttuffes begrenzt erscheinen. Der Ort Tihany selbst mit der Abtei sind grossentheils auf und von diesen Gesteinen erbaut.

Aber ausserhalb dieses ihres Hauptgebietes finden wir die Kieselkalke noch in einzelnen Parzellen mehreren Kuppen der Tuffberge aufgelagert; so wenn man dem letzten Punkte, beim Kirchhofe eine Linie gegen West zieht, begegnen wir ihnen zuerst in einer kleinen Partie am Kis-Erdő Berge, dann am westlichen Kesselrande, auf der breiten Kuppe des Nagy nyereg, unweit davon als spitzer Kegel die Höhe des Csúcs hegy (Spitzberg) einnehmend, endlich auf den beiden Kuppen des Hosszu hegy tető und bei Szita földek, hier sich dem einen (westlichen) Endpunkte des Hauptgebietes nähernd.

Auch B e u d a n t erwähnt den Kieselfels von Tihany, bald dichte, bald löcherige, gelbe, versteinerungsleere, dem Mühlstein ähnliche

Massen, welche deutlich den Basalttuff überlagern; aber ihr Verhältniss zu dem tertiären Sandsteine wäre nicht erkennbar. Beudant vermuthete, dass dieselben ebenfalls dem letzteren aufliegen, und demnach derselben Süsswasserbildung angehören dürften, wie der Lymeen- und Planorben-Kalk am Plateau bei Nagy Vasony, und der auf einem Quarz-Conglomerate ruhende kieselige Kalkstein bei Kapolcs, welcher den Paludinen ähnliche Steinkerne einschliesst [1]. Und in der That war Beudant's Ansicht die richtige, wie sich dies, wenn auch zur directen Beobachtung die Gelegenheit nicht geboten wäre, schon aus dem auf Tafel 2 mitgetheilten Profile ergibt, worin der Sandstein regelmässig die Basis des Basalttuffes bildet, und daher, wenn die Süsswasserbildungen den letzteren überlagern, dies um so mehr bezüglich des ersteren der Fall sein muss. Aber auch in der Natur lässt sich dies nahe der Spitze der Halbinsel auf der ganzen Grenzlinie zwischen den besprochenen Gesteinen und dem Sandsteine beobachten, und im Profile der östlichen Uferwand sieht man ganz deutlich unter dem Kieselkalk der Kuppen des Akasztó domb die Tuffschichten einfallen, welche ihrerseits wieder auf Sandstein, hier die *Congeria triangularis* enthaltend, lagern.

Als tiefstes Glied der Süsswasserbildungen müssen wir einen schieferigen, sehr feinkörnigen, fast dichten, lichtgrauen Kalkstein mit einer grossen Menge von Versteinerungen bezeichnen, welchen man in Blöcken am Fusse der östlichen Uferfelswand, an der Stelle, wo sie die Mittellinie zwischen der Abtei und dem Spitzberge trifft, gemeinschaftlich mit herabgestürzten, mächtigen Felsstücken des Basalttuffes, findet.

Nach der Angabe von Dr. M. Hörnes, welcher auch die Bestimmung dieser Versteinerungen freundlichst übernommen hatte, enthält der Kalkstein in grosser Menge *Melanopsis Bouéi* Fér, *Melanopsis buccinoidea* Fér und eine *Planorbis*. Anstehend babe ich denselben nicht gesehen, da aber der untere Theil der Wand von Sandstein, der obere von Basalttuff-Schichten eingenommen wird, und dort, wo es möglich ist, zur Berührungsstelle der beiden Gebilde zu gelangen, kein Mittelglied, sondern die unmittelbare Auflagerung des letzteren beobachtet wird, so kann der Süsswasserkalk seine Lagerstätte nur über den Basalttuffen haben, und zwar, da man

---

[1] A. a. O.. II, 485, 489, 500, 508, 510.

ihn oben an keiner Stelle beobachtet, muss er im Liegenden der demnächst zu betrachtenden Schichten anstehen.

Wie schon erwähnt, werden auch diese von Kalksteinen gebildet, die sich alle durch einen Gehalt an Kieselerde auszeichnen. Anfangs geringe, steigert sich derselbe allmählich, bis endlich fast reine Quarzmassen resultiren. Dabei ist natürlich das äussere Ansehen ein sehr wechselndes, so dass man sehr charakteristische Varietäten unterscheiden kann. Da eine chemische Untersuchung dieser Gesteine wünschenswerth war, hat Herr K. Ritter v. Hauer dieselbe vorgenommen, und nebst kohlensaurer Kalkerde einen verschiedenen Gehalt an Kieselsäure von 0·5 bis 64 Procent nachgewiesen, letzteres an einem opalartigen Stücke, welches mit Salzsäure behandelt, noch etwas auf Kohlensäure reagirte. Die reinen Quarzstücke wurden keiner weitern chemischen Probe unterzogen.

Von den auftretenden Arten des Kieselkalkes sind vorerst deutlich und dünn geschichtete, lichte gelblich-graue Kalkschiefer zu nennen. Die Mächtigkeit der einzelnen Schichten wechselt von ½ Zoll bis 1 Linie; so dünne Blätter, beim Anschlagen hellklingend, sind leicht, selbst bei einiger Grösse zu erhalten; in solchen wurde ein Gehalt von 1·9 Procent Kieselerde nachgewiesen.

Diese Kalkschiefer, welche gegen Südwest oder West einfallend, unmittelbar unter der Kirche, am Rande der Uferwand als regelmässige Decke des Basalttuffes, bei 2 Klafter mächtig, anstehen, sind auf ihren Schichtflächen häufig bedeckt mit einer ungemeinen Anzahl von Pflanzenresten. Meist sind es nur ganz kleine, kohlige Spuren, seltener sieht man grössere Fragmente von Blättern und Stängeln, welche nach Dr. C. v. Ettingshausen mehreren nicht näher bestimmbaren Gramineen-Arten angehören. Ausserdem sind Schicht- und Kluftflächen nicht selten durch zarte dentrische Zeichnungen geziert, und an ersteren lichte gelb-braune Eisenoxydhydrat-Flecken, und schwach gewellte concentrische Farbenringe zu bemerken.

An der bezeichneten Localität, und unweit davon gegen Nord sind dieselben Kalkschiefer auch viel reicher an Kieselsäure zu finden; sie enthalten davon über 5 Procent; ihre Masse ist gleichmässig von Kieselsäure durchdrungen und dadurch compacter und härter geworden, aber einzelne Stellen zeigen Glanz und Bruch des Opales, und zahlreich durchsetzen solche Adern das Gestein nach den verschiedensten Richtungen. Wenn die Schichten an Mächtigkeit zunehmen, ist das Gestein häufig voll grösserer oder kleinerer Höhlungen, deren nierförmig oder traubig gestaltete Wandungen mit feinfaserig und krummschalig zusammengesetzten Rinden von Kalk - Carbonat überzogen sind. Ein ähnlicher, dem Ansehen nach an Kieselsäure noch reicherer Kalkschiefer steht auf der Kuppe des Spitzberges an; auch er ist löcherig und voll Drusenräumen, ausgekleidet mit kleinen stauden- und kolbenförmigen Kalkansätzen.

Die erst beschriebenen Kalkschiefer werden, wenn die sie durchdringenden Tagwässer allmählich die kohlensaure Kalkerde wegführen, in weisse feinerdige, das Wasser begierig einsaugende, dünnblätterige Schiefer umgewandelt, welches veränderte Aussehen der bei dem Auslaugungs-Processe im feinpulverigen Zustande rückbleibenden Kieselerde zuzuschreiben ist. Solche Gesteine bilden die Decke des Basalttuffes nächst dem Friedhofe; in einem Stücke wurde ein Gehalt von 6 Procent Kieselsäure nachgewiesen. Es zeigt sich somit bei der Vergleichung zweier Analysen, wenn man die entsprechenden dünngeschichteten Kalkschiefer als Ausgangspunkt wählt, in diesen Gesteinen durch die Verwitterung eine relative Zunahme des Kieselsäure-Gehaltes von 4 Procent. Aber nicht alle Kieselkalke sind so dünnschieferig ausgebildet, es wechseln mit den ersteren stärkere Schichten von gelblich-weisser oder lichtgrauer Farbe, äusserst feinkörnig, bis fast dicht, zuweilen mikroskopische, sehr spärlich eingestreute Glimmerschüppchen enthaltend, auch bemerkt man stellenweise zartgestreifte Hohlräume von Pflanzenstängeln stammend. Auf Schichtfugen und Querklüften sind auch sie mit einem weissen feinerdigen Mehle, oder auch von Sinterbildungen bedeckt. Ein Stück aus den Schichten am Fusse des Spiessberges ergab 0·5 Procent Kieselerde.

Von den Vorhergehenden unterscheiden sich leicht gelblichgraue, dichte Kalksteine mit einem geringen Kieselerde-Gehalte, durch die grosse Menge kleiner Poren, Löcher, dann zelliger und anderer Hohlräume, welche dieselben in ihrer ganzen Masse enthalten. Einige Stücke gleichen dadurch völlig manchen löcherigen Dolomiten. In die meisten der kleinen Höhlungen ragen auch hier von deren Wandungen zarte Sinterbildungen hinein, oft auch dieselben zellig erfüllend; in anderen hat sich reiner Calcit mit kleintraubiger oder nierförmiger Oberfläche ausgeschieden. Diese Kalksteine finden sich auf den Hügeln an der Spitze der Halbinsel in Blöcken, zugleich mit solchen der demnächst zu betrachtenden Gesteine.

Durch den allmählich zunehmenden Gehalt an Kieselsäure in den Kalksteinen entstehen reine Süsswasser - Quarze. Wir haben bereits bei den schiefrigen Kalksteinen einzelne quarzige Lagen und Adern kennen gelernt; hier war der kohlensaure Kalk noch vorwiegend, endlich aber wird er völlig zurückgedrängt, und verräth seinen Antheil in der Mischung nur mehr durch ein gelindes Aufbrausen mancher mit einer Säure untersuchter Stellen. Diese Quarze von dichter Beschaffenheit sind sehr wechselnd in ihrem Ansehen. Abgesehen von ihrer verschiedenen, vorherrschend dunkelgrauen oder gelblichen oft wechselnden Färbung, und dadurch hervorgebrachter mannigfacher Zeichnung, bieten sie auch in ihrem Gesteine häufige Unterschiede, indem stellenweise aus der undurchsichtigen Hauptmasse mit unebenem oder splittrigem Bruche, Übergänge in durchscheinende Feuerstein und Opal ähnliche Partien stattfinden [1]). Auch sie sind alle mehr oder weniger porös und cavernös, stellenweise auch feinzellig, und häufig zerklüftet.

Wo immer ein solcher freier Raum sich zeigt, ist derselbe mit schönen, kleinnierigen oder traubigen, meist milchweissen oder smalteblauen dünnen Rinden von Chalcedon ausgekleidet, auf Kluftflächen sind davon dünnplattenförmige Überzüge zu finden. Nur bei den opalartigen Gebilden, am ausgezeichnetsten an der Felspartie, welche auf dem kleinen Plateau der Abtei nächst der Kirche vorragt, sind die Höhlungen mit sehr kleintraubigen oder unregelmässigen Gestalten der Opalmasse ausgekleidet.

Das Hauptgebiet aber der Quarzmassen sind, wie bereits bemerkt, die Gruppen der kegelförmigen Hügel, welche sich auf der am südlichen Ufer des Kis-Balaton ansteigenden Lehne erheben. Hier liegen dieselben in zahlreichen Blöcken umher, jene Kegel auch völlig überdeckend, nur seltener an deren Gipfel oder Gehänge in kleinen zerrissenen Felspartien vorstehend. Es liessen sich hier weder Schichtung beobachten, noch Versteinerungen auffinden.

Weiter abwärts gegen den Kesselgrund, und seitwärts gegen Tihany zu, so wie in jenen isolirten Parzellen auf den nächsten Basalttuff-Kuppen sind die geschichteten Kalkbildungen vorherrschend, und wenn auch dort opalartige Quarze erscheinen, ist dies nur ein untergeordnetes Vorkommen.

---

[1]) Die verschiedenen Varietäten geben alle im Kölbchen erhitzt, bald mehr, bald weniger Wasser, enthalten daher Opal in verschiedenen Verhältnissen beigemengt.

Sollten durch jene **Kegeln** nicht die Ausbruchstellen von **kieselreichen Quellen**, welche sich in den Süsswasser-Tümpel von Tihany einstens ergossen, angedeutet werden?

Diese Frage dringt sich unwillkürlich auf, beim Überblick der Verhältnisse, wie sie sich hier darbieten. Es hat allerdings manche Wahrscheinlichkeit für sich, dass es Quellen waren, welche an der Grenze von Basalttuff und Sandstein aufgestiegen, dem Wege nächst und durch erstere Schichten ihren Gehalt an Kieselsäure und kohlensaurer Kalkerde verdankend, in der, den früher vollständiger geschlossenen Kessel von Tihany erfüllenden Wasseransammlung die jüngsten Sedimente veranlassten. Es ist dann nicht befremdend, um jene Quellen die grösseren Ausscheidungen von reinerer Kieselmasse zu finden, welche die ungeschichteten blockreichen Kegel nun bilden, auch wäre es möglich, dass vielleicht letztere selbst unmittelbare Quellenbildungen seien. Weiter weg von jenen Quellenpunkten würde sich regelmässig und dünn geschichtet der Kalkstein abgelagert haben, aus dem noch immer Kieselsäure enthaltenden Wasser, welch' letztere so alle Schichten desselben mehr weniger imprägnirte, sich auch selbstständig in Lagen, Nestern, Adern ausgeschieden.

Dass einst diese Sedimente einen grösseren Flächenraum bedeckten, als dies jetzt der Fall ist, dass vieles später einfach zerstört und weggewaschen wurde, lässt sich füglich annehmen, wenn man die gegenwärtige Position derselben an einer Gebirgslehne, und oben am und nächst dem Kesselrande betrachtet; auch scheinen dahin die nun isolirten Decken auf den benachbarten Tuffkuppen zu deuten, doch dürfte für letztere höher gelegene Punkte die Annahme localer Quellenbildungen zureichender sein.

Dass jene Bildungen, wie es angenommen wurde, erst in die Zeit nach der Erhebung der Halbinsel fallen, ist — wenn wir auch von der Analogie des Vorkommens der früher angeführten ähnlichen und ganz localen Ablagerungen über den tertiären Sand bei Nagy Vasony und Kapolcz absehen — aus ihrer Lagerung über den, wenn auch geringe aufgerichteten Schichten des Basalttuffes, und über der Grenze der letzteren und des Sandsteines, des tieferen Gliedes, zu ersehen. Denn **vor der Hebung** grenzte sich der Tuff nicht in der heutigen Linie auf der Fläche des Sandsteines ab, indem während derselben eine Verschiebung beider Schichten gegen einander anzunehmen ist, womit zich auch die Eröffnung einer, beide trennenden Kluft, jener auf welcher die angenommenen Quellen ausbrachen, in Verbindung bringen lässt.

Somit wäre die Zeit der Erhebung der Halbinsel — oder respective des früheren noch historischen Zustandes, als das Niveau des Plattensees, durch das überwiegende Verhältniss des Wasserverlustes gegen Zufluss, noch nicht so tief gesunken war — der Insel Tihany in einer Richtung bestimmt; aber auch in der andern — nach rückwärts — lässt sich dieselbe in eine geraume Zeit nach der in der Tertiär-Periode stattgefundenen Eruption der am und nächst dem nördlichen Seeufer gelegenen Basaltmassen, welche erst in den Detritus umgewandelt, und als Tuff in Schichten unter Wasserbedeckung abgelagert werden mussten, verlegen.

Tihany, das emporgehobene Stück aus dem Grunde des ehemaligen tertiären Meeres, und zwar hier nächst seinem Ufer, gibt uns auch ein Bild von der Beschaffenheit des Grundes im heutigen Plattensee; wie breit dort der Saum des Basalttuffes gegen den Sandstein sich ziehe, welcher die übrige Fläche einnimmt; denn entsprechend finden wir den letzteren an der Südspitze der Halbinsel und am anderen Seeufer im Somogyer Comitate bei Szantód.

Übereinstimmend zeigt dies auch die Untersuchung der dem Ufer nächsten Grundstrecken, diesseits zu Füred, der durch seine Beförderung der Hautthätigkeit bekannte und daher zu Schlammbädern und Einreibungen mit Erfolg angewendete Plattenseeschlamm, jenseits der schon erwähnte als Streusand benützte Iserinsand, vorzüglich zu Sió-Fok gewonnen.

Der zu Füred ausgehobene Plattenseeschlamm [1]) ist bleigrau, vollkommen homogen, ohne Beimischung von gröberen, mit unbewaffnetem Auge sichtbaren Sandkörnern, fühlt sich zwischen den Fingern wie der feinste Brei an, ist sehr leicht zerreiblich, und in allen Verhältnissen mit Wasser verdünnbar. Er ist ohne Geruch und geschmacklos, und reagirt schwach auf Lackmus. Getrocknet wird er zu dem feinsten grauen Pulver, nimmt nach dem Verreiben mit Wasser wieder die ursprüngliche Beschaffenheit an, und verliert auch keine seiner Eigenschaften. Die mikroskopische Untersuchung

---

[1]) Vergleiche Rundschreiben des Bade-Physicus von Füred, Dr. Karl Orzovenszky, Pesth 1855, S. 3 und 4. (Als Manuscript gedruckt.)

erweiset die mannigfaltigsten Formen kieselschaliger Diatomeen. Er enthält in 100 Theilen nach Dr. Florian **Heller**:

	Grane in einem Civilpfund	In 100 Theilen
Schwefelsaures Natron (imbibirt)	25·34	0·3299
Schwefelsaure Kalkerde	154·30	2·0091
Kohlensaure Kalkerde	2054·30	26·7487
Kohlensaure Bittererde	1267·20	16·5000
Thonerde	11·06	0·1440
Eisen- und Manganoxyd	240·00	3·1250
Kieselerde und Sand	2771·15	36·0827
Bitumen und organische Substanz	850·00	12·3696
Wasser	202·30	2·6341
Verlust	0·54	0·0070
Summe	7676·19	99·9503

Ohne Zweifel verdankt der Plattenseeschlamm seine Eigenschaften und seinen Gehalt an Basen vorzüglich dem Basalttuffe, als dessen feinster, mit Sand und organischen Substanzen gemengter Detritus er sich darstellt.

Freie Kohlensäure und das schwefelsaure Natron sind im Seewasser selbst enthalten. Letzteres selbst ist nur ein sehr verdünntes Mineralwasser, wie dies schon früher Prof. **Schuster** ausgesprochen, die gleichen Bestandtheile wie der Füreder Säuerling enthaltend.

Zur Vergleichung folgen die Analysen beider Wässer, jene des Säuerlinges, der Franz Joseph-Quelle, ausgeführt in neuester Zeit durch Dr. Florian **Heller**, und jene des Plattensee-Wassers durch Dr. C. **Sigmund** [1]).

	Franz Joseph-Quelle	Plattensee-Wasser
	Grane	
	in 1 Civilpfund	in 2 Civilpfund
Schwefelsaures Natron	6·0365	0·49
Chlornatrium	0·6989	0·02
Kohlensaures Natron	0·8294	—
Kohlensaure Kalkerde	6·3744	0.47
Kohlensaure Bittererde	0·3149	Spuren
Kohlensaures Eisen- und Manganoxydul .	0·0845	0·01
Thonerde	0·0230	0·09
Kieselerde	0·1075	—
Organische stickstoffhältige Substanz . .	2·9645	0·54
Summe der festen Bestandtheile	17·4336	1·62
Freie Kohlensäure	19·2450	0·44196
	(38·5 Cub. Z.)	(1·06 Cub. Z.)

---

[1]) A. a. O., Seite 2 und 3. — Ältere Analysen des Füreder Säuerlinges stammen von Prof. **Schuster** (1821) und von Dr. **Sigmund** (1836). — Vergleiche Füred's Mineral-Quellen von Dr. C. L. **Sigmund**, Seite 59 ff. und die Mineralquellen des gesammten österreichischen Kaiserstaates von Dr. E. J. **Koch**, Seite 400.

Zur besseren Vergleichung folgen obige Werthe auf 10,000 Theile berechnet:

	Franz Joseph-Quelle	Plattensee-Wasser
Schwefelsaures Natron	7·860	0·31899
Chlornatrium	0·210	0·01302
Kohlensaures Natron	1·080	—
Kohlensaure Kalkerde	8·300	0·30598
Kohlensaure Bittererde	0·410	Spuren
Kohlensaures Eisen- und Manganoxydul ·	0·110	0·00654
Thonerde	0·030	0·05859
Kieselerde	0·140	—
Organische stickstoffhaltige Substanz .	3·860	0·35163
Summe der festen Bestandtheile . . .	22·700	1·05475
Freie Kohlensäure	25·060	0·28774

Überdies enthält der Säuerling Spuren von Kali, Ammoniak und Antimon. Die Luftschichte über der Quelle erweiset ausser Kohlensäure noch einen Gehalt an freien Stickstoff.

Das Wasser der zweiten Quelle enthält weniger Kohlensäure, aber mehr Eisen, jenes der dritten (Bade-) Quelle Kohlensäure wie die erste (Franz Joseph-Quelle) und Eisen wie die zweite Quelle.

In den physicalischen Eigenschaften stimmen die Wässer aller drei Quellen ziemlich überein. Das Wasser im Brunnen der Franz Joseph-Quelle ist farblos, hell und durchsichtig, und setzt überall, wo es längere Zeit steht, etwas Eisenocher ab. Es besitzt, vieljährigen, genauen Beobachtungen zu Folge eine Temperatur von + 10° R., ferner ein specifisches Gewicht = 1·0013. Die Menge des binnen 24 Stunden zuströmenden Wassers ist auf 1600 Eimer [1]) zu schätzen. Das aus dem Brunnen frisch geschöpfte Wasser perlet mässig, ist vollkommen klar, verbreitet nur mässig den Säuerlingen eigenthümlichen Geruch, schmeckt angenehm prickelnd, säuerlich und erfrischend, mit einem anfangs wahrnehmbaren Metallgeschmack, der bei wiederholtem Trinken abnimmt, und erregt gleich nach dem Genusse Aufstossen aus dem Magen.

Das Wasser der zweiten Quelle besitzt einen minder angenehmen Geschmack, ist mehr matt und scheinbar vorwaltend metallisch; die

---

[1]) Dr. Orzovenszky's Rundschreiben. Dies gibt für eine Stunde 66·66 Eimer, für die Minute etwas mehr als 44 Mass. Nach Dr. L. Köstler hat die Wiesenquelle in Franzensbad die gleiche Ergiebigkeit. (Ein Blick auf Eger-Franzensbad in seiner jetzigen Entwickelung. Wien 1847, Seite 9.) Nach Dr. Sigmund a. a. O. S. 53, beträgt die Menge des in 24 Stunden im Franz Joseph-Brunnen emporquellenden Wassers mindestens 780 Eimer.

Menge des abfliessenden Wassers ist bedeutend geringer, wie bei der ersten. — Das Wasser der dritten (Bade-) Quelle treibt an zwei Stellen, besonders mit vielen grossen Blasen stark empor, hat einen noch matteren Geschmack als jenes der zweiten, liefert auch mehr Bodensatz, und ist so ergiebig, dass es zur Bereitung aller erforderlichen Bäder hinreicht. —

Das von diesen Quellen in den See abfliessende Wasser würde wohl n i c h t hinreichen, um dessen Gehalt an Salzen und an Kohlensäure zu erklären, es ist demnach wahrscheinlich, dass i m S e e s e l b s t m e h r e r e Q u e l l e n a u f s t e i g e n.

Schon von altersher hat man dieses angenommen, insbesondere, weil bei dem geringen Zuflusse, welchen der See vom Lande her erhält, und der grossen Fläche, welche er der Verdunstung darbietet, ein Fallen des Wasserniveaus nicht beobachtet wurde. Ob diese Quellen Säuerlinge seien, lässt sich nicht bestimmen, man schliesst darauf, weil im See bei einiger Bewegung durch den Wind ein eigenthümliches Schäumen wahrgenommen wird, sein Wasser selbst im Rohrwerke nicht den mindesten Sumpfgeruch verbreitet, stellenweise Erhebungen und Aufwallungen auf dem Seespiegel sich zeigen sollen, weil es ferner Plätze geben soll, die selbst im strengsten Winter nicht ganz zufrieren, und durch die chemische Analyse im Seewasser die Bestandtheile der Säuerlinge, welche am Lande entspringen, nachgewiesen wurden, u. s. f. [1])

Uns scheint der letzte, aus der Vergleichung der oben mitgetheilten Analysen sich ergebende Grund ein sprechender. Auch dürfte bei den Gründen für die Annahme von im See aufsteigenden ähnlichen Quellen, die Nachbarlichkeit der Localität, dann — bei vollkommener Windstille, bei spiegelndem See — das Erscheinen mehrerer vom Ufer aus, von dem Ansehen der Hauptwasserfläche verschieden sich darstellender, mehr weniger ausgebreiteter, rundlicher und geflossener Stellen, vom Volke „Hitzstellen" genannt, zur Sprache gebracht werden.

Leicht lassen sich mit einem der Phänomene, welchen die Halbinsel Tihany ihre Entstehung oder jetzige Form verdankt, die Eröffnung der Spalten für .die Füreder Quellen in Verbindung

---

[1]) Vergl. Dr. C. L. S i g m u n d a. a. O., Seite 34.

bringen, doch für eine bestimmtere Fassung dieser Ansicht fehlen
die Anhaltspunkte.

————

Es mögen nun zum Schlusse den geognostischen Verhältnissen nächst Füred selbst noch einige Zeilen gewidmet werden;
leider war es mir bei dem Mangel einer speciellen topographischen
Karte nicht möglich, meine Untersuchungen von Füred aus weiter
westlich, besonders in die classischen, von Beudant so interessant
geschilderten Basalt-Gegenden von Kapolcs, Tapolcza und Badacson
auszudehnen. Ein Blick auf Beudant's geologische Karte des nördlichen Plattensee-Ufers, lehrt schon dort eine grosse Mannigfaltigkeit
der auftretenden Formationen kennen, und lässt eine Fülle von
instructiven Verhältnissen vermuthen, die näher zu ergründen eine
höchst anziehende Aufgabe dem Geologen erscheinen müssen.

Der Curort Füred (Savanyú viz) liegt beiläufig 50 Schritte
vom Ufer des Plattensees, dort wo dasselbe nach einem schmalen
dem Alluvium angehörigen Saume sanft über das Seeniveau anzu-
steigen beginnt; landeinwärts erhebt sich allmählich das Terrain mit
flach-welliger oder hügeliger Gestaltung eine Viertelstunde Weges
weit bis zu den, am Fusse eines niederen breitrückigen Gebirgs-
zuges gelegenen Orten Füred und Arács, welcher Zug als die
südlichste, dem Bakonyer Walde angehörige Reihe, das ungemein
anmuthige und belebte, bald breitere, bald schmälere nördliche Uferland des Plattensees von Vörös Berény an säumt bis gegen Zanka
hin in Südwesten, wo das Gebirge sich umbiegend, bis an das Seeufer
herantritt, eine weitere ebene Bucht begrenzend, in der die Basalt-
Kegeln von Badacson und Szigiglet u. s. f. aufsteigen. Nächst Füred
sind das wellige Uferland und rückwärts der Abhang des ansteigenden Gebirges bis an den Rücken hinauf mit Weinpflanzungen
bebaut, inzwischen Ortschaften und einzelne zerstreute Häuser;
so gewährt das Ganze einen überaus freundlichen, an manche
Gegend des nördlichen Italien erinnernden Anblick.

Beudant hat auf seiner geologischen Karte [1]) nächst Füred das
Alluvium zu weit ausgedehnt, indem es sich vom Seeufer bis zum
Dorf Füred hinaufzieht, während es schon beim Curorte begrenzt ist.

————

[1]) In der Folge werde ich mich immer auf Beudant's geologische Karte beziehen,
da ich ohne topographische Grundlage keine verlässliche eigene zu liefern in der

Das erste anstehende Gestein sieht man im Curorte nächst der neuen Capelle, es ist ein dünn geschichteter, klüftiger, ziemlich zersetzter Dolomit, dicht, und von lichtgrauer Farbe, der eben an der Strasse für Bauzwecke weggeräumt (gebrochen) wurde. Seine Schichten fallen beiläufig unter 20 — 30° gegen Nordwest.

Verfolgt man dessen Streichungsrichtung am Seeufer gegen Nordost, so findet man, wo der Boden über dem Alluvium mit flachen Hügeln sich zu erheben beginnt, hin und wieder einen Block von dichtem, grauem Kalkstein, stellenweise mit geringen Hornstein-Ausscheidungen vorragen, häufig aber oberflächlich zerstreut Stücke des beschriebenen Dolomites.

Aus diesem Kalksteine entspringen nach Beudant's [1] und Dr. Sigmund's [2] Angabe die Füreder Säuerlinge. Dann würde derselbe nach der Lage der Quellen, unmittelbar im Liegenden der Dolomit-Schichten bei der Capelle auftreten. Es ist bedauerlich, dass man bei der letzten Fassung der Quellen, 1831, dem Gesteine, woraus sie entspringen, nicht mehr Aufmerksamkeit schenkte.

Aber in dem Garten der Curanstalt, nur wenige Schritte von den Quellen aufwärts, verrathet schon der Boden ein anderes Gestein. Es beginnen hier rothe, thonige Sandsteinschiefer, petrographisch übereinstimmend mit den, der Trias angehörigen Werfener Schiefern der Alpen, welche noch ausserhalb des Gartens, hier ein kurzes Stück an dem Fusssteige nach Arács beiderseits in den Feldern häufig verbreitet zu finden sind.

Diese Sandsteine, mit bald mehr, bald weniger vorherrschendem thonigen Bindemittel, worin häufig kleine silberweisse Glimmerschüppchen eingesprengt sind, besitzen eine ziemlich intensive rothe Färbung, und sind dünn geschichtet. Letzteres Merkmal tritt zurück, wo sich der Sandstein reiner gestaltet, endlich in sehr grobkörnige Schichten übergeht, Conglomerat ähnlich, mit

---

[1] Lage war. — Zur Orientirung im Allgemeinen und zum besseren Verständniss des Folgenden, diene die Skizze Taf. II, Fig. 2, welche dem Album des Plattensees (Pesth 1855, bei C. Edelmann) entnommen ist.

[1] A. a. O., II, S. 479.

[2] A. a. O., S. 38.

Geschieben reinen weissen und schwarzen Quarzes, wird. Die thonigen, schieferigen Sandsteine sind reich an nicht näher bestimmbaren Resten von Bivalven.

Wenig weiter gegen die Berge zu, verschwinden die Sandsteine in den Feldern, dafür erscheinen wieder **Kalkstein** und **Dolomit**. Beide sieht man an der Fahrstrasse vom Curorte nach dem Dorfe Füred ziemlich in der Mitte des Weges in einer Aufgrabung (Schotterbruch) anstehen; zuerst Dolomit, äusserst feinkörnig bis dicht, fast compact, dann Kalkstein, etwas körnig bis dicht, grau, stellenweise mit weissen spätbigen Partien. Derselbe enthält sowohl hier als auch nahe dem Ende der Allee vom Curgarten in die Weinpflanzungen ziemlich häufig **Versteinerungen**.

Herr E. **Suess** hatte deren Bestimmung freundlichst übernommen und mir darüber Folgendes mitgetheilt: „Die rothen Sand„steine und die ihnen untergeordneten Kalke von Balaton-Füred „sind sichere Repräsentanten der jedem Alpen-Geologen wohl bekann„ten **Werfener Schiefer**. In dem Kalksteine ist *Naticella costata* „Mst. in grosser Menge vorhanden, dann *Turbo Zepharovicki* „**Hörnes**, und vielleicht auch *Avicula Venetiana* v. **Hauer**".

Unmittelbar vor dem Orte Füred steht wieder Dolomit in Schichten an; derselbe ist voll Poren und gestreckter, drusig ausgekleideter Löcher, und fällt wie jener bei der Capelle im Curorte schwach geneigt gegen Nordwest ein. Ich verfolgte ihn, zum Theil auch den erwähnten entsprechenden Kalkstein, bis in den Ort. Ebenso steht der Dolomit in seiner Streichungsrichtung noch an mehreren Stellen der Fahrstrasse von Füred nach Aszofö an; überall wo er gehörig entblösst ist, gleichmässig von Südwest nach Nordost streichend, und gegen Nordwest einfallend.

Es wird demnach das schwach ansteigende, im Grossen aufgefasst, ebene Land vom Ufer des Sees bis zur äussersten Reihe des Bakonyer Wald-Gebirges, von einem Schichten-Complexe, in aufsteigender Ordnung, aus ziemlich rasch sich folgendem **Kalkstein**, **Dolomit** und **rothen Sandstein** zusammengesetzt, welcher den **Werfener Schiefern** oder dem bunten Sandsteine der alpinen Trias angehört.

Ich wende mich nun gleich zu einer zweiten Localität von grossem Interesse, **Köves-Kallya**, etwas über 3 Meilen in Südwest von Füred gelegen. Hier erhebt sich unweit der Strasse von Zanka nach dem erst genannten Orte und nächst demselben in Nordost mit sanften Abhängen und gewölbter Kuppe ein Berg, den Beudant mit der Farbe des *Grés rouge* bezeichnet, und auf dessen Kuppe er eine kleine Partie Basalt angegeben. Letzterem galt mein Besuch, und ich erwartete belehrende Aufschlüsse von diesem Punkte, dem einzigen auf Beudant's Karte, wo Basalt im Gebiete einer älteren Formation verzeichnet ist. Aber trotz eifrigen Nachsuchens fand ich den Basalt nicht, dafür aber auf der bewaldeten Kuppe einen Kalkstein voll Versteinerungen, in grossen Blöcken aus dem Boden vorragend. Dieser Kalkstein gehört dem echten Muschelkalke an, nach der Bestimmung meines geehrten Freundes E. Suess, welchem ich die folgenden Zeilen verdanke.

„Die Kalk-Partie nordöstlich von Köves-Kallya gehört ohne Zweifel dem echten Muschelkalke an, und enthält dieselben Versteinerungen, welche namentlich in den Bergwerken von Tarnowitz in Preussisch-Schlesien, sowie am italienischen Abhange unserer Alpen diese Ablagerungen bezeichnen. Es sind dies:

Waldheimia n. sp. eine der *W. angusta* Schloth. sp. sehr verwandte, aber mehr als doppelt so grosse und verhältnissmässig breitere Art; im oberen Theile der Rückenklappe ist die Einsenkung am stärksten, und sie verliert sich gegen den Stirnrand hin.

Spiriferina Mentzeli Dunk. sp. (1851, Palaeontografica, vol. I, pag. 287, tab. XXXIV, fig. 17—19; *Spirifer rostatus* früherer Autoren; *Spirifer medianus* Quenstedt, Handbuch der Petrefacten-Kunde, 1852, pag. 482). Diese Art wird hier viel grösser als in Tarnowitz; sie erreicht (mit dem Schnabel) eine Länge von 29, und eine Breite von 32 Millimeter; die mittlere Scheidewand der grösseren Klappe scheint stets viel kürzer zu sein als bei *Sp. rostrata.*

Spiriferina fragilis Schloth. sp. (Mineralog. Taschenbuch 1831; *Delthyris flabelliformis* Zenker, in Leonh. und Bronn's Jahrb. 1834, pag. 391, Taf. V, fig. 1—4). Eine wohlbekannte und nicht nur im sogenannten „Alpinen Muschelkalke" und in Tarnowitz, sondern auch z. B. in der Würzburger Gegend häufige Art.

Spiriferina n. sp. Von abgerundetem Umrisse, ohne deutliche Bucht, und mit zahlreichen feinen Radialstreifen bedeckt.

Spiriferina n. sp.? Von der Form der *Sp. fragilis*, jedoch mit weniger und zerspaltenen Rippen, und einer ausgesprochenen Bucht in der grösseren Klappe, in welche jedoch ebenfalls eine oder zwei Abzweigungen der Falten hineinreichen.

Retzia trigonella S c h l o t. sp. *(Terebratulites trigonellus* S c h l o t. *T. aculeata* C a t u l l o, *Spirigera trigonella* O r b., und mehrerer Autoren, *Terebratula trigonelloides* S t r o m b.) Die punktirte Structur der Schale, von welcher ich mich erst vor Kurzem überzeugt habe, ist die Veranlassung, wesshalb ich diese Art von *Spirigera* (wohin ich sie selbst in L e o n h. und B r o n n's Jahrb. 1854, pag. 64 gezählt hatte) entferne, und sie in das King'sche Subgenus *Retzia* bringe. Man sieht an einigen Stücken von Köves-Kallya die Spiralen; die Art und Weise, wie dieselben an den Schlossplatten befestigt waren, lässt sich jedoch nicht erkennen. — Diese Art ist für den italienischen, wie für den oberschlesischen und polnischen Muschelkalk höchst bezeichnend, und findet sich nach B e y r i c h (K a r s t e n's Archiv 1844, Bd. XVIII, pag. 54) auch im Muschelkalke des Horstberges bei Wernigerode. Weniger sicher ist das Vorkommen im grauen Kalke des Katzensteines, südlich von Garmisch (vergl. A. und H. S c h l a g i n t w e i t, Neue Untersuchung über die physicalische Geogr. und Geolog. der Alpen, 1854, pag 534). Man kennt von dieser Localität erst ein einziges, sehr zweifelhaftes Bruchstück, welches F. v. H a u e r unter den S c h l a g i n t w e i t'schen Gesteins-Suiten aufgefunden hat, — die erste Andeutung eines Vorkommens am Nord-Abhange unserer Alpen.

Rhynchonella Mentzeli? B u c h. sp. Bisher nur in Bruchstücken aufgefunden. Auch diese Art gehört dem Tarnowitzer Muschelkalke an."

„Ausserdem befindet sich unter den mir mitgetheilten Stücken ein Fragment eines nicht näher bestimmbaren Ammoniten und der Abdruck einer länglichen schmalen Bivalve, welch' letztere auf ihre vordere Hälfte feine Radialfurchen nach Art der Solemyen zeigt. — Die Crinoiden - Stielglieder, welche hie und da aus dem Gesteine auswittern, sind jenen des *Encrinus gracilis* ähnlich."

„Das Vorkommen des Muschelkalkes in diesen noch so wenig bekannten Gegenden scheint mir desshalb von nicht geringem Interesse zu sein, weil hierdurch gleichsam eine Verbindung zwischen den Ablagerungen in Deutschland und Polen, und jenen Italiens hergestellt wird. So ist denn der Nordabhang der Alpen, an welchen die genauen Untersuchungen der letzten Jahre diese Ablagerungen nicht nachzuweisen vermochten, mit dem alten böhmischen Festlande ganz von vereinzelten Muschelkalk-Vorkommnissen umschlossen. Ihr weiter Kreis beginnt mit dem sonderbaren Auftreten bei Toulon und Draguignan; im Charolais fehlt zwar der Muschelkalk, es folgen aber bald im Norden die Massen der Vogesen und des Schwarzwaldes, dann jene der Gegenden von Würzburg und Weimar bis gegen Halle hin. Die einzelnen Vorkommnisse von Rüdersdorf bei Berlin und bei Wehrau in Schlesien stellen die Verbindung mit dem ausgedehnten Vorkommen in Oberschlesien und Polen her. Zwischen den Karpathen und den julischen Alpen können wir nun das Auftreten am Plattensee bei Köves-Kallya nennen, und gelangen endlich an den Süd-Abhang der Ost-Alpen wo der Muschelkalk auf grosse Strecken hin eine bedeutende Mächtigkeit besitzt."

„Wenn man die Lagerungsverhältnisse der beiden Schichten des Muschelkalkes von Köves-Kallya und der Werfener Schiefer von Balaton-Füred mit Sicherheit ermitteln könnte, so wäre hierdurch eine der schwierigsten Fragen der österreichischen Geologie gelöst, ob nämlich die Werfener Schiefer dem b u n t e n S a n d s t e i n e, wie v. Hauer glaubt, oder ob sie dem K e u p e r gleichzustellen seien, wie es die S c h w e i z e r G e o l o g e n meinen. Trotz der mühevollen Untersuchungen und der meisterhaften Auseinandersetzungen des Herrn v. Hauer wird man, fürchte ich, diese Frage noch nicht als vollkommen gelöst betrachten können."

„Der Bakonyer Wald dürfte für den Geologen einer der interessantesten Gebirgszüge werden, so mannigfachen Formationen gehören die verschiedenen Vorkommnisse an, welche ich bisher hie und da (namentlich in der Sammlung des unermüdlichen Prof. Bilimek in Krakau) zu sehen Gelegenheit hatte."

Die Entscheidung der wichtigen Frage meines geehrten Freundes Suess dürfte eben hier an den Ufern des Plattensees, wo die Verhältnisse so günstig, eine leichte Lösung finden. Leider ist es mir nicht gegönnt bezüglich der Lagerungsverhältnisse beider Formationen, deren Erkennung vielleicht nur wenige Tage verlängerten Aufenthaltes erfordert hätte, etwas Bestimmtes geben zu können, aber schon nach meinen Erfahrungen glaube ich nicht zweifeln zu dürfen, dass die Lösung Bestätigung für v. Hauer's Ansicht bringen werde.

Es leiten mich hierbei folgende Wahrnehmungen. Das Weingebirge zwischen Dorf Füred und Arács (Fainas-Berg) wird gebilde
von einem lichtgrauen dichten Kalkstein mit muschlige
Bruche, voll von grösseren und kleineren Nestern und Adern d
leren Hornsteines, der auch stellenweise ganze Lagen einnimmt.
ist geschichtet von Südwest nach Nordost und fällt nordwestlich ein;
gelang mir nicht darin organische Reste aufzufinden. Dies wäre wohl v
grösster Wichtigkeit, denn da jene Kalksteine unmittelbar und r
mässig die Werfener Schichten am Fusse des Gebirges überlage
so wäre die Frage für letztere mit einem Schlage gelöst.

Beudant hat auf dem bezeichneten Berge Jurakalk frag
angegeben und erwähnt, dass man auf dem Gehänge desselben (ni
in dem Kalke selbst) bei Arács grosse, jenen aus dem Jura ähnli
Austern finde.

Es wurde schon früher, als wir von den versteinerten Zi
klauen auf Tihany sprachen, Beudant's Ansicht gedacht, dass
selben die abgerollten Schlösser jurassischer Austern seien un
auf das Vorkommen derselben basirte Verzeichnung von J
überhaupt von irgend einem älteren Kalkstein, auf Tihany berie
Jene Austern bei Arács habe ich nicht gesehen, vielleicht gelin
einem Nachfolgenden, dort Versteinerungen, deren Vorkommen
Beudant überlieferte, aufzufinden.

Ein Blick auf die Karte zeigt aber, dass die Berge bei Füred
Köves-Kallya demselben Zuge angehören, ihre gegenseitige
entspricht dem beobachteten Streichen der Schichten; beid
scheinen, mit dem Zuge zwischen ihnen, das Uferland begren
Es dürfte demnach bei so regelmässigem Gebirgsbaue, die B
mung des Muschelkalkes an dem einen Endpunkte
ganzen Zug gelten zu lassen, keine Schwierigkeit bilden.

Dies zugegeben, ergänzen sich dann trefflich die Beobach
an beiden Orten, hier die Versteinerungen des echten Muschel
dort ein Kalkstein, directe die Werfener Schichten überlagern
somit die letzteren dem bunten Sandstein entsprechend.

Einem nachfolgenden Geologen dürfte die directe Nachw
dessen nicht schwer werden, da auf Beudant's Karte unmi
bei Köves-Kallya grés rouge verzeichnet ist. Petrogra
stimmt derselbe ganz mit dem Füreder Sandsteine überein, auc
Localität unweit des Seeufers, bei Köves-Kallya und Zanka und

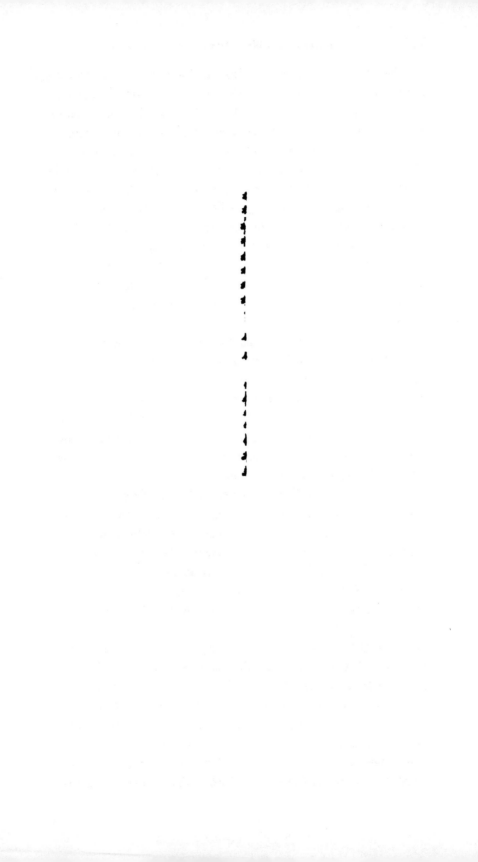

an demselben, bei Salfölde und Kö-Vagö Örs, also in der Streichungsrichtung der Füreder Schichten, lässt in denselben die W e r f e n e r
S c h i c h t e n erkennen.

Beudant hat darin keine Versteinerungen gesehen, er rechnet
denselben nur wegen der Auflagerung auf einem dichten, grauen
Kalkstein (Calcaire compacte gris), welcher hier als die älteste
Schichte erkannt wurde und ihm den obersten Schichten des Über-
gangsgebirges (Mountain limestone des Anglais) anzugehören schien
und seiner petrographischen Ähnlichkeit wegen, zu dem Rothliegenden,
wie es in Thüringen vorkommt, zu den Conglomeraten, welche in
England unter dem Magnesian limestone liegen [1]. Nach unseren Beobachtungen bei Füred gehört aber jener Calcaire compacte gris mit
zum Complexe der Werfener Schichten. Beudant fand denselben anscheinend den rothen Sandstein immer unterteufend bei Köves-Kallya,
Zanka und Tagyon, auch hat er ihn in isolirten Partien bei Udvari und
auf dem Berge westlich nächst Füred angegeben, ferner am Fusse des
genannten Berges t e r t i ä r e n S a n d s t e i n , der sich auf der Karte
auch weiter westlich, am Uferland bei Aszofö beginnend, über Udvari
und Tagyon erstreckt, um dann gegen Sümegh hin weiter sich auszudehnen. Als schmales äusseres Band längs der erstgenannten
Strecke erscheint auf der Karte, zwischen dem tertiären Sandstein
und dem See-Alluvium, noch Calcaire Parisien. Er ist nach Dr.
H ö r n e's Bestimmung der Cerithienkalk des Wiener Beckens mit dem
Cardium vindobonense P. in grosser Menge.

---

[1] A. a. Orte, Band II, Seite 461, 492, 494 und 505.

Über Gaslampen und Gasöfen, zum Gebrauche in chemischen Laboratorien.

Von Dr. C. Böhm,

k. k. Oberfeldarzt und Assistenten der Chemie an der k. k. Josephs-Akademie zu Wien.

(Mit III Tafeln.)

Soll Leuchtgas als Wärmequelle dienen, so muss das zur Verbrennung desselben dienende Instrument, soll es allen Anforderungen entsprechen, abgesehen von Einfachheit und Zweckmässigkeit des Baues, folgenden Bedingungen besonders dann genügen können, wenn dasselbe für chemische Laboratorien, also zum Kochen und Glühen, verwendet werden soll:

1. Es muss eine bestimmte, unter einem constanten Drucke ausströmende Gasmenge — deren Maximum natürlich mit von der Beschaffenheit des Apparates abhängt — in der proportionalen Zeit zur vollkommenen Verbrennung kommen, dasselbe aber auch

2. unter wechselnden Verhältnissen des Druckes, oder bei gleichbleibendem Drucke bei .verschiedenen Mengen des zu verbrauchenden Gases erzielen lassen.

Es hat den Anschein, dass man bei der Construction derartiger Lampen bisher nur den ersten Punkt vor Augen gehabt habe, da die jetzt im Gebrauche stehenden Vorrichtungen dieser Art bei vollkommenem Baue und gehöriger Justirung allerdings geeignet sind, der genannten Forderung zu entsprechen.

Anders verhält es sich jedoch, wenn man auch die Erfüllung des 2. Punktes anspricht, wie es die weiter unten auseinandergesetzten Umstände doch nothwendig machen. Da wird alsbald ein mehr weniger starkes Leuchten und Russen der Flamme bemerkbar, wozu bei den übrigens vortrefflichen kleinen Gaslampen von Prof. Bunsen noch der Übelstand tritt, dass bei dem Versuche, eine kleinere Flamme anzuwenden, dieselbe leicht zu dem Brenner durchschlägt, was auch unter andern Umständen bisweilen zu erfolgen pflegt.

Unter diesen Verhältnissen babe ich es für passend gehalten, diesem Gegenstande einige Aufmerksamkeit zuzuwenden, und denselben näher zu untersuchen, und gebe in dem Folgenden nach kurzer Besprechung der bei diesen Apparaten in Betracht kommenden Verhältnisse, die Beschreibung von Gaslampen, es mir für eine spätere Zeit vorbehaltend, die Ergebnisse der Untersuchung des verbrennenden Gasgemenges, des Studiums der verschiedenen Theile dieser Flammen und der Phasen der Verbrennung, sowie die sich aus denselben ergebenden praktischen Folgerungen in Bezug auf Leistung und Bau dieser Vorrichtungen zu veröffentlichen.

Der Sauerstoff, welcher in der eine ausströmende Leuchtgassäule umgebenden Luft enthalten ist, ist bekanntlich nicht im Stande, die ganze Gasmenge vollkommen zu verbrennen. Soll dieses dennoch erfolgen, so muss der hiezu noch erforderliche Sauerstoff — resp. die ihn enthaltende Luftmenge — anderweitig herbeigeschafft werden, — in dem gegebenen Falle mit dem Leuchtgase zugleich die gemeinsame Ausströmungsöffnung verlassen [1]).

Da nun die jedesmal nöthige Luftmenge von der Menge des in einer bestimmten Zeit zur Verbrennung kommenden Gases abhängt, und die letztere schon durch den verschiedenen, in den Zuleitungsröhren zu verschiedenen Zeiten herrschenden Druck veränderlich ist, so muss vor Allem der Luftzutritt geregelt werden können. Da aber auch die zu erzeugende Wärme nach Bedarf eine verschieden grosse ist, dieselbe aber wieder mit der zu verbrennenden Gasmenge in einem bestimmten Verhältnisse steht, so muss ausserdem auch die Gasausströmung regulirt werden können, was am besten, und um nicht unnöthig Verlust an Geschwindigkeit eintreten zu lassen, durch Änderung des Querschnittes der Ausströmungsöffnung zu erzielen sein wird.

Der Luftzug wird im Allgemeinen auf die Weise erzeugt, dass das Leuchtgas in einen oben und unten offenen Cylinder strömt, und so gleich dem Blasrohre im Schornstein eines Locomotivs das Zuströmen der Luft durch die untere Cylinderöffnung bewirkt. Die Anwendung, welche man von den in Rede stehenden Lampen machen will, ist nun massgebend, ob der Cylinder weit oder aber enge gewählt werde.

---

[1]) v. Baumhauer erzielt den nöthigen Luftzutritt dadurch, dass er Luft in und um das Leuchtgas beim Ausströmen einbläst. Da diese Vorrichtung nicht selbstthätig wirkt, so begnüge ich mich, dieselbe angeführt zu haben.

Der erste Fall tritt besonders dann ein, wenn man eine einen
ziemlichen Umfang besitzende Flamme bedarf, deren Intensität von
der einer einfachen Weingeistflamme bis über jene einer Berzelius-
lampe reicht, ohne das Maximum der mit der gleichen und unter gleichen Umständen sich befindenden Gasmenge überhaupt erzielbaren
Hitze anzusprechen. Bei dieser zum Abdampfen, Kochen, gelinden
Glühen verwendbaren Vorrichtung ist der weite Cylinder mit einem
Drathnetze versehen, welches ziemlich weit zu wählen ist. Das Drathnetz wirkt in diesem Falle hauptsächlich dadurch, dass es den Querschnitt des Cylinders verengt, da nur dann, wenn bei einer sehr geringen Menge des ausströmenden Leuchtgases das zur vollkommenen
Verbrennung derselben nöthige Luftvolum sich bereits im Innern der
Röhre vorfindet, die Wirkung als Sicherheitsnetz nachzuweisen ist.

Der zweite Fall kommt in Anwendung, wenn man bei einer mehr
zusammengehaltenen Flamme den höchsten Hitzegrad erzielen will,
welchen eine bestimmte Leuchtgasmenge unter den obwaltenden
Umständen zu liefern im Stande ist, wobei die Verbrennung ohne
Benützung eines Drathnetzes eingeleitet wird, wie solches Prof.
B u n s e n zuerst eingeführt hat. Obgleich meine Construction dieser
Lampe es gestattet, bei stets vollkommener Verbrennung die Intensität der Flamme beliebig, und auch so zu reduciren, dass sie gleichfalls nur jener einer einfachen Weingeistflamme entspricht, so ist
diese Vorrichtung doch insbesondere zum Glühen geeignet, und soll
daher im Folgenden mit dem Ausdrucke „Glühlampe" bezeichnet
werden. Bei diesem Instrumente ist eine zu grosse, so wie eine zu
geringe Höhe zu vermeiden, da dasselbe im ersten Falle unbeholfen
wird, im zweiten Falle aber wegen zu starker Erhitzung der Zugröhre
den Dienst versagen könnte. — Es ist vorzüglich diese Verbrennungs-
methode des Leuchtgases diejenige, bei welcher die Nothwendigkeit
den Gas- und Luftzutritt, und zwar durch Veränderung des Querschnittes der entsprechenden Zuströmungsöffnungen regeln zu
können, am sichtbarsten auftritt.

Ehe ich zu der Beschreibung der Lampen selbst übergehe, muss
ich noch bemerken, dass es für Lampen mit Drathnetz — wo das
Gasgemenge auf eine g r ö s s e r e Fläche verbreitet, verbrennt, —
nothwendig ist, dass das Leuchtgas sich gleichmässig ausbreitend
ausströme, dass für die Glühlampen (Lampen ohne Drathnetz) das
Ausströmen in einem senkrechten Strahle, in beiden aber mit der

möglichsten Geschwindigkeit zu erfolgen habe. Der Erfüllung dieser Bedingungen, sowie der Veränderbarkeit des Querschnittes der Gasausströmungsöffnung habe ich durch die später näher beschriebene Construction des Brenners, welche zugleich den sonst gebräuchlichen Hahn an der Lampe überflüssig macht, zu genügen gesucht.

Lampe mit Drathnetz. Von dem nach hinten und aufwärts gebogenen mit einem Füsschen α versehenen Fortsatze a der runden gusseisernen Scheibe A, welche einen Durchmesser von 11 Centimeter besitzt, erhebt sich eine eiserne Stange S, auf welcher verschiebbar befestigt sind: der Verbrennungsapparat B, der die Flamme zusammenhaltende und den Luftzug etwas vermehrende Schornstein C, und der Schieber D für die Glühringe, Triangel u. dgl. Durch den seitlich an dem mit einer Bohrung versehenen Messingcylinder b angebrachten Fortsatz c gelangt das Leuchtgas mittelst eines Kautschukrohres in den am Ende von b befindlichen Brenner E. Der Brenner ist ein 4 Cent. hoher Cylinder von 18 Millim. Durchmesser, welcher unten bleibend verschlossen, und in seinen zwei oberen Drittheilen derart ausgearbeitet ist, dass in demselben ein hohler Raum entsteht, in welchen die Bohrung von b mündet, und dessen Mitte von einer kleinen mit dem Boden des Cylinders zusammenhängenden Säule d eingenommen wird [1]). Diese Säule, sowie der Cylinderboden sind durchbohrt, und mit einem Muttergewinde versehen. Durch diese Bohrung geht die Schraube f, welche an ihrem untern Ende einen Kopf k von 45 Millim. Durchmesser besitzt, an dem obern aber einen 60° einschliessenden umgekehrten Kegel g trägt, welcher eine solche Höhe hat, dass sein Umfang an der Basis die in entsprechendem Grade abgeschrägte Öffnung des Cylinders E, deren Durchmesser 10 Millim. beträgt, zu verschliessen im Stande ist. Bei z befindet sich eine sogenannte Stopfbüchse zu dem Zwecke, um, im Falle ein langer Gebrauch die Schraube so abnützen sollte, dass ihr Verschluss nicht mehr gasdicht wäre, durch Anpressen der Lederscheibe λ an dieselbe mittelst der Schraube σ dem genannten — bei guter Ausführung nicht leicht zu erwartenden — Übelstande abzuhelfen.

Auf den Brenner E lässt sich das Zugrohr F mittelst der Hülse h aufsetzen. Das Zugrohr besteht aus einem Cylinder von 38 Millim.

---

[1]) Einfacher ist es den Boden sammt dem von demselben getragenen Säulchen d in den Cylinder einzuschrauben.

Durchmesser und 13 Cent. Gesammthöhe, welcher sich in seinem
untersten Theile bedeutend erweitert, oben mit einem durch den
Kappenring *i* gehaltenen Drathnetze — etwa 160 bis 170 Maschen
auf den ☐ Cent. — unten mit einem, die Hülse *h* tragenden, und die
zum Luftzutritt nöthigen Öffnungen besitzenden Boden versehen ist.
Um den Fortsatz der Hülse *h*, geführt und gehalten durch die
Schräubchen *k k*, ist durch ihren vorstehenden Rand die Scheibe *l*
verschiebbar, welche, dem Cylinderboden entsprechende Öffnungen
besitzend, die wirksamen Querschnitte der erstern zu verändern gestattet.   Der Schornstein *C* besteht am zweckmässigsten aus einem
hohlen Cylinder von Porzellanthon, und kann durch die an seinem
untern Ende befindliche Messingfassung auf den Träger *m* — welcher
sich auf der Stange *S* bewegen und fixiren lässt — aufgesteckt werden.
     Der Gebrauch dieser Lampe ergibt sich aus ihrer Einrichtung
leicht von selbst. Mittelst der Schraube *f* können die verschiedenen
Abstufungen der Flamme erhalten werden.   Welches für den jewei-
ligen Druck die grösste Ausströmungsöffnung ist, bei welcher noch
eine gute Verbrennung des ausströmenden Gases erfolgt, ergibt
sich aus dem Aussehen der Flamme, welche die Charaktere der vollen
Verbrennung an sich tragen muss.   Die Scheibe *l* zur Regelung des
Luftzutrittes braucht nur dann in Anwendung gezogen zu werden,
wenn eine zu rasche Luftströmung die Flamme, insbesondere den
innern Kegel derselben unruhig, und die Verbrennung geräuschvoll
macht. — Wie sich aus dem Folgenden ergeben wird, so kann die
sogleich zu beschreibende Glühlampe auch mit einem Drathnetze versehen werden, und leistet dann auch die Dienste einer eigentlichen
Netzlampe mit kleinerer Brennfläche. Ungeachtet dessen habe ich
aber dennoch die eigentliche Netzlampe in dem Vorhergehenden beschrieben, theils, weil dieselbe in Laboratorien vielfach mit Vortheil
verwendet werden kann, theils, weil sie den Typus abgibt, nach
welchem die so brauchbaren, bequemen Gasöfen zu construiren sind.
     Glühlampe. An dem Fortsatze *a* der, der vorigen ganz ähn-
lichen, nur etwas kleineren, Scheibe *A* ist der den Brenner *E* tragende, durchbohrte, an dem andern Ende in den zur Aufnahme des
Zuleitungsschlauches bestimmten konischen Fortsatz *c* auslaufende
Cylinder *b* durch eine nahe an dessen Ende seitlich von demselben
entspringende Schraube unverrückbar befestigt, während ein kleiner,
der letzteren entgegengesetzt sich befindender Fortsatz ein Mutter-

gewinde besitzt, in welches die Stange S eingeschraubt werden kann.
Der Brenner dieser Lampe ist dem vorigen in so ferne ähnlich, als
der cylinderförmige Theil desselben in der beschriebenen Weise ausgearbeitet ist. Die obere Öffnung des Cylinders wird jedoch durch
einen aufgeschraubten Deckel E_1 verschlossen, welcher innen kegelförmig ausgebohrt in seiner Mitte eine kleine Öffnung von 2 Millim.
Durchmesser besitzt. Die ebenfalls durch den mit der Stopfbüchse z
versehenen Cylinder gehende Schraube f trägt einen sehr kleinen
mit der Spitze nach oben gekehrten Kegel, welcher emporgeführt
den Querschnitt der Öffnung gleichmässig verkleinern, und endlich
vollkommen verschliessen kann. Der Kegel und die Steigung der
Schraube, welche mit einem sogenannten mehrfachen, und — so wie
die Schraube des vorigen Brenners — tiefen Gewinde zu versehen
ist, müssen in einem solchen Verhältniss zu der Ausströmungsöffnung stehen, dass $1/2$ höchstens 1 Umdrehung des 45 Millim. im Durchmesser habenden Schraubenkopfes K genügt, um die freie Öffnung
zu verschliessen, da im Gegenfalle das Absperren des Gases zu langsam erfolgen, und ein Durchbrennen im letzten Schliessungsmomente
durch die Röhre zu dem Brenner erfolgen würde [1]). Das Zugrohr
Nr. I besteht aus einer cylindrischen, inwendig glatten Röhre, welche
16 Cent. lang, im Durchmesser 15 Millim. hält, und in ein 1 Cent.
langes und 3 Cent. weites Rohr übergeht, welches unten verschlossen
ist. Die diesen Verschluss bewirkende Scheibe l hat einen über den
untern Umfang des Zugrohres etwas vorspringenden Rand, trägt die
Hülse h, mittelst welcher das Zugrohr auf dem Brenner befestigt
wird, und besitzt zu diesem Zwecke auch einen dem Querschnitte der
beim Aufsetzen durchtretenden Theile entsprechenden Ausschnitt.
An dem Umfange des untern Theiles des Zugrohres sind Öffnungen
angebracht, durch welche die Luft den Zutritt in das Innere findet.
Über diesem Theile des Zugrohres lässt sich ein mit einem vorspringenden Rande versehener Ring R verschieben, welcher den im Zug-

---

[1]) Die Ausführung der hier beschriebenen Lampen und Öfen unterliegt wohl keinen
besonderen Schwierigkeiten, erfordert aber, besonders bezüglich der Brenner eine
sachkundige Umsicht. Es dürfte desshalb nicht unwillkommen sein, zu erfahren,
dass die Originallampen durch den Mechaniker Leopolder jun. in Wien (Land-
strasse) verfertigt worden sind. Eine vollständig ausgerüstete Netzlampe kostet
11 fl. C. M. — Eine Glühlampe sammt Zugrohr Nr. II und Netzkappe gleichfalls
11 fl. C. M.

rohre selbst befindlichen entsprechende Öffnungen besitzt, und so die ersteren beliebig zu verringern gestattet. Der vorspringende Rand des Bodens *l* verhindert das Herabgleiten des Zugregulators[1]). Der nur in seinen Dimensionen von dem früher beschriebenen verschiedene Schornstein ist gleichfalls auf der Stange *S* verschiebbar, und hat vorzüglich die Bestimmung, die Flamme vor zufälligen, dieselbe störenden Luftströmungen zu schützen, und unter Umständen als Glühraum zu dienen[2]).

In der beweglichen Hülse *D* ist ein Glühring von Messing verschiebbar befestigt, welcher einen Durchmesser von 85 Millim. besitzt, damit derselbe auch grössere Gefässe sicher tragen, und beim Glühen in kleinen Tiegeln einem Platintriangel zur Stütze dienen könne. Dieser Glühlampe, welche, um sie vielseitiger verwendbar zu machen, die bequeme Wegnahme der Stange *S* gestattet, ist zu diesem Zwecke auch ein anderes Zugrohr Nr. II beigegeben, welches 85 Millim. hoch einen Öffnungsdurchmesser von fast 12 Millim. besitzt, übrigens aber dem grossen Zugrohre Nr. I analog construirt ist. Auf das Zugrohr Nr. II passt die mit einem Netze versehene Kapsel, welche im Durchschnitte in der Fig. 3, Taf. II dargestellt ist, deren oberer Durchmesser 30 Millim. beträgt. Wird dieselbe auf das Zugrohr gesetzt, so kann die Lampe unmittelbar als Netzlampe in Verwendung gezogen werden, und gibt auch als solche eine gute Leistung. Durch die Hinzufügung der oben beschriebenen Kapsel zu der Glühlampe wird dieses Instrument vielseitiger verwendbar, nicht nur desshalb, weil die Flamme, welche man durch Verbrennung des Gasgemenges über einem Netze erhält, vermöge ihrer Beschaffenheit in manchen Fällen vortheilhafter in Anwendung kommt, als jene, welche die Glühlampe an sich zu bieten vermag, sondern auch desshalb, weil es mittelst der Kapsel *B* möglich ist, auch noch jene Gasmengen zur Verbrennung zu bringen, welche kleiner sind als jene, welche die kleinste Flamme in der Glühlampe (mit dem Zugrohr Nr. II) erzeugt. Es wurde schon im Anfange angeführt, dass die dem Leuchtgase in der Röhre zuge-

---

[1]) Bei Netzlampen findet man bisweilen den Schornstein an dem Zugrohr selbst befestigt. Bei den Glühlampen ist diese Anordnung zu vermeiden, da dieselbe eine stärkere Erhitzung des Zugrohres zur Folge haben würde.

[2]) Der Ring *R* kann auch auf der die Hülse *h* tragenden Bodenplatte *l* befestigt werden, wo dann das unten offene Zugrohr sich in demselben behufs der Regulirung des Zuges drehen lässt.

führte Luftmenge nur so viel betragen dürfe, dass sie zusammen mit jener, welche von aussen zu dem Gasgemenge gelangen kann, die vollständige Verbrennung desselben zu ermöglichen vermag. Wird die hiezu nöthige Luftmenge bereits in der Zugröhre dem Leuchtgase beigemischt, so findet eine Detonation Statt, und die Flamme schlägt zu dem Brenner durch, dort als einfache Leuchtgasflamme brennend. Aus dieser Ursache nun findet auch das Durchschlagen Statt, wenn man eine kleinere Gasmenge, als vermöge der Dimensionen der Zugröhre zulässig, zur Verbrennung bringen wollte; die in dem Zugrohre eben befindliche Luft reicht hin, mit der geringen Gasmenge die detonirende Mischung zu bilden. Wollte man dennoch kleinere Gasmengen nach dem Principe der Glühlampe verbrennen, so müsste man dem Zugröhrchen kleinere Dimensionen gehen, was aus mehreren Gründen nicht anzurathen ist. Wird die Netzkappe aufgesetzt, so lässt sich derselbe Erfolg auf eine andere Art, und zwar ohne Änderung in den Dimensionen des Zugrohres erreichen.

Da sich das detonirende Gemenge stets bildet, so oft eine grössere, als die oben angegebene, Luftmenge Zutritt in das Zugrohr besitzt, so folgt als Regel, dass man, wenn man überhaupt die Flamme zu verkleinern beabsichtigt, stets eher den, den Luftzutritt regulirenden Ring *R* entsprechend verschiebe, ehe man durch die Schraube die Ausströmungsöffnung des Gases verkleinert, und dass man beim Anzünden der Lampe die Ausströmungsöffnung durch Drehen der genannten Schraube, so weit als möglich, vollständig öffne.

Der Gebrauch der Netzkapsel macht aber auch die Anwendung einer kleineren Flamme in jenen Fällen sicherer, wo dieselbe zu irgend einer Operation verwendet werden soll, welche nicht die ungetheilte Aufmerksamkeit des Chemikers erheischt. Angenommen, es seien die Schraube *f* und der Ring *R* so gestellt, dass nahezu die kleinste Flamme entstehe, welche mittelst des Zugröhrchens Nr. II erreichbar ist. Der Druck, unter welchem das Leuchtgas ausströmt, entspreche z. B. einer Wassersäule von 2 englischen Zoll. Plötzlich sinke der Druck bedeutend, so dass er z. B. einer Wassersäule von 1 engl. Zoll entspricht.

Die Folge davon ist, dass in derselben Zeit eine geringere Menge Gas ausströmt, und dass in dem gegebenen Falle die Bedingungen gegeben sind, unter welchen das oben erwähnte Durchschlagen der Flamme wegen der gebildeten detonirenden Mischung

stattfindet. Ist unter den genannten Umständen die Netzkappe aufgesetzt, so findet ein Durchschlagen nicht Statt, was ohne Anwendung der Netzkappe auf eine andere Art nur auf Kosten der vollkommenen Verbrennung erzielt werden kann. Verzichtet man auf die
Wegnahme der Stange S, so ist es zweckmässiger, den Brenner an
derselben beweglich anzubringen, und dieses ist aus vielen Gründen
sehr zu empfehlen. Soll die Lampe ausschliesslich mit Benützung
anderer Träger in Anwendung kommen, so kann die Stange S und
der dieselbe tragende Fortsatz gänzlich beseitigt, und der Cylinder b
bedeutend verkürzt werden [1]).

Mittelst der beschriebenen Glühlampe kann man auch eine bedeutende Hitze hervorbringen, deren Grad wesentlich von dem Drucke
abhängt, unter welchem das Gas ausströmt.

Unter den gewöhnlichen Umständen, wo der Druck nahe der
Ausströmungsöffnung einer Wassersäule von 1½ — 2 Zoll Höhe
entspricht, lassen sich Silicate mittelst kohlensaurem Kali oder
Natron mit Leichtigkeit aufschliessen. Bei einem Versuche, wo das
Gas unter dem Drucke einer 3¾ Zoll hohen Wassersäule aus-
strömte, schmolzen 4 Grammen chemisch reines Silber in einem kleinen Tiegel, welcher in dem als Glühraum dienenden Schornstein
eingesetzt war, in kurzer Zeit — überraschend schnell, als ich eine
36 Zoll hohe Wassersäule in Anwendung zog.

Wird die oben beschriebene Netzlampe in nur wenig grösseren
Dimensionen [2]) ausgeführt, so ist dieselbe zum Erhitzen von grösseren Schalen, Wasser-, Öl-, Metall-Bädern u. dgl. geeignet, und
bildet an einem passenden Stative angebracht einen sogenannten

Lampen- oder Gasofen. Das von mir in Anwendung gezogene Stativ ist von nachstehender Beschaffenheit. Von dem eisernen
Dreifusse A erheben sich drei runde Eisenstäbe von 35 Cent. Länge,
welche an ihrem oberen Ende durch den Ring B untereinander verbunden sind. Dieser Ring besitzt in der Gegend einer jeden Tragsäule a eine Hülse b, in welcher ein an dem obern Ende zweckmässig
abgebogener 25 Cent. langer Stab S sich verschieben, drehen, und

---

[1]) Leopolder liefert eine so modificirte Lampe um 7 fl. C. M.

[2]) Die Dimensionen der einzelnen Bestandtheile des Verbrennungs-Apparates stehen
sowohl bei Netzlampen als auch bei den Glühlampen in einem bestimmten Verhältniss
zu einander.

durch die Schraube c fixiren lässt. An einer der Tragsäulen a ist die
Netzlampe C, an einer andern Tragsäule dagegen der Schornstein
beweglich, und durch die Schraube d stellbar, befindlich. Durch die
beschriebene Anordnung des Ofengestells ist es möglich, demselben
innerhalb gewisser Grenzen eine verschiedene Höhe, und der Öffnung,
welche durch die nicht erfolgende Berührung der Enden s der Stäbe S
entsteht, durch Drehen der letzteren nach einer Richtung hin verschiedene Querschnitte zu geben, wodurch man ohne Anwendung
verschiedener Triangel, Tiegel u. dgl. Gegenstände von verschiedenem
Durchmesser, oder bis zu einer beliebigen Tiefe einsetzen kann. Die
an diesen Öfen sonst nicht gebräuchliche Beweglichkeit des Brenners
gestattet eine vollständigere Anwendung und Regelung der Flamme,
und der erzeugten Wärme bei beliebiger und bleibender Stellung des
zu erhitzenden Gegenstandes.

Ein um eine in der Mitte befindliche Glühlampe angeordnetes
System von achtzehn Glühlampen, welches ganz oder theilweise —
die innern Brenner — in Thätigkeit gesetzt werden kann, und welches einen zugleich als Glühraum und Träger dienenden Mantel
besitzt, auf welchen nöthigen Falls ein Dom aufgesetzt werden kann,
bildet einen den Windofen zweckmässig ersetzenden G l ü h o f e n.

Dreissig derartige, nur wenig modificirte Lampen an einander
gereiht, und zweckentsprechend zu einem Ganzen verbunden, liefern
einen vorzüglich zur E l e m e n t a r - A n a l y s e d i e n e n d e n V e r-
b r e n n u n g s o f e n.   Ich begnüge mich, diesmal das Princip, nach
welchem diese Öfen gebaut sind, angeführt zu haben, und werde die
Detailconstruction derselben bekannt machen, bis eine längere Erfahrung die Zweckmässigkeit derselben bestätiget, und bezüglich des
Verbrennungsofens nachgewiesen haben wird, in welchem Verhältnisse die Leistung desselben zu jener steht, welche ein derartiger,
gut construirter, aus einem Systeme von Netzlampen bestehender
Ofen liefert.

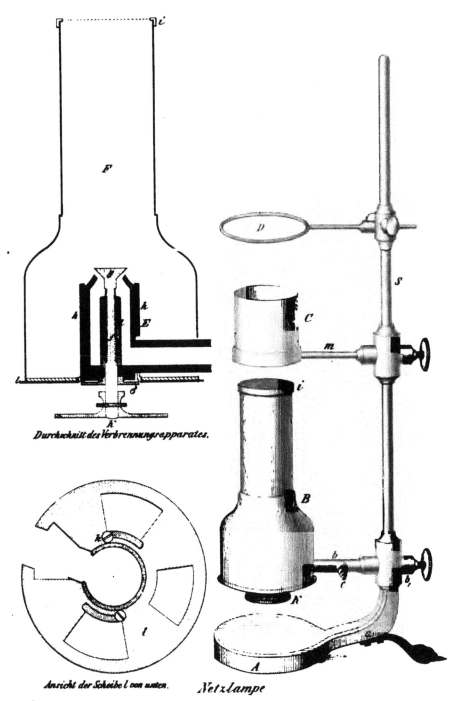

Durchschnitt des Verbrennungsapparates.

Ansicht der Scheibe l von unten.

Netzlampe

Aus d. k. k. Hof- u. Staatsdruckerei

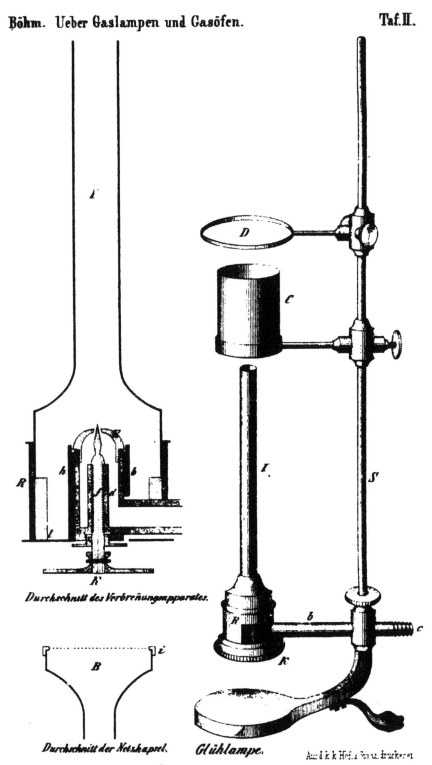

Durchschnitt des Verbrennungsapparates.

Durchschnitt der Netzkapsel. Glühlampe.

Aus d. k. k. Hof u. Staats Druckerei.

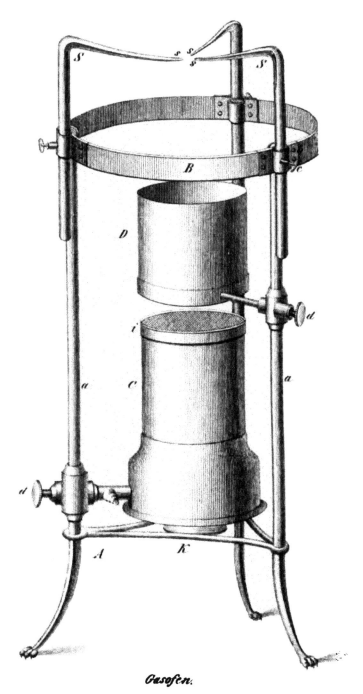

Gasofen.

Aus d kk Hof u Staatsdruckerei

Sitzungsb. d. k. Akad. d. W. math. naturw. Cl XIX. Bd. 2. Heft. 1856.

Akademie, k. preuss. d. Wissensch. Monatsbericht, Dec. 1855.

Anzeiger f. Kunde d. deutsch. Vorzeit 1855. Nr. 12, 1856. Nr. 1; 4°.

Archiv d. Mathematik u. Physik. Von **Grunert**. Bd. 25, Hft. 1—4.

Austria. Jahrg. 8. Hft. 1—7.

Beretning om Bodsfaengslets Virksomhe'd. i. A. 1854. Christiania 1855; 8°·

Boscha, J., Proeve eener oplossing van een vraagstuk betreffende de electrische Telegrafie. Amsterdam 1855; 8°·

Cimento, il nuovo. November 1855.

Clement, Pierre, Portraits historiques.

Cornet, Enrico, Le guerre dei Veneti nell' Asia 1470—74. Vienna 1856; 8°·

Cosmos. Vol. 7, livr. 22—25. Vol. 8, 1—8.

Dudik, B., Iter Romanum. 2 Vol. Wien 1855; 8°·

d'Elvert, Christian, Die Culturfortschritte Mährens und Österreichisch-Schlesiens ꝛc., während der letzten 100 Jahre. Brünn 1855; 8°·

Flora. 1855. Nr. 37—48.

Forening physiographiske i Christiania: Nyt Magazin for Natur-videnskaberne. Vol. 1—8. Christiania 1837—55; 8°·

Förstemann's, Altdeutsches Namenbuch, Bd. I, Lief. 8, 9.

Frankl, Ludw. Aug., Inschriften des alten jüdischen Friedhofes in Wien. Wien 1855; 8°·

Freiburg i. Br. Universitätsschriften aus dem Jahre 1855.

Gesellschaft, k. k. mährisch - schlesische, des Ackerbaues etc. Mittheilungen. 1855; Nr. 27—50.

Girard, Charles, Description of new Fishes. Boston 1854; 8°·

Hahn, Christ. Ulrich, Geschichte der Ketzer im Mittelalter. Bd. 1—3. Stuttgart 1845—50; 8°·

Hallager, F., und Brandt, Fr., Kong Christian den Fjerdes norske Lovbog of 1604. Christiania 1855; 8°·

Holmboe, C. A., Das älteste Münzwesen Norwegens. Christ. 1854; 8°·

Jahrbuch, neues, für Pharmacie und verwandte Fächer, Bd. IV, Hft. 3, 4.

Jakschitsch, Vlad., Statistique de Serbie. Livr. 1. Belgrad 1856; 8°·

Kjerulf, Theodor, Das Christiania - Silurbecken chem.-geogn. untersucht. Christiania 1855; 4°·

Königsberg, Universitätsschriften 1854.

Nachrichten, astronomische, 997—1009.

Nissen, Hartvig, Beskrivelse over Skotlands almues kolevaesea. Christiania 1854; 8°·

Peretti, Paolo, Cianogeno idrosolforato rinvenute nella espirazione dei colerosi nel sangue e nelle ossa dei medesimi morti nello stadio algido. Roma 8°·

Prestel, M. A. F., Tabellarischer Grundriß der Experimental = Physik. Emden 1856; Fol.

— Die Temperatur von Emden. Emden 1856; Fol.

— Die arithmetische Scheibe.

Riebl v. Leuenstern, Recension von: Hoffmann's Anleitung zum Gebrauche des Rechnen = Schiebers und Reis, Lehrbuch der Geometrie. (Zeitschrift des österreichischen Ingenieur=Vereins, 1855.)

Salmai girje. Kristiania 1854; 8°·

Segesser, A.Ph. von, Das alte Stadtrecht von Luzern. Basel 1855; 8°·

Stiftelser Norske. Bd. I, Hft. 2, Bd. II, Hft. 1. Christiania 1854; 8°·

Stimpson, Wn., Description of some of the new Marine Invertebrata from the Chinese and Japanese Seas. Boston 1854; 8°·

Vereeniging v. Nederlandsch Indie, T. Natuurkund. Tjidschrift. Deel IX. Afler 5, 6.

Weinhold, Karl, Altnordisches Leben. Berlin 1856; 8°·

Wurzbach v. Tannenberg, Constant, Bibliographisch = statistische Übersicht der Literatur des österr. Kaiserstaates vom 1. Jänner bis 31. December 1854. Wien 1856; 8°·

Zerrenner, Karl, Die national-ökonomische Bedeutung der Krim.

☞ Die Sitzungsberichte jeder Classe der kais. Akademie der Wissenschaften bilden jährlich 10 Hefte, von welchen nach Massgabe ihrer Stärke zwei oder mehrere einen Band bilden, so dass jährlich nach Bedürfniss 2 oder 3 Bände Sitzungsberichte mit besonderen Titeln erscheinen.

Von allen grösseren, sowohl in den Sitzungsberichten als in den Denkschriften enthaltenen Aufsätzen befinden sich Separatabdrücke im Buchhandel.

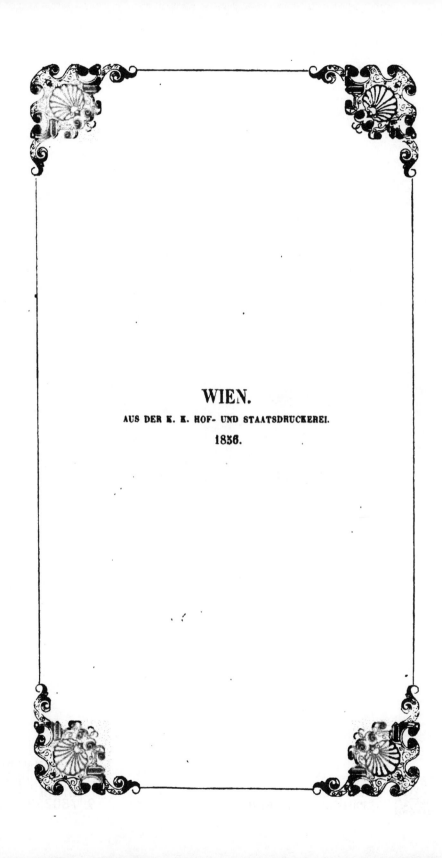

WIEN.

AUS DER K. K. HOF- UND STAATSDRUCKEREI.

1856.

Lightning Source UK Ltd.
Milton Keynes UK
UKHW041130210119
335903UK00012B/261/P